新装版

# 対話・微分積分学

## 数学解析へのいざない

笠原晧司

現代数学社

# ま　え　が　き

本書は、著者が雑誌「現代数学」に1970年７月から1972年６月まで２年にわたって連載した記事をまとめたものである.

いうまでもなく、現在我が国には微分積分学の著書・教科書は非常に多い.そして数学の発展に伴い次第に内容をかえながら次々に新しい著作が生れている.1930年代の本と1970年代の本をくらべて見ると、これが同じ微分積分学なのかと驚くばかりである.このような変化は今後ますますはっきりした形をとってくるであろうし、学問の進歩から見て当然のことといえるかも知れない.しかし、それでは昔の微分積分学はもうなくなった、あるいは不要になったのかというと決してそうではないのである.実は、形は変っても、語られている本質は何も変っていない.むしろ昔の本ではあいまいであった表現がずっとすっきりしたものになったり、以前知られていなかった方法による証明が見出されて全体が見通しよくなったり、さらに、数学の他の分野との関連から見て理論の構成法を変えたり、一般次元に通用する方法で理論を整理したり、といったことが行われているにすぎない.ところが、そのような変化は必然的に抽象化という現象を伴い勝ちであり、それは初学者にとって理解困難なものに映ることになる.そして底に流れる数学解析のすばらしい〝エスプリ〟は抽象的な概念の間に埋没し、独断的な定義や何の必然性も考えられない予備定理が何十頁もの紙面をうめることになってしまう.これでは「数学は難解だ」という誤解・迷信を正当化させてしまうだけで、説明の見通しをよくしようという、抽象化の本来の目的は全く達成されないどころか、逆効果を生んでいるとしか言いようがない.

この本は上に述べた問題点をいささかでも解消する役目をはたしたいという願いによって生れることとなった.すなわち、微分積分学の各分野にわたって、その理論を論理的にあやまりなく述べるのではなく、どのようにしてその理論がそのような形をとることになったのかについて説明することに重きをおいた．そして抽象的な概念もその実体はどんなに豊かなイメージをもっているかについてなるべく詳しく述べたつもりである．また抽象的概念そのものは表にださず、一歩手前位で思い止まったような所もある．そんな場合でも、読者が別の書物でその抽象的概念に出会ったとき、容易に理解できるように内容に工夫をこらした．この本によって読者が少しでも数学解析に親しみを感じてくれれば著者の意図は達成されるのである．ただ、会話体の数学書は今まであまりなかったので、著作として成功しているかどうか、著者にも確信はない．

なお、各章は一応独立した読み切りになっているので、これから微分積分学を勉強しようという人だけでなく、一度習ったことをもう一度ふりかえってみようと思う人にも、途中からでも読めるので好都合であろう．

現代数学社の方々にはお世話になった．謝意を表したい．

1973年2月

京都にて　　笠原晧司

## 復刊に際して

復刊に当って，多少感慨深いものがある．この本の原型は1970年頃にできたのだが，その頃というと，大学紛争の余燼が未だくすぶっている時期で，大学改革の方向を模索している時期でもあった．大学での講義内容の再検討も真剣に行われた．そんな場合，数学者の議論の方向はえてして抽象化に走りやすい．ずいぶん“はね上った”議論をふりまわす者（著者も含めて）が出てくるのが当時の状況であった．しかしそれでは学生には理解不能にうつるであろうことも当然議論の底流として意識された．

この本はその底流意識を顕在化させ，少しでも学生の理解が得られるように，講義の補完物として著したものである．そこでは，学生諸君が“ゆっくり”考えることが期待されているのだが，30数年を経た現在，ますます物事は“急いで”能率よく処理することが求められる世の中になっているようである．しかし“急がばまわれ”ということわざもある．腰を落ちつけて，集中して考えることが案外早道なのかも知れない．そんな意味で，この本の存在価値もまだあろうかと感じられる次第である．

2005年12月

笠原晧司

## 新装版に際して

読者のニーズにお応えした復刊から14年が経ち，名著を絶やさないようにこのたび装いを新たに新装版として発刊させていただく運びとなりました．新装版刊行にあたって，笠原晧司先生のご快諾を賜りましたこと，深甚の感謝を申し上げます．大学数学の基礎ともいえる微分積分学で思い悩む人や応用を身につけたい人にとって，高度でありながら親しみやすい記述の中にひと味違った魅力を感じていただけるものになれば幸いです．

2019年11月

現代数学社編集部

# 目　　次

# 対話・微分積分学

# 第 1 章　実数とは

大学の講義もそろそろ軌道にのりかけて，大学生としてやっと落着きを見せ始めた新入生が，さてこれから自分の好きな勉強が何でもできるゾと，はりきっているこの頃である．この本では，これから，微分積分学の講座を開くわけであるが，情報化時代の今日，微分積分学の書物は巷にあふれ，大学の講義また懇切丁寧をきわめ，という状況の下で，いまさら肩肘はった「講義録」でもあるまい．そこで，諸君を北井志内教授の研究室に案内して，くつろいだ気分で放談を楽しもうということにした．聞き手は，まだマージャンなどという亡国のゲームには毒されていない新入生の三人，関西出身の白川君，東京出身の発田君，名古屋出身の中山君，そのうち中山君が紅一点である．

## ［1］ 数は実在するか

**白，発，中．** 先生，今日は．

**北．** やあ，いらっしゃい．だいぶ，大学にもなれて来たようだね．数学はおもしろいですか．

**白．** あの一番最初のデデキントの切断というやつ，結局何のことやらさっぱりわかりません．

**発．** そうなんです．何か，概念をもてあそんでいるようで，反撥の方を先に感じちゃって……

**中．** 集合を数と思え，といわれても何だか変な感じ．

**北．** それじゃ聞くがね，$\pi$ という数はほんとうにあるんだろうか．

**白．** そりゃあ，ありますよ．円の円周と直径の比でしょう．

**北．** そうすると，円周の長さはあるんだろうか．

**白．** 円を画いて見たらええのとちがうか……　ちょっと自信なくなって来たでえ，円周の長さはどうやってきめるんやろな．（とだんだん声が小さくなる）

**発．** 先生，$\pi=3.141592653589793\cdots\cdots$ ではいけませんか．

**北．** その……というのは何ですか．無限に数が続くのですか．大体，数は無限に続けられますか．電子計算機は10万桁ぐらい $\pi$ の値を出しているそうですが，「たった」10万桁では，無限などとはいえません．それどころか，いくらやっても，無限にはならないですよ．

**発．** しかし，上の値は，$3.141<\pi<3.142$，$3.1415<\pi<3.1416$，…… というふうに，$\pi$の

場所をいくらでも正確に指し示すことができるから，$\pi$ は存在するといっていいのではないでしょうか.

**北**. いくらでも精密にわかるといったって，君の不等式は「$\pi$ という数があるとすれば，その性質は，これこれである」と言っているにすぎません．つまり，円周の長さ（そんなものが存在するとした上での話ですが）と直径との比がもし存在するならば，それは3.141より大きくなければならないし，3.142よりは小さくなければならない，といっているだけです．だから，それは$\pi$という数の**性質**であって，**存在理由**ではありません．「空飛ぶ円盤はダイダイ色に輝いている．従って空飛ぶ円盤は存在する.」などという議論をしても誰も相手にしないのと同じで，$\pi$ についてどんなくわしい「性質」がわかっても，それは $\pi$ という実数が「存在」する証拠にはなりません.

**発**. ウーン.

**北**. では，もう一つ，$\sqrt{2}$ という数はほんとうにあるんでしょうか.

**中**. これならカンタンのタンだわ．$\sqrt{2}=1.414213\cdots\cdots$，アラ，これではだめネ．……はこまるんだっけ．あ，そうだ，「2乗すれば2になる数（のうちの正の方)」でいいんじゃないでしょうか.

**北**. だめですよ．それは $\sqrt{2}$ という数が存在したとすれば，それは2乗すれば2となる数でなければならない，という，$\sqrt{2}$ という数の性質，まさに性質そのものじゃないですか.

**白**. 先生，長さ1の等辺をもつ二等辺直角三角形の斜辺はたしかに存在しますから，この長さを $\sqrt{2}$ とすればいいでしょう.

**北**. それもだめです．もともと「長さ」というのは，人間が物体に対して対応させた実数であって，従って君のいっているのは「その斜辺に対応させる実数は，あるとすれば，2乗したら2になる数でなければこまる」という斜辺の「性質」を述べただけで，$\sqrt{2}$ という数の実在とは何の関係もありません．数が実在して初めて斜辺と対応づけられるわけですから，君の議論は本末転倒ですよ．「空飛ぶ円盤」の話と同じじゃないですか.

**白**. この研究室に入って来る早々，数について何もわかってへんことがバクロされてしもたなあ.

**北**. いや，数だけじゃないよ，今君が言った三角形の辺についても同じですよ．大体直線って何でしょう.「直線とは2点間の最短距離を結ぶ線である」でよいと思いますか．最短距離，とは長さのことなのですよ.

**発**. アッ，そうか．長さがわかっていないのに，最短距離などわかるはずないよな.

**中**. 何だか，自信なくしちゃったわねえ.

**北**. (ちょっとあわてて)いや，こんなことぐらいで自信をなくしちゃ困ります．まあ，ちょっとオドかしただけですから．ぼくが言いたかったのは,「直観を排したら，どうなるか」ということです．何も「直線はまっすぐな線」という感じを持ってはいけないというのではないが，場合によっては曲がった線でも「直線」という名前をつけることが，これからの数学では起こりますので，言葉と，それが荷なっている意味とを深く考えて，直観によって混同しないよう気をつけたいのです．

**中**．(オズオズと) 先生，本当に $\pi$ や $\sqrt{2}$ はあるんでしょうか，心配になって来ました．

**北**．大体，ある数が「存在する」ということの意味をよく考えてみましょう．1という数はあるのでしょうか．どこかで見たことがありますかね．

**白**．(ひとりごと) この先生，何をフザけたことというてはるんやろ．1て，書いたら，見えてるやないか．

**発**．そうじゃないんだよ．それは1という記号だろ．君,「犬」という字を見て，あのしっぽをふんだらワンとなく動物そのものであると思う？　字と動物は別物だよ．

**白**．ああ，それもそうやな.「犬」という字がしっぽふったなんて話，聞いたことないもんな．そんなら1という数字は何ぼでも見たことあるけど，1という数は，あれえ，いっぺんも見たことないわ．えらいことや，どないしょう．

**北**．自然界での事物の存在に関する議論も，つきつめるとなかなかむずかしいものがあります．しかし，たとえば「月にうさぎはいるか？」という問題は，少なくとも人間が月に行って見たらわかることです．それと「1という数はあるか？」という問題とは，かなり異質のものだということがわかりますね．つまり，数は本来，抽象的概念であって，「もの」として認識することは，自然界での物体についての認識とは，質的に異なるわけです．数において大切なのは，その働きであって，$1+1$ が2になり，$4\times 8$ が32になるという，数の機能が，しかもそれだけが本質的であるわけです．だから，「もの」は何であっても，その機能において数と同じ働きをするものがあれば，それを数だと思っていいわけです。たとえば，ここにモモンガーと雪男がいまして，

$$\text{モモンガー} + \text{雪男} = \text{雪男}$$

とは「モモンガーと雪男が手をつないだら雪男になった」という意味だとしましょう．すると，モモンガーはちょうど数の0の「働き」をしたのです．このことが雪男以外でも，どんなものについても同じように起こっていれば，モモンガーと考えようと0と考えようと，全然変りありません．つまり,「0とはモモンガーのことである」といってよいのです．だから，モモンガーが実在するならば0も実在します．

**発**．しかし，先生，そんなふうに，数の実在を，自然界に現に存在するものに結びつけていくと，こまったことになりませんか．だって，数は無限にあるのに，自然界は有限ですよ．

**北**．ええ，今のはたとえ話で，実際には，自然界の事物によって数を代表させることはしません．ただ，自然数というものを矛盾なく合理的に構成しようという，いわゆる「自然数論」という，数学の基礎的な分野が19世紀の終りから20世紀にかけて起こりましたが，それの目的とする所が,「数の認識」の仕方についてであったことを強調したかったのです．

**白**．先生，まあ自然数はわかったとしても，それと，$\pi$ とか $\sqrt{2}$ とかの認識の間にはまだだいぶ開きがあるように感じられますが……．たとえば，$\sqrt{2}$ という数は，「2乗したら2になる」という「働き」だけで，実在性を獲得したことにはならないんでしょう．

**北**．そりゃあ，なりません．実在性の獲得のための一つの手段が「デデキント*の切断」なんですよ．

**中**．ア，すっかり忘れていたわ，今日はその話をしに来たんだっけ．

**北**．自然数の実在性を認めれば，有理数の実在性までは，簡単に示すことができるので，有理数の実在性から，無理数の実在性を導こうというのが，デデキント大先生の陰謀なんです．デデキントが，このことを考えたとき，きっと，彼の頭の中には有理数の全体が，大小の順に一列に，第1図のように並んでいたでしょう．どんな2つの有理数の間にも，別の有理数があるから，この列には，ジャンプはありません．しかし，すき間がいっぱいあるのですね．たとえば，2乗すると2より大きくなる正の有理数の全体 $A$ と，それ以外の有理数の全体 $B$ という二つの集合を考えると，有理数の全体 $Q$ は

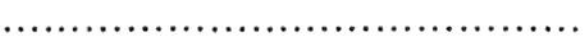

第 1 図

$$Q=A\cup B, \qquad A\cap B=\phi.$$

の形に分けられるのですが，$A$ の中に，$A$ の左端の数というものはありません．と同時に，$B$ の右端の数もないのです．(第2図)

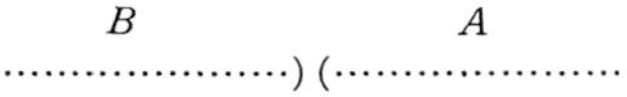


第 2 図

デデキントは，「このすき間をうめたら，$\sqrt{2}$ になる」と考え，バンザイ，できた，と思ったのですが，そのすき間へ何をつめ込んだらよいのか，はたと当惑したのです．ところが，よく考えて見たら，その「すき間」を実数と思ったらよいことに気がつきました．だって，すき間がいっぱい**ある**，といったではないですか．

**白**．うへえっ，無理数とは有理数のスキマか！

**中**．(ひとりごと) フン，モモンガーだの雪男だのと，いいかげん悪趣味な先生だと思っていたら，とうとう，スキマが無理数なんだって，バカにしてるわねえ．(と柳眉をサカダテル．)

**発**．ちょっとまてよ．もともと何もない真空の所に，有理数だけずらりと一列に並んでるだけだから，すき間なんてありゃしないじゃねえか．何しろこの世界は有理数しかない世界なのだから，そこに住んでいる人には，すき間がわかろうはずがないよ (とブツブツいう)．

**北**．発田君，何か変な所がありますか．

**発**．ええ，今は有理数だけしかないのですから，その中に住んでいる人はすき間なんて感じないのではないでしょうか．その人にすき間を説明することは不可能です．

---

* R. Dedekind.　1831–1916.

**北**．そう，デデキントもそう考えたのでしょう．「すき間」ということを表現するのに苦労した末，「すき間」ができるのは両側に「もの」があるからだ，と気がついたのです．「無理数」=「すき間」=「両側にあるもの」となって，「切断」という概念に到達したわけです．ここまでくれば，あとは，その切断，つまりすき間，の間の加減乗除，大小関係等の構造を有理数のそれと矛盾なく調和するように導入することだけ考えればよいわけで，これは大してむずかしくなくできます．

つまり，モモンガーだろうと空飛ぶ円盤だろうと，はたまた集合の組 $(A, B)$ であろうと，我々がほしいと思っている実数としての機能をもったものが出来さえすれば，それを実数として扱って何らさしつかえないのです．

**中**．先生，わたし，今後ずっと，$\sqrt{2}$ とかくかわりに $(A, B)$ 但し $A=\{x^2>2$；$x$ は有理数，$x>0\}$ などとかけ，と言われてもだめです．感覚的について行けません．（と，下を向いてしまう．）

**北**．(あわてて) いや，そ，そんなつもりでいってるんじゃありません．どんな数学者だって，$\sqrt{2}$ を $(A, B)$ などで取り扱っている人はないでしょう．今後も，もちろん $\sqrt{2}$ は $\sqrt{2}$ とかいて取り扱ってほしいものです．というのは $\sqrt{2}$ は $(A, B)$ という数の一つの機能を端的に表わしたシンボルで，その意味する所が大へんわかりやすく出ているから，大へん使いやすいからです．

ガリヴァ旅行記第3篇第5章で，バルニバービ国の首府ラガードを訪れたガリヴァが，そこの学士院の国語学教室の教授の一人の提案として，言葉を全廃して，「物々表現」* ですべての意志伝達を行うことを記しています．そして，たとえば女の人達がしゃべる楽しみがなくなるといって反対したため，その案は実施されなかったとか，“先進的知識階級”だけがそれを実行して，行商人そっくりの大荷物を肩にかついで，ほとんど倒れかかっているとか，新会話法をやる連中の家の中はそのための“もの”がいっぱいで足の踏み場所もないとか，とにかく，方々にあてこすりを言ったあげく，これは万国共通言語だから，外国語のわからない外交官にとって便利だろうと，当時のイギリスの外交官を皮肉っています．

実数を $(A, B)$ の形のまま使うのは，ちょっとこの「物々表現」に似ていますね．われわれは，“先進的知識階級”にこだわらず，大荷物をかつぐのはよしましょう．

**中**．安心したわ．（とキゲンを直す）

## [2] 数列の収束

**発**．先生，数列の収束ということについて，大学ではどうしてあんなにもってまわった言い方をするのですか．

---

* たとえば「犬」という代りに実物の犬をもって来て指し示すこと．

**北**．ほほう，そんなにもってまわっていますか．

**白**．いますか，てなもんとちがいますよ．ええと，どういうんやったかいな．忘れてしもた．何せ，思い出せん位，もってまわってますねん．

**中**．$\lim_{n\to\infty} a_n=a$ というのは，ええと，「任意の $\varepsilon>0$ に対し，ある $N$ が存在して，$N\leqq n$ に対し，$|a_n-a|<\varepsilon$ となる」これ，いっしょうけんめい，暗記したんだけど，お経の文句みたい．

**北**．そんなもの，いくら暗記してみても何の役にも立たないし，なまじおぼえているからという未練があって使おうとするから，害ばかりですよ．

$\lim_{n\to\infty} a_n=a$ を高校ではどう習いました？

**中**．「$n$ が限りなく大きくなるとき，$a_n$ が，一定数 $a$ に限りなく近づく」と教わりました．この方がずっとわかりやすいし，何も困ったこと，ないと思いますけど．

**北**．それじゃね．$\lim_{n\to\infty} a_n$ と $a$ とは同じ数ですか，ちがう数ですか．

（しばらく３人とも無言．モジモジしている．）

**白**．$\lim_{n\to\infty} a_n=a$ の＝は，普通の＝とちがうのやという話を聞いたことあるなあ．先生，$\lim_{n\to\infty} a_n$ は $a$ に限りなく近い数やと思います．そやから，２つの数は別物やと思います．

**北**．$a$ に限りなく近い数ってどんな数ですか．

**発**．$a$ のすぐとなりの数です．

**中**．ちょっとちがうが人間には区別できない数，ではだめかしら．

**北**．さっき，中山君は，高校の「極限の定義」の方がわかりやすくていい，といったけれど，今の３人の発言からすると，全然何もわかっていないことがよくわかります．$a$ に限りなく近い数などありませんし，すぐとなりの数もありません．「人間に区別できない数」など，大へん人間的？　ですが，どうも困りますね．

「$a$ のすぐとなりの実数」など**ある**でしょうか．３のすぐとなりの実数は？　3.1 ですか？　いや 3.05 の方が，より近いとなりですね．3.05 がすぐとなりですか？　いや，3.01 の方がもっと近いとなりです．これは，**きりがありません**ね．これは次のように，キチンと証明できます．

**定義**．実数 $b$ が実数 $a$ のすぐとなりの数であるとは，(i) $b\neq a$，(ii) $a<c<b$ または $b<c<a$ となるような実数 $c$ が存在しない，この２条件が成立することである．

**定理 1**．任意の実数 $a$ に対し，$a$ のすぐとなりの数は存在しない．

証明．今ある実数 $a$ に対し，$a$ のすぐとなりの数 $b$ が存在したとする．$b\neq a$ だから，

$c=\dfrac{a+b}{2}$ とおくと $a<c<b$ または $b<c<a$ が成立する．これは (ii) に矛盾する．従って，すぐとなりの数は存在しない．　証明終．

**発**．(不満そうに)　でも先生，$a$ という数のとなりには，実数がいっぱい**ある**んでしょう．

**北**．そうです．いっぱいあります．しかし，よく考えてみましょう．3のとなりに，3.1**より近い数**はたしかに（無数に）あります．3.01**より近い**数もまた（無数に）ある．ところが，3に最も近い数，つまり“比較級”でなく“最上級”で表現できる数，それは**ない**のです．“比較級”で表現できる数ならいっぱいあるのに，“最上級”で表現できる数がないのは，**比較する数が無限にあるから**です．どんどん比較して行っても，次々に新手が登場するので，きりがないのです．つまり，無限個のものを比較するときの用語や論法は，有限の場合とかなり様子がちがってくること，これを理解することが微分積分学の第一の要点です．練習問題として，次の定理を証明してごらん．

**定理2**．最大の実数は存在しない．

**白**．「存在する」と仮定して，矛盾を出せばええわけやな．$a$ を最大の実数とせよ，か．そうすると，ア，$a+1$ は $a$ より大きいから，$a$ が最大，というのは矛盾や．できた！

**北**．よくできました．では，次の定理はどう？

**定理3**．いくらでも大きい実数が存在する．

**白**．あれえ，これ，定理2の反対ですね．

**北**．いや，そうじゃないのです．定理3の言い方は，ちょっとアイマイな所がありますが，もっと正確にいうと，

**定理3**．どんな実数に対しても，それより大きい実数が存在する．

つまり，定理2は“最上級”で，定理3は“比較級”なのですよ．

**中**．$a$ に対し $a+1$ は $a$ より大きいから，どんな実数をとって来ても，それより大きい実数があることはたしかだわ．だけど，この証明，定理2の証明と同じじゃない？

**北**．そう，同じです．さっきの，「より近い」と「最も近い」の関係と同じ構造になっていることに注意して下さい．

今度は，白川君の「$a$ に限りなく近い数」というのも，“フンサイ”しておきましょう．「限りなく近い」というのなら，どんな“限り”を考えても，それより近いということでしょう．つまり，$a$ のまわに“限り”つまり“限界”，いいかえると垣根，壁，鉄条網，ピケットライン，バリケード，ABM網，etc．何でもかまいませんが，そんなものをこしらえてもなおかつその中に入っている，ということでしょう．たとえば，$(a-0.1,\ a+0.1)$ という区間を作ってこの中をバリケードの内側だとしましょう．「$a$ に限りなく近い数」$b$ は，この中に入っています．こりゃいかん，というわけで，もっと強固なバリケード，$(a-0.0001,\ a+0.0001)$ に作りかえても，やはり $b$ はこの中に入っているというのですね．「いくら強いバリケードを作っても」その中に入っている数，そんなものはあるでしょうか．$a$ 自身以外にはあり得ないのです．なぜなら，もうそんな数 $b$ が $a$ **以外**にあったとすると，$\left(a-\dfrac{|a-b|}{2},\ a+\dfrac{|a-b|}{2}\right)$ という区間は $b$ を含まないから（第3図）．$b$ は $a$ に「限りなく近く」はないわけです．

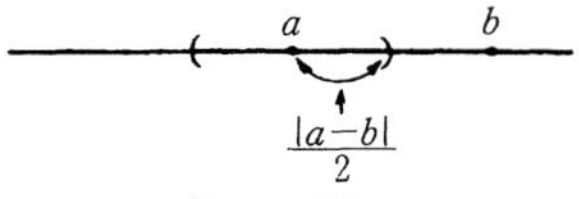


**第 3 図**

変な妄想をもってはいけません．二つの実数 $a, b$ は，$a=b$ か $a \neq b$ のどちらかで，$a \neq b$ なら，$a$ と $b$ の間には無数の実数が落ち込んでいます．

**白**．(なさけなさそうに) すると，$\lim_{n\to\infty} a_n = a$ は，本当に等しいのですか．

**北**．そうです．本当に等しいのです．幻想を抱いてはいけません．等しいものは等しいのです．

**中**．今度は $\lim_{n\to\infty} a_n$ の意味がわかりなくなっちゃったわ．

**北**．そうですね．では「$n$ が限りなく大きくなれば，$a_n$ は $a$ に限りなく近くなる」ということの意味を考えましょう．まず，この文章は無限個の数 $a_n$ ($n=1,2,\cdots$) に対する“比較級”の文章であることに注意して下さい．この文章のまずい所は「$n$ が限りなく大きくなれば」という所なのです．これは，むしろ，

「$a_n$ を $a$ に近くするには，$n$ を十分大きくすればよい．」

というべきでしょう．ここで考えているのは，$n$ とかいてある所がいろいろの自然数になり，それにつれて $a_n$ が**動く**，という関係です．「$a_n$ を $a$ に0.1の距離以内に近づけるには，$n$ を138以上にとればよい」「$a_n$ を $a$ に0.0002の距離以内に近づけるには，$n$ を10000以上にすればよい」といったように，相対的な構造になっているのです．このことがわかれば，中山さんのお経は，その言い直しにすぎないことがわかります．つまり，

「$a_n$ を $a$ に，$\varepsilon$ の距離以内に近づけるには，$n$ をある番号 $N$ 以上にすればよい」

ということが，任意の $\varepsilon>0$ について成立することを意味します．これは，

(1)「任意の $\varepsilon>0$ に対し，ある整数 $N$ 以上の $n$ につき，つねに $|a_n-a|<\varepsilon$」

あるいは，

「どんな $\varepsilon>0$ に対しても，有限個の $n$ を除き，$|a_n-a|<\varepsilon$ が成立する」

といってもよろしい．つまり，$a$ のまわりに，ちょっとでも幅をもたせると，$a_n$ ($n=1,2,\cdots$) のメンバーが，有限個はみ出るだけであとは全部その幅の中に落ち込んでいる，という状態になっていること，これが $\lim_{n\to\infty} a_n = a$ の意味です．

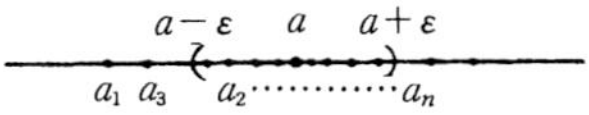


$\varepsilon$ という幅をかえれば，はみ出る $n$ の個数はもちろん変ります．しかし，「有限個」という事実が変らなければよいのです．

つまり，$\lim_{n\to\infty} a_n = a$ は，数列 $\{a_n\}$ と，別の一つの数 $a$ との**関係を述べている**のにすぎず，数の集り $\{a_n\}$ の中に $a$ が入っている必要は全くないわけです．

**発**．先生，$\lim_{n\to\infty} a_n = a$ の＝が普通の＝だといわれたのですが，今，$\{a_n\}$ と $a$ の関係だとおっしゃるのと，ちょっと合わないような気がしますが…….

**北**．いや，数列 $\{a_n\}$ に対し，(1)をみたす数 $a$ がいつでもみつかるかどうかわかりません

ね．みつかるとき，それは数列 $\{a_n\}$ からきまる数なのでそれを $\lim_{n\to\infty} a_n$ とかくのです．だから，当然 $\lim_{n\to\infty} a_n$ と $a$ とは同じ数です．

**発**．すると，$\lim_{n\to\infty} a_n = a$ は定義みたいなものですね．

**北**．そう，$\lim_{n\to\infty}$ という記号の定義ですね．

ただ，「数列 $\{a_n\}$ は収束する」ことを (1) によって定義することは，実際上，ちょっとまずいことがあるのです．それは，(1) によれば，$a$ がわかって始めて，$\{a_n\}$ が収束することがわかることになります．いいかえると，「$\lim_{n\to\infty} a_n$ がみつかれば $\{a_n\}$ は収束する」，これ，ちょっとおかしいでしょう．

**白**．つかまえてから，泥棒やいうことがわかる，別件タイホみたいやなあ．

**北**．もともと，$\{a_n\}$ が収束するかどうかは，$\{a_n\}$ だけできまる性質のものであるはずなのに (1) はそうなってないので，コーシー*という人はいろいろ苦心の末，$a$ を使わない収束の条件を考え出したのです．それは，相対距離という考え方で，

「任意の $\varepsilon(>0)$ に対し，有限個の $n$ を除けば，$\{a_n\}$ のどの 2 つの距離も $\varepsilon$ 以下になる」

つまり

(2)「任意の $\varepsilon(>0)$ に対し，有限個の $n$ を除けば $\{a_n\}$ のどの 2 つの距離も $\varepsilon$ 以下になる」

$|a_p - a_q| < \varepsilon$ 」**

たしかに，この文章の中には極限値 $a$ は入って来ませんから，先ほどのまずい点は解消します．

**中**．先生，(1) と (2) が同値な条件であることは簡単に証明できますか．

**北**．(1) から (2) がでることは簡単ですが，逆はかなりややこしいのです．実数の本質的な性質，「ぎっしりすき間なくつまっている」という性質を使わねばならないんです．つまり，デデキントの切断にまで立ちかえって考えないとできません．というより，(2) から (1) が出る，ということを仮定すれば，逆にデデキントの切断による「有理数のすき間詰め」は，不要になります．これはカントル***という人が考えたことですが，(2)をみたす有理数列 $\{a_n\}$ 自身が一つの実数を定義していると思えば，それですべての実数がえられる，ということを証明したのです．ある意味では，カントルの考え方の方が，デデキントの考え方より，わかりやすいと思います．なぜなら，たとえば，$\sqrt{2}$ は，

1,　1.4,　1.41,　1.414,　1.4142,　……

という有理数列のことだと思え，という式の考え方ですから．

**白**．ア，これは考えやすいわ．ようわかる．

**北**．ただ，ちょっと調子が悪い点は，$\sqrt{2}$ に収束する有理数列はいっぱい考えられるでしょ

---

* A. Cauchy　1789-1857．

** (2)をみたす数列 $\{a_n\}$ のことを**コーシー列**という．

*** G. Cantor　1845-1918．

う．それらが同じ $\sqrt{2}$ である，ということをどうきめてやるか，その交通整理が少しめんどうなのです．

まとめますと，大すじの考え方として，デデキントは「実数とは有理数体の切断である」，カントルは「実数とは有理数から成るコーシー列である」と考えたわけです．どちらにせよ，「実数の本体は何であるか」について「実数の機能は何であるか」を追求して得られた成果であって，その2つが形はちがっていても，同じ機能を果たしているから，それらは全く同じものであるとしてよいのです．

では，今日はこれ位にして，練習問題を一つ．

**問題**．アルキメデスの公理，「$a>0$, $b>0$ に対しある自然数 $n$ があって，$na \geqq b$ となる」を用いて，$\lim_{n\to\infty}\frac{1}{n}=0$ を厳密に証明せよ．

## [3] 演　習

**白**．こんなもん証明せえ，いわれてもなあ．あたり前やないか．$n$ が限りなく大きくなれば $\frac{1}{n}$ は限りなく小さくなる，でええのんとちがうか．

**中**．だめよ，ゲンミツでないもの．

**発**．ゲンミツに言えば，こうなるよ．任意の $\varepsilon>0$ に対し，$\left\{\frac{1}{n}\right\}$ のメンバーのうち有限個を除いて，

$$\left|\frac{1}{n}-0\right|<\varepsilon$$

となることを示せ．

**中**．ということは，$\frac{1}{n}>0$ だから，絶対値記号はいらないわね．だから，「任意の $\varepsilon>0$ に対し，有限個を除いて，$\frac{1}{n}<\varepsilon$ となる」ことを示せばいいのね．ア，わかった．これは $\frac{1}{\varepsilon}<n$ と同じだから，アルキメデスの公理のうち，$a=1$，$b=\frac{1}{\varepsilon}$ とすればいいじゃない．だって，ある自然数 $N$ があって $N\cdot 1 \geqq \frac{1}{\varepsilon}$ となるから，その $N$ より大きいすべての $n$ について $\frac{1}{\varepsilon}\leqq N<n$，つまり $\frac{1}{n}<\varepsilon$ が成立するわけよ．

**白**．なんや，たよりないみたいな証明やなあ．

**中**．タヨリないとは何よ．$\frac{1}{n}$ が限りなく小さくなる，ではダメなのよ．

**白**．ヘイ，スンマヘン．

## 練　習　問　題

1. $\lim_{n\to+\infty} a^n=0$　$(0<a<1)$ を証明せよ．

**2.** $\lim_{n\to+\infty} a_n=a$, $\lim_{n\to+\infty} b_n=b$ が共に存在するなら，$\lim(a_n+b_n)$ も存在して

$$\lim(a_n+b_n)=\lim a_n+\lim b_n$$

が成立することを示せ．$\lim a_n$, $\lim b_n$ が存在しないときでも $\lim(a_n+b_n)$ は存在することがある．その場合上の式は無意味である．例を挙げてこのことを示せ．

**3.** 三つの数列 $\{a_n\}$, $\{b_n\}$, $\{c_n\}$ があって

$$a_n \leqq b_n \leqq c_n \quad (n=1, 2, \cdots\cdots)$$

であるとする．もし $\{a_n\}$, $\{c_n\}$ が同じ値 $a$ に収束するならば，$\{b_n\}$ も $a$ に収束することを示せ．

**4.** $0.9999\cdots\cdots=1$ であることを極限の考え方で説明せよ．

**5.** 次の議論はどこがおかしいか．

定理：1は最大の自然数である．証明：$a$ を最大の自然数とする．もし $a\neq 1$ なら $a<a^2$ となって $a$ の最大性に反する．証明終．

# 第 2 章　微分と微分係数

## [1]　微分の定義

**白川**．先生，今日はちょっと質問があるんですが．

**北井**．どうぞ．

**白**．微積分の講義で，ぼくの担当の教授は，微分係数の定義を次のようにしたのです．

$$(1)\qquad f(x)=f(a)+\alpha(x-a)+g(x),\qquad \lim_{x\to a}\frac{g(x)}{x-a}=0$$

が成立するような $\alpha$ のことを，$a$ における $f(x)$ の微分係数という……

**北**．それで？

**白**．すごくもってまわった定義のように思えるのです．高校のときだと，えーと，たしか

$$(2)\qquad \lim_{x\to a}\frac{f(x)-f(a)}{x-a}=\alpha$$

の値を $a$ における $f(x)$ の微分係数という，という風に教わったはずです．この方がずっと自然で，しかもわかりやすいように思えますが，どうして (1) のような形から出発するのでしょうか．第一，(1) のようにゴタゴタ並んだ式のまんなかにある数が微分だというのはピンときません．

**北**．今の君の質問は 2 つに分けて考えることにしよう．第一に，(1) と (2) は実は同値な式であるということを注意しておくこと．第二は，(1) と (2) が君のいうようなわかりやすさの上のちがいは別にして，どんな風にちがうのかということを説明すること……．

**発田**．あれえ，おかしいぞ．第一に，同じだということを言い，次にちがうのだということをいうなんて……．

**北**．うん，正にそのことが大切なんですよ．つまり論理的には同値でも，理念的にはちがっている命題というのはいくらでもあるんです．そこのところを説明しましょう．

まず，(1) が成立したとすると，

$$\frac{f(x)-f(a)}{x-a}=\alpha+\frac{g(x)}{x-a}$$

だから，$x\to a$ とした極限へ行くと，(2)が成立します．逆に，(2)が成立するならば，$g(x)$ という関数を

$$g(x)=f(x)-f(a)-\alpha(x-a)$$

によって定義すると，明らかに，

$$\frac{g(x)}{x-a}=\frac{f(x)-f(a)}{x-a}-\alpha$$

の，$x\to a$ とした極限値は0となるから，(1) が成立するわけです．

**白**．ええ，そのことは講義のときにもやりました．

**北**．問題は第二の点です．大体，微分だの，導関数だのを考える動機は，関数の一次関数による近似をしようという所にあるのです．それをグラフで示すと，接線を考えることになります．

$$x=a \quad で \quad f(x) \longleftrightarrow b+\alpha(x-a)$$

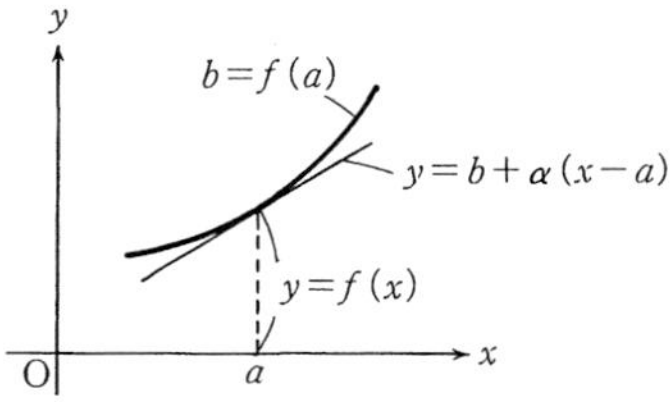

第 1 図

このbは，まあ強いていうなら，"第0次近似"とでもいいましょうか．つまり，定数関数による近似といえます．

$x=a$ において，関数 $f(x)$ を近似するとき，まず定数関数で近似しようと思ったら，$y=f(a)$ を考えるのは当然でしょう．次に一次関数近似を考えるとすると，接線ということになりますが，接線というのは直感的にいうと，$y=f(x)$ のグラフとのスキ間が，$(a,f(a))$ を通る他のどの直線より"せまい"ような直線のことですね．この"せまい"ということを正確に言おうとすると，やはり式で書いた方がよいのでして，接線の方程式が $y=f(a)+\alpha(x-a)$ だとすると，

$$(3) \qquad \frac{f(x)-[f(a)+\alpha(x-a)]}{f(x)-[f(a)+m(x-a)]} \xrightarrow[(x\to a)]{} 0$$

が $m\neq\alpha$ であるどんな $m$ についても起こる，ということになりますね．

**白**．おい，発田君，(3) は何という意味や，さっぱりわからん．

**発**．うん，$(a,f(a))$ を通る直線をいろいろ書いてみるだろ，その勾配が $m$ ってわけさ．どんな勾配をとっても，その直線と $f(x)$ とのスキ間より，接線と $f(x)$ のスキ間の方が小さくなっちまう，てえのが (3) の意味だよ．

**中山**．"せまい"っていうのも，$x=a$ の近くへ来れば来るほど，ひどくなるのね．

**北**．さて，(3)を少し書き直すため，

$$g(x)=f(x)-f(a)-\alpha(x-a)$$

とおきますと，(3)は

$$=\frac{g(x)}{g(x)+\alpha(x-a)-m(x-a)}=\frac{g(x)}{g(x)+(\alpha-m)(x-a)}$$

$$(4)\qquad =\frac{1}{1+(\alpha-m)\dfrac{(x-a)}{g(x)}}$$

と変形できます．これは $g(x)\neq 0$ のときだけしかできませんが，それでいいのです．(3) は $x\to a$ とすると 0 に収束しますから．(4) の最右辺は 0 に近づきますが，これが 0 に近づけるのは $\left|\dfrac{x-a}{g(x)}\right|\to\infty$ のとき，かつそのときに限ります．従って，

$$(5)\qquad \lim_{x\to a}\frac{g(x)}{x-a}=0$$

でなければなりません．$g(x)=0$ となる $x$ を除外して $x\to a$ としたのですが，(5) の式にそのような $x$ を参加させても (5) は成立しますから，結局接線を作ろうとする場合，(1) のように表わすのが，最も直感に近い表わし方です．

**白**．しかし，それは(2)のように，接線の勾配を先に求めた方がもっと直感的でしょう．

**北**．ええ，1次元の場合は，勾配によって直線がきまってしまうから，それでもよいのですが，これが2次元以上になると，ガゼンちがって来ます．(1)を微分係数の定義に用いる最も大きい理由は，これが多変数の関数になっても同じ形で取り扱える，という所にあるのです．

今度は2変数の関数

$$z=f(x,\ y)$$

を，点 $(a,\ b)$ において近似する問題を考えましょう．これを (2) の形にだけ頼って考えるとひどいことになります．(2) のマネをするとすれば

$$(6)\qquad \lim_{(x,y)\to(a,b)}\frac{f(x,\ y)-f(a,\ b)}{|(x,\ y)-(a,\ b)|}=\alpha$$

が存在するとき，$f(x,\ y)$ の点 $(a,\ b)$ での微分係数，ということにでもなりますが，この極限は大ていの場合存在しません．

**中**．先生，その lim はどんな極限ですか．

**北**．ああ，$(x,\ y)\to(a,\ b)$ の意味ですか．これは $(x,\ y)$ と $(a,\ b)$ の距離

$$|(x,\ y)-(a,\ b)|=\sqrt{(x-a)^2+(y-b)^2}$$

が 0 に収束するという意味です．$\varepsilon$-$\delta$ 式にいうと，どんな $\varepsilon(>0)$ に対しても，$(x,\ y)$ が $(a,\ b)$ に近くなりさえすれば，つまりある距離（それを $\delta$ としましょう）以下になりさえすれば，

$$\left|\frac{f(x,\ y)-f(a,\ b)}{|(x,\ y)-(a,\ b)|}-\alpha\right|<\varepsilon$$

が成立してしまう，ということです．

(6) は，たとえば $f(x, y)=l(x-a)+m(y-b)$ という，一次関数の場合ですら，存在しません．なぜなら，$x\to a$，$y=b$ とした極限ですら，

$$\lim_{(x,y)\to(a,b)}\frac{f(x, y)-f(a, b)}{|(x, y)-(a, b)|}=\lim_{x\to a}\frac{l(x-a)}{|x-a|}=\pm l$$

と，$x$ の近づき方で極限値がちがいますし，また，$x=a$，$y\to b$ とした極限値だと $\pm m$ となって，これも2つでて来てしまうと同時に $l$ ともちがいますから，唯一つの極限値というものは全然定まらないのです．

これは，もともと，関数 $f(x, y)$ を点 $(a, b)$ で一次関数近似するのが微分の最初のアイデアであることを無視して，全く形式的に (2) を2変数の時にマネしようとしたために起こった混乱ですから，これは起こるのが当然なわけです．

そこで，今度は (1) のマネをしてみましょう．まず定数関数による近似，“第0次近似”は，いうまでもなく，

$$z=f(a, b)$$

でしょう．次に，第1次近似は，一次関数だから，

(7)　$$z=f(a, b)+\alpha(x-a)+\beta(y-b)$$

の形です．そしてもとの $f(x,y)$ と，この一次関数の差

$$g(x, y)=f(x, y)-[f(a, b)+\alpha(x-a)+\beta(y-b)]$$

が，距離 $|(x, y)-(a, b)|$ に比べて，“小さい”こと，すなわち，

(8)　$$\lim_{(x,y)\to(a,b)}\frac{g(x, y)}{|(x, y)-(a, b)|}=0$$

が成立するとき，$f(x, y)$ は点 $(a, b)$ で微分可能といい，そのときの一次関数 (7) のことを，$f(x, y)$ の点 $(a, b)$ における**微分**というのです．つまり，微分可能というのは，一次関数で近似可能ということを意味するわけです．グラフでいえば接平面が作れるということです(第2図)．

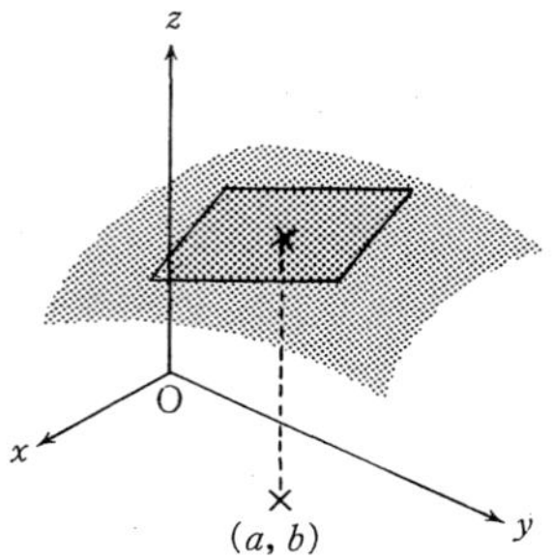

第 2 図

まとめてかくと，$f(x, y)$ が点 $(a, b)$ で微分可能とは，

(9)　$$f(x, y)=f(a, b)+\alpha(x-a)+\beta(y-b)+g(x, y),\quad \lim_{(x,y)\to(a,b)}\frac{g(x, y)}{\sqrt{(x-a)^2+(y-b)^2}}=0$$

が成立することをいい，そのときの近似一次関数

(10)　$$z-f(a, b)=\alpha(x-a)+\beta(y-b)$$

のことを簡単に，

$$dz=\alpha\,dx+\beta\,dy \qquad (11)$$

とかき，$f(x, y)$ の微分と呼びます．

**発**．ちょ，ちょっと先生，「微分可能」ということの意味が，接平面が作れることであるというのはわかりましたが，どうしてそれが「微分」になるのですか．

**北**．いや，その一次関数のことを「微分」と名づけるのですよ．どうしてったって，そう名前をつけるんですから仕方がないでしょう．君の名前が発田という名前であることは，別に論理的な理由があるわけじゃない……．

**発**．（ちょっとむっとなる）名前はどうでもいいんです．だけど，$dz$ とか $dx$ とか書くとき，それは無限に小さいんでしょう．だって，無限に小さいから，$g(x, y)$ が無視できて，(11) という式になるんですから．ところが (10) は別に何も小さくないです．それを微分と呼ぶのは困ると思います．

**北**．（やれやれといった顔）あのねえ，君，この前の時間にあれだけ無限に小さい数などないといったじゃないですか．もう忘れたんですか．

**発**．（きょとんとする）ええ，無限に小さい数はありません，それは0です．しかし，それだったら，(11) で $g(x, y)$ はどうしてなくなってしまったんですか．

**北**．(11) という式は何も極限移行によって作ったんじゃない．よく見なさい，どこで極限移行を行なってますか．何もしていないでしょう．

**白**．そしたら，どうして $dz$ とか $dx$ とか書けるのですか．

**北**．君達，どうも $dx$ と書けば小さいもの，どんどん小さくなって行ったもの，という感じが抜け切れないので困りますねえ．何も $dx, dy, dz$ は小さくないのです．ただ (10) で，

$$dx=x-a, \qquad dy=y-b, \qquad dz=z-f(a, b)$$

と**おいただけ**ですよ．つまり，接平面を表わすいわゆる“流通座標”として，普通，高校などでは，$X, Y, Z$ などと書く，あれです．その流通座標を，常に原点は今考えている点 $(a, b, f(a, b))$ にとるという約束の下に，$dx, dy, dz$ という記号を使う，それだけです．

$g(x,y)$ は発田君がいうように無視したのじゃないんです。もともと，(11)は接平面の方程式なのだから，$g(x,y)$ は入れてはいけないのです．

**中**．先生，そうしたら，一変数の関数のときでも

$$dy=f'(x)dx \qquad (12)$$

と書いていいんですか．高校のときは，$\dfrac{dy}{dx}$ はワンセットで，上下をばらばらにしたらだめだって，教わったんですが．

**北**．(12) は立派な接線の方程式です．高校のときでも，

$$Y-y=f'(x)(X-x)$$

と書いたでしょう．それを，大学では (12) のように書くだけですよ．

$\dfrac{dy}{dx}$ を上下ばらばらにしてはいけない， という忠告は，「微分」と「微分係数」の区別をはっきりさせない段階で，混乱を防ぐための便法でして，あまりよい忠告ではありません．

**中．** 何ですか，その「微分」と「微分係数」のちがいというのは．

**北．** 微分というのは，今言いましたように，近似一次関数のことです．それに対して，微分係数というのは，その一次関数の係数のことをいうのです．関数それ自身と，関数の係数とは，本来全く別のものです．それが，一変数の関数のときには，

$$\lim_{x\to a}\frac{f(x)-f(a)}{x-a}=f'(a)$$

となり，これは微分係数の方です．と同時に，微分の方も，(12) から，

$$\frac{dy}{dx}=f'(a)$$

と書けないことはない．つまり，一変数の場合は一つの係数で一次関数が決まってしまいますから，関数の方を微分といい，係数の方を微分係数という，と区別してみても始まらないのです．しかし，$\dfrac{dy}{dx}$ の上下をばらばらにしてはいけない，という忠告はいろいろな害毒を流しましたね．第一に，今言った微分の意味をわからなくしてしまったのと，もっと大きい害毒は，$dy$, $dx$ はそれぞれ無限に小さいものという，全くのナンセンスを“常識”のように若い諸君にうえつけてしまったことです．

いずれにせよ，一つの係数で一次関数がきまるというのは1変数の場合にのみ起こる，全くの特殊現象ですから，2変数以上の関数では，微分と微分係数とははっきり別のものであることが明らかになります．(10) や (11) の $\alpha$, $\beta$ が微分の係数，つまり微分係数です．

**白．** 何や，今まで，微分やとか，微係数やとかいうて，「微」がつくもんやさかい，なんせカスカなもんやろ，とばっかり考えてたわ．

**北．** 微係数という言葉はよくないですねえ．微分係数 (differential coefficient) ですよ，あくまでも．微分の係数なのであって，カスカな係数じゃありません．

**発．** そうよなあ，カスカな係数はおかしいよ……．

**北．** 今のことから，偏微分係数が自然に導かれます．今(9)が成立したとするとき，その微分係数 $\alpha,\beta$ を計算する方法を考えましょう．まず，$y=b$ とおいてみますと，

$$f(x,\ b)=f(a,\ b)+\alpha(x-a)+g(x,\ b)$$

$$\lim_{x\to a}\frac{g(x,\ b)}{|x-a|}=0$$

が成立していますから，これは，$f(x,b)$ という $x$ の関数が $x=a$ において微分可能であることを示しています．そして，$\alpha$ はその微分係数ですから，その計算法は(2)から

(13)
$$\alpha=\lim_{x\to a}\frac{f(x,\ b)-f(a,\ b)}{x-a}$$

同様に，$\beta$ は，$x=a$ とおいて考えれば，

(14)
$$\beta=\lim_{y\to b}\frac{f(a,\ y)-f(a,\ b)}{y-b}$$

これらはそれぞれ，一方の変数についての導関数を計算することを意味しますから，それらを，それぞれ $\frac{\partial f}{\partial x}$，$\frac{\partial f}{\partial y}$ と $d$ をまるめて $\partial$ と書き偏微分係数といいます．今度は，それこそ微分係数の場合にしか使いませんから，$\partial f$ と $\partial x$ をはなして書くことはしません．$\partial$ を別の意味に使うことがあって $\partial f$ とか $\partial\Omega$ などの記号に出合うことがあるかも知れませんが，そのときは説明がしてあるはずです．それから，全微分というのは，微分というのと同じです．偏微分係数と区別するため，全をつけて強調したりするのです．

**白**．先生，それなら，$f(x,\ y)$ を $x,\ y$ について別々に微分して $\frac{\partial f}{\partial x}$，$\frac{\partial f}{\partial y}$ がわかりますからそれをもとに，

$$dz=\frac{\partial f}{\partial x}dx+\frac{\partial f}{\partial y}dy$$

を作れば，これで $f(x,x)$ の微分ができます．だから，$f(x,y)$ の微分可能性の定義を，わざわざ(9) などというややこしい式にしなくても，(13) と (14) の両方が存在することだと定義してやればいいのではないんですか．それなら (2) の拡張とも考えられますし……

**北**．ところが，それはだめなのです．(13)，(14) が存在したとして，それを使って，

$$g(x,\ y)=f(x,\ y)-[f(a,\ b)+\alpha(x-a)+\beta(y-b)]$$

を作っても，必ずしも，

$$\lim_{(x,y)\to(a,b)}\frac{g(x,\ y)}{|(x,\ y)-(a,\ b)|}=0$$

をみたしません．たとえば，第3図のように，それぞれ $x$ 軸，$y$ 軸上に辺をもつ二つの三角形を第1象限で立てかけてテント小屋みたいなものを作り，第1象限以外の $x$-$y$ 平面上では $z=0$ とした関数を，$z=f(x,\ y)$ としますと，この関数は原点 (0,0) で接平面を持ちません．だけれど，$x$ 軸上，$y$ 軸上では $f(x,\ y)$ の値は恒等的に0ですから，$\frac{\partial f}{\partial x}$，$\frac{\partial f}{\partial y}$ の原点での値はたしかに存在してその値は共に0です．だから，白川君のいった手順でやれば，この $f(x,\ y)$ の微分は

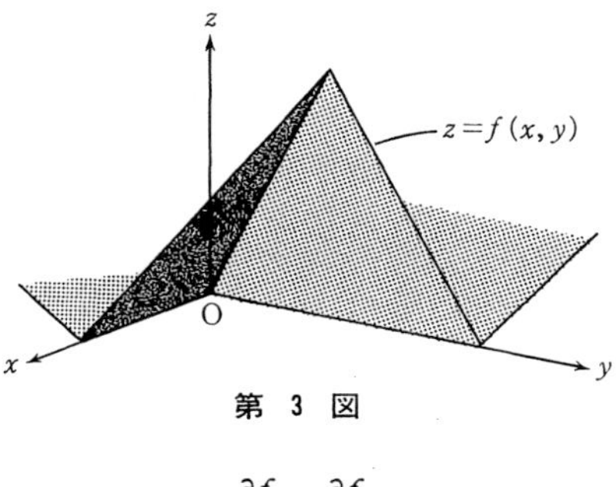

第 3 図

$$dz=0$$

と，ちゃんと在存することになります．これもまた，(13)，(14) をあまりにも教条主義的に信奉して，その微分係数としての役割を無視したことから起こる矛盾です．

## [2] ベクトル値関数の微分

**北**．今度はベクトル値関数の微分を考えましょう．簡単で直感的イメージがはっきりする2次元ベクトル値関数の場合をやりますが，次元がもっとふえても同じことです．

2次元ベクトル値関数というのは，（変数の方は1つの場合をまず考えましょう）

$$\boldsymbol{x}=\boldsymbol{f}(t)$$

で独立変数 $t$ が変るにつれて従属変数 $\boldsymbol{x}$ は2次元空間の中を動く．その対応関係というのです．$\boldsymbol{x}$ は2次元ベクトルですからその座標を $x, y$ としますと，それは $t$ の関数だから，*

$$\boldsymbol{x}=\begin{pmatrix} x \\ y \end{pmatrix}=\begin{pmatrix} f(t) \\ g(t) \end{pmatrix} \tag{15}$$

となり，これは，2つの普通の関数 $x=f(t)$，$y=g(t)$ を並べてかいたものに他なりません．これをグラフで画くのに2つの方法があります．一つは第4図のように，$t, x, y$ の3次元空間の中のカーブと見る画き方，もう一つは，$t$ は時間だというわけで，$x$-$y$ 平面上に，その軌道だけ画くやり方（第5図）です．第5図のグラフは第4図のカーブを $x$-$y$ 平面へ正射影したものに等しいことは明らかでしょう．また，この第5図のグラフを画くには，(15) から，$t$ を消去すればよいことも明らかですね．

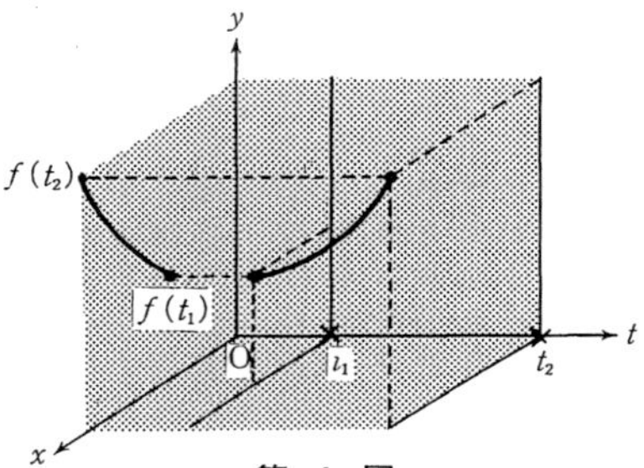

第 4 図

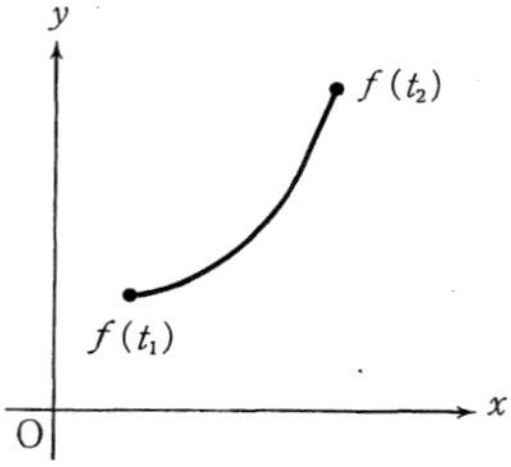

第 5 図

**白．発．中**．なるほど．

**北**．この関数が微分可能だというのは，前と同じで，

$$\boldsymbol{f}(t)=\boldsymbol{f}(t_0)+\boldsymbol{a}(t-t_0)+\boldsymbol{h}(t), \qquad \lim_{t\to t_0}\frac{\boldsymbol{h}(t)}{t-t_0}=\boldsymbol{0} \tag{16}$$

が成立することである，と定義しましょう．そしてその係数（といってもベクトルですが）$\boldsymbol{a}$ のことをこのベクトル値関数の点 $t_0$ における微分係数といいます．

**白**．先生，今度は近似一次関数はどれになるのですか．

**北**．前と同じ，　$\boldsymbol{x}-\boldsymbol{f}(t_0)=\boldsymbol{a}(t-t_0)$

が近似一次関数です．これは，座標毎にかくと，

---

* ベクトルは原則としてタテにかくことにする．

$$(17)\qquad \begin{pmatrix} x \\ y \end{pmatrix} - \begin{pmatrix} f(t_0) \\ g(t_0) \end{pmatrix} = \begin{pmatrix} \alpha \\ \beta \end{pmatrix}(t-t_0)$$

または，同じことですが $x-f(t_0)=\alpha(t-t_0)$，$y-g(t_0)=\beta(t-t_0)$ となります．(17) の左辺を $d\boldsymbol{x}$，$t-t_0=dt$ とかき，

$$(18)\qquad d\boldsymbol{x}=\boldsymbol{\alpha}\,dt$$

がベクトル値関数の微分です．$\boldsymbol{\alpha}$ の各座標は (17) からもわかるように，

$$\alpha=f'(t_0),\qquad \beta=g'(t_0)$$

つまりベクトル的にかくと，

$$\boldsymbol{\alpha}=\boldsymbol{f}'(t_0)$$

となります．

**発**．先生，いやに形式的に同じ形で (16) を書かれましたが，幾何学的に，接線とはどんな関係にあるんですか．

**北**．座標毎に見ると，$x=f(t)$，$y=g(t)$ は $\boldsymbol{x}=\boldsymbol{f}(t)$ の，それぞれ $x$-$t$ 平面，$y$-$t$ 平面への正射影ですから，接線も正射影の関係になって（第6図）いて，(17) はこの空間曲線の接線の $t-t_0$ というパラメータによる助変数表示になっているでしょう．だから

$$x:y:t=\alpha:\beta:1$$

という方向のベクトルは，この接線の方向比を表わしているのです．特に，そのうちの $x$ と $y$ の成分だけ取り出すと，これは $x$-$y$ 平面への正射影となりますから，結局ベクトル $\boldsymbol{\alpha}$ は，$x$-$y$ 平面での $\boldsymbol{x}=\boldsymbol{f}(t)$ の軌道の接線の方向ベクトルを表すことになります．例題を出すからやってごらん．

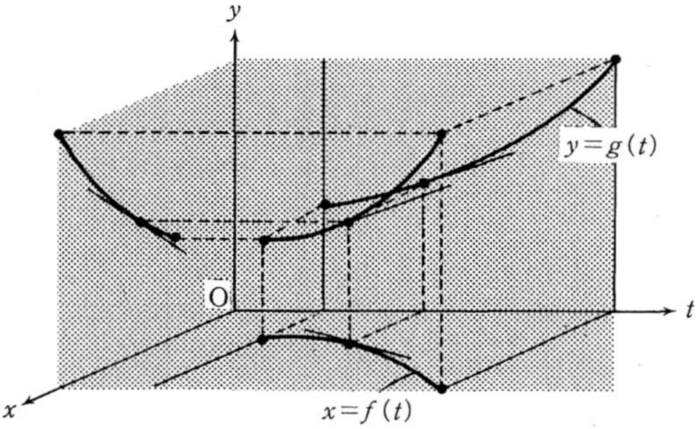


**第 6 図**

**例**．$x=\cos t$，　$y=\sin t$．

**中**．$dx=-\sin t\,dt$，$dy=\cos t\,dt$　だから　$\boldsymbol{\alpha}=\begin{pmatrix} -\sin t \\ \cos t \end{pmatrix}=\begin{pmatrix} -y \\ x \end{pmatrix}$．

となって，グラフはラセンになるわね．

**白**．接線の方程式を $t$ と $dt$ を消去してかくと，ええと，

$$\frac{dx}{-\sin t}=\frac{dy}{\cos t}$$

やさかい，ウーン，

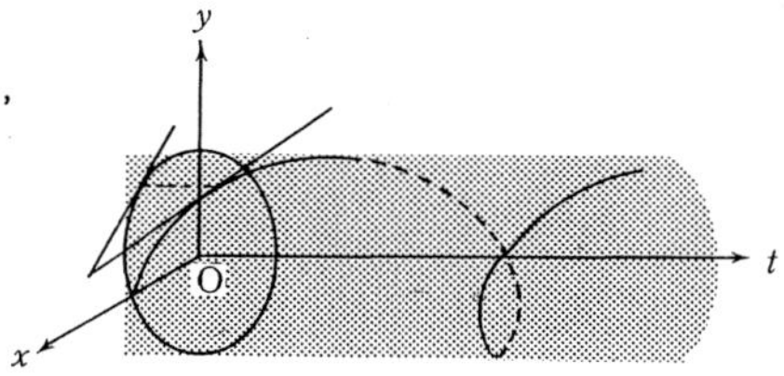


**第 7 図**

$$\frac{dx}{-y}=\frac{dy}{x}$$

か，つまり，

$$xdx+ydy=0$$

やな．

**発**．そんなこたあ，はなっから，$t$を消去して，$x^2+y^2=1$として，微分すりゃあ，でてくるよ．
**北**．その通り．実際，第4図のように考えるより第5図のように考えることの方がずっと多いのです．ただ，いつでも，まず$t$を消去したらいいと考えると，かえってやりにくい場合が多いですよ．

今度は，2変数の3次元ベクトル値関数を考えましょう．つまり，座標毎には，

(19)　$x=f(u, v),\quad y=g(u, v),\quad z=h(u, v)$

まとめてベクトル的にかくと，

$$\boldsymbol{x}=\begin{pmatrix}x\\y\\z\end{pmatrix}=\begin{pmatrix}f(u, v)\\g(u, v)\\h(u, v)\end{pmatrix}=\boldsymbol{f}(u, v)$$

となります．(19)から$u$と$v$を消去しますと，$x, y, z$の間の一つの関係式になりますから，これは一般には3次元空間の中の一つの曲面を表わします．そこで，微分を考えましょう．

(20)　$$d\boldsymbol{x}=\frac{\partial \boldsymbol{f}}{\partial u}du+\frac{\partial \boldsymbol{f}}{\partial v}dv$$

というのはよろしいでしょうか．

**白**．うーん，どうせ$\dfrac{\partial \boldsymbol{f}}{\partial u}$は$\boldsymbol{f}(u, v)$というベクトルの各座標を$u$で偏微分したものやろうから，(20)を座標毎に書くと，

(21)　$$\begin{aligned}dx&=\frac{\partial f}{\partial u}du+\frac{\partial f}{\partial v}dv\\dy&=\frac{\partial g}{\partial u}du+\frac{\partial g}{\partial v}dv\\dz&=\frac{\partial h}{\partial u}du+\frac{\partial h}{\partial v}dv\end{aligned}$$

となるという意味やなあ．ア，これは当り前の式や，(19)のそれぞれの微分を考えたらええのや．そやけど，この連立の式，何のことやらさっぱりわからん．

**中**．だけどさあ，$dx, dy, dz$は流通座標でしょ．今，ある一点で考えているのよ，$(u_0, v_0)$かなんかでね．そのときの$x, y, z$の値を$x_0, y_0, z_0$かなんかとおけば，

$$dx=X-x_0,\qquad dy=Y-y_0,\qquad dz=Z-z_0$$

でしょ．大学じゃ $X, Y, Z$ は使わないなんていうけど，わからなきゃしようがないじゃないの．しばらく，使っちゃう．$du=U-u_0$, $dv=V-v_0$ も使っちゃおう．

**白**．$\dfrac{\partial f}{\partial u}$，$\dfrac{\partial f}{\partial v}$，… はどんな値なの．

**中**．$\dfrac{\partial f}{\partial u}(u_0, v_0)$，… なのよ，きまってるじゃないの．そしたら $d\boldsymbol{x}=\begin{pmatrix} dx \\ dy \\ dz \end{pmatrix}$ は $\begin{pmatrix} x_0 \\ y_0 \\ z_0 \end{pmatrix}$ を原点とする流通座標となるわね．それが，$\begin{pmatrix} \dfrac{\partial f}{\partial u} \\ \dfrac{\partial g}{\partial u} \\ \dfrac{\partial h}{\partial u} \end{pmatrix}$ と $\begin{pmatrix} \dfrac{\partial f}{\partial v} \\ \dfrac{\partial g}{\partial v} \\ \dfrac{\partial h}{\partial v} \end{pmatrix}$ の線型結合で書けているというのが (20) の意味だわ．ア，わかった．これは平面の方程式よ．そうだ，接平面だわ，きっと．

**発**．どれどれ，

$$\begin{pmatrix} dx \\ dy \\ dz \end{pmatrix}=\begin{pmatrix} \dfrac{\partial f}{\partial u} \\ \dfrac{\partial g}{\partial u} \\ \dfrac{\partial h}{\partial u} \end{pmatrix}du+\begin{pmatrix} \dfrac{\partial f}{\partial v} \\ \dfrac{\partial g}{\partial v} \\ \dfrac{\partial h}{\partial v} \end{pmatrix}dv$$

か，なるほど，これは平面の方程式だなあ．これ，接平面ですか，先生．

**北**．接平面の候補者ですよ．前と同じで，

$$(22)\quad \begin{aligned} &\boldsymbol{f}(u, v)=\boldsymbol{f}(u_0, v_0)+\frac{\partial \boldsymbol{f}}{\partial u}(u-u_0)+\frac{\partial \boldsymbol{f}}{\partial v}(v-v_0)+\boldsymbol{k}(u, v) \\ &\lim_{(u,v)\to(u_0,v_0)}\frac{\boldsymbol{k}(u, v)}{|(u, v)-(u_0, v_0)|}=\boldsymbol{0}, \end{aligned}$$

が成立するとき $\boldsymbol{f}(u, v)$ は点 $(u_0, v_0)$ で微分可能といい，その一次近似の部分を，微分というわけです．$\dfrac{\partial \boldsymbol{f}}{\partial u}$，$\dfrac{\partial \boldsymbol{f}}{\partial v}$ の存在だけなら，(22) の第 2 式が保証されないから，接平面とは言えませんが，(22) が成立しさえすれば中山君のいう通り接平面で，しかも，その接平面上にある 2 つのベクトルが $\dfrac{\partial \boldsymbol{f}}{\partial u}$，$\dfrac{\partial \boldsymbol{f}}{\partial v}$ であるわけです．なお，この $\dfrac{\partial \boldsymbol{f}}{\partial u}$ というベクトルは，$v=v_0$ とおいて，$\boldsymbol{x}=\boldsymbol{f}(u, v_0)$ という $u$ だけの関数としたときの，空間曲線の接線ベクトルに等しいことは，実際偏微分してみたらわかりますね．

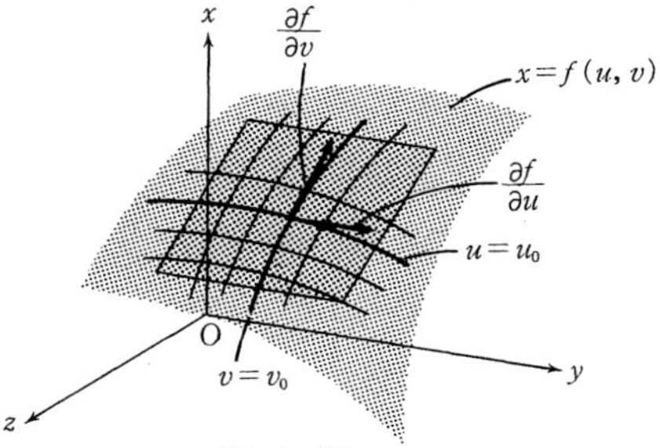


**第 8 図**

**白**．なんや，結局，(1)，(9)，(16)，(22) と同じ形の式であらゆるケースが皆 O.K. か．うまいことできとるやないか．

**北**．そこで，一般の場合を考えましょう，もうわかるでしょう．$n$ 変数で，$m$ 次元空間ベク

トル値関数

$$\boldsymbol{x}=\begin{pmatrix} x_1 \\ \vdots \\ x_m \end{pmatrix}=\begin{pmatrix} f_1(u_1, \cdots, u_n) \\ \vdots \\ f_m(u_1, \cdots, u_n) \end{pmatrix}=\boldsymbol{f}(\boldsymbol{u})^{*}$$

が点 $\boldsymbol{u}=\boldsymbol{u}_0$ で微分可能であるとは，ある $(m, n)$-行列 $M$ があって，

$$\boldsymbol{f}(\boldsymbol{u})=\boldsymbol{f}(\boldsymbol{u}_0)+M\cdot(\boldsymbol{u}-\boldsymbol{u}_0)+\boldsymbol{g}(\boldsymbol{u}),$$

(23)
$$\lim_{\boldsymbol{u}\to\boldsymbol{u}_0}\frac{\boldsymbol{g}(\boldsymbol{u})}{|\boldsymbol{u}-\boldsymbol{u}_0|}=\boldsymbol{0}$$

が成立することである，と定義します．そうすると，

$$M=\begin{pmatrix} \dfrac{\partial f_1}{\partial u_1} & \dfrac{\partial f_1}{\partial u_2} & \cdots\cdots & \dfrac{\partial f_1}{\partial u_n} \\ \dfrac{\partial f_2}{\partial u_1} & \dfrac{\partial f_2}{\partial u_2} & \cdots\cdots & \dfrac{\partial f_2}{\partial u_n} \\ \cdots & \cdots & \cdots & \cdots \\ \dfrac{\partial f_m}{\partial u_1} & \dfrac{\partial f_m}{\partial u_2} & \cdots\cdots & \dfrac{\partial f_m}{\partial u_n} \end{pmatrix} \qquad \left(=\frac{\partial \boldsymbol{f}}{\partial \boldsymbol{u}}\text{ とかく}\right)$$

であることがわかります．(23)の第1式の一次の部分

$$\boldsymbol{x}-\boldsymbol{f}(\boldsymbol{u}_0)=M\cdot(\boldsymbol{u}-\boldsymbol{u}_0)$$

を，$\boldsymbol{f}(\boldsymbol{u})$ の微分といい，$d\boldsymbol{x}=\boldsymbol{x}-\boldsymbol{f}(\boldsymbol{u}_0)$，$d\boldsymbol{u}=\boldsymbol{u}-\boldsymbol{u}_0$ とかくと，

(24)
$$d\boldsymbol{x}=\frac{\partial \boldsymbol{f}}{\partial \boldsymbol{u}}\cdot d\boldsymbol{u}$$

となります．この右辺のかけ算は行列算であることを忘れないで下さい．

特に，$\boldsymbol{f}$ が1次元の場合，つまり普通の関数のときは

$$\frac{\partial f}{\partial \boldsymbol{u}}=\left(\frac{\partial f}{\partial u_1}, \cdots\cdots, \frac{\partial f}{\partial u_n}\right)$$

となります．このヨコベクトルのことを $f(u_1, \cdots, u_n)$ の勾配 (gradient) といい，grad $f$ あるいは $\nabla f$** とかくことがあります．

(24)は $\boldsymbol{f}(\boldsymbol{u})$ に "接する" 線型写像で，局所的にまっすぐなもので近似して考察しようという，**解析学の最も基本的な考え方を表わす式です．**

**ただ，(1), (9), (16), (22), (23) 等の定義は大へん結構なのだけれど，いざ具体的にある関数が与えられて，さあこれは微分可能かどうか見てくれと言われたとき，いちいち，これらの定義にもどってチェックするのは実際問題としては不可能です．そのために，計算しやすい偏導関数** $\dfrac{\partial f_i}{\partial u_i}$ **の性質から，微分可能性を判定する定理ができているのです．まあ，も**

---

* $\boldsymbol{u}=\begin{pmatrix} u_1 \\ \vdots \\ u_n \end{pmatrix}$ だが，$\boldsymbol{f}$ の中へ入れてかくときは印刷の都合上，ヨコ長にかく．

** ナブラ $f$ とよむ．ナブラ (nabla) は，ヘブライの竪琴の名前．

っと精密な定理は作れるが，実際に使いやすい形をいいますと，

**定理.** $f(u_1, \cdots, u_n)$ の各偏導関数 $\dfrac{\partial f}{\partial u_i}(\boldsymbol{u})$ $(i=1, \cdots, n)$ がすべて $\boldsymbol{u}$ の連続関数なら，そのような点で，$f$ は微分可能である．

証明はやさしいし，どの教科書にもあるから，君達で follow して下さい．

## 練　習　問　題

1. $z=f(x, y)$ が点 $(a, b)$ で微分可能であるための必要十分条件は，点 $(a, b)$ の近傍で定義され $(a, b)$ で連続な関数 $\varphi(x, y)$, $\psi(x, y)$ があって

$$f(x, y)=f(a, b)+\varphi(x, y)(x-a)+\psi(x, y)(y-b)$$

が成立することである．これを示せ．

2. 球面上の極座標

$$x=a\sin\theta\ \cos\varphi$$
$$y=a\sin\theta\ \sin\varphi$$
$$z=a\cos\theta$$

を用いて球面上の接ベクトルの一般形を求めよ．またこの接ベクトルが $x$-$z$ 平面に平行になるようにせよ．

3. $z=f(x)^{g(y)}$ の偏導関数を求めよ．

4. $R^2$ 上で定義された微分可能な関数 $z=f(x, y)$ が $\dfrac{\partial f}{\partial y}=0$ をみたせば $f(x, y)=g(x)$ の形であることを示せ．

5. 関数 $f(x)$ $(x\in R^n,\ n\geqq 2)$ がある一点 $\boldsymbol{x}_0$ であらゆる方向に方向微分できても，その点で微分可能とは限らない．連続性すら保証されない．例を挙げてこれを示せ．

# 第 3 章　平均値の定理の周辺

## ［1］ 平均値の定理

**北井**．平均値の定理というのがありますね．

**白川**．ええ，高校のとき習いました．区間 $I=[a,b]$ の内部で微分可能な連続関数 $f(x)$ について，

(1) $$\frac{f(b)-f(a)}{b-a}=f'(c)$$

をみたす $c$ が $I$ の内部で見つかる，というのでしょう．

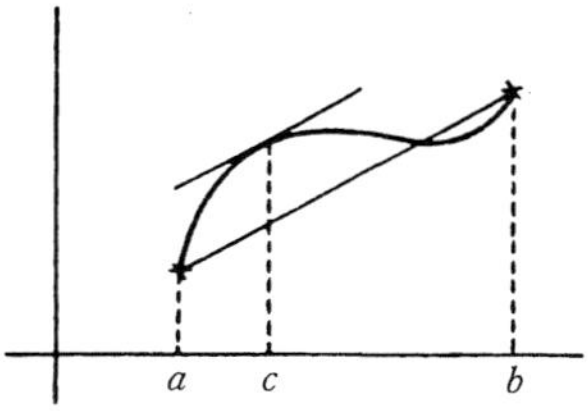


第 1 図

第1図から見て，直感的にものすごく明らかなんで，数学の定理て，わかり切ったことをえらい，イカメシク言うんやなあ，と思ったのをおぼえています．それから，ところがこの定理から極大極小の判定条件やら，その他いろいろ便利なことが出てくるので，えらく感心したことも印象に残っています．

**発田**．ぼくの習った先生は，ここでものすごくコッちゃってね．「一点でも微分可能でない点があれば，もうこの定理は成立しない．第2図を見よ」とか，

「両端では，微分できなくても連続でありさえすればよい．たとえば第3図のようなことになっていてもよい」とか，いろいろこの定理をひねくってくれたので，もとの定理より，そのひねり方の方が面白くて，よくおぼえているよ．

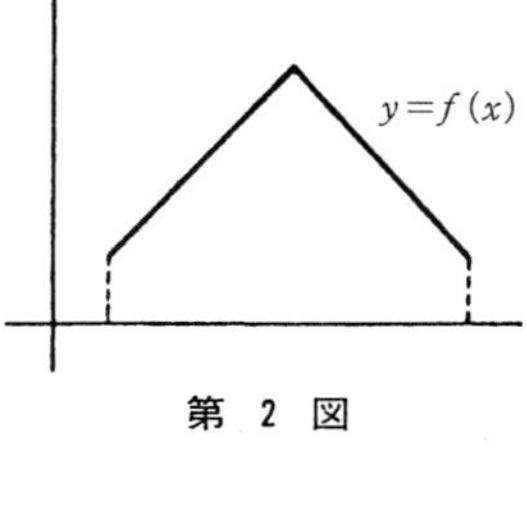


第 2 図

**中山**．教科書通りやってくれるより，それをいろんな風にひねって見せてくれる方が印象が強いのね．数学がよくわかるようになったり，面白くなったりするのも，案外そういったことがきっかけになることが多いかもね．

**北**．今日はもう少しひねくってみようと思うのですが…….

**発**．（一人ごと）ちえっ，こんな定理はどんなにひねくっても高が知れてるじゃねえか．こ

れだから大学の講義は高校のくり返しだ，なんていわれるんだよ.

**白**. (これも不満げに) 先生，こんな直観的に明らかな定理をいまさらどうひねくるのですか.

**北**. うん，もっと広い視野からこの定理を検討して，その役割と限界を明らかにしておこうというつもりです.

**発**. (また一人ごと) ぐっとむずかしい言葉をお使いなすったネ. これだから知識人は大衆から浮き上っちまうといわれるんだ.

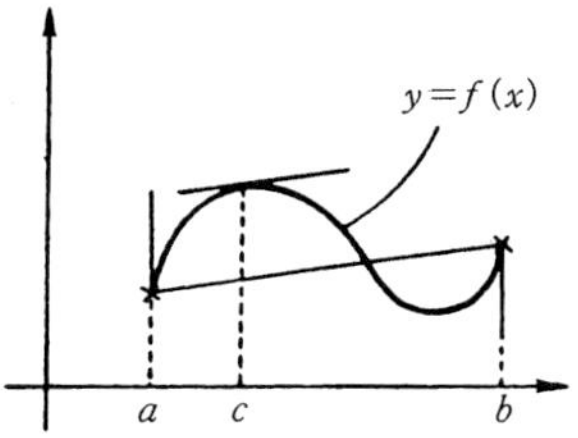


第 3 図

**白**. 広い視野というても，……. 第1図で，この定理のすべては出ていると思うのですが……

**北**. じゃあね，2変数の関数ではどんな形の定理になるか考えたことがありますか. また，値域が多変数，つまりベクトル値関数について，この定理が成立するかどうか考えてみたことがありますか.

**中**. (一人ごと) あっ，そうなの，わかった. 広い視野というのはそういうことなのね. すると，えーと，2変数の関数だと，

$$f(b_1, b_2)-f(a_1, a_2)=\frac{\partial f}{\partial x}(c_1, c_2)(b_1-a_1)+\frac{\partial f}{\partial y}(c_1, c_2)(b_2-a_2) \tag{2}$$

となる $c_1, c_2$ が，それぞれ，$(a_1, b_1)$，$(a_2, b_2)$ の中にある，ということか.

**白**. (のぞきこんで) へー，えらいのみこみの早いこと. それ，何のこと？

**中**. うふん，何かわからないけど，(1) のまねしてみただけよ. 2変数だと何となく，そんな感じになるじゃない.

**白**. それで，それ正しい式？ 証明できる？

**中**. そんなせっかちに言わないでよ. 今，思いついただけなんだから.

**白**. 先生，今中山さんが (2) という式を思いついたんですが，これが2変数の場合の平均値の定理ですか.

**北**. どうも君は，ひとの作った式ばかり気にしているが，ひとつ自分でも思いついてみたらどうかね.

**白**. どうもすんません.

**北**. (2) はまさしく，2変数の場合の平均値の定理ですが，その証明を考えて行くと，もう少しよい形で言えることがわかります.

(2) の左辺を見ると，2点 $\boldsymbol{a}={}^t(a_1, a_2)$，$\boldsymbol{b}={}^t(b_1, b_2)$ での関数値の差を見ているのですから，その2点を結ぶ線分上での関数の変化を見るのが自然でしょう. ただ，そのためには $\boldsymbol{a}$ と $\boldsymbol{b}$ を結ぶ線分がこの関数の定義域に入らなければなりません. つまり，この関数の定義域は，その中のどんな2点をとっても，それらを結ぶ線分がまたその領域に入る，という性質

（この性質のことを，この領域は**凸である***といいます）をもっていると仮定しましょう．さて，この線分上の点 $\boldsymbol{c}$ は，$t$ を0から1まで動く実数のパラメーターとして，

$$\boldsymbol{c}=\boldsymbol{a}+t(\boldsymbol{b}-\boldsymbol{a})=(1-t)\boldsymbol{a}+t\boldsymbol{b}$$

と表わされることは明らかでしょう．すると，関数 $f(\boldsymbol{x})$ はこの線分上では，

$$f(\boldsymbol{c})=f(\boldsymbol{a}+t(\boldsymbol{b}-\boldsymbol{a}))=\varphi(t)$$

という一変数の関数になります．この関数 $\varphi(t)$ の $t\in[0,1]$ での平均値定理を書きますと，

$$\varphi(1)-\varphi(0)=\varphi'(t)(1-0)$$

となる $t$ が0と1の間にある，ということになりますね．これを $f(\boldsymbol{x})$ の言葉に直すと，

$$\varphi(1)=f(\boldsymbol{b}),\qquad \varphi(0)=f(\boldsymbol{a}),\qquad \varphi'(t)=\frac{\partial f}{\partial \boldsymbol{x}}(\boldsymbol{a}+t(\boldsymbol{b}-\boldsymbol{a}))\cdot(\boldsymbol{b}-\boldsymbol{a})^{**}$$

ですから，

$$f(\boldsymbol{b})-f(\boldsymbol{a})=\frac{\partial f}{\partial \boldsymbol{x}}(\boldsymbol{c})\cdot(\boldsymbol{b}-\boldsymbol{a}) \tag{3}$$

これは座標毎の式で表わすと，(2)に他なりません．ここで $\boldsymbol{c}$ は，その各座標が $\boldsymbol{a},\boldsymbol{b}$ の各座標の間にあるというだけでなく，$\boldsymbol{a}$ と $\boldsymbol{b}$ を結ぶ線分上にとれることがわかります．“もう少しよい形”といったのはこのことです．

**中**．先生，私は何か2変数で考えるとすればこうなるだろうという，ほんのマネをしただけで，(2)という式にどんな意味があるのかわかりません．証明を聞いていても，証明そのものがまちがっていないことはわかりますが，どんなつもりでそういうことを考えるのかわかりません．

**北**．では，幾何学的に考えましょう．一つは，第4図のように，$z=f(\boldsymbol{x})$ という曲面上に $\boldsymbol{a},\boldsymbol{b}$ を結ぶ線分の上の関数値をプロットして行ったカーブを描いて考えるのです．つまり，線分 $\boldsymbol{ab}$ を底にした壁を立てて，そこでの一次元的な平均値の定理を考える，というのが，第一の考え方です．もう一つは，この曲面の等高線を描いておいて，その法線ベクトルとの関連で見て行くことです．

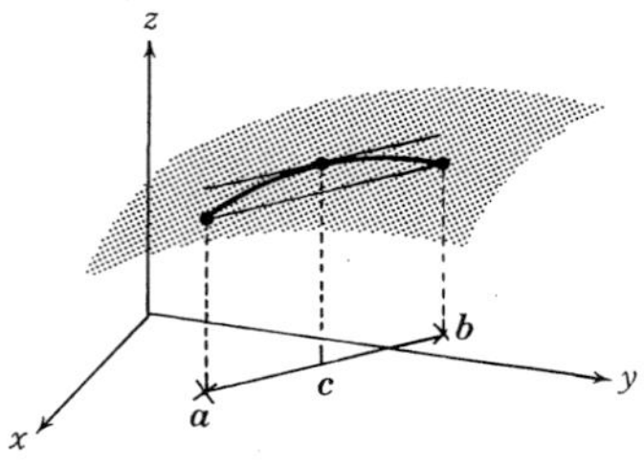

**第 4 図**

**発**．あ，それ，わかりません．説明をお願いします．

---

*　凸＝convex.

**　・は2つのベクトル $\dfrac{\partial f}{\partial \boldsymbol{x}}$ と $(\boldsymbol{b}-\boldsymbol{a})$ の内積を表わす．

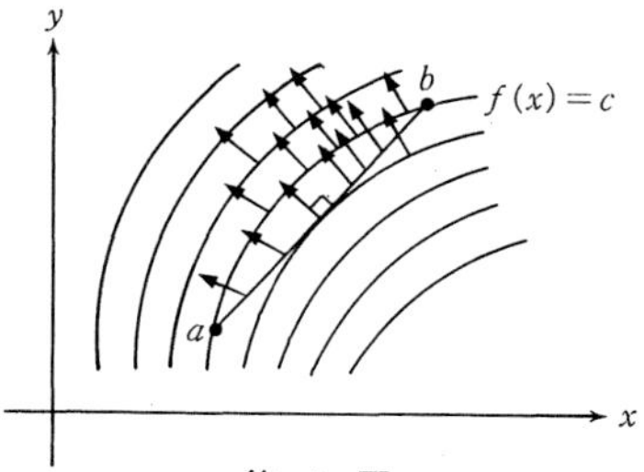


第 5 図

**北**．等高線 $\boldsymbol{f}(\boldsymbol{x})=c$ の接線の方程式は，$z=f(\boldsymbol{x})$ の接平面

$$dz=\frac{\partial f}{\partial \boldsymbol{x}}\cdot d\boldsymbol{x}=\frac{\partial f}{\partial x}dx+\frac{\partial f}{\partial y}dy$$

と，$x$-$y$ 平面に平行な平面

$$dz=0$$

との交線ですから，

(4)
$$\frac{\partial f}{\partial \boldsymbol{x}}\cdot d\boldsymbol{x}=0$$

となります．これは，$\dfrac{\partial f}{\partial \boldsymbol{x}}$ というベクトルと $d\boldsymbol{x}$ というベクトルが直交している，という関係を表わしていますから，$\dfrac{\partial f}{\partial \boldsymbol{x}}$ は，この接線の法線ベクトルです．ということは，等高線自身の法線ベクトルでもあるわけです．

さて，たとえば，一つの等高線の上に 2 点 $\boldsymbol{a}, \boldsymbol{b}$ をとってみましょう．(第 5 図) この 2 点での関数値は等しいから，平均値の定理(2)は

(5)
$$\frac{\partial f}{\partial \boldsymbol{x}}(\boldsymbol{c})\cdot(\boldsymbol{b}-\boldsymbol{a})=0$$

となるような $\boldsymbol{c}$ が $\boldsymbol{a}$ と $\boldsymbol{b}$ を結ぶ線分上にあることを主張しているわけですが，その点 $\boldsymbol{c}$ は第 5 図のどこにあるかというと，(5)は $\dfrac{\partial f}{\partial \boldsymbol{x}}(\boldsymbol{c})$ と $\boldsymbol{b}-\boldsymbol{a}$ とが直交するという式ですから，ちょうど線分 $\boldsymbol{ab}$ が接するような等高線をとり，その接点を $\boldsymbol{c}$ とすればそれが求めていたものです．

ここでは直交する例を挙げましたが，直交でない場合も同じように考えることができます．一般の場合は皆さんで考えて下さい．

**発**．すると，先生，1 変数の平均値の定理だと，$f(a)=f(b)$ なら，$f'(c)=0$ となる $c$ が区間 $(a, b)$ の中にある，という形であったのが，2 変数では $\dfrac{\partial f}{\partial \boldsymbol{x}}(\boldsymbol{c})=\boldsymbol{0}$ となるような $\boldsymbol{c}$ が $\boldsymbol{a}$ と $\boldsymbol{b}$ を結ぶ線分の中にとれる，という形にはならず，$\dfrac{\partial f}{\partial \boldsymbol{x}}(\boldsymbol{c})\cdot(\boldsymbol{b}-\boldsymbol{a})$ が 0 になる，という形で言い表わさねばならないのですね．

**北**．そう，ここでも微分係数が大切なのではなく，微分そのものが大切だということがわかりますね．1 変数のときだと，$f'(c)(b-a)=0$ と $f'(c)=0$ のちがいがわからなかったのですが，2 変数以上になるとそれがはっきりするのです．

## [2]　有限増分の定理

**北**．こんどは，関数の値域が多変数になった場合を考えましょう．白川君，どんな形の定理を予想しますか．

**白**．はい，えーと，変数の方は1つでいいですね．すると，うーん，2次元空間の関数の場合を考えると，

$$\boldsymbol{x}=\boldsymbol{x}(t)=\begin{pmatrix}x(t)\\y(t)\end{pmatrix}$$

となりますが，$t$ が区間 $[a,b]$ を動くとき，$x(t),y(t)$ が微分可能なら，

(6)　　$$\boldsymbol{x}(b)-\boldsymbol{x}(a)=\boldsymbol{x}'(c)(b-a)$$

をみたす $c$ が $(a,b)$ の中にある，という定理になると思います．

**北**．なかなかよいカンをしているね．(6)の右辺も左辺も2次元ベクトルだね．これは別に2次元でなくて，3次元以上でも話しは同じだから，2次元をモデルとして考えればいいんです．で，(6)は正しいだろうか？

**発**．大てい先生が“正しいだろうか？”なんていうときに限って，こんなのはウソになるんだよな，きっと．

**中**．週刊誌のクイズじゃあるまいし，そんなあてずっぽうをいうのはいけないわよ．(6)は，何となくもっともらしいじゃない．あたし，証明を考えるわ．

**白**．なあんや，君かって，正しい，いうて，きめてかかってるやないか．

**北**．いや，新しい定理らしいものが出て来たとき，それが正しいか，成立しないものかを見極めるのには，やはり，証明を考えて，だめになった所で，反例を考えて，反例が出来にくい点が見つかれば，それをタネにまた証明を考える，といった試行錯誤をくりかえすのが数学の進め方です．皆さん，考えて下さい．

**中**．座標毎に成立するはずだから，まず $x(t)$ について考えると

$$x(b)-x(a)=x'(c)(b-a),$$

となる $c$ がある，これはいいわね，こんどは，

$$y(b)-y(a)=y'(c)(b-a)$$

となる $c$ が，……ああ，この $c$ は $x(t)$ のときの $c$ とちがうかも，……，この2つの $c$ が一致すればいいのね．

**白**．そら，一致せえへんわ．$x(t)$ と $y(t)$ は何の関係もない2つの関数やろ．一致する方が不思議やでえ，第1図みたいなんかが2つあると考えてみたらわかるやろ．

**中**．それなら，一致しない例を作れば，(6)が成立しない例ができるかもよ．ええと，めんどうだから，$x(b)=x(a)$，$y(b)=y(a)$ となる関数で，$x'(t)=0, y'(t)=0$ となる値がくいちがっている例を考えればいいのね．そんなのいくらでもあるじゃないの．

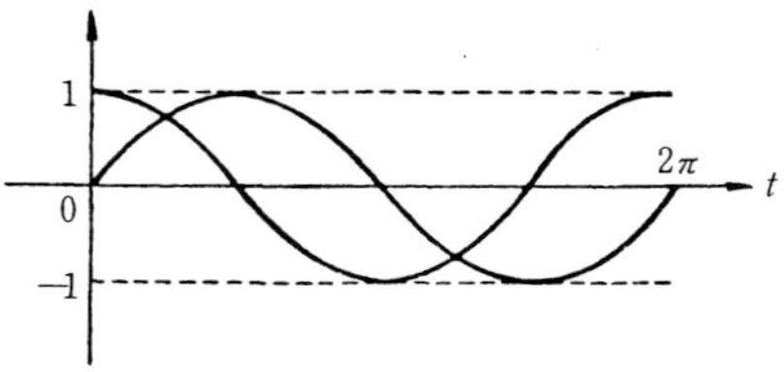

第 6 図

(7) $x(t)=\cos t, y(t)=\sin t,\ 0\leqq t\leqq 2\pi$

とすれば，$x'(t)=-\sin t$，$y'(t)=\cos t$ で，$x'(t)=0$ となるのは $0, \pi, 2\pi$ の 3 ケ所，$y'(t)=0$ となるのは $\pi/2$ と $3\pi/2$ の 2 ケ所でたしかにくいちがっているから，

$$\boldsymbol{x}'(t)=\boldsymbol{0}$$

となる $t$ はどこにもないことになるわ．ア，すると，(6) は成立しません，先生．

**北**．そう，よくできました．特に，(7) の例の場合は，

$$|\boldsymbol{x}'(t)|^2=\cos^2 t+\sin^2 t=1$$

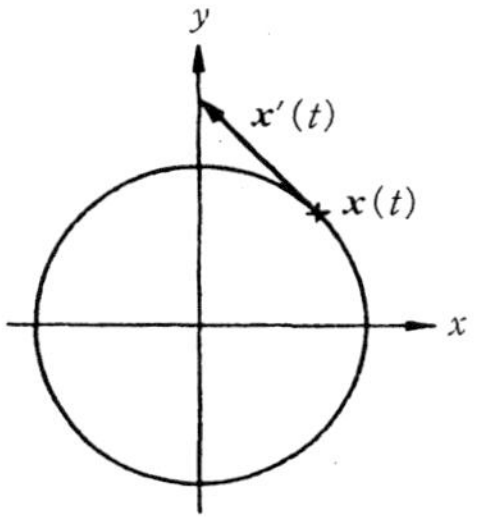

第 7 図

となるから，はっきり，(6) は成立していないことがわかります（第 7 図）．

**発**．どうだい，やっぱり，アタッタ．

**白**．へえー，するとベクトル値関数については平均値の定理は使えないのですね．えらいことになって来たぞ，ベクトル値関数の微積分なんか，大てい数値関数のマネでいけると思っていたのに……．

**北**．そう，たとえば，あるベクトル値関数 $\boldsymbol{x}(t)$ が与えられたとき，$\boldsymbol{X}'(t)=\boldsymbol{x}(t)$ となる関数 $\boldsymbol{X}(t)$ のことを $\boldsymbol{x}(t)$ の原始関数といいますが，数値関数のときだと，原始関数は定数だけの差を除いて一意的にきまるという性質は，2 つの原始関数の差を $f(x)$ とすると，

$$f(b)-f(a)=f'(c)(b-a)\equiv 0$$

と，平均値定理からすぐでるのですが，ベクトル値関数だと，こんな具合には行きません．

**発**．しかし先生，その場合には座標毎に平均値の定理を使えば，

$$x(b)-x(a)=0, \qquad y(b)-y(a)=0$$

となるから，$\boldsymbol{x}(b)=\boldsymbol{x}(a)$ が任意の $a, b$ について成立し，$\boldsymbol{x}(t)$ は定ベクトルになります．

**北**．ええ，そのことをよく考えてみると，結局，平均値の定理のように，ある一点 $c$ での導関数の値で判断するのでなく，ある区間全体で同じ形の評価ができるときにだけ，1 変数と同じような結果が得られるのです．今の例で，もしある区間全体で $\boldsymbol{x}'(t)=\boldsymbol{0}$ が成立すれば，その区間上では $\boldsymbol{x}(t)\equiv\boldsymbol{a}$（一定）が成立する，という結果が得られるのは，平均値の定理を使うというよりも，むしろ，有限増分の定理：

「ある区間全体で $|\boldsymbol{x}'(t)|\leqq M$ が成立すれば，その区間の 2 点 $a, b$ につき，

(8) $$|\boldsymbol{x}(b)-\boldsymbol{x}(a)|\leqq M|b-a|$$

が成立する．」

を使っている，といった方が自然でしょう．

**白**．ますます，もっともらしいけどそれだけにインチキくさい定理がでて来たぞ．こんな定

理，大学では習わなかったと思うがなあ．

**発**．習わなかったって，別にどうってことないさ．証明できるかどうか考えたらいいのさ．

**北**．そう，その調子でやってごらん．

**白**．もし，(6) が成立すれば，両辺のベクトルの長さを計算して，

$$|\boldsymbol{x}(b)-\boldsymbol{x}(a)|=|\boldsymbol{x}'(c)|\cdot|b-a|\leqq M|b-a|$$

で，いっぺんに出て来るんやけどなあ．

**中**．それはだめよ．(6) はウソなんだから．ええと，また座標毎に考えたらどうかな，

$$x(b)-x(a)=x'(c)(b-a)$$

となる $c$ があるから，$|x(b)-x(a)|\leqslant M|b-a|$ となるわね．

**白**．どうしてそこに $M$ がでてくるの．

**中**．だって，$|x'(c)|\leqslant\sqrt{|x'(c)|^2+|y'(c)|^2}\leqslant M$，だもん．

**白**．ア，そうか．

**中**．$y$ 座標も，同じことで，$|y(b)-y(a)|\leqslant M|b-a|$，となるから，

$$\begin{aligned}|\boldsymbol{x}(b)-\boldsymbol{x}(a)|^2&=(x(b)-x(a))^2+(y(b)-y(a))^2\\&\leqslant M^2(b-a)^2+M^2(b-a)^2\\&=2M^2(b-a)^2.\end{aligned}$$

すると，

$$|\boldsymbol{x}(b)-\boldsymbol{x}(a)|\leqslant\sqrt{2}\cdot M|b-a|$$

となるわ．あらあ，$\sqrt{2}$ なんてついちゃった．感じわるいんだ．

**北**．いや，なかなかいい推論です．実用上はこれで充分なのです．ただ，3次元だと，$\sqrt{3}$ がつくし，$n$ 次元だと $\sqrt{n}$ がつきます．しかし，本当は次元に関係なく (8) は成立するので，**座標に関係しない証明**がほしい所ですがね．

**白**．先生，実用上これでよいと言われたんですが，たとえばどんな実例がありますか．

**北**．先ほどの例でいうと，「$\boldsymbol{x}'(t)\equiv 0$ なら $\boldsymbol{x}(t)\equiv$一定」ということをいうには，$|\boldsymbol{x}'(t)|\leqslant 0$ となっていますから $M=0$ ととれ，$|\boldsymbol{x}(b)-\boldsymbol{x}(a)|\leqslant 0$，つまり $\boldsymbol{x}(b)=\boldsymbol{x}(a)$ がどんな $a, b$ についても成立することになって，$\boldsymbol{x}(t)\equiv$一定 が言えます．

**白**．あ，なるほど．

**発**．(さきほどからノートに走り書きしていたが急に勢いこんで) 先生！　こんなの，だめですか．

(9)
$$\boldsymbol{x}(b)-\boldsymbol{x}(a)=\int_a^b \boldsymbol{x}'(t)\,dt$$

だから，

$$|\boldsymbol{x}(b)-\boldsymbol{x}(a)|=\left|\int_a^b \boldsymbol{x}'(t)\,dt\right|\leqslant\int_a^b|\boldsymbol{x}'(t)|\,dt\leqslant M\int_a^b dt=M(b-a)$$

でおわり，という証明ですが．

**白**．アッ，うまいこと考えよった．

**中**．（しばらく，じっと見ていて）$|\int_a^b \boldsymbol{x}'(t)\,dt| \leqq \int_a^b |\boldsymbol{x}'(t)|\,dt$ はどうやってわかるの？それ，絶対値じゃなくて，ベクトルの長さでしょ．

**発**．同じことだよ．積分てのは，区間 $[a,b]$ を分割して

$$\sum_{i=1}^{n} \boldsymbol{x}'(\tau_i)(t_i - t_{i-1})$$

と近似値を作って，分割を細かくして行った極限値だろう．だから，

$$\left|\sum_{i=1}^{n} \boldsymbol{x}'(\tau_i)(t - t_{i-1})\right| \leqq \sum_{i=1}^{n} |\boldsymbol{x}'(\tau_i)|(t_i - t_{i-1})$$

と三角不等式で押えておいて，両辺の極限をとれば，

$$\left|\int_a^b \boldsymbol{x}'(t)\,dt\right| \leqq \int_a^b |\boldsymbol{x}'(t)|\,dt$$

がでるよ．

**北**．発田君の考えは非常に結構です．ただ，積分の形に直すには $\boldsymbol{x}'(t)$ の積分可能性を仮定したり，それから，精密に言うとすれば $|\boldsymbol{x}'(t)|$ の積分可能性も示さねばなりませんから，ちょっと大へんなことになるのですが，まあそんなのは気にしないことにしましょう．

**発**．できた，できた！

**北**．ちょっと，君，喜ぶのはまだ早いよ．というのは，実は(9)が問題なのです．というのは，(9)はどうして成立するかというと，今 $\boldsymbol{F}(b) = \int_a^b \boldsymbol{x}'(t)\,dt$ とおくと，$\boldsymbol{F}'(t) = \boldsymbol{x}'(t)$，従って，$\boldsymbol{F}(t) = \boldsymbol{x}(t) + \boldsymbol{c}$，$t = a$ とおいて，$\boldsymbol{0} = \boldsymbol{x}(a) + \boldsymbol{c}$，つまり $\boldsymbol{c} = -\boldsymbol{x}(a)$，つまり，$\boldsymbol{F}(t) = \boldsymbol{x}(t) - \boldsymbol{x}(a)$ となるのです．この推論で「$\boldsymbol{F}'(t) = \boldsymbol{x}'(t)$ なら $\boldsymbol{F}(t) = \boldsymbol{x}(t) + \boldsymbol{c}$」という部分は有限増分の定理を使うんでしたね．

**発**．アッ，それを使っちゃいけないのか．

**白**．そうか，循環論法か．

**北**．ええ，何しろ，平均値の定理とか有限増分の定理とかは，微分と積分の間をとりもつかなめみたいな定理なので，それを積分を使って証明するのはちょっとまずいのですよ．

もっとも，完全に循環論法になっているわけではなくて，上の推論で使うのは有限増分の定理(8)の $M = 0$ の場合だけなので，それだけ別に，座標に分けて証明しておけばよいのですがね．

**発**．ああ，助かった．

**北**．ただ，ベクトル空間の中には座標づけできないほど次元の高い空間，つまり無限次元空間がありますので，そんなベクトル空間に値をとる関数については，根本的に別証明を考えねばなりません．

**白**．そんな場合でも，有限増分の定理は成立するのですか？

**北.** ええ，成立します．その証明，つまり，完全に座標を用いない証明は少しむずかしいかも知れませんが，皆さんで調べてみて下さい．その証明は同時に，$\boldsymbol{x}(t)$ の微分可能性しか使いませんから，発田君の条件よりゆるい条件で成立します．

**発.** うへえ，マイッタ，マイッタ．

## [3]　一般の場合

**北.** 今までのことを少し整理しましょう．

(i)　平均値の定理：　$f(b)-f(a)=f'(c)(b-a),\qquad a<c<b.$

(ii)　有限増分の定理：　$|f'(x)|\leqq M$　なら　$|f(b)-f(a)|\leqq M|b-a|.$

(iii)　積分公式：　$f(b)-f(a)=\int_a^b f'(x)dx.$

と，3つの定理がでたのですが，これらは使われ方がよく似ているので，ワンセットでおぼえておくのがいいでしょう．ところで，独立変数や従属変数が増えてくると，これらの定理は成立しなくなったりするのですね．その関係を表にすると，

| | $x$：1次元<br>$f$：1次元 | $x$：$n$次元<br>$f$：1次元 | $x$：1次元<br>$f$：$m$次元 | $x$：$n$次元<br>$f$：$m$次元 |
|---|---|---|---|---|
| (i) | ○ | ○ | × | × |
| (ii) | ○ | ○ | ○ | ○ |
| (iii) | ○ | ○ | ○ | ○ |

となります．この表を見ていても，平均値の定理というのは，いささか中途はんぱな感じがしますね．

**白.** 先生，(i)の右端の×は，$x$ が1次元でも×なのだから，まあなっとくできますが，(ii)や(iii)の右端の○はまだやっていません．

**北.** ええ，それを今からやりましょう．まず，(ii)の右端ですが，$\boldsymbol{x}$ を $n$ 次元の変数，$\boldsymbol{f}(\boldsymbol{x})$ を $m$ 次元のベクトル値関数とすると，

$$|\boldsymbol{f}'(\boldsymbol{x})|\leqq M \quad なら \quad |\boldsymbol{f}(\boldsymbol{b})-\boldsymbol{f}(\boldsymbol{a})|\leqq M|\boldsymbol{b}-\boldsymbol{a}|$$

であることを言いたいわけですね．

**発.** $\boldsymbol{f}'(\boldsymbol{x})$ とは，この場合何になりますか．

**北.** 座標を使ってかくと，

$$\boldsymbol{f}(\boldsymbol{x})=\begin{pmatrix} f_1(\boldsymbol{x}) \\ \vdots \\ f_m(\boldsymbol{x}) \end{pmatrix}=\begin{pmatrix} f_1(x_1, \cdots\cdots, x_n) \\ \vdots \\ f_m(x_1, \cdots\cdots, x_n) \end{pmatrix}$$

となっています．そして，$\boldsymbol{f}'(\boldsymbol{x})$ は，前回お話しした通り，

$$f'(x)=\frac{\partial f}{\partial x}=\begin{pmatrix}\frac{\partial f_1}{\partial x_1} & \frac{\partial f_1}{\partial x_2} & \cdots\cdots & \frac{\partial f_1}{\partial x_n} \\ \cdots\cdots & \cdots\cdots & \cdots\cdots & \cdots\cdots \\ \cdots\cdots & \cdots\cdots & \cdots\cdots & \cdots\cdots \\ \frac{\partial f_m}{\partial x_1} & \frac{\partial f_m}{\partial x_2} & \cdots\cdots & \frac{\partial f_m}{\partial x_n}\end{pmatrix}$$

という行列になります.

**発**. その行列の絶対値って，何のことですか.

**北**. 一般にある行列 $A$ に対し，$|A|$ というのは，何らかの意味で $A$ の大きさを表わすものとして考えられるのですが，最も自然な考え方は，$A$ でベクトル $\boldsymbol{x}$ をうつしたとき，$|\boldsymbol{x}|$ と $|A\boldsymbol{x}|$ を比較して，$|A\boldsymbol{x}|$ がどれだけ大きいかをはかることです．つまり，

$$\frac{|A\boldsymbol{x}|}{|\boldsymbol{x}|}$$

という数値をすべてのベクトル $\boldsymbol{x}(\fallingdotseq\boldsymbol{0})$ について考えて，そのなるべく大きい値を $|A|$ とするのです．いいかえると，

(10) $$|A|=\sup_{x\fallingdotseq 0}\frac{|A\boldsymbol{x}|}{|\boldsymbol{x}|}^{*}$$

とおきます．すると，直ちに，どんな $\boldsymbol{x}$ についても

(11) $$|A\boldsymbol{x}|\leqq|A||\boldsymbol{x}|$$

が成立しますね.

**発**．つまり，(10)の値 $|A|$ は，どんな $\boldsymbol{x}$ についても

$$|A\boldsymbol{x}|\leqq c|\boldsymbol{x}|$$

が成立するような $c$ のうちのギリギリいっぱいの値ですね.

**北**．そうです.

**中**．先生．そんな，(10)みたいな式で $|A|$ を定義しても，実際に $A$ が与えられたとき，どう計算してよいのかわかりません.

**北**．それもそうだねえ．まあ，$|A|$ の値についてもいろいろのことがわかっているけれど，ここでは，正確に $|A|$ を計算しなくても，この程度の大きさだという，上からの評価が大切なのでそれをお話ししましょう．$A$ の各要素を $a_{ij}(i=1,\cdots,m,j=1,\cdots,n)$ とすると，

(12) $$|A|^2\leqq\sum_{i=1}^{m}\sum_{j=1}^{n}|a_{ij}|^2$$

が成立します．これなら計算しやすいでしょう.

**中**．はい.

**北**．(12)の証明は簡単です．$A$ の横ベクトルを上から順に $\boldsymbol{a}_1,\cdots,\boldsymbol{a}_m$ とすると，$A\boldsymbol{x}$ の座標

---

* $|\mathbf{A}|$ を $\mathbf{A}$ のノルムという.

は $\boldsymbol{a}_1\cdot\boldsymbol{x},\cdots,\boldsymbol{a}_m\cdot\boldsymbol{x}$ と内積の形になりますから，シュワルツの不等式から，

$$|\boldsymbol{a}_i\cdot\boldsymbol{x}|^2\leqq|\boldsymbol{a}_i|^2|\boldsymbol{x}|^2 \qquad (i=1,\cdots\cdots,m)$$

これを全部加えると，左辺は$|A\boldsymbol{x}|^2$となるから，

$$|A\boldsymbol{x}|^2\leqq\left(\sum_{i=1}^{m}|\boldsymbol{a}_i|^2\right)|\boldsymbol{x}|^2=\left(\sum_{i=1}^{m}\sum_{j=1}^{n}|a_{ij}|^2\right)|\boldsymbol{x}|^2$$

この両辺を$|\boldsymbol{x}|^2$でわって，両辺の平方根をとると，

$$\frac{|A\boldsymbol{x}|}{|\boldsymbol{x}|}\leqq\sqrt{\sum_{i=1}^{m}\sum_{j=1}^{n}|a_{ij}|^2}$$

左辺の値のなるべく大きい値が$|A|$だというのだから，(12)が成立することがわかります．

**白**．先生，有限増分の定理にもどろうではないですか．

**北**．そうですね．今，$\left|\dfrac{\partial \boldsymbol{f}}{\partial \boldsymbol{x}}\right|\leqq M$ としましょう．

$$\boldsymbol{\varphi}(t)=\boldsymbol{f}(\boldsymbol{a}+t(\boldsymbol{b}-\boldsymbol{a})) \tag{13}$$

とおくと，これは1変数ベクトル値関数ですね．そして，

$$\boldsymbol{\varphi}'(t)=\frac{\partial \boldsymbol{f}}{\partial \boldsymbol{x}}(\boldsymbol{a}+t(\boldsymbol{b}-\boldsymbol{a}))\cdot(\boldsymbol{b}-\boldsymbol{a}) \tag{14}$$

1変数については，有限増分の定理が成立するから，$|\boldsymbol{\varphi}'(t)|\leqq K$ なら，

$$|\boldsymbol{\varphi}(1)-\boldsymbol{\varphi}(0)|\leqq K(1-0)=K. \tag{15}$$

ところが(14)から，

$$|\boldsymbol{\varphi}'(t)|=\left|\frac{\partial \boldsymbol{f}}{\partial \boldsymbol{x}}(\boldsymbol{a}+t(\boldsymbol{b}-\boldsymbol{a}))\cdot(\boldsymbol{b}-\boldsymbol{a})\right|\leqq\left|\frac{\partial \boldsymbol{f}}{\partial \boldsymbol{x}}(\boldsymbol{a}+t(\boldsymbol{b}-\boldsymbol{a}))\right|\cdot|\boldsymbol{b}-\boldsymbol{a}|$$
$$\leqq M\cdot|\boldsymbol{b}-\boldsymbol{a}|$$

となりますから，(15)の $K$ は $K=M|\boldsymbol{b}-\boldsymbol{a}|$ とれます．だから，(15)をかき直すと，

$$|\boldsymbol{f}(\boldsymbol{b})-\boldsymbol{f}(\boldsymbol{a})|\leqq M\cdot|\boldsymbol{b}-\boldsymbol{a}|$$

これが有限増分の定理です．

**白**．$\dfrac{\partial \boldsymbol{f}}{\partial \boldsymbol{x}}$ は $\boldsymbol{x}$ の関数だから，$\left|\dfrac{\partial \boldsymbol{f}}{\partial \boldsymbol{x}}\right|\leqq M$ は $\boldsymbol{x}$ のある領域で成立する条件ですね．

**北**．そうです．

**白**．$|\boldsymbol{\varphi}'(t)|\leqq M|\boldsymbol{b}-\boldsymbol{a}|$ が成立するのは，$\boldsymbol{a}$, $\boldsymbol{b}$, $\boldsymbol{a}+t(\boldsymbol{b}-\boldsymbol{a})$ がその領域に入っているということを前提にしているのですね．

**北**．そう，領域が凸であるという程度の前提のもとに議論しているのです．

次は，(iii) の右端の ○ について考えましょう．これも (14) を0から1まで積分すると，

$$\boldsymbol{\varphi}(1)-\boldsymbol{\varphi}(0)=\int_0^1\frac{\partial \boldsymbol{f}}{\partial \boldsymbol{x}}(\boldsymbol{a}+t(\boldsymbol{b}-\boldsymbol{a}))\cdot(\boldsymbol{b}-\boldsymbol{a})\ dt$$

つまり，

$$\boldsymbol{f}(\boldsymbol{b})-\boldsymbol{f}(\boldsymbol{a})=\int_0^1\frac{\partial \boldsymbol{f}}{\partial \boldsymbol{x}}(\boldsymbol{a}+t(\boldsymbol{b}-\boldsymbol{a}))\cdot(\boldsymbol{b}-\boldsymbol{a})\ dt \tag{16}$$

これが積分公式です.

**白**. なあんや, (iii) はアホみたいなもんやな.

**北**. 一つ, 練習問題を出しますからよく考えて下さい.

**問題**　$\boldsymbol{x}$ も $\boldsymbol{f}$ も $n$ 次元とするとき, $\boldsymbol{f}(\boldsymbol{x})$ がある点 $\boldsymbol{x}_0$ の近傍で $C^1$ クラスで, $\dfrac{\partial \boldsymbol{f}}{\partial \boldsymbol{x}}(\boldsymbol{x}_0)$ が正則行列なら, $\boldsymbol{f}(\boldsymbol{x})$ は $\boldsymbol{x}_0$ の近傍で1対1であることを示せ.

## [4]　演　　習

**白**. ウワア, これ何のことや. 全然わからん.

**中**. $\boldsymbol{x}$ も $\boldsymbol{f}$ も $n$ 次元というのは,

$$\boldsymbol{f}(\boldsymbol{x})=\begin{pmatrix} f_1(x_1, \cdots\cdots, x_n) \\ f_2(x_1, \cdots\cdots, x_n) \\ \vdots \\ f_n(x_1, \cdots\cdots, x_n) \end{pmatrix}$$

ということでしょ.

**発**. それから, $C^1$ クラスというのは $\dfrac{\partial f_i}{\partial x_j}$ がみんな連続だということだよな.

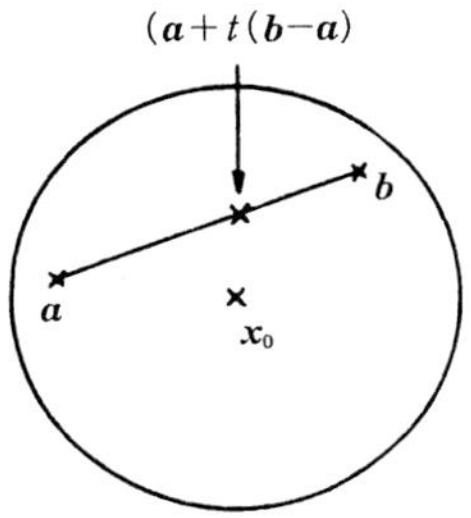

第 8 図

**白**. フン, そんなことやったら, ボクもひとこと位言えるで. $\dfrac{\partial \boldsymbol{f}}{\partial \boldsymbol{x}}(\boldsymbol{x}_0)$ が正則やというのは,

$$(17)\qquad \begin{vmatrix} \dfrac{\partial f_1}{\partial x_1} & \cdots\cdots & \dfrac{\partial f_1}{\partial x_n} \\ & \cdots\cdots\cdots\cdots & \\ \dfrac{\partial f_n}{\partial x_1} & \cdots\cdots & \dfrac{\partial f_n}{\partial x_n} \end{vmatrix}$$

という行列式が点 $\boldsymbol{x}_0$ で0にならん, ということやろ. そやけど, その三つをつないで, 三題バナシやないけど, “1対1” という「オチ」をつけんならん, えらいこっちゃ.

**中**. もし1対1でない, としたらどうなるの.

**白**. そらまあ, ある $\boldsymbol{a}$ と $\boldsymbol{b}(\boldsymbol{a}\neq\boldsymbol{b})$ があって, $\boldsymbol{f}(\boldsymbol{a})=\boldsymbol{f}(\boldsymbol{b})$ となる, ということや.

**中**. ア, それなら, (16)で左辺 $\boldsymbol{0}$ だから, 第8図のような図をかいて見ると,

$$\int_0^1 \frac{\partial \boldsymbol{f}}{\partial \boldsymbol{x}}(\boldsymbol{a}+t(\boldsymbol{b}-\boldsymbol{a}))\,dt\cdot(\boldsymbol{b}-\boldsymbol{a})=\boldsymbol{0}$$

となるけれど, $\displaystyle\int_0^1 \frac{\partial \boldsymbol{f}}{\partial \boldsymbol{x}}(\boldsymbol{a}+t(\boldsymbol{b}-\boldsymbol{a}))\,dt$ という行列は正則だから, こんなことは $\boldsymbol{b}=\boldsymbol{a}$ 以外には起こらない. これでおしまい.

**発**. どうしてその積分した行列が正則なの.

**中**. だって, $\boldsymbol{x}_0$ で(17)が0でないんだから, 連続性で, $\boldsymbol{x}_0$ の近傍でも0にならないでしょ. だから, そこら一面, 正則なのよ. それ積分したってやっぱり正則よ.

**白**. えらい荒っぽい議論やなあ, そらムチャクチャや.

$$\int_0^1 \det \frac{\partial \boldsymbol{f}}{\partial \boldsymbol{x}} dt \neq 0 \quad と \quad \det\left(\int_0^1 \frac{\partial \boldsymbol{f}}{\partial \boldsymbol{x}} dt\right) \neq 0$$

とは全然別物やでえ，ザンネンでした*.

**発**. こう考えたらどうやろ．$\boldsymbol{a}, \boldsymbol{b}$ は $\boldsymbol{x}_0$ のごく近くの点だから，$\dfrac{\partial \boldsymbol{f}}{\partial \boldsymbol{x}}(\boldsymbol{a}+t(\boldsymbol{b}-\boldsymbol{a}))$ と $\dfrac{\partial \boldsymbol{f}}{\partial \boldsymbol{x}}(\boldsymbol{x}_0)$ はほとんど変わらないだろう．だから，それを積分しても大して変わらない…….

**白**. そんなネゴトみたいなこというたかて…….

**中**. 発田さんの言ったことを式で書いて見ると，ええと，

$$\int_0^1 \frac{\partial \boldsymbol{f}}{\partial \boldsymbol{x}}(\boldsymbol{a}+t(\boldsymbol{b}-\boldsymbol{a}))\,dt - \frac{\partial \boldsymbol{f}}{\partial \boldsymbol{x}}(\boldsymbol{x}_0)$$

が小さくできればいいわけね．

**白**. 行列が小さいて，どういうこと？

**中**. この場合は行列の要素毎に小さければいいのよ．行列の正則性は，要素を少し動かしても変わらないから．

**発**. アッ，わかった！

$$\int_0^1 \frac{\partial f_i}{\partial x_j}(\boldsymbol{a}+t(\boldsymbol{b}-\boldsymbol{a}))dt - \frac{\partial f_i}{\partial x_j}(\boldsymbol{x}_0) = \int_0^1 \left\{\frac{\partial f_i}{\partial x_j}(\boldsymbol{a}+t(\boldsymbol{b}-\boldsymbol{a})) - \frac{\partial f_i}{\partial x_j}(\boldsymbol{x}_0)\right\}dt$$

だから，$\boldsymbol{x}_0$ の近傍をしぼって，{ } の中を小さくできればいいんだが，それは $\dfrac{\partial f_i}{\partial x_j}$ の連続性によって明らかだ．

**中**. ホラネ，やっぱり，$\displaystyle\int_0^1 \frac{\partial \boldsymbol{f}}{\partial \boldsymbol{x}} dt$ は正則行列だったでしょ．

## 練　習　問　題

**1.** 有界閉区間 $I$ の各点で微分可能（従って平均値の定理は成立）だが有限増分の定理

$$|f(x)-f(y)| \leqq M|x-y|$$

をみたす $M$ が存在しないような関数 $f(x)$ の例を作れ．

**2.** $f(x)$ は区間 $[a, b]$ で連続，$(a, b)$ で $C^2$–クラスとする．$x$–$y$ 平面上の二点 $(a, f(a))$ と $(b, f(b))$ を結ぶ直線の方程式を $y=L(x)$ とするとき，任意の $x_0 \in (a, b)$ に対し適当に $\xi$ をえらんで

$$f(x_0)-L(x_0)=\frac{1}{2}f''(\xi)(x_0-a)(x_0-b)$$

とできることを示せ．

**3.** $f''(x)$ が連続のとき

---

* det $A$ は $A$ の行列式を表わす．

$$\lim_{h\to 0}\frac{f(x+h)-2f(x)+f(x-h)}{h^2}=f''(x)$$

であることを示せ．

4．演習で証明した定理は $\boldsymbol{f}(\boldsymbol{x})$ が単に $\boldsymbol{x}_0$ の近傍で微分可能という仮定だけからはでてこない．反例を考えよ．

5．$y=f(\boldsymbol{x})$　$(\boldsymbol{x}\in R^n)$ が $C^1$-クラスで $f(\mathbf{0})=0$ ならば $n$ 個の連続関数 $h_1(\boldsymbol{x}), \cdots\cdots, h_n(\boldsymbol{x})$ があって

$$f(\boldsymbol{x})=x_1 h_1(\boldsymbol{x})+\cdots\cdots+x_n h_n(\boldsymbol{x})$$

とかける．このことを示せ．

# 第 4 章　無限小

## [1] 無限小とは

**北井**．今日は無限小について考えましょう．

**発田**．先生，前の時間にぼくは無限小という言葉を使ってしかられちゃったのですが，またそれをむしかえそうというのですか．

**中山**．無限に小さい数などないってことはようくわかってます．無限大っていう数もないこともわかります．ですから…….

**北**．いや，無限小，無限大とは，無限に小さい数，無限に大きい数を意味するのではありません．全く別の概念です．

**白川**．うわあ，無限小とは無限に小さいのとちがうのか．

**北**．三角関数といったって，別に三角形をした関数があるわけではないでしょう．それと同じで，無限小といったって，無限に小さくはありません．

**白**．へえ，無限に小さくないものを無限小と名付けるなんて，ギマン的やなあ．

**北**．いや，無限に小さい数といったものがもし存在するなら，それ以外のものに「無限小」という名をつけると混乱するし，ギマン的といわれても仕方ないが，そんなものは存在しないのだから，いいじゃないですか．

**発**．（まだ不満げに）じゃあ先生，どんな数のことを無限小と呼ぶのですか？

**北**．いや，「無限小」という名称は，**数についているのではなくて，関数についている**のです．つまり，関数がある種の行動をとるとき，その関数は無限小であるというのです．ここではっきりと定義しましょう．関数

$$y=f(x)$$

がある区間 $I$ の上で与えられているとしましょう．そのとき，もし，ある点 $x_0$ に対し，

$$\lim_{x\to x_0} f(x)=0 \tag{1}$$

が成立するならば，$f(x)$ は $x=x_0$ において無限小である，といいます．第1図のような具

合になっているわけですよ．何もむずかしいことはないでしょう．

**発**．なあんだ，くだらねえ．どんなしちめんどくさいことがでてくるかと思っていたら，関数が 0 になるだけかあ．

**白**．いや，ちょっとちがうでえ．$f(x_0)=0$ やない，$\lim_{x\to x_0} f(x)=0$ やで．

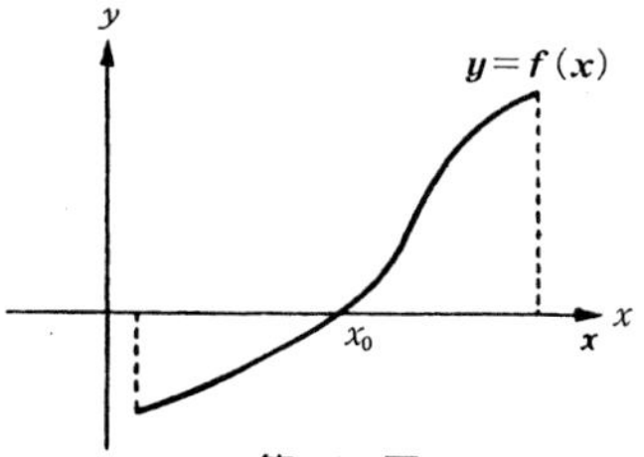


第 1 図

**北**．そう，そこが大切な所で，$f(x_0)$ の値はどうでもいいのです．$f(x_0)$ は定義されてなくてもいい位です*．わきの方から $x\to x_0$ としたとき $f(x)\to 0$ となれば，$x_0$ において無限小というのです．

**中**．先生，それなら，関数の値を $f(x_0)=0$ と定義し直してやれば，$x_0$ で $f(x)$ が無限小というのは，$x_0$ で $f(x)$ は連続，かつ $f(x_0)=0$ であるといってよいのですか．

**北**．ええ，まあそれでもいいけれど，何もそんなややこしいことを言わなくっても，(1) の方が手っとり早いじゃないですか．

**中**．ア，そうか．それもそうですわね．

**北**．たとえば，$y=\sin x$ は $x=0$ において無限小です．$y=1-\cos x$ も $x=0$ で無限小です．$y=x\log|x|$ も $x=0$ で無限小です．

**白**．今言われた例では，皆 $x=0$ で $f(0)=0$ というてんのと同じみたいやな．

**北**．いや，$x=x_0$ で無限小かどうかを見るとき，ただ $x_0$ 一点だけでの値を問題にされたのでは困るのです．やはり，$x_0$ の近傍での関数の挙動を調べてもらわないとね．もう一つ，

$$y=e^{-\frac{1}{|x|}}$$

も $x=0$ で無限小です．

**白**．ア，なるほど，$x=0$ は代入できへんなあ．$x\neq 0$ として $x\to 0$ と，$x$ をいろいろ変えてみんとわからんわけか．

**中**．先生，「$x=x_0$ で」無限小というから，誤解をまねくんですわ．「$x=x_0$ の近傍で」とか，「$x\to x_0$ のとき」とか，何か別の言いまわしをした方がいいと思います．

**北**．そう，その説には賛成です．これからは，「$x\to x_0$ のとき $f(x)$ は無限小である」ということにしましょうか．

**発**．(しばらく考えていたが) いや，やっぱり「$x=x_0$ で無限小」の方がいいと思いますよ．上のいいまわしだとむしろ「$x\to x_0$ のとき $f(x)\to 0$ である」といった方がいいのであって，わざわざ「無限小」と名前をつけるからには，一点の性質でなく，その点のまわりの性

---

* 特に $x_0$ が $I$ の端にあるときなどそうである．

質であるという意味を含ませてあるのだから「$x=x_0$ で無限小」で悪くありません．

**白**．ボクはどっちでもええわ．そんなことより，何でそんな簡単な性質に，誤解をまねきやすい「無限小」という名をつけたかということの方が気になるわ．

**北**．そう，それを説明しましょう．いくつかの関数があったとき，それらがいずれも，$x \to x_0$ のとき 0 に収束するとしましょう．そのとき，どの関数が「より速く」0 に収束するかを知る必要があることが多いのです．ほら，よく物理や化学の計算式の途中で，「これは小さいから無視しまして，……」などといって，どんどん式を簡単にしてしまうことがあるでしょう．

**白**．ああ，あれ，いつも腹が立ちますねん．小さいかも知らんけど，同じ項が別の所に出ていてもそれは無視せず，都合のええ所ばっかり消しよる．たとえば，

$$\frac{2x+\sin x+x^2}{x+\dfrac{x^2}{\sin x}}$$

で $x \to 0$ とするんですけど，分子の $x^2$ は無視してええけど，分母の中の $x^2$ は消したらあかんていうんですわ．これ，ものすごく感じわるいけど，何も説明してくれへん．

**北**．それは，分子の $x^2$ は $x$ や $\sin x$ にくらべてずっと速く 0 に近づくが，分母の方は $\sin x$ でわるので，0 に近づく速さが変って，無視できなくなるのです．ここで，0 に収束する「速さ」というものを正確に表わしましょう．そのため，二つの言葉と記号を導入します．

まず，$x=x_0$ での2つの無限小 $f(x)$ と $g(x)$ に対し，ある $x_0$ の近傍で，つねに

$$|f(x)| \leqq M|g(x)|$$

となるような定数 $M$ がとれるとき，$f(x)$ は $g(x)$ で**押えられる**あるいは $g(x)$ は $f(x)$ を**押える**といい

$$f(x)=O(g(x)) \qquad (x \to x_0)$$

とかきます．次に，2つの無限小 $f(x)$ と $g(x)$ に対し，どんな $\varepsilon\,(>0)$ をとっても十分 $x_0$ の近傍をしぼれば，そこでは，

$$|f(x)| \leqq \varepsilon|g(x)|$$

となってしまうとき，$f(x)$ は $g(x)$ に対し**無視できる**といいます．そして

$$f(x)=o(g(x)) \qquad (x \to x_0)$$

とかきます．いいですか．

**発**．まあ，大体感じはわかりますが，それ，割り算にして，それぞれ

$$\left|\frac{f(x)}{g(x)}\right| \leqq M, \qquad \left|\frac{f(x)}{g(x)}\right| \leqq \varepsilon$$

とした方がわかりやすいのではないでしょうか．

**北**．ええ，それでも，大ていの場合いいのですが，$x_0$ の近傍の無数の点で $g(x)$ が 0 になることがあると，割り算ができなくなるので，一般の定義のときには，割り算の形にしないのです．

**中**．先生，「無視できる」ならば「押えられる」けれども，逆は成り立たないのですね．

**北**．そうです，$f(x)=o(g(x))$ $(x\to x_0)$ のとき，$f(x)$ は $g(x)$ より「高位の」無限小である，というように書いてある本もありますが，それでは「同位」とは何かが直ちに問題になるでしょうし，それは，上の二つの概念の間の混乱をまねくだけですから，ここでは「高位」「同位」という言葉をわざとさけたのです．しかし，それはあとでまたきちんとした形で解決します．

さて，

$$f(x)=O(g(x)) \qquad (x\to x_0),$$
$$g(x)=O(h(x)) \qquad (x\to x_0)$$

なら，

$$f(x)=O(h(x)) \qquad (x\to x_0)$$

である，という定理は認めますか．

**白**．えーと，$|f(x)|\leqslant M|g(x)|$ が成立する $x_0$ の 近傍と，$|g(x)|\leqslant N|h(x)|$ が成立する $x_0$ の近傍の共通部分では，

$$|f(x)|\leqslant M\cdot N|h(x)|$$

が成立するから，

$$f(x)=O(h(x)) \qquad (x\to x_0)$$

は認めてもよろしいです．

**北**．中々よくできますね．この関係は，ちょうど大小関係と同じように，「推移律」* になっています．そこで，$f(x)=O(g(x))$，$g(x)=O(f(x))$ が成立するとき，$f$ と $g$ は**類似な**無限小であるといいます．式でかくと，$m|g(x)|\leqslant|f(x)|\leqslant M|g(x)|$ となる正の定数 $M, m$ がとれるということです．

**発**．これはいわゆる「同位の無限小」という概念に等しいですか．

**北**．いや，普通「同位」といえば，

$$\lim_{x\to x_0}\frac{f(x)}{g(x)}=a(\neq 0)$$

という極限が存在する場合をいうので，上の「類似な」という概念の方が広いのです．

---

* 「$a\leqslant b$，$b\leqslant c$ ならば $a\leqslant c$」を推移律という．

さて，今度は，「無視できる」という関係も推移律をみたすことをいうのですが，実はそれより少し強く，

$$f(x)=o(g(x)) \qquad (x\to x_0),$$
$$g(x)=O(h(x)) \qquad (x\to x_0)$$

ならば

$$f(x)=o(h(x)) \qquad (x\to x_0)$$

が成立します．

**中**．今度は私にやらせてね．どんな $\varepsilon(>0)$ に対しても，$x_0$ の近傍をしぼれば，その中では

$$|f(x)|\leqq\varepsilon|g(x)|$$

が成立するわね．次に，また別の $x_0$ の近傍で，

$$|g(x)|\leqq M|h(x)|$$

が成立するから，結局その2つの近傍の共通部分では，

$$|f(x)|\leqq\varepsilon M|h(x)|$$

が成立すると，……．ア，$\varepsilon M$ は $\varepsilon$ を小さくとればいくらでも小さくできるから，これは

$$f(x)=o(h(x)) \qquad (x\to x_0)$$

のことです．カンタンね．

**発**．先生，中山さんの証明を見てますと，$f(x)=O(g(x))$，$g(x)=o(h(x))$ でも $f(x)=o(h(x))$ が結論されますね．

**北**．そうです．どちらかが $o$ なら，結論の所が $o$ になります．

**白**．先生，今度は，$f(x)=o(g(x))$，$g(x)=o(f(x))$ の場合を考えるのですか．

**発**．バッカだなあ，互いに他を「無視する」なんてことできないじゃないか．だって，$f(x)=o(g(x))$ というのは，$\dfrac{f(x)}{g(x)}\to 0$ ってことだぜ．これをひっくり返してなお，$\dfrac{g(x)}{f(x)}\to 0$ としろなんてどだい無理な話だよ．

**白**．（ペロリと舌を出す）エヘヘ，ちょっと調子がよすぎたか．

**北**．今度はね，$f(x)-g(x)$ が $g(x)$ に対し無視できるとき，$f(x)$ と $g(x)$ は**同値な**無限小である，といいます．つまり，

(2) $$f(x)=g(x)+o(g(x)) \qquad (x\to x_0)$$

が成立することを意味します．

**中**．先生，(2) は $f$ と $g$ に関して対称じゃないから，「$f$ と $g$ が同値」という表現はおかしいのではないでしょうか．

**北**．ええ，だから，$f(x)-g(x)=o(g(x))$ ならば，$f(x)-g(x)=o(f(x))$ であることを証明すればいいでしょう．

**中**．はい，それなら結構です．

**北**．では証明しましょう．(2) は，どんな $\varepsilon(>0)$ をとっても，$x_0$ の近傍をうまくとれば，

(3)
$$|f(x)-g(x)|\leqq\varepsilon|g(x)|$$

とできる．ということですね．ところで絶対値については $|a|-|b|\leqq|a-b|$ はいつでも成立する不等式ですから，(3) から，

$$|g(x)|-|f(x)|\leqq\varepsilon|g(x)|$$

つまり，整理すると，

$$|g(x)|\leqq\frac{1}{1-\varepsilon}|f(x)|$$

が成立することがわかります．従って，$g(x)=O(f(x))$ となります．だから中山さんの証明した推移律によって，$f(x)-g(x)=o(g(x))$，$g(x)=O(f(x))\Rightarrow f(x)-g(x)=o(f(x))$ がでます．

**発**．先生，すると，大体の感じとしては，$f$ と $g$ が同値だというのは

$$\frac{f(x)}{g(x)}=1+\frac{o(g(x))}{g(x)}$$

で $x\to x_0$ とすると，右辺の第 2 項は 0 に収束しますから，

(4)
$$\lim_{x\to x_0}\frac{f(x)}{g(x)}=1$$

が成立することだと思っていいのですね．

**北**．ええ，先ほどの割り算の困難が起こらない場合は，それで結構です．そこで，$f$ と $g$ が**同位の**無限小であるとは，ある定数 $\alpha$ があって，$f(x)$ と $\alpha g(x)$ が同値な無限小となるときである，と定義します．

なお，今までの話は，ある点 $x_0$ のまわりの話でなくて，$x\to+\infty$ のときとか，$x\to-\infty$ のときでも同じようにできることを注意しておきましょう．たとえば，$x\to+\infty$ のとき，$f(x)$ が無限小であるとは，

$$\lim_{x\to+\infty}f(x)=0$$

が成立することであり，また，$f(x)$ が $g(x)$ に対し無視できる無限小である，とは，

任意の $\varepsilon(>0)$ に対し，ある $G(>0)$ があって，$[G,\infty)$
に属するすべての $x$ につき，

$$|f(x)|<\varepsilon|g(x)|$$

が成立することです．

だから，たとえば $e^{-x}$ も $\dfrac{1}{\log x}$ も共に $x\to+\infty$ のとき無限小ですが，$e^{-x}$ は $\dfrac{1}{\log x}$ に比べて無視できる無限小です．なぜなら，

$$\frac{e^{-x}}{\dfrac{1}{\log x}}=e^{-x}\log x\longrightarrow 0\qquad(x\to+\infty)$$

だからです.

これで定義は大体おしまいです．要約すると，類似，同位，同値の3つの“同等関係”があって，この順に強い条件になっている，ということですね.

## [2]　ド・ロピタルの定理

**白**．先生，実際に2つの関数が与えられたとき，どうやって押えられるとか無視できるとかを見わけるのですか.

**北**．それにはいろいろの手が考えられますが，比較的有名なのがド・ロピタルの定理* です.

**中**．あれっ，ド・ロピタルの定理は習ったけれど，無限小の話など何もなかったわよ.

**発**．あれは「不定形の極限値」というやつを求める手段だろ.

**白**．フテーケーてなんや.

**発**．$\dfrac{0}{0}$とか$\dfrac{\infty}{\infty}$になるわり算のことさ.

**中**．つまりね，$f(x)$，$g(x)$ があって，$\lim\limits_{x\to x_0} f(x)=0$，$\lim\limits_{x\to x_0} g(x)=0$ のとき，

$$\lim_{x\to x_0}\frac{f(x)}{g(x)}$$

は，見かけ上$\dfrac{0}{0}$になるじゃない．それが，そうならないで，この極限値がちゃんと計算できるというのがド・ロピタルの定理よ.

**白**．あっ，それやったら，正に無限小の比較やないか.

**発**．そうだ，どうしてそれに気がつかなかったのかなあ．ボクは不定形の極限なんて，微積分の演習問題をとかせるために，昔の受験の大家が考えた陰謀だとばかり思っていたよ.

**中**．へえ，17，18世紀の昔にも大学受験なんてあったのかしら.

**発**．そ，そりゃあ，あったんじゃないかなあ.

**北**．はっはっ，17，18世紀の大学の概念は，今の大学と全く異なるものです．第一，理学部や，工学部などないしね．ド・ロピタルの定理が受験技術であったなどというのは珍説ですなあ．でもね，そもそも“$\dfrac{0}{0}$になる”とか“不定形”とかいった用語法そのものが18世紀的なのでして，それを20世紀の今日まで墨守している本があるとすれば，悪口を言われても仕方ありませんね.

**中**．先生，ド・ロピタルの定理というのは，$\lim\limits_{x\to x_0} f(x)=0$　$\lim\limits_{x\to x_0} g(x)=0$　のとき，

$$\lim_{x\to x_0}\frac{f'(x)}{g'(x)}\ \text{が存在すれば}\ =\lim_{x\to x_0}\frac{f(x)}{g(x)}$$

---

*　F. A. de　l'Hospital　1661–1704

というのでしたね.

**北**. そうです.

**中**. これたしかに便利な定理なんですけど，その他にも無限小の比較をする方法はありますか.

**北**. ええ，原理的にはド・ロピタルと同じなのですが，与えられた関数をテイラー展開して $x$ のべきの和の形にしておいて比較する方法があります．例題を一つやりましょう．ド・ロピタルとテイラーの2通りでやってごらん.

**問題**. $\displaystyle\lim_{x\downarrow 0}\frac{\frac{\sin x}{x}-1}{x^{\alpha}}$ を求めよ*.　　$(\alpha>0)$

**白**. まず，ド・ロピタルからやってみよう.

$$\lim_{x\downarrow 0}\frac{\frac{\sin x}{x}-1}{x^{\alpha}}=\lim_{x\downarrow 0}\frac{\frac{x\cos x-\sin x}{x^2}-0}{\alpha x^{\alpha-1}}=\lim_{x\downarrow 0}\frac{x\cos x-\sin x}{\alpha x^{\alpha+1}}$$

うわあ，もとの問題よりかえってややこしくなってしもた．これ，ドナイショ.

**中**. また，上下共に無限小だから，も一度微分してみたら？

**白**. そんなことしたら，もっともっとややこしなって，わけがわからんようにならへんやろか.

**中**. “ならへんやろか”って，やってみなくちゃわからないじゃないの.

$$=\lim_{x\downarrow 0}\frac{\cos x-x\sin x-\cos x}{\alpha(\alpha+1)x^{\alpha}}=\lim_{x\downarrow 0}\frac{-\sin x}{\alpha(\alpha+1)x^{\alpha-1}}$$

ほうら，簡単になったじゃないの．これでも $\alpha>1$ なら，まだ両方とも無限小ね．シツコイのね．あたし，こんなの，キライ.

**発**. もう一息だよ．もう一度微分して，

$$=\lim_{x\downarrow 0}\frac{-\cos x}{\alpha(\alpha+1)(\alpha-1)x^{\alpha-2}}$$

これで，分子はもう無限小じゃないから，微分したらいけないよ．$x\downarrow 0$ とすると，ええと，分子は $-1$ になるし，分母は，$\alpha=2$ のときだけ，$\alpha(\alpha+1)(\alpha-1)=6$ になる．$\alpha<2$ なら分母はどんどん大きくなる．つまり無限大だ．$\alpha>2$ なら，0 になる．だから，結局

$$\lim_{x\downarrow 0}\frac{\frac{\sin x}{x}-1}{x^{\alpha}}=\begin{cases}-\infty & (\alpha>2)\\ -\dfrac{1}{6} & (\alpha=2)\\ 0 & (\alpha<2)\end{cases}$$

---

* $x\downarrow 0$ とは，$x>0$ かつ $x\to 0$ のこと。

となる．ド・ロピタルって案外面倒だなあ．

**白**．それでも機械的にできる所がええやないか．

**中**．だれよ，“わけがわからんようにならへんか”なんて泣き言を並べてたのは．

**白**．へへえ，あれはまずかったな．

**北**．今度はテイラーでやってごらん．

**白**．はい……と，返事はしてみたけど，テイラーの公式を $x=0$ であてはめるというても $\dfrac{\sin x}{x}$ なんかどうしようもないでえ．

**発**．どうして？

**白**．テイラーの公式いうたら，

$$f(x)=f(0)+f'(0)x+\frac{f''(0)}{2!}x^2+\cdots+\frac{f^{(n)}(0)}{n!}x^n+R_n(x)$$

というやつやろ．$f(x)=\dfrac{\sin x}{x}-1$ とおいてみい，$f(0)=0$ はまあええとしても，$f'(0)$ はどうするねん．

$$\left(\frac{\sin x}{x}\right)'=\frac{x\cos x-\sin x}{x^2}$$

で，それこそわけがわからへん．

**発**．そうだなあ，ア，そこでド・ロピタルを使ったら？

**白**．そんなん，ルール違反や．ド・ロピタルは使わんとやろうとしてるんやで．

**中**．そんな変な関数をテイラー展開するから苦労するのよ．$\sin x$ を展開して

$$\sin x=x-\frac{x^3}{3!}+\frac{x^5}{5!}-\cdots$$

でしょ．だから，

$$\frac{\sin x}{x}=1-\frac{x^2}{3!}+\frac{x^4}{5!}-\cdots$$

と，カンタンじゃないの．

**発，白**．アッ，そうか．

**中**．ついでに全部やっちゃおう．

$$\begin{aligned}\frac{\dfrac{\sin x}{x}-1}{x^\alpha}&=\frac{1}{x^\alpha}\left\{-\frac{x^2}{3!}+\frac{x^4}{5!}-\cdots\right\}\\&=x^{2-\alpha}\left\{-\frac{1}{6}+\frac{x^2}{120}-\cdots\right\}\end{aligned}$$

で $x\downarrow 0$ とすると，{　} の中は $-\dfrac{1}{6}$ になるから，もし $2-\alpha=0$ なら全体は $-\dfrac{1}{6}$ に収束し，$2-\alpha>0$ なら 0 に，$2-\alpha<0$ なら $-\infty$ になるわ．

**白**．うわあ，えらい簡単やなあ．ド・ロピタルなんか，アホラしゅうて，やってられへんな．

**北**. その…の所を正確には $o(x^2)$ などとかくべきでしょうが，考え方はそれでいいですね.

## [3] テイラーの公式

**北**. この例でもわかるように，無限小の比較をするとき，その無限小を，典型的な無限小の和に「刻んで」おいて他のものとくらべると大変わかりやすいことが多いのです. その刻み方の代表的なのが，テイラー展開なのですよ.

**白**. 典型的な無限小として，$x\to 0$ のとき，$x, x^2, \cdots, x^n, \cdots$ が考えられることはよくわかりますが，それだったら，$x^{\frac{1}{2}}, x^{\frac{2}{2}}, x^{\frac{3}{2}}, \cdots, x^{\frac{n}{2}}, \cdots$ だってやっぱり典型的な無限小でしょう. どうして整数べきだけがいつもでてくるのですか.

**北**. いや，それは教科書の方が悪いので，分数べきの無限小で刻まねばならない関数だっていくらでもありますよ. たとえば,

$$f(x)=\sqrt{x(1+x)}$$

を $x\geqq 0$, $x\to 0$ で考えてみますと，普通のテイラー展開を $x=0$ のまわりで行なうことはできません. 微分可能じゃありませんからね(第2図). しかし,

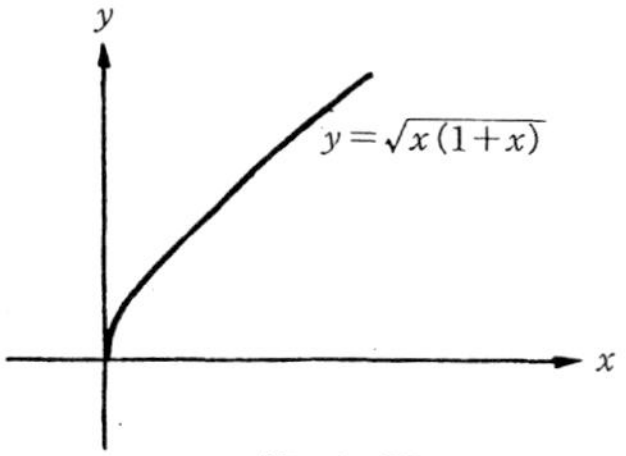


第 2 図

$$\frac{f(x)}{\sqrt{x}}=\sqrt{1+x}=(1+x)^{\frac{1}{2}}=1+\frac{1}{2}x+\begin{pmatrix}\frac{1}{2}\\2\end{pmatrix}x^2+\begin{pmatrix}\frac{1}{2}\\3\end{pmatrix}x^3+\cdots+\begin{pmatrix}\frac{1}{2}\\n\end{pmatrix}x^n+o(x^n)$$

とテイラー展開できますから*,

$$f(x)=x^{\frac{1}{2}}+\frac{1}{2}x^{\frac{3}{2}}+\begin{pmatrix}\frac{1}{2}\\2\end{pmatrix}x^{\frac{5}{2}}+\begin{pmatrix}\frac{1}{2}\\3\end{pmatrix}x^{\frac{7}{2}}+\cdots+\begin{pmatrix}\frac{1}{2}\\n\end{pmatrix}x^{n+\frac{1}{2}}+o(x^{n+\frac{1}{2}})$$

となります.

**発**. なるほど，そうすると整数べき展開しか教えない今までの教育は犯罪的だなあ.

**北**. (笑って) 犯罪的とはまた大ゲサですね. それに，整数べき展開が他の展開とちがう重要な点を考えると，あながち犯罪的とはいえないのですよ.

**発**. どう重要なのですか.

**北**. それは，その点での滑らかさの度合が，$x$ の整数べきで“計れる”という点なのです. たとえば，2回微分可能なら，$x$ と $x^2$ によって刻めますし，5回微分可能なら，$x, x^2, \cdots,$

---

* $\begin{pmatrix}p\\q\end{pmatrix}=\dfrac{p(p-1)\cdots(p-q+1)}{q!}$

$x^5$ によって刻めます．そのとき，$x^{\frac{3}{2}}$ とか $x^{\frac{8}{3}}$ などは，決して入ってこないのです．それがテイラー展開の本当の意味です．それは次のように考えるのが自然でしょう．$x=0$ での無限小 $f(x)$ を，$ax$ という形の関数で近似できるというのが微分可能の定義そのものですから，もしそれが可能なら，

$$f(x)-a_1x=o(x)$$

の係数 $a_1$ は $f'(0)$ でなければなりません．次に，$f(x)-a_1x$ を $a_2x^2$ で近似できるとすれば，その係数 $a_2$ は $\frac{1}{2!}f''(0)$ でなければなりません．なぜなら，

$$f(x)-a_1x-a_2x^2=g(x)=o(x^2)$$

となるようにできたとしますと，両辺を $x^2$ でわって，$x\to0$ としますと，

$$\frac{f(x)-a_1x-a_2x^2}{x^2}\longrightarrow 0 \qquad (x\to0)$$

でなければなりません．この値はそれこそド・ロピタルによって，

$$\lim_{x\to0}\frac{f(x)-a_1x-a_2x^2}{x^2}=\lim_{x\to0}\{f''(x)-2!a_2\}$$

に等しいから，$f(x)$ が $C^2$–クラスの関数なら $a_2=\frac{1}{2!}f''(0)$ となります．

**白**．$C^2$–クラスて，何ですか．

**北**．$f''(x)$ が連続な関数，という意味です．さて，逆に $C^2$–クラスの関数 $f(x)$ に対し，$f(x)-f'(0)x-\frac{1}{2!}f''(0)x^2$ という関数を考えますと，これはもう $o(x^2)$ であることは明らかでしょう．

**白**．何で明らかや．

**発**．ド・ロピタルを使えばすぐわかるよ．

$$\lim_{x\to0}\frac{f(x)-f'(0)x-\frac{1}{2}f''(0)x^2}{x^2}=\lim_{x\to0}\frac{f''(x)-f''(0)}{2!}=0$$

**白**．ちえっ，クダラン，質問してソンした．

**北**．今までのことは3回以上微分しても同じように成立しますから，結局 $C^n$–クラスの関数なら，

$$f(x)=\frac{1}{1!}f'(0)x+\frac{1}{2!}f''(0)x^2+\cdots+\frac{1}{n!}f^{(n)}(0)x^n+g(x),\quad g(x)=o(x^n)\quad(x\to0)$$

が成立します．今までは $x=0$ での無限小 $f(x)$ について考えましたが，一般の位置 $x=a$ でしかも $f(x)$ が必ずしも無限小でないときでも，$f(x)-f(a)$ は $x=a$ での無限小だから，上のスジガキ通りに事がはこべて，

$$f(x)-f(a)=\frac{1}{1!}f'(a)(x-a)+\frac{1}{2!}f''(a)(x-a)^2+\cdots+\frac{1}{n!}f^{(n)}(a)(x-a)^n+o((x-a)^n)$$
$$(x\to a)$$

が成立します．なお，本当のことをいうと，$f(x)$ が $C^n$-クラスという仮定は強すぎるのでして，$n$ 回導関数については $f^{(n)}(a)$ の存在だけ仮定すればこの式は出るのですが，その辺は，まあ末梢的なことで，必要になったとき調べればよろしい．

## [4] 漸 近 展 開

**中**．先生，$x\to+\infty$ のときの無限小の取り扱いはどうするのですか．

**北**．これもいろいろな考え方が可能でしょうが，最も常識的には，$x=\frac{1}{t}$ と変数変換してみると，$f(x)=f\left(\frac{1}{t}\right)=g(t)$ は $t\downarrow 0$ のときの無限小になりますから，これについて今までのことを適用すればよろしい．ただ，そう簡単には行かない場合が多いのですがね．

**発**．$f(x)=\frac{1}{\log x}$ は $x\to\infty$ のとき無限小だなあ．$g(t)=f\left(\frac{1}{t}\right)=\frac{1}{\log\frac{1}{t}}$ としてみると，ええと，あれえ，$\log\frac{1}{t}=-\log t$ だから，$g(t)=-\frac{1}{\log t}$ となって，全然変らないじゃないか．

**北**．ほらね，そんな簡単な例でも，もう無力でしょう．実はこの $(\log x)^{-1}$ という形の無限小は $x^\alpha$ の形のどんな無限小に比べても「大きい」のです．実際，$\alpha<0$ なら，

$$\frac{x^\alpha}{(\log x)^{-1}}=x^\alpha\log x\longrightarrow 0\qquad(x\to+\infty)$$

が成立しているからです．だから $\frac{1}{\log x}$ は $x^\alpha$ $(\alpha<0)$ の形のスケールで刻もうと思っても，これは不可能です．0 に近づく速さがゆっくりすぎて $x^\alpha$ $(\alpha<0)$ というスピードメーターにかからないんですよ．

**発**．ふうん，なるほど．そうすると，何か別のスケールを作らねばなりませんね．

**北**．そう，君，いいことをいうじゃないですか．$x^\alpha$ の形の無限小が唯一つのものではありません．

**白**．というたかて，他にどんなもんが“典型的”なんやろか．ちょっと見当がつかんでえ．

**北**．いや，簡単です．$(\log x)^\beta$ の形のものをスケールにとるのですよ．

**白**．何や，それ自身をスケールにするのか．

**北**．もう少し正確にいうと，$x^\alpha(\log x)^\beta$ の形の関数列を考えるのです．たとえば，$f(x)=(1+x)^{\frac{1}{x}}$ の $x\to+\infty$ のときの挙動を調べましょう．両辺の対数をとると，

$$\log f(x)=\frac{1}{x}\log(1+x)$$

ここから $x^{\alpha}(\log x)^{\beta}$ の形の関数を抜き出すとすれば，

$$=\frac{1}{x}\log x\left(1+\frac{1}{x}\right)=\frac{1}{x}\log x+\frac{1}{x}\log\left(1+\frac{1}{x}\right)$$

この第2項の $\log\left(1+\frac{1}{x}\right)$ は $x\to+\infty$ のとき0になります．その様子を見るには $\frac{1}{x}$ についてテイラー展開すればよく，

$$\log\left(1+\frac{1}{x}\right)=\frac{1}{x}-\frac{1}{2}\left(\frac{1}{x}\right)^2+o\left(\frac{1}{x^2}\right)\qquad\left(\frac{1}{x}\to 0\right)$$

ですから，

$$\log f(x)=\frac{1}{x}\log x+\frac{1}{x^2}-\frac{1}{2x^3}+o\left(\frac{1}{x^3}\right)\qquad(x\to+\infty)$$

従って，

$$f(x)=e^{\frac{1}{x}\log x+\frac{1}{x^2}-\frac{1}{2x^3}+o\left(\frac{1}{x^3}\right)}\qquad(x\to+\infty)$$

この $e$ の肩にのっているのは無限小ですから，$e^y$ の $y=0$ のまわりのテイラー展開

$$e^y=1+\frac{y}{1!}+\frac{y^2}{2!}+\frac{y^3}{3!}+o(y^3)\qquad(y\to 0)$$

に代入して，$o\left(\frac{1}{x^3}\right)$ の項をまとめると，

$$f(x)=1+\left\{\frac{1}{x}\log x+\frac{1}{x^2}-\frac{1}{2x^3}\right\}+\frac{1}{2}\left\{\frac{(\log x)^2}{x^2}+\frac{2\cdot\log x}{x^3}\right\}+\frac{1}{6}\frac{(\log x)^3}{x^3}+o\left(\frac{1}{x^3}\right)$$
$$=1+\frac{\log x}{x}+\frac{1}{2}\frac{(\log x)^2}{x^2}+\frac{1}{x^2}+\frac{1}{6}\frac{(\log x)^3}{x^3}+\frac{\log x}{x^3}-\frac{1}{2x^3}+o\left(\frac{1}{x^3}\right),\quad(x\to+\infty)$$

これが $(1+x)^{\frac{1}{x}}$ の，$x^{\alpha}(\log x)^{\beta}$ による展開です．このような展開を一般に漸近展開 (asymptotic expansion) といいます．

なお，無限大のお話はできませんでしたが，考え方は無限小の場合と全く同じですから，今日お話ししたことを下敷にして，「無限大の理論」を自分で作ってみて下さい．面白いし，本当の勉強になりますよ．

## 練　習　問　題

**1.** 次の極限値を求めよ．

(i) $\displaystyle\lim_{x\to 0}\left\{\frac{1}{\sin^2 x}-\frac{1}{x^2}\right\}$　　(ii) $\displaystyle\lim_{x\to+\infty} x\log\frac{x-a}{x+a}$

**2.** $f(x)=x^{x^{\frac{1}{x}}}$ の $x\to+\infty$ のときの漸近展開を求めよ．

**3.** 部分積分によって，$f(x)=\displaystyle\int_x^{\infty}e^{-\frac{t^2}{2}}dt$ の $x\to+\infty$ のときの漸近展開を求めよ．

**4.** 部分積分をくり返すことにより，テイラーの公式は次の形をとることを示せ．

（帰納法を用いよ.）

$$f(x)=f(a)+f'(a)\frac{(x-a)}{1!}+f''(a)\frac{(x-a)^2}{2!}+\cdots+f^{(n)}(a)\frac{(x-a)^n}{n!}$$
$$+\int_a^x f^{(n+1)}(t)\frac{(x-t)^n}{n!}dt.$$

5. $f(x)$, $g(x)$ は $[0,\infty)$ で連続とし，$g(x)\geqq 0$ かつ $\int_a^{\infty} g(t)dt=+\infty$ とする．そのとき無限大の比較について次のことが成立することを示せ．

(i) $f(x)=O(g(x))$ $(x\to+\infty)$ ならば $\int_a^x f(t)dt=O\left(\int_a^x g(t)dt\right)$ $(x\to+\infty)$

(ii) $f(x)=o(g(x))$ $(x\to+\infty)$ ならば $\int_a^x f(t)dt=o\left(\int_a^x g(t)dt\right)$ $(x\to+\infty)$

(iii) $f(x)\sim g(x)$ $(x\to+\infty)$ ならば $\int_a^x f(t)dt\sim\int_a^x g(t)dt$ $(x\to+\infty)$

($f(x)$ と $g(x)$ が同値のとき $f(x)\sim g(x)$ とかく．)

# 第 5 章　原始関数と微分方程式

## [1]　原 始 関 数

（北井志内教授が会議で留守中，学生 3 人がしゃべっている．）

**白川**．微分の逆算を積分というのはよう知ってるやろ．

**発田**．微分というのは導関数を作る作用のことかい．それならその逆は積分，もっと正確にいうと不定積分だよ．

**白**．それがなあ，何となく気持が悪いんや．たとえば，電気やなんかでようやるヘビサイド関数 $H(x)$ というやう．$x \geqq 0$ で $H(x)=1$，$x<0$ で $H(x)=0$ というやつ，あれ積分したら，$c<0$ として，

$$\int_c^x H(x)dx=0, \qquad (x \leqq 0)$$

$$\int_c^x H(x)dx=x, \qquad (x>0)$$

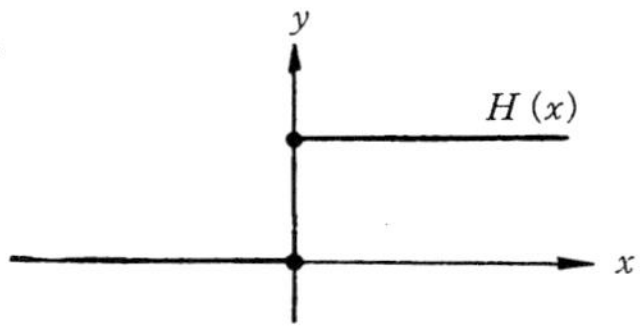

第 1 図

となるやろ．つまり不定積分は，

$$F(x)=\begin{cases} x & (x>0) \\ 0 & (x \leqq 0) \end{cases}$$

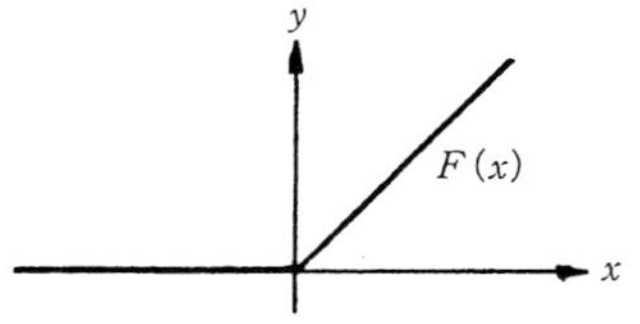

第 2 図

で，これ，連続関数やけど，原点で微分できへん．つまり積分して微分したらもとへもどるというのはウソや．

**中山**．そりゃそうよ．導関数が不連続なんだから当り前じゃない．

**白**．いや，今の場合は，導関数の $H(x)$ の $x=0$ での値はちゃんと $H(0)=1$，ときめてある．そやから，$F'(0)$ はちゃんと存在してその値は 1 である，というのなら話はわかるんや．たとえ，$F'(x)$ が $x=0$ で不連続でもね．ところが，上の $F(x)$ は，$F'(0)$ を計算しようにも，できへんやないか．

**発**．あ，そうか．つまり君がいいたいのは，**すべての** $x$ で $F'(x)=H(x)$ をみたす関数 $F(x)$ のことを $H(x)$ の原始関数というべきなのに，今作った $\int_c^x H(x)dx$ は $x=0$ で微分でき

ないから，これは原始関数とはいえない，ということだね．

**中**．そういえば，わたしも変な感じがすることが一つあるの．$\log|x|$ の導関数は $\dfrac{1}{x}$ でしょ．だから，$\log|x|=\displaystyle\int\frac{dx}{x}+c$ とよく教科書なんかに書いてあるわね．だけど，$\dfrac{1}{x}$ も $\log|x|$ も $x=0$ では定義されてないんだから，この $c$ は $x>0$ の所と $x<0$ の所で別々のものにとってやってもいいでしょ．(第3図) そうすると原始関数は定数の差を除いて一意的にきまる，という定理だか何だか知らないけど，そういうのあったじゃない．あれ，ウソのような気がするの．

**白**．今度は，$x=0$ の近くで，積分が求められへん場合やな．そういえば，さっきのヘビサイド関数の原始関数でも，どうせ $x=0$ で微分できへんのやから，$x<0$ と $x>0$ でちがった定数をとって，

$$F(x)=\begin{cases} x+c_1 & (x>0) \\ c_2 & (x<0) \end{cases}$$

としても，「$x\neq0$ では $F'(x)=H(x)$，$x=0$ では微分できない」という事実は変らんわけや．

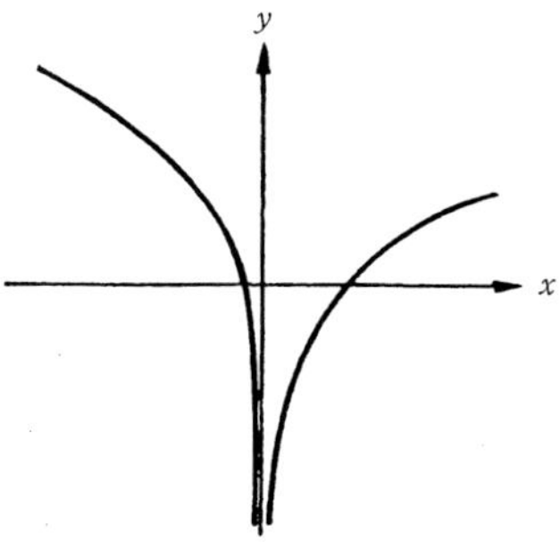

第 3 図

**発**．少しちがうよ．$\dfrac{1}{x}$ のときは $x=0$ でどう定義しても，またどんなにいろんな $c_1$, $c_2$ をえらんでも，$x=0$ で連続になることはないけれど，白川君の場合だと，原始関数を連続にすることができるだろう．

**白**．そうか，微分可能は1点ぐらいやからあきらめることにして，連続性だけは確保しようというわけやな．発田君の考えをきちんというとどうなるかな．

「区間 $I$ で $F(x)$ が $f(x)$ の原始関数であるとは，

(i) $F(x)$ が $I$ で連続であること．

(ii) $I$ のいくつかの点を除いて，$F'(x)=f(x)$ が成立すること．」

ということにしたらどうかな．

**発**．その「いくつか」というのは気に入らないねえ．

**中**．「有限個の点を除いて」ということにしたらどう？

**白**．うん，「一点だけ除いて」では話にならんことは，2点以上でジャンプのある関数の原始関数を考えたら，すぐわかる．たしかに「有限個を除いて」というのはよさそうやな．そやけど，何で「無限個を除いて」やったらあかんのか，そこの所がよくわからん．

**発**．無限個も除いたら，何も残らなくなっちゃうじゃないか．

**白**．あ，そうか．

**中**．でもね，たとえばある点列の上だけで微分できないぐらいの条件なら，無限個でも大したことないわよ．つまり，(ii)を，

「(ii)′　$I$ のある点列 $\{a_n\}_{n=1,2,\ldots}$ を除いて，すべての $x\in I$ で $F'(x)=f(x)$ が成立する.」

という条件でおきかえて，原始関数の定義にするのよ.

**発**.「可算個の点を除いて」というわけか．それなら，何も残らなくなるという心配はなくなるけど，そんな条件，すごく人為的な感じだなあ．面白くないよ.

**白**．まあ，まあ，お二人さん，勝手に定義ごっこしてるのはええけど，その定義でうまいこといろんな話ができるかどうかをためしてみんことには，どっちが適当な定義かわからんやないか．まず，さっき，中山さんの言うてた，定数の差を除いて一意的というやつ，証明してみようやないか.

**中**．そうね．(i), (ii) の定義だとすると，二つの原始関数 $F_1(x)$, $F_2(x)$ があったとすると,

$$F_1'(x)=F_2'(x)=f(x)$$

が有限個の点を除いて成立するから,

$$(F_1-F_2)'=0$$

が，有限個の点を除いて成立するわけね.

**発**．この式から，$F_1-F_2=$一定 を出さなきゃならないのか．つまり，$F=F_1-F_2$ とおくと,

「$F$ が $I$ で連続関数で，有限個の点を除いて微分可能で，$F'(x)=0$ なら，$F(x)\equiv c$」を言えばいいんだな．あ，それなら簡単だ．その有限個の除外点で $I$ を分割すると，その小区間毎には微分可能だから，そこでは $F(x)=$定数 となる．だから，$F(x)$ は階段関数になる．階段関数が連続関数になるためには，全体で定数でなければならない．これでいいだろう.

**白**．それでええなあ．そやけど，それやったら，(i), (ii)′ を定義に採用しても同じことやで．今度は,

「$F(x)$ が $I$ で連続で，ある数列上の点を除いて微分可能で，$F'(x)=0$ が成立するなら，$F(x)\equiv c$」

をいえばええことになるが，やっぱり，この除外点で区切った小区間上で定数（第4図）やから，$F(x)$ は階段関数になる．だから $F$ の連続性から，$F(x)\equiv c$ が出るやろ.

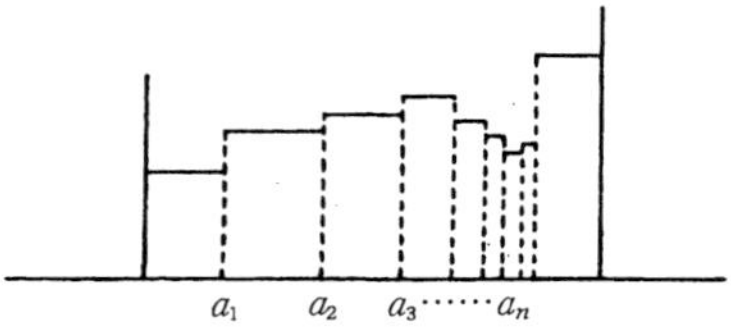


第　4　図

**中**．（じっと考えていたが）その証明は，だめ.

**白**．どうして？

**中**．除外点の分布がそんな具合になっている時はそれでいいけど，意地悪い分布だと，そうはいかないもの.

**白**．へえ，意地悪い分布て，たとえばどんな？

**中**．たとえば，有理数の全体を考えると，これには適当に番号をつけて一列に並べることができるでしょう．ほら，あったじゃない．チューミツっての.

**白**. あっ，そうか．有理数の全体を除外したら，あとに残るのは，スケスケルックの布地みたいな集合やなあ．

**中**. 変なの，キライ．

**発**. だけど，$F(x)$ は連続なんだからねえ．微分できない点がびっしり分布していても，微分できる点もびっしりあることはたしかなんだし，そんな点では $F'(x)=0$ なんだからねえ．やっぱり，$F(x)\equiv c$ は成立するように思うがなあ．

**白**. 何や，さっき，感じ悪いといっていた発田君が (ii)′ の賛成者にまわり，提唱者の中山さんが，証明に文句つけてるわ．これ，どうなってるの．

**発**. そりゃあ，いろいろな立場に立って検討してみて，初めてその辺全体の事情がわかってくるので，初めから終りまで一つの立場を固執していたら，大したことはできないよ．論理というのは網のようなもので，そのうちのどの糸をとるかは，網全体を見た上でないとわからないよ．

**中**. それも，どの糸をとるか，なんてことは最後まで不必要なんじゃない．最後まで網のままで置いておいてもかまわないわ．

**発**. いや，それは，一応の決着をつけなきゃならない時って，あるものだから，そのときはこれって所を示さねばならないだろうけどさ．それでも，もっといい網ができたら，またそっちへ乗りかえることもあるだろうしさ．

**中**. そうそう，私もそう思うわ．

（北井志内教授到着）

**北井**. やあ，どうもおそくなってすみません．

**発**. どういたしまして，先生，その間に面白い議論をしていたんですよ．

**北**. ほう，聞かしてくれますか？

**中**. 原始関数の定義のことです．$F'(x)=f(x)$ をみたす $F(x)$ と $f$ の不定積分とが一致しないことがあるので，それについて皆でああでもない，こうでもないと…….

**白**. つまり，たとえば $y=|x|$ の導関数は $x=0$ は別にして $y'=\mathrm{sgn}\,x$ でしょう*．$f(x)=\mathrm{sgn}\,x$ は積分可能で，積分したらちゃんと $\int_0^x \mathrm{sgn}\,x dx=|x|$ となるのです。だのに $x=0$ というたった一点ぐらいのことで，$\mathrm{sgn}\,x$ には原始関数がないといわねばならないなんて不公平やと思うて，…….

**北**. はっはっ．不公平とはうまく言いましたねえ．実際，$\mathrm{sgn}\,x$ の原始関数は $|x|$ と定義したってかまわないんですよ．そのために原始関数という用語の意味を少し拡大しさえすればね．

**白**. （他の2人に）ほら，やっぱりさっきの話，あれでもかまへんのやで．

---

* $\mathrm{sgn}\,x$ とは $x$ の符号のこと．

**発**. 先生，その原始関数の拡大された定義は，「連続関数であって，有限個の点を除いて $F'(x)=f(x)$ をみたす」とすればいいのか「連続関数であって，可算個の点を除いて $F'(x)=f(x)$ をみたす」とまで拡げてもかまわないのか，あるいはもっと拡げて行くことができるのか，その辺の見当がつかないのですが…….

**北**. ええ，その見当がつけられるようになれば，もう解析学のベテランだといえましょう．また，いろいろな段階の議論が可能なのでして，従来のように，微分不能な点を一点も許さないというのも一つの立場で，それなりにいろいろな利点があります．また，有限個の点まで許すという立場で議論しますと，簡単なわりに，今までよりも自由な計算ができるという意味でなかなかよい結果が得られます．たとえば，部分積分で，

$$\int |x|\,dx=\int \operatorname{sgn} x\cdot x dx=|x|\cdot x-\int |x|\cdot 1\,dx$$

となりますから，

$$\int |x|\,dx=\frac{1}{2}|x|\cdot x$$

が得られますね．

**白**. ふーん，なるほど．

**北**. しかし，これは実は中途半端な立場でして，特に関数列の収束と微積分の関係を議論するとき大変なハタンを来たします．その点，「可算個を除き $F'(x)=f(x)$」という立場は大へんよいのですが，他方，いろいろな定理の証明が多少面倒になり，初学者には中々理解されにくいのではないでしょうか．この立場で書かれているのがブルバキ派の数学者の本で，たとえば J. Dieudonné とか L. Schwartz の解析学の教科書には原始関数の定理として，「可算個の点を除いて $F'(x)=f(x)$」となっています．

しかし，これも，積分論を徹底的に追求したルベーグに言わせると，まだ中途半端だということになるでしょう．結局，微分と積分の関係が充分納得の行く形ではっきりするのは，ルベーグ* の積分論の段階でしょうね．そこでは，「絶対連続」というカテゴリーが考えられまして，それが積分可能関数の原始関数とちょうど一致する，ということになるのですが，その話をここで詳しくやるわけには行きません．だから，ここで知っておいてほしいのは，原始関数という概念一つをとってみても，いろいろな段階での，いろいろな議論ができるのであって，これはもうこれ一つ，というような固定的なものではないということです．

**白**. あれえ，さっきの発田君の言うたことと同じことになって来たでえ．

## [2] 微分方程式

**北**. 原始関数というものの幾何的な意味について考えて

---

* H. Lebesgue, 1875—1941.

みましょう．

(1) $$F'(x)=f(x)$$

をみたす $F(x)$ のことを $f(x)$ の原始関数というのですが，それをグラフで示しましょう．$y$ 軸に平行な各直線上に $f(x)$ に等しい勾配の直線を無数に引いておきますと，$F(x)$ のグラフはこのタテ直線を横切るとき，この勾配をとらねばならないのですから，その点でこれらの直線に接します．つまり，このような直線群に次々に接して行くような曲線が $F(x)$ であるわけです．[1] で皆が議論した除外点が多少あっても，そのような連続カーブが得られれば，それを原始関数と呼んでいいだろうということですね．(第5図)

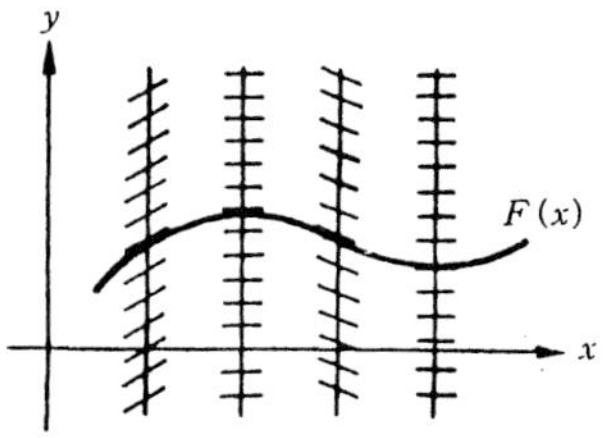

第 5 図

**発**．先生，この図を見ていますと，$F(x)$ が原始関数なら $F(x)+c$ はまた原始関数であることは一目瞭然ですね．

**中**．だけど，それは $F(x)$ が連続だという条件の下ででしょう．私の言った $\log|x|$ のようなのは連続じゃないからだめよ．

**発**．そりゃ，もちろんだ．

**北**．第5図を見ていますと，$f(x)$ の原始関数を求めるということは，$(x, y)$ 平面上の各点で勾配を与えておいて，各点でその勾配を取るようなカーブを求める，という問題の一種であることがわかります．一般にそのような問題のことを**微分方程式**といいます．

**白**．あっ，そうか，一般の微分方程式やったら，$(x, y)$ での勾配の値が $f(x, y)$ と，$x$ にも $y$ にも関係するから，

(2) $$y'=f(x, y)$$

をみたす $y=y(x)$ を求めよ，という問題になるんやけど，原始関数というのは，$f(x, y)$ が $y$ に関係しない場合に当るわけやなあ．

**北**．そうなんです．だから，たとえば今度は，$f(x, y)$ が $x$ に関係しないという場合だと，

(3) $$y'=f(y)$$

という微分方程式の解を求めることになり，未知関数が右辺の $f$ の中に入っているから，初学者には何だか飛躍的にむずかしくなったような印象を与えますが，グラフの上で見ますと，第6図のように $y=$一定 という直線上で一定の勾配を与えてあるという場合になり，これは，第5図を横倒ししたものです．だから，横倒しにして原始関数を求め，それをもとへもどせば，(3) の解が得られます．

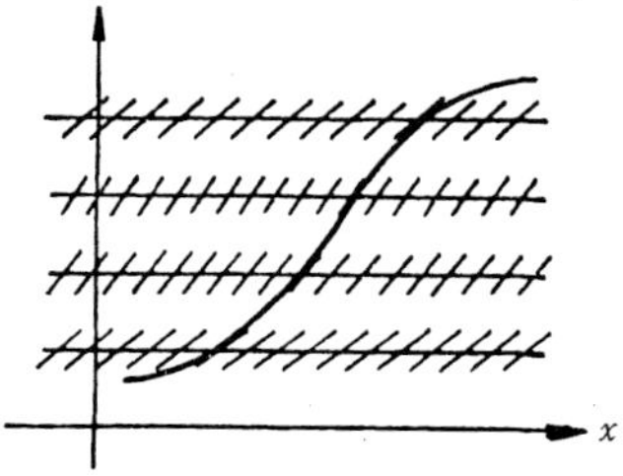

第 6 図

**白**．横倒しにするということは，式の上ではどうすることなのかなあ．

**発**. 横倒しといったって，$x$ 軸と $y$ 軸を交換することだろ．

**中**. あら，それなら，逆関数にすることじゃないの．

**北**. そうです．

$$\frac{dy}{dx}=f(y)$$

を，

$$\frac{dx}{dy}=\frac{1}{f(y)}$$

とかいて見ると，これは $y$ を独立変数として，$\frac{1}{f(y)}$ の原始関数を求めるということに相当します．(3)の解法もその通りで，

(4) $$x+c=\int\frac{1}{f(y)}dy$$

として，この右辺の逆関数を求めると，その結果の式 $y=\Phi(x+c)$ が (3) の解です．なお，(3) の解が $y=\Phi(x+c)$ のように任意定数が変数 $x$ をずらす形で入っていることは，解を求めなくても，第6図から，左右への平行移動がまた解であることで，わかります．

たとえば，

(5) $$y'=\cos^2 y$$

とすると（第7図），

$$\frac{dx}{dy}=\frac{1}{\cos^2 y}$$

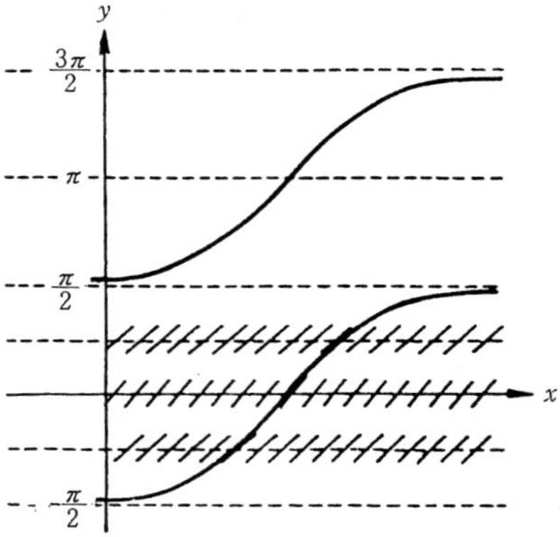


第 7 図

従って，

$$x+c=\int\frac{dy}{\cos^2 y}=\tan y$$

つまり，

(6) $$y=\arctan(x+c).$$

となるのです．ただ，ここで注意しないといけないのは，(2) とか (3) とかは，一点一点での $x$ と $y$ と $y'$ との関係を表わした式，つまり局所的な関係式ですから，得られる解 (4) や (6) もまた局所的にのみ意味があるということです．

**発**. といいますと？

**北**. たとえば (6) の関数をそのまま解だとするのは多少問題がありましょう．(6) は多価関数ですから．そうではなくて，方程式 (5) の意味は，各点各点で $y$ と $y'$ の関係が $y'=\cos^2 y$

であるというのだから，それをみたす関数として(6)という多価関数のグラフの各点は(5)をみたしている，という答になるのです．もっとはっきりいうと，たとえば $c=0$ のとき，$y=\arctan x$ という関数は，$x=0$ のときの値が $y=0,\ \pm\pi,\ \pm 2\pi,\ \cdots\cdots$ となりますが，(5)の解の方は，$-\frac{\pi}{2}<y<\frac{\pi}{2}$ という帯状領域と，$\frac{\pi}{2}<y<\frac{3\pi}{2}$ という帯状領域とでは全く関係がなく，自由に，ばらばらに左右に平行移動して差しつかえありません．だから，(6)があらゆる解の形を全部表わしている，という言い方は困るのです．(6)は，ある一点 $(x_0, y_0)$ を考えると，その点を通る解曲線上の点 $(x, y)$ の間には(6)という関係があることを表わしているにすぎません．その局所的な関係を大域的にひろげてやることは，大ていの場合ほとんどトリビアル* にできますので，微分方程式の初等解法について述べてあるほとんどすべての本では，この局所的解と大域的解の区別がしてありません．しかし，その区別をはっきり理解していれば，それに続く解の存在定理などの重要さなどもよくわかるようになると思います．

**白**．そうか，同じ $c=0$ を入れても，$y=\mathrm{Arctan}\,x$ と $y=\mathrm{Arctan}\,x+\pi$，とでは何の関係もない解やなあ．

**中**．今のお話は，さっき私が疑問を出していた，$\log|x|$ という関数が $\frac{1}{x}$ の原始関数だというときの任意定数のつけ方の問題とよく似ていますね．

**北**．そうなんです．$\log|x|$ の話はタテに見たときのことで，$\arctan x$ はヨコに見た話です．そこがまたおかしなことで，$\log|x|$ をヨコに倒してやることは，

$$y'=\frac{1}{x}$$

を，

$$y'=y$$

として考察することになるのですが（第8図），その解

$$y=ce^x$$

を $c>0$ と $c<0$ で $|c|$ を

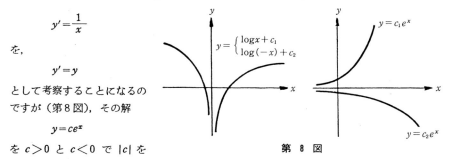

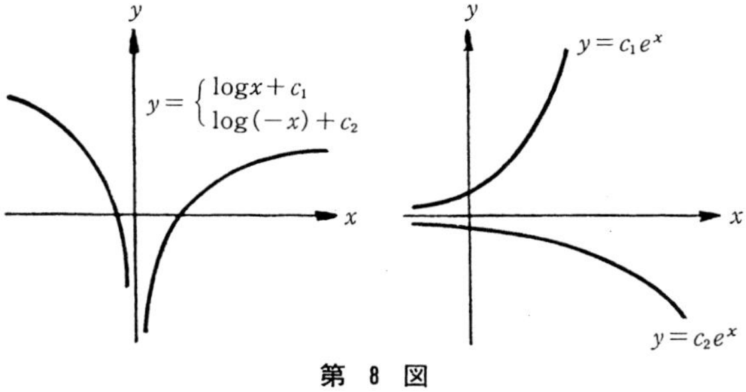


第 8 図

同じにしなければならないなどとは決していわないのに，それをタテにした $\log|x|$ については平然と

$$\int\frac{dx}{x}=\log|x|+c$$

が原始関数ですなどとかいてあるのは片手落ちですよ．というよりむしろやはり局所解と大

* trivially自明的に，ということ．数学者の慣用句．

域解の区別をしないための混乱というべきでしょう．

## [3] 特　異　解

**白**．先生，ついでにちょっとお聞きしますが，微分方程式でクレーロー型というやつ，

(7)　　$$y=xy'+f(y')$$

これは，特異解が出てくるのですが，特異解はどう考えたらいいのでしょうか．

**北**．一つ実例をやってみましょうか．たとえば

(8)　　$$y=xy'+y'^2$$

をといて下さい．

**発**．えーっと，たしか，これはもう一度微分するんだったな．微分すると，

$$y'=y'+xy''+2y'y''$$

だから，

$$0=(x+2y')y''$$

つまり，

(9)　　$$y''=0 \quad \text{または} \quad 2y'=-x$$

第1式から，

$$y=c_1x+c_2$$

(8) へ代入して，

$$c_1x+c_2=xc_1+c_1{}^2$$

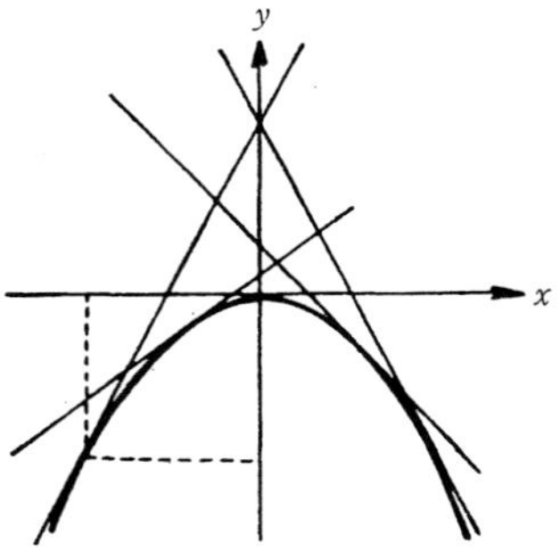

第 9 図

だから，$c_2=c_1{}^2$ でなければならないから，$y=c_1x+c_1{}^2$．これが一般解で，(9) の第2式と (8) から $y'$ を消去すると，$y=-\dfrac{x^2}{4}$，これが特異解です．図で示すと，第9図のようになります．これでおしまいです．

**北**．発田君がそこで終ったとすると，[2] でやったことの反省はほとんど何も実が挙っていないということですねえ．

**発**．えらく手きびしいなあ．どこがおかしいのですか．

**北**．いや，君の終った所から先きが問題なんですよ．まず，(7) や (8) は，$x, y, y'$ の間の関係式で，(8) では特に，$(x, y)$ を固定するとその点での $y'$ の値は2つきまりますね．

**発**．あ，なるほど，(2) や (3) とそこの所で根本的にちがいますね．

**北**．ええ．で，$y=cx+c^2$ という直線解は，各点を通って二本ずつあることになります．大体，今度の場合は，第5図や第6図のように勾配が各点毎に1つずつ与えられているのではなく，2つずつなのですから，微分方程式の解といっても，各点各点で (8) をみたせばいい

ので，そのうちのどっちをとらねばならないことはないわけです．ただ，ある点 $(x_0,y_0)$ を通る(8)の解曲線ということになると，二本あってそれが二直線となっているわけです．このように，各点を通って2つ解があるということが特異解を作る原因になるのでして，この $y=cx+c^2$ という直線群の包絡線を考えますと，この曲線はその各点上でもとの直線群の各直線と接しているから，$(x,y,y')$ の関係がその各直線上の関係と全く同じになり，従って，(8)をみたし，包絡線はまた解になります．これは特異解と呼ばれるものです．

これらの話はすべて局所的な話でして，ある一点 $(x_0,y_0)$ を考えるとその近傍で $(x_0,y_0)$ を通る解曲線がどんな具合であるかを見ているはずなのに，発田君が(9)の第2式と(8)から $y'$ を消去して出した式 $y=-\dfrac{x^2}{4}$ を初めから大域的なものとして見ているとすればちょっと困りますね．

**発**．大域的と見るもなにも，ぼくはただ消去しただけで，そんなことは考えもしませんでした．

**北**．たとえば，第10図のように，ある直線解にそってやって来て，特異解に到達した所で特異解に乗りかえ，またある程度行った所で直線解に乗りかえる，という曲線も，立派な(8)の解です．

**白，発，中**．あっ，そうか．

**北**．つまり，(8)の解が

$$y=cx+c^2,$$

$$y=-\frac{x^2}{4}$$

の2種類しかないなどというのは全くのあやまりで，局所的に見るとこの二種類の曲線によって解ができている，というべきでしょう．

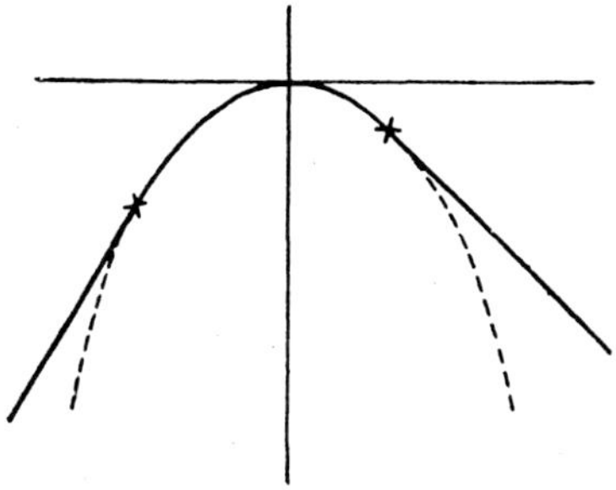

第 10 図

微分方程式の一般解，特異解という言葉もずいぶん誤解があります．一般解というのは，もともと，一つのパラメータ $c$ を含んだ解 $y=y(x,c)$ のことで，$c$ にいろいろな値を代入するごとにちがった解が得られる，というだけなのです．一般解という言葉がいかにも“すべての解がこの中に含まれている”といったひびきをもっているので誤解されやすい．むしろ，1径数解 (one-parameter solution) といった方がいいと思います．また，特異解は，その1径数解の包絡線である* と定義した方がすっきりします．そして，すべての解は1径数解か特異解かのどちらかだなどという“きめつけ”はやめにしましょう．微分方程式の解は，解であって，それ以上のものでもそれ以下のものでもありません．だから，1径数解でも特異解でもない解があったって，何らおどろくことはないのです．

---

* この定義も，1径数解の特異点に関連して少し問題はある．

## 練　習　問　題

**1.** 積分公式 $f(x)-f(y)=\int_y^x f'(t)dt$ を $f(x)=\frac{-1}{x-1}$, $I=[0, 2]$ に適用して

$$\int_0^2 \frac{dx}{(x-1)^2}=\frac{-1}{2-1}-\frac{-1}{0-1}=-2$$

となった．左辺は正の関数の積分であるのに右辺は負である．どこがおかしいか．

**2.** 連続関数の不定積分は一つの原始関数であるが，連続関数の原始関数はつねに不定積分で表わされるとは限らない．そのような例を作れ．

**3.** $R^2$ 上で与えられた $C^1$-クラスの関数 $\varphi(x, y)$, $\psi(x, y)$ が

$$\frac{\partial\varphi}{\partial y}=\frac{\partial\psi}{\partial x}$$

をみたすとき，微分方程式

$$\varphi(x, y)dx+\psi(x, y)dy=0$$

の一径数解を　$f(x, y)=c$ の形で求めよ．

**4.** $f(y)$ が連続関数のとき，微分方程式 $\frac{dy}{dx}=f(y)$ の解はすべて単調であることを示せ．

# 第 6 章　一様収束

## [1] 関数の収束

**北井.** 関数の無限列 $f_1(x), f_2(x), \cdots, f_n(x), \cdots$ があるとき，これがある関数に収束するという現象について考えましょう．たとえば，$I=[0, +\infty)$ という半直線上で

(1)　　$f_n(x)=\dfrac{1}{x+n}$　　$(n=1, 2, \cdots)$

という関数列はどんな具合になっているでしょうか．

**白川.** 何かようわからんけど，グラフでも画いてみよか（第1図）．ア，だんだん小さくなって，$x$ 軸に収束するなあ．先生，

(2)　　$\lim_{n\to\infty} f_n(x)=0$

です．

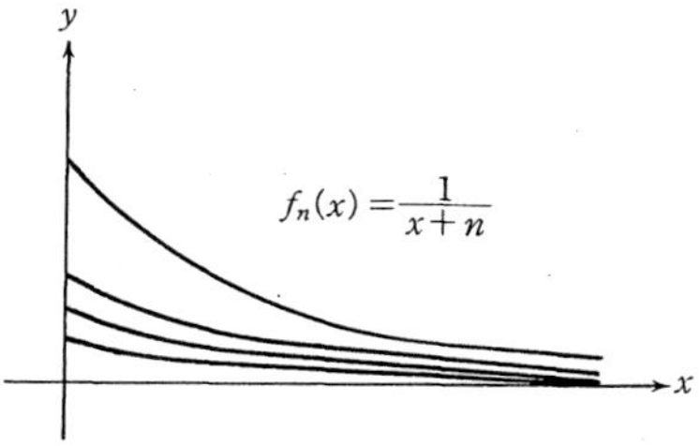


第 1 図

**北．** (2)の右辺の 0 というのは，恒等的に 0 という値をとる「関数」ですね．

**白．** もちろんそうですよ．

**北．** ではね，もう一つ．全直線 $R=(-\infty, +\infty)$ 上で，

(3)　　$f_n(x)=\dfrac{1}{1+(x+n)^2}$　　$(n=0, 1, 2, \cdots)$

の収束について同じことを考えて下さい．

**白．** 前と同じ要領でやると(第2図)，ええと，あれえ，平行移動やから，いつまでたっても山が残りよるなあ．これは，どこにも収束せえへんのとちがうか．

**発田.** そんなことないよ．右のすそ野の方はどんどん0に収束してるじゃないか．だから，$[0, +\infty)$ では $f_n(x)\to 0$ だね．

**中山.** あら，それなら，$[-1, +\infty)$ ででも同じことよ．$n=2$ から先はずっと減少ばかりするんですもの．

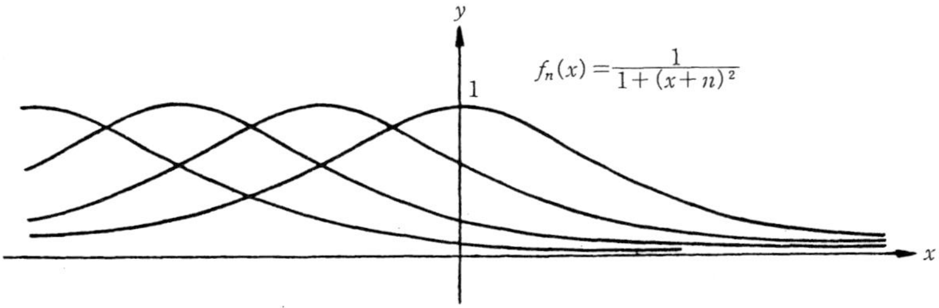


第 2 図

**発**．うん，すると，$[-M, +\infty)$ でも同じか．ある $n$ までは増大するけれど，そこから先は減少に転じて，あとはずっと減少し通しだからなあ．

**中**．その $M$ というのは何でもいいんでしょう．

**発**．そのようですねえ．

**中**．だったら，$(-\infty, +\infty)$ で収束するってわけね．

**白**．ちょ，ちょっと待って．いつまでたっても山は残るっていうの，どないしてくれる？

**中**．そこん所はよくわからないけどさ，ちょうどチリ津波みたいなもので，ハワイで津波のときには，日本では何ともないけど，日本が津波に襲われてる頃はハワイは平穏にもどってるでしょう．だから，ハワイで見てる限りは津波は0に収束するわけよ．ハワイでなくても太平洋のどの地点でも，津波は0に収束するでしょう．だから津波は0に収束するってわけよ．

**白**．そんなら，その波はどこへ行ったんや？

**中**．自然現象だと減衰してなくなっちゃうけど，(3) の関数列だと永遠になくならないわね．それでもかまわない．$x$ を固定する毎に

$$\lim_{n\to\infty}\frac{1}{1+(x+n)^2}=0$$

が成立するから，やっぱり (3) の極限関数は恒等的に0という関数なのよ．

**発**．波の山は，$n$ と共に去りぬ，だよ．

**白**．そんなダジャレいうたかて，ダマサれへんゾ．さあ，山はどこへ行った？

**中**．どうして，そう山にこだわるの？

**白**．そこに山があるからだ，なんて，これまたヘンなシャレになってしもた．

**北**．白川君の疑問はもっともですよ．論理的には，$x$ を固定する毎に数列 $f_n(x)$ $(n=1, 2, \cdots)$ が収束する先の値を $f(x)$ とかくと，

$$\lim_{n\to\infty} f_n(x)=f(x)$$

となって，一つの関数ができますから，これが関数列 $f_n(x)$ $(n=1, 2, \cdots)$ が収束する先の

関数であると言っていいようですが，それは必ずしも $f_n(x)$ のグラフが $f(x)$ のグラフに接近して行くという直感的なイメージとは一致しません．白川君は直感的イメージを，中山さんは論理的な推論を重視したために，今のような論争になったのですよ．今のことをもっと鋭く表わしている例を挙げますと，たとえば，第3図のような関数を $f_n(x)$ としましょう．高さ1，底辺 $\dfrac{2}{n}$ の二等辺三角形をグラフとする関数です．

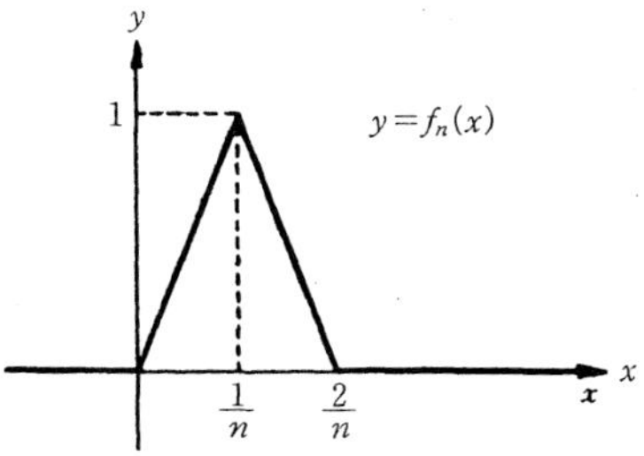

第 3 図

**発**．三角形以外の所では0とするのですね．

**北**．そうです．この関数を式で表わせば

$$f_n(x)=\begin{cases} nx & \left(0\leqslant x\leqslant\dfrac{1}{n}\right) \\ -nx+2 & \left(\dfrac{1}{n}<x\leqslant\dfrac{2}{n}\right) \\ 0 & (\text{その他の}x) \end{cases}$$

となります．

**白**．$n$ をふやすと，中心軸は $y$ 軸に近づいていくなあ．するとその極限関数は，$x=0$ の所だけ1で，その他の $x$ では0となるなあ(第4図)．

**中**．そうならないわ．$x$ を固定する毎に，$f_n(x)$ は0に収束するでしょう．$x=0$ と固定しても，$f_n(0)=0$ と初めから動かないから，やはり0よ．だから極限関数は恒等的に0の関数よ．

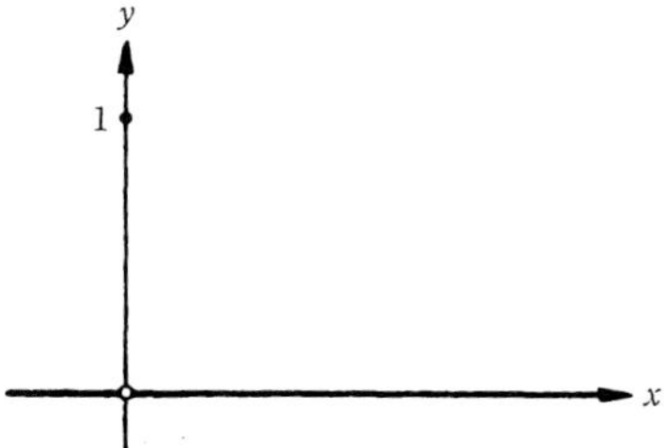

第 4 図

**発**．そうだよ．$y$ 軸上の点が急に0から1にとび上るなんておかしいよ．

**白**．そうやな．たしかにおかしい気もするけど，そんなら各 $f_n(x)$ のトゲみたいなのん，どこへ行ってしもたんや．

**北**．別にどこにも行きません．各 $f_n(x)$ には皆ついているんです．しかし，だからといって，極限関数がトゲをもたねばならないことはないでしょう．

**白**．(不満げに) $f_n(x)$ のグラフは第4図の関数に近づきませんか？　一体関数列の収束て何ですか？

**北**．さあ，ここで，問題点がはっきりしました．何をもって，関数列 $f_n(x)$ は $f(x)$ に収束すると呼ぶのか？　ということです．つまり，今まで収束といえば，数の収束しか考えなかったので，関数の無限列の収束という概念にはまだ定義がないのですよ．

**中**．(これも不満げに) 先生，それはきまっているんじゃないでしょうか．$x$ を固定する毎

に，数列 $f_n(x)$ が数 $f(x)$ に収束することが，関数列の収束です．

**北．** どうしてそうきまってるんですか？

**中．** それは，そのう，……，そうしか考えられないんですもの．

**北．** しかし，たとえば $y=f_n(x)$ のグラフと $y=f(x)$ のグラフの間の面積がどんどん小さくなることをもって $f_n(x)\to f(x)$ である，ときめてやることだってできるでしょう(第5図)．式でかくと，

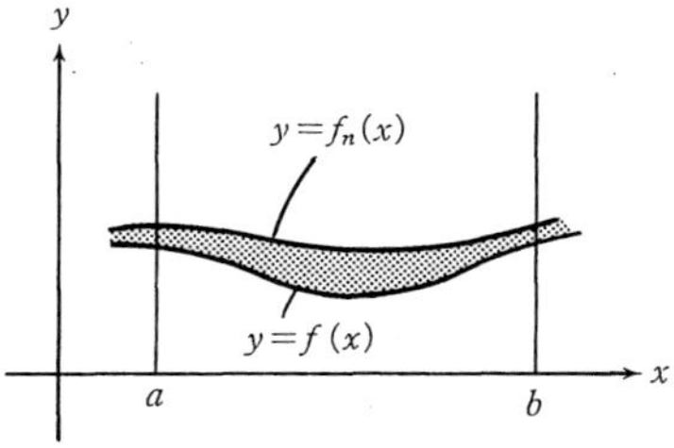


第 5 図

$$\lim_{n\to\infty}\int_a^b |f_n(x)-f(x)|\,dx=0 \tag{4}$$

のことです．

**中．**（しばらく(4)を見ていたが）だけど先生，(4)は

$$\int_a^b \lim_{n\to\infty}|f_n(x)-f(x)|\,dx=0 \tag{5}$$

と書き直せますから，これはつまり，各点毎の収束と同じことになりますわ．

**北．** 残念ですが，(4)と(5)とは同じじゃありません．中山さんは無意識のうちに

$$\lim_{n\to\infty}\int_a^b |f_n(x)-f(x)|\,dx=\int_a^b \lim_{n\to\infty}|f_n(x)-f(x)|\,dx \tag{6}$$

が成立するものと思い込んでいますね．

**中．** アラ，(6)は成立しないんですか？

**北．** ええ，たとえば第3図の例を少し変えて，トゲの高さを $n$ にしてやりましょう．すなわち，$f_n(x)$ として，

$$f_n(x)=\begin{cases} n^2x & \left(0\leqq x<\dfrac{1}{n}\right)\\ -n^2x+2n & \left(\dfrac{1}{n}\leqq x\leqq\dfrac{2}{n}\right)\\ 0 & (\text{その他の } x)\end{cases}$$

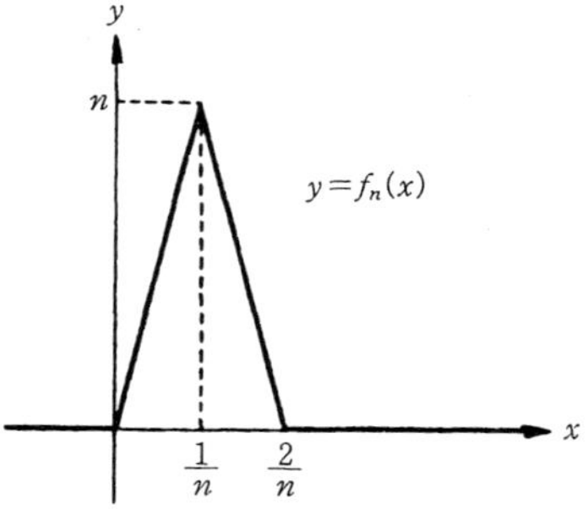


第 6 図

としてやると，中山さんのいう意味での極限関数は前と同じ恒等的に0という関数ですが，三角形の面積は $n$ が何であってもつねに1となります．つまり $\int_0^1 f_n(x)dx=1$，従って，

$$\lim_{n\to\infty}\int_0^1 f_n(x)dx=1$$

ところが，

$$\int_0^1 \lim_{n\to\infty} f_n(x)dx=\int_0^1 0\cdot dx=0$$

だから，$1\neq 0$ で(6)の等号が成立しない例になっていますね．

**発**. すると，中山さんの意味で“近い”関数も，(4) の意味では“近くない”のですね.

**北**. そうなんですよ.「収束」というのはつまり「どんどん近づいて行く」ということなのですが，その「近づく」の意味は関数列についてはまだ定義していないのです．だから，混乱が起こるのです．そこで，関数列の収束を定義しましょう.

**中**. あたしが考えてた，各点毎に収束するというのはだめなのね (とショゲる).

**北**. (あわてて) いやいや，あなたの考えていた収束も一つの定義の仕方です．各点毎に収束するというのを，**各点収束*** といいます.

**白**. (びっくりして) あれえ，“一つの収束”というの，どういうことですか．同じ関数列にたくさんの収束のやり方があるのですか．一つの収束法では，収束し，また別の収束法では収束しない，なんてことが起こるのですか.

**北**. ええ，たくさんの収束が考えられるのですよ.

## [2] 一 様 収 束

**北**. 白川君が考えていた直感的イメージに最も忠実な収束の定義を考えましょう．白川君の感じでは，第3図や第6図のような関数列は，恒等的に0という関数に収束するとは言いたくないのですね.

**白**. そうです．いつまでもトゲが残っているのに，トゲのないノッペラボーに近づくなんて認めたくないですね.

**北**. トゲの高さがだんだん小さくなればよろしいですか.

**白**. それなら結構です.

**北**. つまり，各点毎に考えた $f_n(x)$ と $f(x)$ の差，$|f_n(x)-f(x)|$ がいたる所べったりと小さくなればよいのですね.

**白**. そうです．ローラーをかけるみたいにね.

**北**. ということは，$|f_n(x)-f(x)|$ の最大値が $n\to\infty$ のとき0に収束するということですね.

**白**. いちばん背の高い所でも0に近づく，ということだから，ぼくのイメージにぴったりです.

**北**. それを式で書いてごらん.

**白**. ええと，今考えている区間を $I$ とすると

$$\max_{x\in I}|f_n(x)-f(x)| \longrightarrow 0 \qquad (n\to\infty)$$

です.

---

* pointwise convergence.

**発**. max とかくと，その最大値をとるような $x$ が $I$ の中に見つかるという意味になるけれど，一般にそれはわからないだろ．

**白**. ア，そうか．そうそう，そのために上限を使うんやったなあ．

$$\sup_{x\in I}|f_n(x)-f(x)| \longrightarrow 0 \qquad (n\to\infty) \tag{7}$$

なかなか，カッコイイ．

**北**. そう．そこで，(7) が成立するとき，関数列 $f_n(x)$ $(n=1, 2, \cdots)$ は区間 $I$ で $f(x)$ に**一様収束***するといいます．関数列の収束の場合は“どこで”収束するかということが大切なので，区間 $I$ で，という副詞句に気をつけて下さい．なお，$f_n(x)$ が区間 $I$ で $f(x)$ に一様収束すれば，$I$ の各点で，その同じ $f(x)$ に各点収束することはすぐわかりますね．

**中**. そりゃあ，差の最大値が $n\to\infty$ と共に 0 になるのだから，その差の各点での値はなおのこと 0 に収束します．

**発**. 式でかけば

$$|f_n(x)-f(x)| \leqq \sup_{x\in I}|f_n(x)-f(x)| \longrightarrow 0 \qquad (n\to\infty) \tag{8}$$

となるわけか．

**白**. その sup のついた項はもう $x$ とは関係ないのやろ．それやったら，左辺と右辺で同じ $x$ という記号を使うの，ようないなあ．

**発**. そうだよなあ．(8) の右辺の $x$ は別の記号を使うべきだ．$s$ とか $t$ とか…….

**北**. ここで言いたかったのは，一様収束と各点収束とでは，一様収束の方が強い条件であること，それから，ある関数列が一様収束したら，その極限関数は各点収束の極限関数と同じであって，極限関数を求めるのに，一様収束と各点収束とで区別しないでよいことです．

では，今までにでて来た関数列は一様収束列かどうかを見ましょう．白川君，第1図の関数列だと，どうですか．

**白**. 極限関数があるとすればそれは恒等的に 0 という関数以外にはありませんから，

$$\sup_{0\leqq x<+\infty}\left|\frac{1}{x+n}-0\right|$$

を求めればいいことになります．ええと，これは，

$$=\sup_{x\geqq 0}\frac{1}{x+n}=\frac{1}{n}$$

ア，これは $n\to\infty$ のとき 0 に収束しますから，一様収束です．まあこれはローラーをかけるという感じから言うてももっともな結論やと思います．

**北**. では今度は第2図のような関数列では？

---

*　uniform convergence.

**白.** 同じ調子で考えると，極限関数があるとすれば，中山さんの主張からそれは恒等的に0という関数でなければならんわけやから，

$$\sup_{-\infty<x<\infty}\left|\frac{1}{1+(x+n)^2}-0\right|=\sup_{-\infty<x<\infty}\frac{1}{1+(x+n)^2}=1$$

ア，やっぱりこれは一様収束とちがうわ.

**発.** その sup はどうして1になるの？

**白.** $n$ を固定する毎に $\dfrac{1}{1+(x+n)^2}$ という関数の最大値は1やろ. 第2図からわかるやないか.

**発.** なるほど.

**中.** だけど，どんな $M$ をとっても，$[-M,\infty)$ という半直線上では一様収束でしょう. なぜなら，$n\leqq M$ をみたす（有限個の）番号 $n$ の間は $\sup\limits_{x>-M}\dfrac{1}{1+(x+n)^2}=1$ だけど，$n>M$ となれば，

$$\sup_{x>-M}\frac{1}{1+(x+n)^2}=\frac{1}{1+(-M+n)^2}$$

となって，これは $n\to\infty$ のとき0に収束してしまうから.

**北.** そう，その注意は大切ですね. この関数列は $-\infty<x<\infty$ という全直線上では一様収束しませんが，どんな右半直線上でも0に一様収束します. 次の第3図はどうでしょう.

**発.** これは簡単だ.

$$\sup_{-\infty<x<\infty} f_n(x)=1$$

だから，一様収束しません.

**中.** この場合も，$[+\varepsilon, 1]$ では0に一様収束よ. $\varepsilon>0$ としてね.

**白.** 女はコマカイな.

**中.** 今，何ていったの？

**白.** いや，何でもありません，エヘン.

**中.** フン.

## [3]　一様収束と微積分

**発.** 先生，一様収束という考え方はたしかにわれわれの直感的な関数列の収束のイメージをよくとらえていると思いますが，この概念は数学的に見て有用なのでしょうか. 数学で扱うには，各点収束の方がわかりやすいし，取扱いも簡単なように見えますが.

**北.** そうです. そこが最も大切な所で，関数列の収束というとき，微積分の他の概念とうまく“調和”するようなものでないと使いにくくって困るのです. たとえば，さっき出て来た積分と極限の交換ができるかどうかの問題の(6)式では，この $\lim\limits_{n\to\infty}$ が各点収束の意味であ

るならば，一般に(6)は成立しないのでしたね．ところがこの $\lim_{n\to\infty}$ の意味を一様収束にしますと(6)はつねに成立します．ただし，$[a,b]$ は有限区間としての話ですがね．

**中**．一様収束だと便利なのですね．先生，証明して下さい．

**北**．正確にいうと，積分可能な関数の列 $f_n(x)$ $(n=1,2,\cdots)$ があって，有限区間 $[a,b]$ で $f(x)$ に一様収束していたとすると，$f(x)$ も積分可能で，

$$\lim_{n\to\infty}\int_a^b f_n(x)dx=\int_a^b \lim_{n\to\infty} f_n(x)dx=\int_a^b f(x)dx \tag{9}$$

が成立します．この定理の前半の，極限関数が自動的に積分可能になるという部分の証明は，積分可能ということを少し精密に考察しないと出来ませんから，ここではやりませんが，後半の部分は簡単ですからやっておきましょう．要するに，定積分の無限列 $\int_a^b f_n(x)dx$ と $\int_a^b f(x)dx$ との関係を調べればよいのですから，差をとりますと

$$\left|\int_a^b f_n(x)dx-\int_a^b f(x)dx\right|=\left|\int_a^b \{f_n(x)-f(x)\}dx\right|$$
$$\leqq\int_a^b |f_n(x)-f(x)|dx$$

ここで，この積分の中をなるべく大きいものでおきかえますと，

$$\leqq \sup_{a\leqq x\leqq b}|f_n(x)-f(x)|\cdot\int_a^b dx=\sup_{a\leqq x\leqq b}|f_n(x)-f(x)|\cdot(b-a) \tag{10}$$

$b-a$ は有限で，$\sup_{a\leqq x\leqq b}|f_n(x)-f(x)|\longrightarrow 0$ $(n\to\infty)$ というのが一様収束の定義ですから，(9)が成立します．

**白**．ローラーかけたらペッチャンコ，というわけやな．

**北**．もっとうまいことが言えます．$f_n(x)\longrightarrow f(x)$ $(n\to\infty)$ が一様収束なら，その原始関数列がまた，

$$\int_c^x f_n(t)dt\longrightarrow\int_c^x f(t)dt\quad(n\to\infty)\qquad(\text{一様収束}) \tag{11}$$

となります．

**発**．ここでいう一様とは，積分の上端に出ている変数 $x$ に関する一様性ですね．

**北**．そうです．その証明は，今のとほとんど同じで，

$$\sup_{a\leqq x\leqq b}\left|\int_c^x f_n(t)dt-\int_c^x f(t)dt\right|\leqq\sup_{a\leqq x\leqq b}\int_c^x|f_n(t)-f(t)|dt\leqq\int_a^b|f_n(t)-f(t)|dt$$

に注意すれば，このあとは(10)につなげばこれが $\longrightarrow 0$ $(n\to\infty)$ であることは明らかですから，一様収束です．

**白**．先生，そうしたら今度は微分についてはどうでしょう．$f_n(x)$ が $I$ で一様に $f(x)$ に収束したら，その導関数 $f_n'(x)$ も $f'(x)$ に一様に収束するのではないでしょうか．

**北**．うん，いい問題を見つけましたね，やってごらん．

**白**．はい．とはいうものの，どう証明したらええのかな．

**中**．(じっと考えていたが) そんなことウソよ，成立しないわ，きっと．

**白**．どうして？

**中**．導関数といえば，接線の勾配でしょう．二つの関数が近くても接線まで近くないもの．

**白**．第1図，第2図，第3図までの例やったら，皆接線も近いでえ．

**中**．そんな都合のいい例なんかだめよ．なんかこう，紙をしわくちゃにしたみたいな例を考えなくちゃ．

**発**．$\sin nx\,(n=1,2,\cdots)$ なんかどう？

**中**．そうね．周期 $\dfrac{2\pi}{n}$ の周期関数ね．あ，わかった．

$$f_n(x)=\frac{1}{n}\sin nx \qquad (n=1,2,\cdots)$$

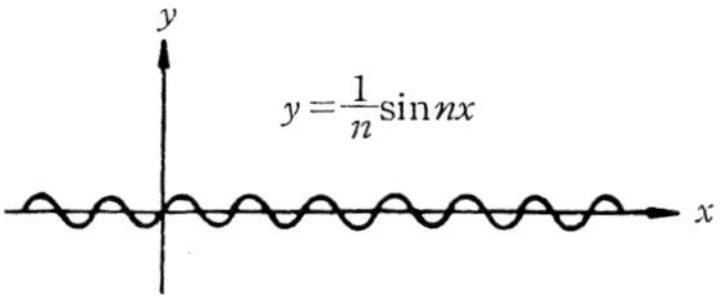


第 7 図

を考えるのよ(第7図)．この関数の振幅は $\dfrac{1}{n}$ だから，これはどんな $x$ についても $n\to\infty$ のとき0に収束するでしょう．しかも，

$$\sup_{-\infty<x<+\infty}|f_n(x)-0|=\sup_{-\infty<x<+\infty}\left|\frac{1}{n}\sin nx\right|=\frac{1}{n}\longrightarrow 0 \qquad (n\to\infty)$$

だから，この収束は一様収束ね．ところが，

$$f_n'(x)=\cos nx \qquad (n=1,2,\cdots)$$

は $f'(x)\equiv 0$ には収束しないわ．たとえば $x=0$ では $f_n'(0)=1$ $(n=1,2,\cdots)$ でしょ．ましてや，一様収束の意味では，

$$\sup_{-\infty<x<+\infty}|\cos nx-0|=1$$

で収束しないわけよ．

**北**．「紙をしわくちゃにしたような」というのはなかなかいいイメージですね．一様収束は関数の差しか考えないから，勾配まで近似して行くかどうかまで心配してくれないのです．だから，白川君の考えた定理は残念ながら成立しません．しかし，何らかの意味で，

$$\lim_{n\to\infty}\frac{d}{dx}f_n=\frac{d}{dx}(\lim_{n\to\infty}f_n)$$

の形の式が成立してほしいものです．白川君の考えたのは，この二つの lim のうち，右辺の lim が一様収束であることを仮定すれば，左辺の lim は自動的に存在してそれはまた一様収束になり，しかもこの等号が成立するのではないか，という大変虫の良い予想だったので簡単に反例を挙げられてしまったのですが，もう少し謙虚になって，左辺の lim も一

様収束であると仮定することにしますと，等号が成立するという結論は正しいのです．

つまり，$\lim_{n\to\infty} f_n(x)=f(x)$，$\lim_{n\to\infty} f_n'(x)=g(x)$ が共に一様収束ならば，$g(x)=f'(x)$ でなければならない，という定理が成立します．実際，$\lim_{n\to\infty} f_n'(x)=g(x)$ が一様収束という仮定から，

$$\lim_{n\to\infty}\int_c^x f_n'(t)dt=\int_c^x g(t)dt \tag{12}$$

も一様収束となりますが，この $\int_c^x f_n'(t)dt$ は $f_n(x)-f_n(c)$ に等しく，この関数列は $f(x)-f(c)$ に収束しますから，

$$f(x)-f(c)=\int_c^x g(t)dt$$

となり，両辺を微分すれば

$$f'(x)=g(x) \tag{13}$$

が得られます．

**白**．なるほど，ぼくの予想は調子がよすぎたなあ．

**発**．先生，この証明の中には，たくさんの目に見えない仮定を使っているんではないでしょうか．たとえば $f_n'(x)$ の積分可能性とか，…….

**北**．実はそうなんです．本当は $f_n'(x)$ の積分可能性を使わない証明もあるのですが，上の証明を行うかぎり，その仮定を入れねばなりませんね．先月指摘した通り，導関数の不定積分は必ずしももとの関数に等しくありませんし，その他いろいろ面倒なことが多いので，上の証明が成立するような関数の範囲として，$C^1$-クラスの関数をとればよいということだけを注意しておきましょう*．実用上はそれで十分です．また，上の証明を見ていると，$f_n(x) \longrightarrow f(x)$ $(n\to\infty)$ という収束が一様であることはどこにも使っていなくて，$f_n(x)-f_n(c)$ が $f(x)-f(c)$ に各点収束すればよいので，定理をもっと精密化すれば，

「$C^1$-クラスの関数列 $f_n(x)$ $(n=1,2,\cdots)$ があるとき，区間 $I$ 上で，

(i)　$f_n(x)$ が $f(x)$ に各点収束，

(ii)　$f_n'(x)$ が $g(x)$ に一様収束，

するならば，

$$f'(x)=g(x)$$

が成立する.」

となります．

---

*　$f_n'(x)$ が連続関数だから積分可能で，その不定積分は $f_n(x)-f_n(c)$ に等しい．

**中**．先生，質問が一つあります．(12) は (11) から出てくるのですが，極限関数の $g(x)$ は積分して微分すると元へ戻るような関数なのでしょうか．(13) で両辺を微分するとき不安なのですが……．

**北**．それは重要な論点ですね．でも，この場合は $g(x)$ は $f_n'(x)$ という連続関数の一様収束の極限関数ですから，次の定理によって連続関数になります．

「連続関数列 $f_n(x)$ が一様収束すれば，その極限関数 $f(x)$ はまた連続である．」

**中**．一様収束だと何から何まで都合がいいのねえ．

**北**．証明は簡単で，$f(x)$ が $x=x_0$ で連続だということをいうには，どんな $\varepsilon>0$ についても，ある $x_0$ の近傍 $(x_0-\delta,\ x_0+\delta)$ があって，$x\in(x_0-\delta,\ x_0+\delta)$ なる限り，$|f(x)-f(x_0)|<\varepsilon$ が成立するようにできればいいのですが，この場合，

$$|f(x)-f(x_0)|\leqq|f(x)-f_n(x)|+|f_n(x)-f_n(x_0)|+|f_n(x_0)-f(x_0)|$$

としてやると，第1,3項は共に $\sup_x|f(x)-f_n(x)|$ で押えられますから，番号 $n$ を十分大きくとると，$\frac{\varepsilon}{3}$ 以下にすることができます．その大きくとった番号 $n$ に対する $f_n(x)$ も連続関数ですから，第2項は $x$ が $x_0$ のある近傍 $(x_0-\delta,\ x_0+\delta)$ に入る限り，

$$|f_n(x)-f_n(x_0)|<\frac{\varepsilon}{3}$$

となります．だから，$x\in(x_0-\delta,\ x_0+\delta)$ である限り，

$$|f(x)-f(x_0)|<\frac{\varepsilon}{3}+\frac{\varepsilon}{3}+\frac{\varepsilon}{3}=\varepsilon$$

となって，$f(x)$ は $x_0$ で連続であることがわかりました．

**発**．第1項の小さくなり方が $x$ の場所によってちがっていたらだめだけど，$x$ によらないということで，$x$ の影響を消しちゃってから，$f(x)$ の連続性を $f_n(x)$ の連続性へ転化するわけだなあ．中々巧妙だね．

**中**．すると，ある連続関数列の各点収束した極限関数がもし不連続になったら，その収束は一様ではないんですね．

**北**．そう．今の中川さんの注意は，上の定理の対偶命題ですが，逆命題「連続関数列の各点収束の極限が連続関数なら，その収束は一様である．」というのはどうでしょう．

**発**．それはだめですよ．第3図の例で明らかでしょう．極限関数0は連続だが，その収束は一様じゃありません．

**中**．そういえば，今までの例は皆極限関数は連続なものばかりね．

**白**．あれえ，すると，一様収束でなくても極限は皆連続になるのとちがうか？

**北**．白川君は予想屋ですねえ．残念ながらいつもハズれますがね．今度の場合も，一様収束でなければ極限関数は必ずしも連続になりません．例を考えてごらん．

**白.** ようし，今度こそ名誉バン回や，不連続になる例を作ったろ．まず不連続な関数を先に一つ固定しておいて，それに収束するような連続関数を考えたらええわけや．アホの一つおぼえやないけど，不連続関数というたらヘビサイド関数や，

$$H(x)=\begin{cases}1 & (x>0)\\ 0 & (x\leqq 0)\end{cases}$$

これを連続関数で近づけるのか．ア，わかった．階段をちょっとだけナナメにしたら連続関数やから，

$$f_n(x)=\begin{cases}0 & (x\leqq 0)\\ nx & \left(0<x\leqq\frac{1}{n}\right)\\ 1 & (1<x)\end{cases}$$

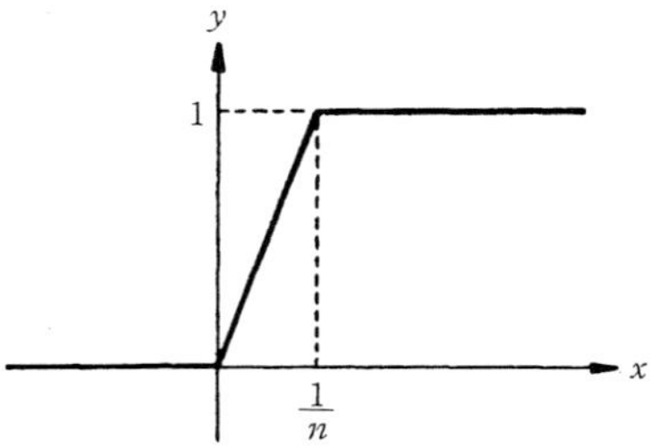

第 8 図

とおいたらええ．できた，できた！

**発.** どうしてこれが $H(x)$ に一様収束しないの？

**白.** ええと，それは，

$$\sup_{-\infty<x<+\infty}|f_n(x)-H(x)|=\sup_{0<x<\frac{1}{n}}|nx-1|=1$$

となって，$n\to\infty$ のとき0に収束せえへんやろ．

**北.** 白川君，中々やるじゃないですか．このように，各点収束だけでは，関数の連続性，導関数，定積分，不定積分といった，微積分学にとって基本的な概念を $f_n(x)$ から $f(x)$ へ伝えないんです．一様収束の有用さがわかりますね．

## [4] コ ー シ ー 列

**発.** 先生，一様収束という概念は大体わかりましたが，何か感じが悪いなあと思うことが一つあるんです．それは定義が“$f_n(x)$ が $f(x)$ に一様収束する”という文句になっているため，与えられた関数列が一様収束するかどうかは，その収束する先がわかっていないとわからないことになりますが，これはちょっと困るんではないでしょうか．

**北.** そうですね．そのことは数列の場合にもありましたね．数列のとき，$a_n(n=1,2,\cdots)$ が収束するための必要十分条件は，どんな $\varepsilon>0$ に対しても有限個の $p,q$ を除いて

$$|a_p-a_q|<\varepsilon$$

が成立することだったのです（この性質をもつ数列をコーシー列といったのでした）が，関数列の場合にもマネをしてみると，

「区間 $I$ 上で関数列 $f_n(x)$ $(n=1,2,\cdots)$ が一様収束するための必要十分条件は，どんな $\varepsilon>0$ に対しても，有限個の関数を除いて，

(14) $$\sup_{x\in I}|f_p(x)-f_q(x)|<\varepsilon$$

が成立することである.」

という定理が予想されますね.

**白**. 先生まで予想屋になったんかいな. この式を見てたら, まるで関数が一つの点で, $\sup_{x\in I}|\ \ |$ が距離みたいな感じやなあ.

**北**. それなんですよ, 大切なのは. 関数を点のように, $\sup_{x\in I}|f|$ を $f$ の長さのように取り扱って行くと証明ができます.

**白**. へえっ, 上の定理は正しいのか. それなら証明を考えよう. まず, $f_n(x)$ がある関数に一様収束すると仮定すると,

$$\begin{aligned}\sup_x|f_p(x)-f_q(x)| &= \sup_x|f_p(x)-f(x)+f(x)-f_q(x)| \\ &\leqq \sup_x\{|f_p(x)-f(x)|+|f(x)-f_q(x)|\} \\ &\leqq \sup_x|f_p(x)-f(x)|+\sup_x|f(x)-f_q(x)|\end{aligned}$$

となるな. ア, これでええ. $p$ と $q$ がある番号から先なら, この二つの項は $\varepsilon/2$ 以下にできるからな.

**発**. どうしてそんなうまいことを考えたんだい.

**白**. いや, 何でもない. 数列の収束の所の証明をそのまま $a_n$ を $f_n(x)$ に, $|\ \ |$ を $\sup|\ \ |$ にかきかえたらこうなったんや.

**発**. なんだ, そんなことだったのか. それじゃ, 十分性も同じ調子でできるかな.

**中**. それはちょっと無理よ. もともとコーシー列が収束列だというのは実数の定義みたいなものでしょ. 今度の場合は定義というわけに行かないもの.

**発**. あ, そうか. じゃ, どうするのかな. 勝手な $\varepsilon>0$ が与えられたとするね. すると

$$\sup_{x\in I}|f_p(x)-f_q(x)|<\varepsilon$$

が有限個の $p, q$ を除いて成立するね. それでどうなる？

**中**. (14) は $I$ の中の $x$ のどれをとっても $|f_p(x)-f_q(x)|<\varepsilon$ だというのだから, $x$ を固定する毎に $f_n(x)$ $(n=1, 2, \cdots)$ はコーシー列となるわね. ア, わかった. それで極限関数 $f(x)$ がきまるわけよ.

**白**. そうか, なるほど. そこの所が数列の時とちょっとちがうな. そのあとどうする？

**中**, **発**. さあ, どうするのかなあ. (と, つまってしまう.)

**北**. 助け舟を出しましょうか. $|f_p(x)-f_q(x)|<\varepsilon$ で $q\to\infty$ とすればどうなりますか.

**白**. $f_q(x)\to f(x)$ なんやから, $|f_p(x)-f(x)|<\varepsilon$ となります.

**中**. 極限だから, ちょうど $\varepsilon$ に等しくなるかもよ.

**白**．そやから女はコマカイていうんや．

**中**．何ですって．

**北**．まあまあ，いいじゃないですか．そこで $x$ について上限をとると，有限個の $p$ の値を除き

$$\sup_{x\in I}|f_p(x)-f(x)|\leqq\varepsilon$$

となりますね．これは $f_p(x)$ （$p=1,2,\cdots$） が $f(x)$ に一様収束するということでしょう．

**発**．なるほど，できたなあ！

**北**．このように，関数を点のように思って議論することが有益な場合が多いのです．そこで，区間 $I$ 上の連続関数の全体を $C^0(I)$ とかきましょう．$f\in C^0(I)$ とは $f(x)$ が $I$ 上で連続関数だということです．この $C^0(I)$ という集合（関数が要素＝点なのですよ）の二点間の距離を，

$$f_1 \text{ と } f_2 \text{ の距離}=\sup_{x\in I}|f_1(x)-f_2(x)|$$

と定義してやりますと，$C^0(I)$ の中に距離の概念が入ったことになります．普通いちいち $\sup_{x\in I}|f|$ とかくのは面倒なので，$\|f\|$ とかいたりします．そして，(14) をみたす関数列を，この距離についての**コーシー列**といいます．すると，たとえば前節最後の定理と今の定理を結びつけると，

「$C^0(I)$ では，コーシー列は必ず収束して極限はまた $C^0(I)$ の元である．」

さらに，$C^1$-クラスの関数の全体を $C^1(I)$ とかきますが，今度はそこでの距離として，

$$\|f_1-f_2\|=\sup_{x\in I}|f_1(x)-f_2(x)|+\sup_{x\in I}|f_1'(x)-f_2'(x)|$$

とおきますと，この距離に関して，

「$C^1(I)$ では，コーシー列は必ず収束して，極限はまた $C^1(I)$ の元である．」

という定理が成立します．前節の微分の所と結びつけて証明を考えてみて下さい．

次回は，こういう考え方の一つの大切な応用を考えることにします．

## 練　習　問　題

**1**．次の関数列の一様収束性を吟味せよ．

(i)　$f_n(x)=\left(1+\dfrac{x^2}{n}\right)^{-n}$　$(n=1,\ 2,\ \cdots\cdots)$　$I=R^1$,

(ii)　$f_n(x)=nxe^{-n|x|}$　$(n=1,\ 2,\ \cdots\cdots)$　$I=R^1$.

**2**．区間が $[a,\ \infty)$ の場合は，その上で $f_n(x)$ が $f(x)$ に一様収束しても

$$\lim_{n\to+\infty}\int_a^\infty f_n(x)dx=\int_a^\infty f(x)dx$$

は一般に成立しない．そのような例を作れ．

3. 区間 $I$ 上で与えられた関数項級数 $\sum_{n=1}^{\infty} u_n(x)$ $(x \in I)$ に対し，級数 $\sum_{n=1}^{\infty} \|u_n\|$ が収束すれば $\sum_{n=1}^{\infty} u_n(x)$ は $I$ 上で一様収束であることを示せ.（これを Weierstrass の優級数定理という.）

4. 開区間 $I=(a, b)$ 上で与えられた関数列 $\{f_n(x)\}$ が，$I$ 上では一様収束しないが $I$ のどんな部分有界閉区間上でも一様収束する場合は，この章の結果はほとんどそのまま成立する. このことを示せ.

5. この章の話を関数の定義域，値域が高次元になった場合に拡張せよ.

# 第 7 章　陰　関　数

## [1]　陰関数の存在定理

**北井**．ちょっと復習になりますが，$x^2-2=0$ をみたす数 $x$ はどうやって見つけるのでしたかね．*

**白川**．それは，つまり，有理数の切断というやつで，$A=\{a : a^2<2, a$ は有理数$\}\cup\{a : a<0\}$ $B=Q-A$ ($Q$ は有理数の全体) とおくと，これで一組の切断が定義できて，従って一つの実数をきめます．それが $\sqrt{2}$ で，上の方程式をみたしています．

**発田**．もう一つ，カントールの完備化という考え方もあります．1, 1.4, 1.41, 1.414, ……という有理数のコーシー列は一つの実数をきめます．それを $\sqrt{2}$ とすればいいんです．

**北**．その 1, 1.4, 1.41, …… という数はどうしてきめるんですか．

**発**．うーん，それは，……（とつまる）．

**中山**．わたし，近似計算っていうのを習ったんですが，それを使ったらどうかしら．ほら，ニュートンの方法っていうのかしら．$f(x)=0$ となる $x$ を求めたいとき，その $x$ に近いと思われる点を $x_0$ として，$y=f(x)$ のグラフ上の点 $(x_0, f(x_0))$ で接線を引き，$x$ 軸と交わる点を $x_1$ とするのよ．そして次々に，$(x_1, f(x_1))$ で接線を引いて $x$ 軸との交点を $x_2$ とやって行くと，$x_0, x_1, x_2, \cdots$ は $f(x)=0$ の根に近づくでしょう（第1図）．式でかくと，$x_n=x_{n-1}-\dfrac{f(x_{n-1})}{f'(x_{n-1})}$ だったと思うわ．

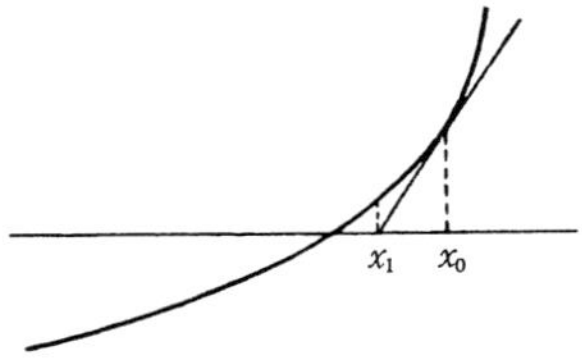

第 1 図

**発**．それみんな有理数になるかい．

**中**．ええ，$f(x)=x^2-2$ とすると，$f'(x)=2x$ だから，

$$x_1=x_0-\frac{f(x_0)}{f'(x_0)}=x_0-\frac{x_0{}^2-2}{2x_0}=\frac{x_0}{2}+\frac{1}{x_0}$$

---

* 第1章参照

となるでしょう．$x_0$ として有理数をとれば，$x_1$ も有理数よ．次々に，$x_0$ の所へ $x_1, x_2, \cdots$ を代入しても，すべて有理数になるわよ．

**発**．なるほど，それはいい考えだね．先生，中山さんの考えでよろしいでしょうか．

**北**．結構ですね．ただ，そのようにして作った数列が収束するかどうかは証明を要しますが．

さて，このように，何かある性質をみたす数を「これはこれだ」と示そうとすると，それは切断とかコーシー列とかによって行わねばなりませんね．

**白**．それはもう，実数というたらまあそんなもんやからなあ．

**北**．それと同じ現象が，ある性質をみたす**関数**を作ろうとするときにも生じることは止むを得ませんね．なにしろ，関数の値というのは数なのですから．

**白，発，中**．ええ．

**北**．そこで，今日は，陰関数の存在定理の解説をしようと思うのですが，今言ったことが考え方の基本になるから忘れないで下さい．

**発**．忘れないのはいいですが，その，陰関数というのは何ですか．

**北**．つまり，たとえば $x^2+y^2=1$ という式によって，$x$ を一つ固定する毎に $y$ がきまるから，この $y$ は $x$ の関数だというわけで，そんな関数のことを陰関数と呼ぶのです．もっともこれは厳密な定義じゃありません．たとえば，今の例だと

$$y=\pm\sqrt{1-x^2}$$

となって，$y=\sqrt{1-x^2}$ と $y=-\sqrt{1-x^2}$ とが共に陰関数として $x^2+y^2=1$ の中に“陰に”含まれているわけなのですが，意地の悪い人が，「$x$ が有理数なら $f(x)=\sqrt{1-x^2}$，$x$ が無理数なら，$f(x)=-\sqrt{1-x^2}$，という関数 $f(x)$ は陰関数か？」などと考えると，これでもたしかに一価関数で $x^2+f(x)^2=1$ をみたしていますから，$f(x)$ は陰関数だと言わざるを得なくなります．それはどうもまずいので，普通は陰関数という限りは連続関数であることを仮定します．

**中**．すると，一般的にいうと，

(1) $$f(x, y)=0$$

という式が与えられたとき，何かある $y=g(x)$ という連続関数があって，

$$f(x, g(x))=0$$

がある区間のすべての $x$ について成立するとき，$y=g(x)$ を $f(x, y)=0$ によって定義された陰関数と呼ぶのですね．

**北**．そうです．この頃は中々うまく自分の考えをまとめて言えるようになりましたね．

**発**．しかし先生，たとえば $f(x, y)$ がある円の内部か何かで，べたーっと 0 になっているようなときは，その円の内部を通過するあらゆる連続曲線はすべて (1) をみたしますよ．

**北**．うん，まあそういうのは実用上あまり役に立たないから，出て来てもおどろかないので，

定義の中へ入れておいてもいいでしょう．

**発**．（ひとり言）のんきなことを言ってるなあ

**北**．この陰関数が存在することを保証する定理として，

「$R^2$ のある領域 $\Omega$ で $f(x, y)$ が連続とし，一点 $(x_0, y_0)$ の近傍 $U$ で $y$ について偏微分可能，$f_y(x, y)$ は $U$ で連続とする．もし $f(x_0, y_0)=0$, $f_y(x_0, y_0)\neq 0$ なら，$(x_0, y_0)$ の十分小さい近傍 $V$ において，

$$y_0=g(x_0), \qquad f(x, g(x))\equiv 0 \quad (\text{恒等的})$$

をみたす連続関数 $y=g(x)$ $((x, y)\in V)$ が唯一つ存在する．

そして，更に $f(x, y)$ が $(x_0, y_0)$ において $x$ につき偏微分可能なら，上の $g(x)$ は $x_0$ において微分可能で，

$$g'(x_0)=-\frac{f_x(x_0, y_0)}{f_y(x_0, y_0)}$$

が成立する．

更に，もし $f_x, f_y$ が $U$ で連続なら，（つまり $f$ が $U$ で $C^1$-クラスの関数なら）$g(x)$ も $C^1$-クラスで，

$$g'(x)=-\frac{f_x(x, g(x))}{f_y(x, g(x))} \qquad ((x, g(x))\in V)$$

が成立する．同様に，$f$ が $C^m$-クラスなら $g(x)$ も $C^m$-クラスである．」というのがあります．これは一見非常に局所的な定理ですが，この $g(x)$ を次々につないで行ける限りつなげば，まあ相当大きくなるので実用上はこれで十分です．なお，$x^2+y^2=1$ の陰関数 $y=\sqrt{1-x^2}$ は，$|x|\leqq 1$ をこえてはつなげませんね．つまり，次々につないで行くといっても，止ってしまうこともあり得るのでして，いくらでもつなげるというわけにはいきません．

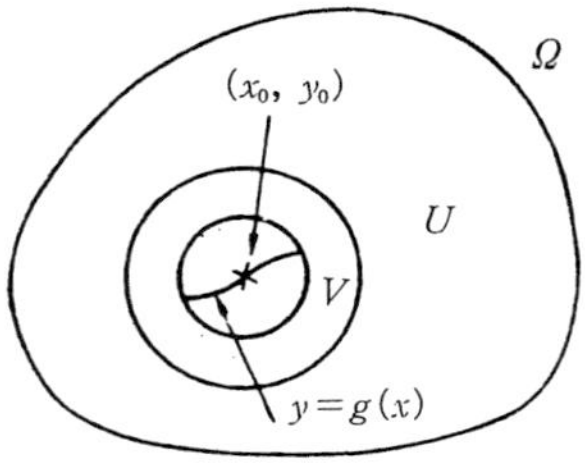


第 2 図

**発**．先生，その定理は，$z=f(x, y)$ の等高線の方程式を求めるようなものですね．

**北**．そう，その通りです．等高線だと，$y=g(x)$ と解いても，$x=h(y)$ と解いてもかまわないのですが，簡単のため $y$ について解くことを考えるのです．

さて，この証明方法にも，切断方式とコーシー列方式がありまして一長一短ですが，何かともかくそのような類いのことを言わねば証明できないことはさっき念を押しましたね．

で，切断方式の方がどちらかというと古典的，コーシー列方式の方がモダンと言えましょうか．

**白**．（ひとり言）何でもええ，わかりやすい方がええわ．

**北**．（小耳にはさんで）そのわかりやすいというのが曲者でしてね．古典的な切断方式は一変数程度の時は簡単でわかりやすいと言えますが，変数が増え，方程式の数がふえたりする

と大へんごたごたしてあまりよくわからなくなります．一方，モダンなコーシー列方式だと多次元の場合でも何となく感じがよくわかるのですが，途中の証明に少し手間どります．ただ，モダン方式でいい所は，その証明が本質的には $y$ の次元に関係しないことで，無限次元の場合にすら成立します．しかし，無限次元でやってみても始まらないので，ここでは $n$ 次元の場合どうなるかをあとで注意することにしまして，さし当り1次元の場合の証明の二つの方式を検討してみましょう．

古典的な切断方式というのは，第3図のように $x$-$y$ 平面上 $x=x_0$ という直線の上で $y$ を移動させると $f(x_0, y)$ の値が変りますが，ちょうど $y_0$ の所で0になります．その状態は，$f_y(x_0, y_0)\neq 0$ なので，だんだん増加して0になるか，減少して0になるかのどちらかです．ところが偏導関数 $f_y(x, y)$ は連続だから，$(x_0, y_0)$ で0でなければその近傍 $V$ で0になりません．つまり定符号です．だから，$x$ を $x_0$ からすこしずらしても，$f(x, y)$ の $y$ を動かしたときの値の変化はやはり増加の状態か減少の状態です．かりに増加の状態とすると $f(x, y)$ は連続ですから，$f(x_0, y)<0$ が $y<y_0$ で成立し，$f(x_0, y)>0$ が $y>y_0$ で成立するので，$x$ をずらしても，$y_0$ より小さいある $y_1$ において $f(x, y_1)<0$，大きいある $y_2$ において $f(x, y_2)>0$ となっています．だから，その間で $f(x, y_3)=0$ となる $y_3$ があるはずだというのです．これを $y_3=g(x)$ とおくのです．

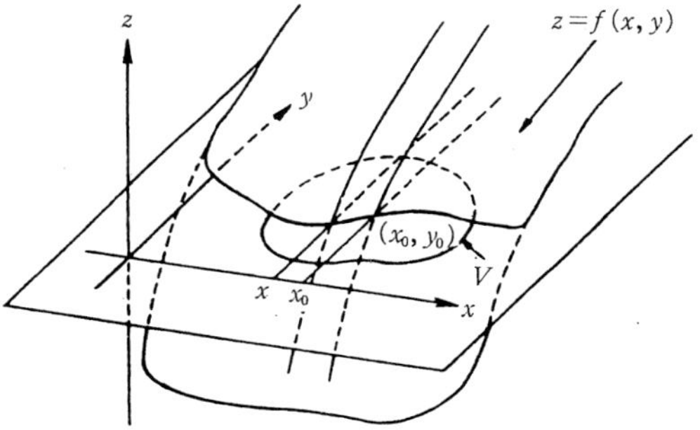

第 3 図

**白**．その証明がどうして「切断方式」なのですか．

**北**．最後の段階で，$f(x,y_1)<0, f(x,y_2)>0$ から $f(x,y_3)=0$ をみたす $y_3$ を見つけるにはどう考えますか．

**発**．そりゃあ，$y_1$ からだんだん $y$ を大きくして行ったら $y_2$ になる前に $f(x,y)$ の値が負から正に変る所があるはずだから，その点は $f(x,y)=0$ をみたすってわけですよ．

**北**．その点 $y_3$ はどう決めるかというと，さしづめ

$$y_3=\sup\{y : f(x,y)<0\}$$

ということになるでしょう．実数の集合に右端の点があるということを保証するのは切断の考え方ですね．

**白**．$\{y : f(x,y)<0\}$ と $\{y : f(x,y)>0\}$ に分けるとこれが切断を作っているということですね．

**北**．そうです．このように $x_0$ の十分小さい近傍の $x$ に対し一意的に $y=g(x)$ という値があって，$f(x,g(x))=0$ となります．この $g(x)$ が $x$ の連続関数になっていることを証明し，

それを使ってさらに $g(x)$ が微分可能となることを証明するのです．その辺はもう省略します．これが切断の考え方による陰関数の存在証明です．

**発**．何だか言いわけみたいな証明だなあ．

**中**．先生，多変数の場合はどうなりますか．

**北**．それには $x$ が多変数になる場合と $y$ が多変数になる場合の二つの方向があります．$x$ が多変数になる場合は，上の証明はほとんど変更なくそのままうまく行きます．ところが $y$ が多変数の場合は面倒です．$y$ が2変数 $\boldsymbol{y}=(y_1, y_2)$ となったときのことを考えてみると，問題は

$$f_1(x,\ y_1,\ y_2)=0$$
$$f_2(x,\ y_1,\ y_2)=0$$

という連立方程式を $y_1, y_2$ についてとけ，という形になります．つまり，$y_1=g_1(x)$，$y_2=g_2(x)$ という2つの連続関数があって，恒等的に

$$f_1(x,\ g_1(x),\ g_2(x))=0$$
$$f_2(x,\ g_1(x),\ g_2(x))=0$$

となるようにできるか，という問題です．切断方式では $g_1(x)$，$g_2(x)$ を一度に作ることは中々むずかしいので，まず $f(x, y_1, y_2)=0$ を $y_1$ について解いたものを $y_1=h(x, y_2)$ とし，これを $f_2(x, y_1, y_2)=0$ に代入した $f_2(x, h(x, y_2), y_2)=0$ を $y_2$ について解いて $y_2=g_2(x)$ を作り，それを再び $y_1=h(x, y_2)$ へ代入して $y_1=g_1(x)=h(x, g_2(x))$ とおいてやっと二つの関数を作るのです．何となく姑息な感じがしますね．

**白**．うわあ，面倒くさいなあ．

**発**．先生，そんなことをすると，その各段階で $\dfrac{\partial f_1}{\partial y_1}\neq 0$ とか，$\dfrac{\partial}{\partial y_2}f_2(x, h(x, y_2), y_2)\neq 0$ とかいう条件をチェックしなければならないんでしょう．それ，大丈夫かなあ．

**北**．ええ，まあ結果的には，$\dfrac{\partial \boldsymbol{f}}{\partial \boldsymbol{y}}$ が正則行列ならそのような条件はみたされるのですが，この「$\dfrac{\partial \boldsymbol{f}}{\partial \boldsymbol{y}}$ が正則」という条件は，「$\boldsymbol{f}$ に接する線型写像がつぶれていない」ということを表わしているのに，そのことが生の形では上の証明の手順の中には出て来ませんね．だからこの証明は闇夜に烏の感じがあります．しかも次元がもっと上るとその手続きがさらに大へん面倒なことになるのは容易に想像できます．それやこれやで，数学者にはこの証明はあまり評判がよくないのですよ．

**白**．で，モダンな方式というのが登場するんですね．

**北**．ええ，ではそのモダンな方式についてお話ししましょう．

## [2] コーシー列方式

**北**．考え方は，中山さんが最初に出したアイデアそのもので，今，$f(x, y)=0$ をみたす $y$ を

求めようとすると，まず最初は $y=y_0$ とおいてみるのです．$f(x_0, y_0)=0$ ですが，$f(x, y_0)$ は0ではないので，この $y_0$ を $f(x, y)=0$ の解とするわけにはいきませんが，真の解 $y$ と $y_0$ との差は，

$$0=f(x, y)=f(x, y_0)+f_y(x, y_0)(y-y_0)+o(y-y_0),$$

から，

$$y-y_0=-\frac{f(x, y_0)}{f_y(x, y_0)}+o(y-y_0)$$

となります．

そこで，第一近似として $o(y-y_0)$ をとってしまった

$$y_1=y_0-\frac{f(x, y_0)}{f_y(x, y_0)}$$

を採用しましょう．この $y_1$ は $x$ の関数ですね．ところで，割り算をすることは近似計算を面倒にしますから，この分母はもう $f_y(x_0, y_0)$ で代用することにします．そこで，一般に，

$$y_n=y_{n-1}-\frac{f(x, y_{n-1})}{f_y(x_0,y_0)} \tag{2}$$

とおきましょう．

**中**．ニュートンの方法とそっくりですが，分母が $n$ に関係しない点は，もっと簡単になっているわけですね．

**北**．そう．だけど，もともとニュートンの方法だって，$x_n=x_{n-1}-\dfrac{1}{M}f(x_{n-1})$，$M=f'(x_0)$ で十分なのですよ．収束の速度はおそくなりますがね．

**発**．あっ，そうか．$\lim x_n=x$ の存在さえわかれば，両辺の極限をとって，$x=x-\dfrac{1}{M}f(x)$ となり，$f(x)=0$ がでるなあ．

**北**．さて，(2) によって近似関数，(それは (2) から明らかに連続です) $y_0$, $y_1(x)$, $y_2(x)$, …, $y_n(x)$, … がきまります．これが $x_0$ の十分小さい近傍で一様収束することを証明すれば，その極限関数 $y_\infty(x)$ は連続であって，

$$y_\infty(x)=y_\infty(x)-\frac{f(x, y_\infty(x))}{f_y(x_0, y_0)}$$

をみたしています．つまり，$f(x, y_\infty(x))=0$ をみたすわけです．

**発**．古典的な方法とちがって，連続性も同時に証明するんですね．

**北**．そういうことになります．では，証明の概要を説明しましょう．面倒だから $f_y(x_0, y_0)=M$ とおきます．今，関数 $\varphi(x)$ に対し，

$$F(\varphi)=\varphi(x)-\frac{1}{M}f(x, \varphi(x)) \tag{3}$$

とおきましょう．$F$ は $x_0$ のある近傍で定義された連続関数を，同じクラスの関数にうつす写像を表わしています．つまり $x_0$ のある近傍を $U$ としますと，

$$F : C^0(U) \longrightarrow C^0(U)$$

です．問題は

$$\varphi(x)=F(\varphi(x))$$

となるような関数，つまり $F$ によって動かないような関数を求めることです．ところが，一般に数学では，ある写像によって動かない点のことを，「不動点」というのです．そこで，「$F$ に不動点があるか？」という問題と考えてよろしい．これについては一般的な便利な定理がありまして，

「$F$ が縮小写像なら，不動点は唯一つ存在する．」

というのです．ここで縮小写像というのは，任意の連続関数 $\varphi(x)$, $\psi(x)$ に関し，

(4) $$\|F(\varphi)-F(\psi)\|\leqq\alpha\|\varphi-\psi\|, \qquad (0\leqq\alpha<1)$$

が成立することをいいます．$\|\quad\|$ は連続関数のノルム，つまり，

$$\|\varphi\|=\sup_{x\in U}|\varphi(x)|$$

です．$\alpha$ が1より小さいので縮小写像と言うのです．そこで，この定理を証明しましょう．それは簡単で，(4) が成立するなら，$y_0$ を任意として，

(5) $$y_n=F(y_{n-1}) \qquad (n=1, 2, \cdots\cdots)$$

とおきますと，

$$\|y_n-y_{n-1}\|=\|F(y_{n-1})-F(y_{n-2})\|\leqq\alpha\|y_{n-1}-y_{n-2}\|$$

従って，これを何回も使って，結局

$$\|y_n-y_{n-1}\|\leqq\alpha^{n-1}\|y_1-y_0\|$$

となります．だから，任意の番号 $p$, $q$ $(p>q)$ につき

(6) $$\begin{aligned}\|y_p-y_q\|&=\|y_p-y_{p-1}+y_{p-1}-y_{p-2}+\cdots\cdots+y_{q+1}-y_q\|\\&\leqq\|y_p-y_{p-1}\|+\|y_{p-1}-y_{p-2}\|+\cdots\cdots+\|y_{q+1}-y_q\|\\&\leqq(\alpha^{p-1}+\alpha^{p-2}+\cdots\cdots+\alpha^q)\|y_1-y_0\|\leqq\frac{\alpha^q}{1-\alpha}\|y_1-y_0\|\end{aligned}$$

この右辺は $q$ さえ大きくすればいくらでも小さくなりますから，

「任意の $\varepsilon>0$ に対し，ある番号 $N$ から先きのあらゆる $p$, $q$ について，

$$\|y_p-y_q\|<\varepsilon$$

が成立する．」

ところがこれは $C^0(U)$ でのコーシー列だということですから，$y_n$ は $C^0(U)$ のある元，つまりある連続関数 $y_\infty(x)$ に一様収束します．従って，(5)の両辺に $\lim_{n\to\infty}$ をほどこすと，左辺は $y_\infty(x)$ になり，右辺は，

$$\|F(y_\infty)-F(y_n)\| \leqq \alpha\|y_\infty-y_n\| \longrightarrow 0 \qquad (n \longrightarrow \infty)$$

から，$\lim_{n\to\infty} F(y_n)=F(y_\infty)$ が成立します．従って，(5) から，

$$y_\infty=F(y_\infty)$$

となり，$\{y_n\}_{n=1,2,\ldots}$ の極限関数が $F$ の一つの不動点です．$F$ の不動点が二つあったとすれば，それを $\varphi(x), \psi(x)$ とすると，$\varphi=F(\varphi)$，$\psi=F(\psi)$ ですから，

$$\|\varphi-\psi\|=\|F(\varphi)-F(\psi)\| \leqq \alpha\|\varphi-\psi\|<\|\varphi-\psi\|$$

最右辺と最左辺は等しいのに，途中に不等号（＝なしの）が入るのは矛盾ですから，$\|\varphi-\psi\|=0$ すなわち $\varphi(x)=\psi(x)$ でなければなりません．これで証明が終りました．

**白**．先生，何かえらい抽象的な話で，ピンときませんが．

**北**．うん，書き方は抽象的というか，かなり省略した記号 $\|\quad\|$ なんかを使っていますが，内容は全然抽象的じゃありませんよ．連続関数で近似関数列を作るとき，それらが収束するということをいっているだけですから．

**発**．すると今度は (3) で定義した $F(\varphi)$ が縮小写像かどうかがきめ手になるわけですね．

**北**．そうです．その検討にうつりましょう．結論を先に言いますと，関数の定義域 $U$ を十分小さくすれば $F$ は縮小写像になります．

**白**．（発田に）おい，$F$ を定義しておいてあとで $U$ を小さくするなんて，詐欺やないか．

**発**．そうだなあ．だけど，まあもう少し詳しい話を聞いてから質問しようよ．

**北**．実際，平均値の定理から，

$$
\begin{aligned}
(7) \qquad F(\varphi)-F(\psi) &= \varphi(x)-\frac{1}{M}f(x, \varphi(x))-\psi(x)+\frac{1}{M}f(x, \psi(x)) \\
&= \{\varphi(x)-\psi(x)\}-\frac{1}{M}\{f(x, \varphi(x))-f(x, \psi(x))\} \\
&= \{\varphi(x)-\psi(x)\}-\frac{1}{M}\cdot f_y(x, \psi(x)+\theta(x)(\varphi(x)-\psi(x))\cdot(\varphi(x)-\psi(x)) \\
&= \left\{1-\frac{1}{M}f_y(x, \psi(x)+\theta(x)(\varphi(x)-\psi(x)))\right\}\cdot(\varphi(x)-\psi(x)) \quad (0<\theta(x)<1)
\end{aligned}
$$

ところが任意の $\varepsilon>0$ に対し $x_0$ の近傍 $U_1$ と $y_0$ の近傍 $U_2$ をそれぞれ十分小さくとれば，その中にグラフの入る任意の連続関数 $\varphi(x), \psi(x)$ に対し，

$$|f_y(x, \psi(x)+\theta(x)(\varphi(x)-\psi(x)))-M|<\varepsilon$$

が成立するから，両辺を $M$ でわって，

$$(8) \qquad \left|1-\frac{1}{M}f_y(x, \psi(x)+\theta(x)(\varphi(x)-\psi(x)))\right|<\frac{\varepsilon}{|M|}$$

そこで $\frac{\varepsilon}{|M|}<1$ となるように $\varepsilon$ を小さくとり，それに対し，$U_1, U_2$ をえらべば，$F(\varphi)$ は縮小写像になります．

**発**．（白川に）わかった．$F$ の中へ入れる関数の族をどうきめるかは $F$ の形とは無関係だろ

う．だから，それを，$U_1 \times U_2$ にグラフが入るような連続関数の全体，としてもいいわけだよ．

**中**．先生，今までのお話しだと $F(y_{n-1})=y_n$ と次々に代入して行ったのですが，その $y_n$ のグラフが $U_1 \times U_2$ に入るかどうかわかりません．もし入らなかったら，今までのことはみんなだめになりますわ．

**北**．そう．そこで，$U_1$ をさらに小さくするんです．$f(x_0, y_0)=0$ ですから，どんな $\varepsilon>0$ に対しても $U$ をさらに小さくえらんで，$x \in U$ なら，$|f(x, y_0)|<\varepsilon$ とできますから，

$$\|y_1-y_0\|=\frac{1}{|M|}\|f(x, y_0)\|<\frac{\varepsilon}{|M|}$$

従って，(6) から，

$$\|y_n-y_0\| \leqq \frac{1}{1-\alpha} \cdot \frac{\varepsilon}{|M|}$$

この右辺は $n$ に無関係だから，$\varepsilon$ を十分小さくとって，$y_n \in U_2$ $(n=1, 2, \cdots)$ となるようにできます．従ってその $\varepsilon$ に対応してきまる $U$ を採用すれば，$y_n(x)$ のグラフは $U$ 上では $U_2$ 内に入ります．これで完全です．

**白**．この証明も何となくイメージ悪いなあ．

**中**．そんなことないわ．$x$ を固定する毎に $y$ についてニュートンの方法で近似して行くだけじゃないの．それが各点収束だけじゃなくて一様収束する所がミソなのよ．

**発**．そうだよ．第3図みたいに近似関数列のグラフがかけるんだろうよ．

**白**．先生．$y_\infty(x)$ の微分可能性はどうして証明するのですか．

**発**．あまり先生に聞いてばかりいないで，こちらで証明を考えようよ．

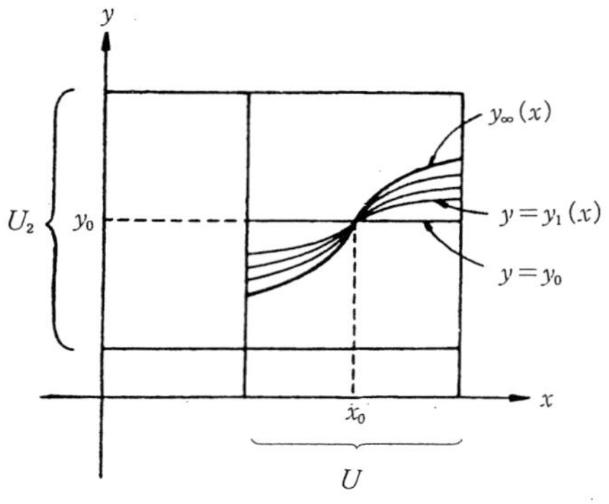


第 4 図

**中**．そうよ．ええと，どうせ $y_\infty(x)$ の微分可能性は $f(x, y)$ の微分可能性から出るんでしょうから，

$$f(x, y)=f(x_0, y_0)+f_x(x_0, y_0)(x-x_0)+f_y(x_0, y_0)(y-y_0)+o(\rho),$$
$$\rho^2=|x-x_0|^2+|y-y_0|^2$$

とかいてみて，ここへ $y_\infty(x)$ を代入してみようっと．左辺は0となり，$f(x_0, y_0)=0$ だから，

$$0=f_x(x_0, y_0)(x-x_0)+f_y(x_0, y_0)(y_\infty(x)-y_0)+o(\rho),$$

あ，わかった，$y_\infty(x)$ についてとくと，

$$y_\infty(x)=y_0-\frac{f_x(x_0, y_0)}{f_y(x_0, y_0)}(x-x_0)+o(\rho),$$

となるでしょう．これは $y_\infty(x)$ が $x=x_0$ で微分可能であって，

$$y_\infty'(x_0)=-\frac{f_x(x_0,\ y_0)}{f_y(x_0,\ y_0)}$$

ということを表わしているのよ．

**北**．ところがねえ，その $\rho$ の中に $y_\infty(x)$ が入っているでしょう．だからその $o(\rho)$ をもう少し調べないと，$o(\rho)/\rho\to 0(\rho\to 0)$ は言えても $o(\rho)/(x-x_0)\to 0(x-x_0\to 0)$ は言えていませんよ．

**中**．あ，そうでした．すると，ええと，

$$o(\rho)=g(x,\ y)$$

とおくと，

$$\frac{g(x,\ y_\infty(x))}{x-x_0}=\frac{g(x,\ y_\infty(x))}{\sqrt{(x-x_0)^2+(y_\infty(x)-y_0)^2}}\cdot\frac{\sqrt{(x-x_0)^2+(y_\infty(x)-y_0)^2}}{x-x_0}$$
$$=\frac{g(x,\ y_\infty(x))}{\sqrt{(x-x_0)^2+(y_\infty(x)-y_0)^2}}\cdot\sqrt{1+\left(\frac{y_\infty(x)-y_0}{x-x_0}\right)^2}$$

だわね．$\dfrac{g(x,\ y)}{\rho}\to 0$ $(\rho\to 0)$ なのだから，$\dfrac{y_\infty(x)-y_0}{x-x_0}$ が $x\to x_0$ のとき有界ならいいわけね．あらあ，それは $y_\infty(x)$ が微分可能ならいいんだけれど，それは証明しようとしていることなんだわ．

**発**．結局 $y_\infty(x)$ が微分可能なら，$y_\infty(x)$ は微分可能であるという自明のことをいっただけか．

**北**．いや．もうちょっとなんですがね．今

$$h(x,\ y)=\frac{g(x,\ y)}{|x-x_0|+|y-y_0|}\qquad(x\neq x_0,\quad \text{または}\quad y\neq y_0)$$

とおきますと，$h(x,\ y)\to 0$ $(\rho\to 0)$ ですから，

$$y_\infty(x)=y_0-\frac{f_x(x_0,\ y_0)}{f_y(x_0,\ y_0)}(x-x_0)+h(x,\ y_\infty)|x-x_0|+h(x,\ y_\infty)|y_\infty-y_0|$$

従って，

$$|y_\infty(x)-y_0|\leqq\left|\frac{f_x(x_0,\ y_0)}{f_y(x_0,\ y_0)}\right||x-x_0|+|h(x,\ y_\infty)||x-x_0|+|h(x,\ y_\infty)|\cdot|y_\infty-y_0|$$

最後の項を左辺にまわすと，

$$(1-|h(x,\ y_\infty)|)\cdot|y_\infty(x)-y_0|\leqq\left(\left|\frac{f_x(x_0,\ y_0)}{f_y(x_0,\ y_0)}\right|+|h(x,\ y_\infty)|\right)|x-x_0|$$

$x$ を $x_0$ に十分近づけると，$|h(x,\ y_\infty)|<\dfrac{1}{2}$ とできますから，ある $\delta>0$ があって，

$$\frac{1}{2}|y_\infty(x)-y_0|\leqslant\left(\left|\frac{f_x(x_0,\ y_0)}{f_y(x_0,\ y_0)}\right|+\frac{1}{2}\right)|x-x_0|\qquad(|x-x_0|<\delta)$$

これは $\dfrac{y_\infty(x)-y_0}{x-x_0}$ が $|x-x_0|<\delta$ で有界であることを示しているから，中川さんの話にもどって，

$$\frac{g(x,\ y_\infty(x))}{x-x_0} \longrightarrow 0$$

がでます.

## [3] 高次元の場合

**北**. 前節の話はあまり簡単とは言えませんでした. だから, それが古典的な方式にくらでて本当に良いものだということを主張するには, 高次元になっても同じ形式でうまく事が運べることをいわなければなりません.

**白**. 高次元の陰関数の存在定理は正確にはどんな形ですか.

**北**. 皆ベクトル値関数で表わすと, 1次元の場合とほぼ同じになります.

「$R^p \times R^n$ のある領域 $\Omega$ で定義された $n$ 次元ベクトル値関数 $\boldsymbol{f}(\boldsymbol{x},\ \boldsymbol{y})$* がそこで連続とする. さらに一点 $(\boldsymbol{x}_0,\ \boldsymbol{y}_0)$ のある近傍 $U$ で $\dfrac{\partial \boldsymbol{f}}{\partial \boldsymbol{y}}(\boldsymbol{x},\ \boldsymbol{y})$ が連続な正則行列で, $\boldsymbol{f}(\boldsymbol{x}_0,\ \boldsymbol{y}_0)=\boldsymbol{0}$ が成立するなら, $(\boldsymbol{x}_0,\ \boldsymbol{y}_0)$ の十分小さな近傍 $V$ において,

$$\boldsymbol{y}_0=\boldsymbol{g}(\boldsymbol{x}_0), \qquad \boldsymbol{f}(\boldsymbol{x},\ \boldsymbol{g}(\boldsymbol{x}))\equiv 0 \qquad (\text{恒等的})$$

をみたす連続関数 $\boldsymbol{y}=\boldsymbol{g}(\boldsymbol{x})$ が唯一つ存在する.

更に, $\boldsymbol{f}(\boldsymbol{x},\ \boldsymbol{y})$ が $(\boldsymbol{x}_0,\ \boldsymbol{y}_0)$ において $\boldsymbol{x}$ について偏微分可能なら, 上の $\boldsymbol{g}(\boldsymbol{x})$ は $\boldsymbol{x}_0$ において微分可能で,

$$\frac{\partial \boldsymbol{g}}{\partial \boldsymbol{x}}(\boldsymbol{x}_0)=-\left(\frac{\partial \boldsymbol{f}}{\partial \boldsymbol{y}}(\boldsymbol{x}_0,\ \boldsymbol{y}_0)\right)^{-1}\cdot\frac{\partial \boldsymbol{f}}{\partial \boldsymbol{x}}(\boldsymbol{x}_0,\ \boldsymbol{y}_0)$$

更に, もし $\dfrac{\partial \boldsymbol{f}}{\partial \boldsymbol{x}}$, $\dfrac{\partial \boldsymbol{f}}{\partial \boldsymbol{y}}$ が連続なら $\boldsymbol{g}(\boldsymbol{x})$ は $C^1$-クラスの関数で,

$$\frac{\partial \boldsymbol{g}}{\partial \boldsymbol{x}}(\boldsymbol{x})=-\left(\frac{\partial \boldsymbol{f}}{\partial \boldsymbol{y}}(\boldsymbol{x},\ \boldsymbol{y})\right)^{-1}\frac{\partial \boldsymbol{f}}{\partial \boldsymbol{x}}(\boldsymbol{x},\ \boldsymbol{y})\bigg|_{\boldsymbol{y}=\boldsymbol{g}(\boldsymbol{x})}$$

が成立する.」

というのです. どうです, 1次元の場合と際だってちがうのは, $f_y(x,\ y)\neq 0$ という条件が, $\dfrac{\partial \boldsymbol{f}}{\partial \boldsymbol{y}}(\boldsymbol{x},\ \boldsymbol{y})$ という行列の正則性に変っているという点だけですね.

**発**. すると証明もその辺だけ気をつけて変更してやればいいってわけですか.

**北**. そうなんです. 近似関数列の作り方を,

$$\boldsymbol{y}_n=\boldsymbol{y}_{n-1}-\left(\frac{\partial \boldsymbol{f}}{\partial \boldsymbol{y}}(\boldsymbol{x}_0,\ \boldsymbol{y}_0)\right)^{-1}\boldsymbol{f}(\boldsymbol{x},\ \boldsymbol{y}_{n-1})$$

としてやります. $\boldsymbol{y}_n$ とか $\boldsymbol{f}$ とかは $n$ 次元のタテベクトルで, $\left(\dfrac{\partial \boldsymbol{f}}{\partial \boldsymbol{y}}\right)^{-1}$ は $n\times n$ 行列ですよ. 前と同じように $\dfrac{\partial \boldsymbol{f}}{\partial \boldsymbol{y}}(\boldsymbol{x}_0,\ \boldsymbol{y}_0)=M$ とかくことにすると, $M$ は定数行列になります. そして

* $\boldsymbol{x}\in R^p$, $\boldsymbol{y}\in R^n$

$$\boldsymbol{F}(\boldsymbol{\varphi})=\boldsymbol{\varphi}-M^{-1}\boldsymbol{f}(\boldsymbol{x},\ \boldsymbol{\varphi})$$

という写像が，$\boldsymbol{x}_0$ の十分小さい近傍では縮小写像になっていて，近似関数列 $\{\boldsymbol{y}_n\}_{n=1,2,\ldots}$ が唯一つの不動点 $\boldsymbol{y}_\infty(\boldsymbol{x})$ に一様収束することがいえます．

**中**．（前節の証明を見ていて）先生，1次元のときには，縮小写像だということを証明する(7)の所で，$f(x, y)$ の $y$ について平均値の定理を使いましたが，ベクトル値では平均値の定理は使えないのでしょう．

**北**．ええ，しかし，そこの所は実は平均値の定理の代りに積分公式* を使うとうまく切り抜けられるんです．今，$\boldsymbol{F}(\boldsymbol{\varphi})$ と $\boldsymbol{F}(\boldsymbol{\psi})$ の差を計算すると，(7)の所は

$$\begin{aligned}\boldsymbol{F}(\boldsymbol{\varphi})-\boldsymbol{F}(\boldsymbol{\psi})&=\{\boldsymbol{\varphi}-\boldsymbol{\psi}\}-M^{-1}\{\boldsymbol{f}(\boldsymbol{x},\ \boldsymbol{\varphi})-\boldsymbol{f}(\boldsymbol{x},\ \boldsymbol{\psi})\}\\&=\{\boldsymbol{\varphi}-\boldsymbol{\psi}\}-M^{-1}\int_0^1\frac{\partial \boldsymbol{f}}{\partial \boldsymbol{y}}(\boldsymbol{x},\ \boldsymbol{\psi}+t(\boldsymbol{\varphi}-\boldsymbol{\psi}))\cdot(\boldsymbol{\varphi}-\boldsymbol{\psi})dt\\&=\left\{I-M^{-1}\int_0^1\frac{\partial \boldsymbol{f}}{\partial \boldsymbol{y}}(\boldsymbol{x},\ \boldsymbol{\psi}+t(\boldsymbol{\varphi}-\boldsymbol{\psi}))dt\right\}(\boldsymbol{\varphi}-\boldsymbol{\psi})^{**}\end{aligned}$$

ここで $M=\dfrac{\partial \boldsymbol{f}}{\partial \boldsymbol{y}}(\boldsymbol{x}_0,\ \boldsymbol{y}_0)$ であったことを思い出してもらいますと，任意の $\varepsilon>0$ に対し $(\boldsymbol{x}_0,\ \boldsymbol{y}_0)$ の近傍を十分小さくえらべば，その近傍に入る $(\boldsymbol{x},\ \boldsymbol{\varphi})$，$(\boldsymbol{x},\ \boldsymbol{\psi})$ に対し，

$$\begin{aligned}\left|M-\int_0^1\frac{\partial \boldsymbol{f}}{\partial \boldsymbol{y}}(\boldsymbol{x},\ \boldsymbol{\psi}+t(\boldsymbol{\varphi}-\boldsymbol{\psi}))dt\right|&=\left|\int_0^1\left\{M-\frac{\partial \boldsymbol{f}}{\partial \boldsymbol{y}}(\ \ 〃\ \ )\right\}dt\right|\\&\leqslant\int_0^1\left|M-\frac{\partial \boldsymbol{f}}{\partial \boldsymbol{y}}(\ \ 〃\ \ )\right|dt<\varepsilon\end{aligned}$$

が成立するようにできます．この｜　｜は行列としての“ノルム”ですが，*** この値は $\boldsymbol{x}$ に関係しますから，$\boldsymbol{x}$ についての上限をとったものを‖　‖で表わしますと，

$$\left\|M-\int_0^1\frac{\partial \boldsymbol{f}}{\partial \boldsymbol{y}}(\boldsymbol{x},\ \boldsymbol{\psi}+t(\boldsymbol{\varphi}-\boldsymbol{\psi}))dt\right\|\leqslant\varepsilon$$

となり，従って，

$$\left\|I-M^{-1}\int_0^1\frac{\partial \boldsymbol{f}}{\partial \boldsymbol{y}}(\boldsymbol{x},\ \boldsymbol{\psi}+t(\boldsymbol{\varphi}-\boldsymbol{\psi}))dt\right\|\leqslant\varepsilon\cdot|M^{-1}|$$

が成立します．これが(8)に相当する式です．あとは全く同じでしょう．

**白**．つまり，スカラーがベクトルや行列になるだけで証明の基本方針は変りないのですね．

**北**．そうです．あとの，微分可能性や，連続的微分可能性の部分もほとんど変更なしにできますから考えみて下さい．

---

*　第3章参照

**　$I$ は単位行列

***　第3章参照

## 練 習 問 題

**1.** $x^2+y^2=1$ の陰関数を $(x_0, y_0)=(0, 1)$ の近傍でコーシー方式に従って逐次近似せよ．そして得られる関数列が $y=\sqrt{1-x^2}$ の二項展開の有限和であることをたしかめよ．

**2.** 次の陰関数 $y=y(x)$ の導関数を求めよ．（$x, y>0$ とする）

（i） $x^\alpha+y^\alpha=1$ $(\alpha>0)$． （ii） $x+y=x^y$

**3.** $\boldsymbol{x}\in R^n$ のとき $\varphi(\boldsymbol{x})=0$ という制限条件の下で $y=f(\boldsymbol{x})$ の極値点を求める問題は，$(\boldsymbol{x}, \lambda)$ を $n+1$ 個の独立変数として $y=f(\boldsymbol{x})+\lambda\varphi(\boldsymbol{x})$ という関数の極値点を求める問題に帰着できる．このことを示せ．（これをラグランジュの未定係数法という．）

**4.** 三角形の内部の一点から三辺に立てた垂線の長さの積を最大にすることを考える．そのような点を求め，作図法を示せ．

**5.** $\boldsymbol{y}=\boldsymbol{f}(\boldsymbol{x})$ は $R^n\to R^n$ という $C^1$–クラスの写像とする．もし $\det\dfrac{\partial \boldsymbol{f}}{\partial \boldsymbol{x}}(\boldsymbol{a})\neq 0$ なら，$\boldsymbol{a}$ の近傍 $U$ と $\boldsymbol{f}(\boldsymbol{a})$ の近傍 $V$ をうまくとって，逆関数 $\boldsymbol{x}=\boldsymbol{f}^{-1}(\boldsymbol{y})$ : $V\to U$ が存在するようにできる．しかも，

$$\frac{\partial \boldsymbol{f}^{-1}}{\partial \boldsymbol{y}}(\boldsymbol{y})=\left(\frac{\partial \boldsymbol{f}}{\partial \boldsymbol{x}}(\boldsymbol{f}^{-1}(\boldsymbol{y}))\right)^{-1}$$

が成立する．このことを陰関数の存在定理から導け．（これを逆写像の存在定理という．）

# 第 8 章　常微分方程式の解

## [1] 解 の 一 意 性

**北井**. 今日は，一様収束という概念に関して，もう一つの重要な話をすることにします．それは正規型の常微分方程式の解の存在定理と一意性定理です．

**白川**. 先生，前に*，常微分方程式というのは一般に解がいっぱいあって，それを一般解やの，特異解やのときめつけるのはよくないという話を聞いたのでしたが，解の一意性定理というと，解はたった一つしかないということですか．それとこれと，えらい矛盾するようですが…….

**北**. ああ，そのことですか．解の一意性定理というのは，そんなことではないんです．問題をはっきり説明しましょう．記号の都合上，独立変数を $t$ とし，従属変数を $x$ とします．正規型の一階常微分方程式とは，

$$\frac{dx}{dt}=f(t,\ x) \tag{1}$$

のことです．この式は，前にもやったように，$(t,\ x)$-平面上の点 $(t,\ x)$ において，$f(t,\ x)$ という値の勾配を指定することを意味します．そして，そのような勾配を各点でもつような関数 $x(t)$ を求めてほしい，というのが常微分方程式のまず第一の問題です(第1図)．

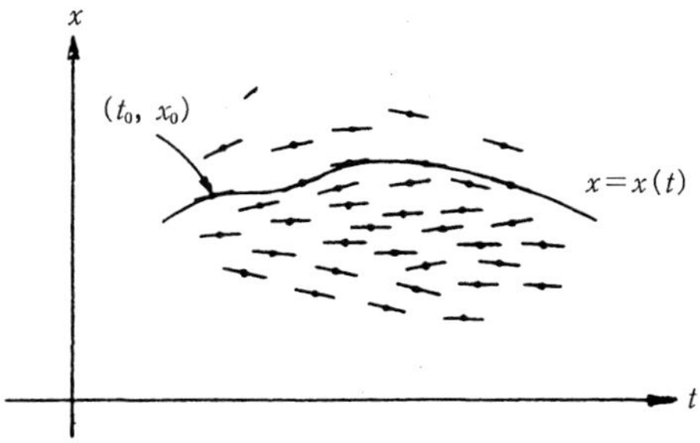

第 1 図

**発田**. (一人ごと)まず第一だなんていってるけど，常微分方程式の問題といったら，それしかないじゃないか．

**北**. (ききつけて) いや，解がわかっても，その細かい性質までわかるとは限ら

---

* 第5章参照．

ないでしょう．だから，第二,第三の問題はたくさん生じるのですが，とにかく解があるかないかがわからないではこまりますから，それを解決するのが解の存在定理です．つまり，どこかある点 $(t_0, x_0)$ を指定して（この $t_0$ を“出発時刻”，$x_0$ を初期値，$(t_0, x_0)$ をまとめて初期条件といいます)，その点を通る解があるということを主張するのが解の存在定理，そんな解は $(t_0, x_0)$ を指定する毎に高々一つしかないということを主張するのが解の一意性定理です．だから，$(t_0, x_0)$ の与え方を変えれば，別の解になるのは当然で，さっき白川君が言ったことは矛盾ではないのですよ．

**中山**．すると(1)にはいつでも解がある，というのが解の存在定理ですね．

**北**．ええ，$f$ があまり変な関数でなければね．

**白**．変な関数でないて，どんなことですか．

**北**．たとえば，$f(t,x)$ が不連続関数なら，第1図から見て，うまく $x=x(t)$ という解ができるとは思えませんね．

**白**．ああ，思い出した．ヘビサイド関数の原始関数は，ゲンミツに言うたら存在しないんやったんですね．

**北**．そうなんです．そこでまあ，$f(t,x)$ が $(t,x)$ の連続関数であることを大前提とすることは納得できますね．

**白,発**．ええ．

**中**．すると，$f(t,x)$ が連続関数なら(1)の解は $(t_0,x_0)$ を出発して，たった一つ存在するということになるのですね．

**北**．いや，そうじゃありません．$f(t,x)$ を連続とすると，$(t_0,x_0)$ を出発点とする解はあることはありますが，一般にたくさんでてくるのです．それも無限にたくさんね．

**発**．へえー，それは初耳だ．そんな不思議なことってあるんでしょうか．そんな例を具体的に一つお願いします．よっぽどむずかしい方程式なんだろうなあ．

**北**．いや，簡単ですよ．君が前に解いてくれたクレーロー型の方程式* $x=tx'+x'^2$ なんかもその例ですよ．

**発**．あれえ，どうしてですか．第一，それは正規型ではありませんよ．

**中**．そうだわ，$x'$ についてとけた形じゃないわ．

**北**．しかし，$x'$ についての二次方次程式と見て，とけるでしょう．といて見ると，

$$x'=\frac{1}{2}(-t\pm\sqrt{t^2+4x})$$

となるから，このうちたとえば + の方だけ採用することにしますと立派な正規型方程式

---

* 第3章参照

(2) $$\frac{dx}{dt}=\frac{1}{2}(-t+\sqrt{t^2+4x})$$

ができます.

**白**. 正規型に直せることはわかりましたが，これがどうして解の一意性定理の成立しない例になっているんでしょうか.

**北**. そのことを知るために，この方程式から得られる第1図のような勾配図を作って見ましょう（第2図）. $t^2+4x<0$ の領域では(2)の右辺は定義されませんから，それ以外の所で画いてあります.

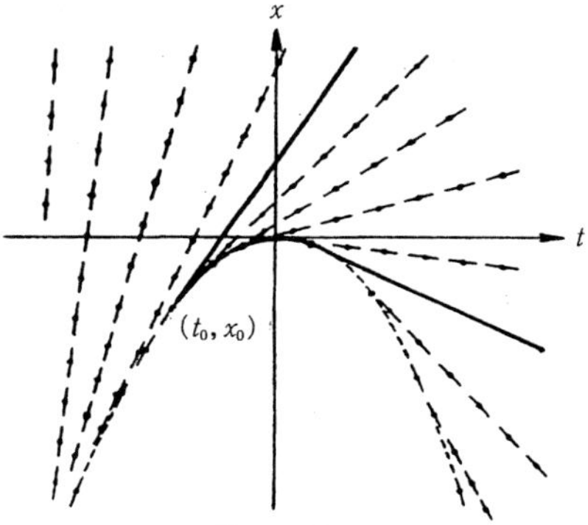

第 2 図

**白**. なるほど. でも，これを見ていると，一点 $(t_0,x_0)$ を通る解は一本の直線だけみたいな感じやけどなあ.

**北**. そうでしょうか. $(t_0,x_0)$ として，放物線上の点をとって見るとどうなりますか.

**発**. あっ，そうだ. しばらく放物線にそって動いて，いいかげんの所で接線にそって離れるというカーブを考えると，これも $(t_0,x_0)$ を通る解になるんだったなあ. すると，そうか，$(t_0,x_0)$ を出発する解は無限に多くあることになりますね.

**白,中**. あ，そうか. わかった，わかった！

**北**. (2)の方程式で，解の一意性がなくなるような出発点は平方根の中を0にするような点だったのですね. だから，その他の項は別に一意性をくずす原因にはならないはずですから，そんなものは皆とってしまって，ついでに平方根の中も思い切り簡単なものにしますと，まずこれくらい簡単なものはないという方程式

(3) $$\frac{dx}{dt}=\sqrt{x}$$

となります. これでも解の一意性は，$(t_0, 0)$ を出発点とするとき，くずれるんです. 実際，初等解法によりますとこの方程式の解は

(4) $$x=\frac{1}{4}(t-t_0)^2, \qquad \text{または} \quad x\equiv 0$$

となりますがこれは勿論局所的な解で，初期値問題の解としては，$(t_0, 0)$ を出発して，しばらく $x=0$ にそって進んでから，$x=\frac{1}{4}(t-t_1)^2$ にそって立ち上るような解はすべて合格です(第3図).

**中**. すると，(4)の二つの解の間にはさまれる右側の領域は，$(t_0, 0)$を出発する解で埋めつくされるのですね.

**発**．しかし，先生，もともと微分方程式というのは自然の運動とか反応とか，そういったものを記述するために考え出されたものでしょう．ある時刻にある状態にあるものが一つの微分方程式に従って動いて行くとすると，その後の状態が唯一通りにきまらないというのは困るんじゃないでしょうか．つまり因果律が成立しなくなって，実験室で同じ状態を作って実験しても，アメリカとソビエトとではちがう結果が出てしまうことになります．まあ，その方が面白いかもしれませんが……．

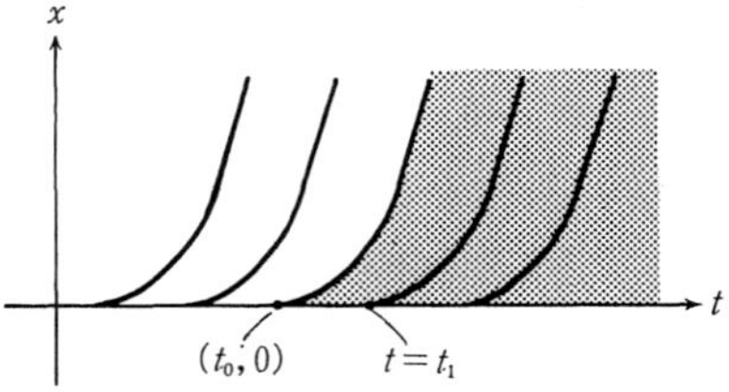


第 3 図

**白**．SF の材料としてはおもしろいけど，自然科学としてはおもしろないでえ．

**北**．自然現象そのものに関して因果律が成立するかどうかは，なかなかむずかしい議論がありまして，それについては物理学の本を見てもらうことにしましょう．ここでは数学的に見て，解の一意性は無条件では成立しないことが確認されたわけです．そこで，一意性が成立するための(1)の右辺の $f(t, x)$ のみたすべき性質について考えましょう．(2)でも(3)でも要するに平方根が入るとまずかったのですね．平方根以外でも，たとえば立方根とか，もっと一般に $x^\alpha$ ではどうなるでしょう．

**白**．あっ，なるほど，そういう風に調べて行くのか．ええと，

(4)
$$x' = x^\alpha$$

の初等解法は，ひっくり返して，

$$\frac{dt}{dx} = x^{-\alpha}$$

とすれば，原始関数を求めることになるから，$t - t_0 = \dfrac{1}{1-\alpha}(x^{1-\alpha} - x_0{}^{1-\alpha}) = \dfrac{1}{1-\alpha}x^{1-\alpha}$.

**中**．それ，$\alpha=1$ のときはだめよ．それから $1-\alpha<0$ なら $x_0=0$ とおけないわよ．

**白**．わかってるよ．$0<\alpha<1$ としてやるとええのやろ．

$$x = \{(1-\alpha)(t-t_0)\}^{\frac{1}{1-\alpha}}$$

あ，やっぱり，解の一意性は成立せえへんわ．$x=0$ とこれらの曲線群は接しよるわ．

**中**．$\alpha=1$ ならどう？

**白**．$\alpha=1$ なら，$t-t_0=\log x - \log x_0$ やから，$x=x_0e^{t-t_0}$ となって，あ，これは $x=0$ と接しよらんな．

**発**．ふーん，すると先生，一般に $f(t, x)$ が $x$ の $\alpha$ 乗 $(\alpha<1)$ を含まなかったら一意性が成立する，といっていいのですか．

**北**．$x^\alpha$ を“含む”といったって，$x=(x^\alpha)^{\frac{1}{\alpha}}$ だから，$x$ を含んでいたらいつでも $x^\alpha$ を含んでしまいますよ．そうではなくて，$x^\alpha(\alpha<1)$ が $x=0$ の近くでどんな形になっているかと

いうと，第4図のように，接線が立ってしまって，微分できないのです．それに対し，$\alpha=1$ のとき，つまり，$y=x$ だと，接線は垂直ではないでしょう．そこで，そのちがいを定式化したのがリプシッツ* という人で，

(5) $$|f(x)-f(y)|\leqq K|x-y|$$

となる定数 $K$ がとれるとき，$f(x)$ はリプシッツ連続といいます．(1)の右辺が $x$ に関しリプシッツ連続なら，解は一意的にきまります．それを次にやりましょう．

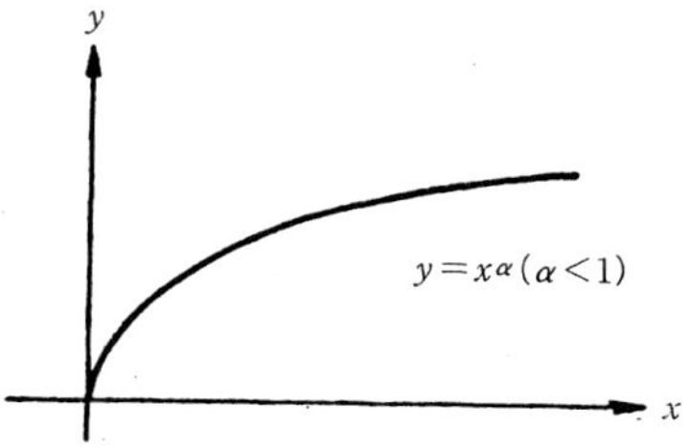

第 4 図

**中**．(5)は何だか，有限増分の定理** みたいですね．

**北**．そう，それはよい着眼点ですね．$\dfrac{\partial f}{\partial x}(t, x)$ が有界なら，$f(t, x)$ はリプシッツ連続である，というのが有限増分の定理です．

## [2] 解を見つけること―不動点定理―

**北**．今度は，微分方程式(1)を考えましょう．これを積分すると，

(6) $$x(t)-x(t_0)=\int_{t_0}^{t} f(\tau, x(\tau))d\tau$$

つまり，

$$x(t)=x_0+\int_{t_0}^{t} f(\tau, x(\tau))d\tau$$

となります．この右辺は，関数 $x(t)$ からきまる関数ですから，

$$\Phi(x(t))=x_0+\int_{t_0}^{t} f(\tau, x(\tau))d\tau$$

とかきましょう．すると，(6)は

(7) $$x(t)=\Phi(x(t))$$

とかけますね．

**白**．あれえ，これ，前の時間にやった「不動点」というやつとちがうか．

**発**．あ，そうだ，たしかに不動点だ．$\Phi$ でうつしても変らない関数だからね．ええと，不動点を見つけるには，勝手な関数 $x_0(t)$ から出発して，$x_0(t)$, $\Phi(x_0)$, $\Phi(\Phi(x_0))$, …, $\Phi^n(x_0)$, …とやって行けば，その極限関数が不動点なんだったね．

**白**．そうやったなあ．すると微分方程式の解も，不動点定理の一応用としてでてくるのか．

**北**．そうなんです．なかなかおもしろいでしょう．

**白**．しかし，その不動点定理というやつ，何となく抽象的でピンとこなかったんやけど，こ

---

* R. Lipschitz 1832-1903.

** 第3章参照

うあっちこっちに応用例があるとすると，ちゃんとわからんとあかんなあ．

**中**．不動点定理が成立するには，$\Phi$が，

(8)　$$\|\Phi(x)-\Phi(y)\|_I \leqq c\|x-y\|_I \qquad (0<c<1)$$

をみたさねばならないんでしょう．

**北**．ええ，これもリプシッツ連続の形とよく似ていますね．

**発**．しかし先生，リプシッツだと，$K$ はどんなに大きくてもともかくあればよいのですが，今度は1より小さい定数でないといえないのでしょう．

**白**．しかも，$x$ とか $y$ とか書いてるけど，これ，関数やろ．

**中**．そうよ．$x(t)$, $y(t)$ のことよ．

**白**．そうしたら，(8)はリプシッツの条件とは似て非なるものやな．

**北**．しかし，(8)を証明するのに，$f(t,x)$ についてのリプシッツの条件を使うのです．今出発点 $t_0$ を一端とする区間 $I=[t_0,t_1]$ の上でこの$\Phi$を考えましょう．

**白**．その $t_1$ はどんな値ですか．

**北**．これは，あとでこちらの都合のよいようにとるのです．それまで不定要素として，こちらの切札にとっておきます．さて，二つの関数 $x(t)$, $y(t)$ に関し，

(9)　$$\begin{aligned}\|\Phi(x)-\Phi(y)\|_I &= \sup_{t\in I}\left|\int_{t_0}^{t} f(\tau, x(\tau))d\tau - \int_{t_0}^{t} f(\tau, y(\tau))d\tau\right| \\ &\leqq \sup_{t\in I}\int_{t_0}^{t}|f(\tau, x(\tau))-f(\tau, y(\tau))|d\tau \\ &\leqq \sup_{t\in I}\int_{t_0}^{t}K|x(\tau)-y(\tau)|d\tau \\ &\leqq K\sup_{t\in I}|x(t)-y(t)|\cdot(t_1-t_0) \\ &= K\cdot\|x-y\|_I\cdot(t_1-t_0)\end{aligned}$$

だから，(8) が成立するには $K(t_1-t_0)<1$ となるように $t_1$ を $t_0$ に近くとることにしましょう．そうすれば，$c=K(t_1-t_0)$ とおくことによって(8)が成立し，従って不動点定理が使えて，(7) をみたす $x(t)$ が存在します．この $x(t)$ は，連続関数の一様収束の極限ですからまた連続であり，しかも，

$$x(t)=\Phi(x(t))=x_0+\int_{t_0}^{t} f(\tau, x(\tau))d\tau$$

ですから，この関数は，連続関数の不定積分として，$C^1$-クラスの関数であることがわかります．従って，両辺を微分すると，(1) をみたすことがわかります．

**発**．すると，$t_0$ からほんのちょっぴりしか解はないのですか．

**北**．いや，$t_1$ ではその解の値 $x(t_1)$ ははっきり確定しますから，今度は $(t_1, x(t_1))$ を出発点として，再び同じことを考えるのですよ．すると，(5) の定数 $K$ が同じである限り，また同じ幅の小区間 $[t_1, t_2]$ がとれますね．$K(t_2-t_1)<1$ となるようにとればいいのですからね

このように，小区間の幅が $K$ にだけ関係してきまるから，どんどんその区間を拡げて行けるんですよ．

**発**．だけど，$[t_0, t_1]$ までしか見つからなかったものが次にまた $[t_1, t_2]$ まで延長して見つかるというのは，どうももう一つ納得できないなあ．

**北**．うん，もともと解は $[t_0, t_1]$ よりもっと広い所で存在するのだけれど，(9)のように不等式で押えて行くと，ちょっとずつソンをすることになって，存在が保証できる区間がだんだんせばまるのです．だけど全くなくなりはしないので，$t_1-t_0=\dfrac{1}{K}-\varepsilon$ $(\varepsilon>0)$ ぐらいの幅なら，生き残るのですよ．

**中**．だったら，もっと能率よくやれば存在区間を初めから広いものにとれるかも知れないのですね．

**北**．そうです．たとえば，(9)の評価の所で，sup をとる前に，

$$
\begin{aligned}
|\Phi(x(t))-\Phi(y(t))| &\leqq \int_{t_0}^{t} K|x(\tau)-y(\tau)|d\tau \\
&\leqq K\cdot\sup_{t_0\leqq\tau\leqq t}|x(\tau)-y(\tau)|\cdot(t-t_0) \\
&\leqq K\cdot\|x-y\|_I\cdot(t-t_0)
\end{aligned}
$$

この両辺を積分して，

$$
\begin{aligned}
\int_{t_0}^{t}|\Phi(x(\tau))-\Phi(y(\tau))|d\tau &\leqq K\|x-y\|_I\int_{t_0}^{t}(\tau-t_0)d\tau \\
&\leqq K\|x-y\|_I\frac{(t-t_0)^2}{2}
\end{aligned}
$$

従って，

$$
\begin{aligned}
|\Phi^2(x(t))-\Phi^2(y(t))| &\leqq \int_{t_0}^{t} K|\Phi(x(\tau))-\Phi(y(\tau))|d\tau \\
&\leqq K^2\|x-y\|_I\cdot\frac{(t-t_0)^2}{2}
\end{aligned}
$$

となります．これをまた積分して，

$$
|\Phi^3(x(t))-\Phi^3(y(t))|\leqq K\int_{t_0}^{t}|\Phi^2(x(\tau))-\Phi^2(y(\tau))|d\tau
$$

の右辺に代入すると，

$$
|\Phi^3(x(t))-\Phi^3(y(t))|\leqq\|x-y\|_I\cdot\frac{K^3(t-t_0)^3}{3!}
$$

となります．このように，すぐにノルムを計算してしまわずに，$t$ の関数として大切に保存しておくと，結局

$$
|\Phi^n(x(t))-\Phi^n(y(t))|\leqq\|x-y\|_I\cdot\frac{K^n(t-t_0)^n}{n!}
$$

という式が成立することが帰納法によって証明できます．ここで両辺のノルムをとりますと，

$$\text{(10)} \qquad \|\Phi^n(x)-\Phi^n(y)\|_I \leqq \|x-y\|_I \cdot \frac{K^n(t_1-t_0)^n}{n!}$$

となります．ところがこの右辺は，$[t_0, t_1]$ がどんなに大きい区間でも $n$ さえ十分大きくすれば

$$\text{(11)} \qquad \frac{K^n(t_1-t_0)^n}{n!}<1$$

となりますから，(10) は，$\Phi^n(x)$ という写像が縮小写像になっていることを示しています．

**白**．へえ，$\Phi$ 自身は縮小写像でないのに，何回もくり返しているうちに縮小写像になってしまうのか．

**発**．だけど，それじゃ，$\Phi$ の不動点でなくて，$\Phi^n$ の不動点しか求まらないじゃありませんか．つまり，

$$\text{(12)} \qquad \Phi^n(x(t))=x(t)$$

をみたす関数は見つかっても，

$$\text{(13)} \qquad \Phi(x(t))=x(t)$$

となる $x(t)$ は，あるかどうかわかりませんよ．

**北**．ところがですねえ，(12) をみたす $x(t)$ は (13) もみたすんです．なぜなら，(12) をみたす $x(t)$ をとって来て，$\Phi^{n+1}(x(t))$ を考えますと，

$$\Phi^{n+1}(x(t))=\Phi^n(\Phi(x(t)))=\Phi(\Phi^n(x(t)))$$

と二通りに書けますが，この最右辺は(12)によって $\Phi(x(t))$ に等しいから，

$$\Phi^n(\Phi(x))=\Phi(x)$$

となって，$\Phi(x(t))$ もまた $\Phi^n$ の不動点ですね．ところが縮小写像の不動点は唯一つしかない (不動点の一意性) のですから，

$$\Phi(x(t))=x(t)$$

でなければなりません．つまり $x(t)$ は$\Phi$の不動点です．

**白**．あ，うまいこと言えますねえ．

**発**．なんだかだまされたみたいだなあ．$\Phi^n$ の不動点の一意性から $\Phi$ の不動点の存在がでるのか．あれえ，するとまだ $\Phi$ の不動点の一意性はわからないぞ．先生，$\Phi$ の不動点はたくさんあるかも知れませんね．

**北**．ところがそれも $\Phi^n$ の不動点の一意性から出るのですよ．実際，(13) をみたす $x(t)$ は

$$\Phi^n(x(t))=\Phi^{n-1}(\Phi(x))=\Phi^{n-1}(x)=\Phi^{n-2}(\Phi(x))=\Phi^{n-2}(x)$$

と次々に肩の $n$ を減らして行けますから，ついには

$$\Phi^n(x(t))=x(t)$$

が成立しますね．つまり(13)をみたす $x(t)$ は(12)をみたさねばなりません．ところが(12)をみたす $x(t)$ は一つしかないのですから，(13)をみたす $x(t)$ も一つしかありません．

**中**．すると先生，不動点に関する定理として，ええと，

「$\Phi$ を $C^0(I)$ からそれ自身への写像として，ある $n$ につき，$\Phi^n$ が縮小写像：

$$\|\Phi^n(x)-\Phi^n(y)\|_I \leqq c\|x-y\|_I \quad (0<c<1)$$

であるならば，$\Phi$ には不動点が唯一つ存在する．」

という形にしておけばよいのですね．

**白**．えらいリッパな定理やけど，前の不動点定理やったら，$x_0(t)$，$\Phi(x_0)$，$\Phi^2(x_0)$，…，と，「逐次近似」して行けばよかったのに対し，今度の定理の証明の仕方を見ていると，不動点の実際の作り方はえらい抽象的やなあ．

**発**．そんなことないよ．やはり前と同じように「逐次近似」して行けばいいのさ．

**白**．どうして．

**発**．だって，$x_0$, $\Phi(x_0)$, $\Phi^2(x_0)$, …, $\Phi^k(x_0)$, … の中の，最初から $n$ 個おきにとった関数列は $x(t)$ に収束するんだろ．だから上の関数列も $x(t)$ に収束するじゃないか．

**白**．そんなムチャいうたらあかんわ．部分列が収束したからというて，全体が収束するとは限らんでえ．

**発**．あ，そうか．困ったな．

**北**．それはね，

$$x_0,\ \Phi^n(x_0),\ \Phi^{2n}(x_0),\ \cdots,\ \Phi^{pn}(x_0),\ \cdots \longrightarrow x(t) \quad (p\to+\infty)$$

$$\Phi(x_0),\ \Phi^{n+1}(x_0),\ \Phi^{2n+1}(x_0),\ \cdots,\ \Phi^{pn+1}(x_0),\ \cdots \longrightarrow \Phi(x(t))=x(t) \quad (p\to+\infty)$$

$$\cdots\cdots\cdots\cdots\cdots\cdots\cdots\cdots\cdots\cdots$$

$$\Phi^{n-1}(x_0),\ \Phi^{2n-1}(x_0),\ \Phi^{3n-1}(x_0),\ \cdots,\ \Phi^{pn+n-1}(x_0),\ \cdots \longrightarrow \Phi^{n-1}(x(t))=x(t) \quad (p\to+\infty)$$

という，$n$ 個の関数列がすべて $x(t)$ に収束しますから，これ全体をまぜ合わせた関数列

$$x_0,\ \Phi(x_0),\ \cdots,\ \Phi^k(x_0),\ \cdots$$

も $x(t)$ に収束するんです．

**発**．ボクの考えをもうちょっとよく検討したらよかったんだな，残念．

## [3] 解の爆発

**中**．先生，改良された不動点定理を使うと，解の存在区間は $[t_0,\infty)$ となるのですね．

**北**．リプシッツの条件(5)の中の係数 $K$ が $f(t,x)$ の定義域全体で一様に同じ一つの定数としてとれるときはよいのですがね．たとえば，線型方程式

$$\frac{dx}{dt}=a(t)x+b(t)$$

というような場合，$a(t)$ が有界連続関数なら，$\sup_t |a(t)| = K$ とおくと，これがリプシッツの定数* に採用できることは

$$|f(t,x)-f(t,y)| = |a(t)(x-y)| = |a(t)|\cdot|x-y|$$

から明らかですから，その解も右へ無限に延長できます．

しかし，たとえば，

(14)　　$$\frac{dx}{dt} = 1+x^2$$

というような場合，$\frac{\partial f}{\partial x} = 2x$ でこれは $x \to +\infty$ のとき有界じゃありませんから，(5) が成立する領域は上下に限られてくるんです．つまり $\left|\frac{\partial f}{\partial x}\right| = |2x| \leqq K$ となる領域は $|x| \leqq \frac{K}{2}$ となるので，(5) はこの領域の中でしか成立しません．すると $(t_0, x_0)$ を出発した解は，$t$ がいくらも増えないうちに，この上下のカベに到達してしまうんです(第5図)．

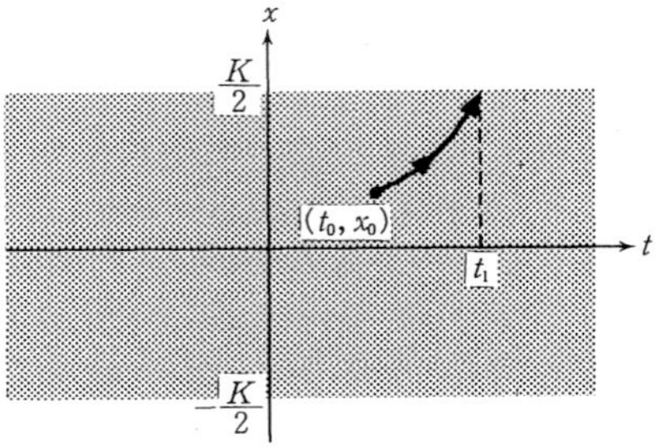

第 5 図

**中**．しかし，(14)の右辺はもっと上の方まで定義されているから，解も，もっと延ばせるはずでしょう．

**北**．ええ，もちろんそうですが，不動点定理を使う関数族 $C^0(I)$ の中にこの解が入るには，(11) の中の $t_1$ は第5図のように，上下のカベにぶつかった点の $t$ 座標またはそれより左側にとっておかないと困りますね．

**発**．そりゃそうだ．そうしないと関数が定義されない区間が出て来てしまうよ．

**北**．だから，$t_1$ は間接的に $K$ によって規制されてしまうのです．だから，中山さんが言ったように $x = \frac{K}{2}$ という直線をこえて解を作ろうとすると，リプシッツの定数 $K$ をもっと大きくしなければならず，従って，$[t_1, t_2]$ という次の存在区間の幅はもっと小さくなります．

そして，それを継ぎ足して行くと，どこかで止ってしまうかも知れないのです，実際(14)では止るんです．(14) を解きますと，

$$\int_{x_0}^{x} \frac{dx}{1+x^2} = t - t_0$$

となり，従って，

$$\mathrm{Arctan}\,x - \mathrm{Arctan}\,x_0 = t - t_0$$

すなわち，

$$x = \tan(t - t_0 + \mathrm{Arctan}\,x_0)$$

となりますから，$t$ が $t_0$ から右へ動いて，

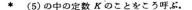

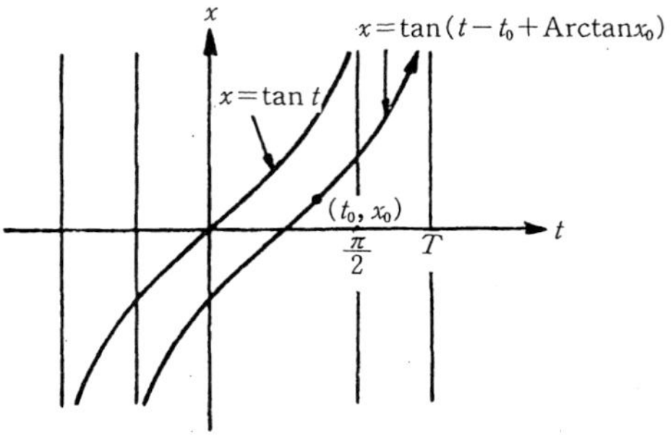

第 6 図

* (5) の中の定数 $K$ のことをこう呼ぶ．

$$T=t_0-\mathrm{Arctan}\,x_0+\frac{\pi}{2}$$

という点に到達した所で，解は無限大に“爆発”します(第6図)．このように，解の局所的な存在の議論と，出来た解の $t\to+\infty$ までの延長可能性はまた別のことなのですよ．

**白**．今の話を聞いていると，存在区間を思い切りしぼって $K(t_1-t_0)<1$ としてやる方式と，あんまりしぼらんと，(11) に頼って $\Phi^n$ が縮小写像やとする方式と，どちらがええと言えんような気がして来ました．

**北**．そう，どちらにしても解をつないで行くことに変わりはないんですからね．ただ，(10) の方式だと，逐次近似が非常に早く極限関数に収束するのだということは，よくわかります．(9) だと*，

$$\|\Phi^k(x_0)-x\|_I\leqq K^k\cdot(t_1-t_0)^k\cdot\|x_0-x\|_I \qquad (k\to+\infty)$$

ですが，(10) だと，

$$\|\Phi^k(x_0)-x\|_I\leqq\frac{K^k(t_1-t_0)^k}{k!}\|x_0-x\|_I \qquad (k\to+\infty)$$

となって，格段の差がありますね．

**中**．先生，解が有限の時刻 $T$ で爆発するかどうかは $f(t,x)$ のどんな性質できまるのですか．

**北**．それは，$f(t,x)$ というのは $(t,x)$ での勾配の値ですから，それが $x\to+\infty$ のとき，急速に大きくなると，解が爆発するのです．

**中**．だけど，線型でも $x\to+\infty$ のとき，$f(t,x)=a(t)x+b(t)\longrightarrow\infty$ となりますが……．

**北**．ええ，だから，“急速に”の意味は，たとえば，無限大の order が $x^\alpha(\alpha>1)$ と同位であるような $f(t,x)$ なら，解は爆発します．例題として，

$$\frac{dx}{dt}=x^\alpha \qquad (\alpha>1)$$

についてやってごらん．

**中**．

$$\int_{x_0}^{x}\frac{dx}{x^\alpha}=t-t_0$$

は前と同じだから，

$$x=\{(1-\alpha)(t-t_0)+x_0{}^{1-\alpha}\}^{\frac{1}{1-\alpha}}$$

となるわね．ええと，これは，ああなるほど，

$$T=\frac{1}{(\alpha-1)x_0{}^{\alpha-1}}+t_0$$

という時刻で爆発しますね．

**白**．どうして？　$t=T$ で $\{\cdots\}$ の中が0になるだけやろ．

---

*　$x=\Phi(x)$ だから，　$\Phi^k(x)=x$．

**中**．　{…} の外のべき指数は $\frac{1}{1-\alpha}<0$ なのよ．だから本当は

$$x=\frac{1}{\{(1-\alpha)(t-t_0)+x_0^{1-\alpha}\}^{\frac{1}{\alpha-1}}}$$

となっているのよ．その {…} の中が0になったら，バクハツするじゃない．

**白**．あ，そうか．これ，分母か．

**発**．そうすると先生，要するに，

$$\lim_{x\to+\infty}\frac{\partial f}{\partial x}(t,\ x)=+\infty \tag{15}$$

なら，リプシッツの定数がどんどん大きくなってしまって，$x'=f(t,\ x)$ の解は爆発するのですね．

**北**．いや，残念ながらそうじゃありません．やはり無限大の order が問題なのです．一つ，問題を出しますから，やってみて下さい．

**問題**．微分方程式

$$\frac{dx}{dt}=x\log x$$

の解は爆発するか？　但し，出発点 $(t_0,\ x_0)$ は，$x_0$ が充分大きいものとする．

**白**．タハ，こんな問題初めてやぞ．しかし，ともかく (15) をみたすかどうかを見とこう．

$$\frac{df}{dx}=\log x+\frac{x}{x}=\log x+1 \longrightarrow +\infty \qquad (x\to+\infty)$$

**発**．なるほど，ボクの言った条件はみたしているなあ．だから，もし，この方程式の解が爆発しなかったら，ボクの予想はウソだったということだなあ．

**中**．これ，初等解法で解けるんじゃない？

**白**．あ，そうか．変数分離型というやつやな，

$$\int_{x_0}^{x}\frac{dx}{x\log x}=t-t_0$$

か．この積分は，ええと，$\log x=s$ とおいて変数変換したら，あ，うまいことなっとるわ．

$$\int_{x_0}^{x}\frac{dx}{x\log x}=\int_{\log x_0}^{\log x}\frac{ds}{s}=\log\log x-\log\log x_0$$

**発**．すると，

$$\log x=\log x_0\cdot e^{t-t_0}$$

だから，

$$x={x_0}^{e^{t-t_0}}$$

これが解だよ．

**中**．ア，これ，爆発しないわね．$t$ にどんな値を入れても有限の値になるもの．

**白**．発田君の予想は当らなかったなあ．

## 練　習　問　題

**1.** $\dfrac{dx}{dt}=-x,\ x(0)=1,$ の近似解を逐次近似によって作れ．次にその極限関数を求めよ．

**2.** $\dfrac{dx}{dt}=-x\log|x|$ は $x=0$ でリプシッツの条件をみたさないが，$x(t_0)=0$ をみたす解は一意的であることを示せ．

（この例から，リプシッツ条件は解の一意性のための必要条件ではないことがわかる．）

**3.** $\dfrac{dx}{dt}=f(x),\ \ x(0)=a$ をみたす解で $\displaystyle\lim_{t\to+\infty}x(t)=0$ となるものがあるとする．このとき，$x(t)\equiv 0$ は解であることを示せ．ただし，$f(x)$ は $-\infty<x<+\infty$ で連続する．

**4.** $\dfrac{dx}{dt}=f(t,\ x)$ において，$f(t,\ x)$ は $R^2$ 上で定義された連続関数で，$x$ についてリプシッツの条件をみたすものとする．さらに $f(t,\ x)$ は次の条件をみたすものとする．

（i）　ある $T>0$ があって $f(t+T,\ x)\equiv f(t,\ x)$　$((t,\ x)\in R^2)$

（ii）　ある $x_1,\ x_2$ があって $f(t,\ x_1)\cdot f(t,\ x_2)<0$　$(-\infty<t<+\infty)$

そのとき上の微分方程式は $x_1<x(t)<x_2$　$(-\infty<t<+\infty)$ をみたす周期解が少くとも一つあることを示せ．

# 第 9 章　無限級数

## [1] 級数の和

**北井**．今日は級数の話をしましょう．級数というのは

(1) $$a_1+a_2+\cdots+a_n+\cdots$$

のことです．各 $a_i$ は実数でも複素数でもいいのですが簡単のため実数として話を進めましょう．問題はこのしっぽの所の … でして，これをどう考えるかです．

**発田**．無限に加えるんでしょう．

**北**．無限に加えるというのは具体的にはどんなことをするのですか．

**発**．つまり，$a_1$ に $a_2$ をたして，それにまた $a_3$ をたして，次々に $a_n$ までたして，それに $a_{n+1}$ をたして，……，ずーっとやります．

**北**．そのずーっという所を具体的に言って下さい．

**白川**．まるで落語の「浮世根問」みたいやなあ．熊さんが御隠居さんに「ここを西へどんどん行ったらどこへ行きますかね」と聞いて，御隠居さんを困らすんやけど，御隠居さんが困って「そこはモウモウとした所で先が見えないからもう行けないよ．」とゴマかしにかかるのを，「そんな牛のなき声みたいな所なんぞかまわねえからどんどん行っちゃうと，どこへ行きますかね．」と，とっちめるのやが…，この級数の場合「モウモウ」でゴマかすわけにはいかんしなあ．

**中山**．（白川に）そこで牛のなき声の代りに極限をもち出すのよ．

(2) $$\lim_{n\to\infty}(a_1+a_2+\cdots+a_n)$$

の値を (1) のことだと思えばいいのよ．

**白**．それ，「どんどんずーっと」と同じやないか．

**中**．ちがうわよ．極限だと，何かの操作を無限回やるんじゃないでしょう．

**発**．そうだよ．極限というのは何かある点列と，別の一つの点との関係を言っているだけだから，「どんどんずーっと」とはちがうよ．

**北**．そうです．数学が無限を扱うようになって以来，ずっとこの「無限回の操作」ということで悩んで来たのですが，級数の場合中山君が言ったように極限と考えれば合理的な定義ができますね．

**発**．先生，今定義と言われたのですが，これ，定義なのでしょうか．これはもうきまっていることで，ただ「無限に加える」ということをはっきりさせただけじゃないんでしょうか．

**北**．いや，与えられた級数の和を考えることは“自然に”きまるものではないんですよ．今

$$s_n=a_1+\cdots+a_n$$

を (1) の部分和と呼ぶことにします．この部分和の極限値があったとして，それを $s$ としますと，$s_n$ の $n$ 個の算術平均の極限もまた $s$ になることが知られています．

$$\lim_{n\to\infty}\frac{s_1+\cdots+s_n}{n}=s \tag{3}$$

ですから，(1) の和を (3) で定義したとしてもかまいませんね．

**白**．そらそうです．(3) の値は (2) と同じなんですから．

**発**．だけど，同じだったら何もそんなややこしい式にしなくても (2) で十分じゃないですか．

**北**．ところが，今言ったのは，

(2) が収束 ⇒ (3) が収束

ということですが，この逆は成立しないのです．つまり，(2) は収束しなくても (3) が収束するような例があるのです．そのような級数だと，(2) の意味では和をもたないが (3) の意味では和があるということになりますね．たとえば

$$1-1+1-1+\cdots$$

という級数は (2) の極限はありませんが，(3) の極限は $\frac{1}{2}$ となります．つまり，(3) の極限を (1) の和と定義しますと，

$$1-1+1-1+\cdots=\frac{1}{2}$$

と，ちゃんと和をもつことになります．

**白**．へえ，定義をかえると和があったりなかったりするのか．

**北**．そうなんです．だから，級数の和というのは決して天然自然にきまってしまっているものではなくて，やはり人間がきめるもの，つまり定義すべきものなんですよ．発田君が最初に言ったように「どんどんずーっと」では何もきまりませんから，あれではだめですね．

## [2] 絶対収束

**北**．級数 (1) を $\sum_{n=1}^{\infty}a_n$ とも書きますが，(1) にしてもこの $\sum_{n=1}^{\infty}a_n$ にしても，和があるかないかを問題にする前の，級数そのものを意味する場合と，その和を計算してしまった後の値

を意味する場合とがあって，それを同じ書き方 $\sum_{n=1}^{\infty} a_n$ で表わすため，学生諸君にとって多少混乱が起ることがあるらしいんです．たとえば「$\sum_{n=1}^{\infty} a_n$ が収束するとせよ.」という文章の場合，これは級数

$$a_1+a_2+\cdots+a_n+\cdots$$

に和があると仮定しようという意味ですが，学生諸君の中には，「$\sum_{n=1}^{\infty} a_n$ ともう和になってるじゃないか．もう和ができているものがさらに収束すると仮定するのはどういうことか.」とまごつく人があるようですね．まあ，この用語上の混乱は，少し注意していればだんだんなれて来て，かえって記法を変えて神経質に区別するよりずっと便利だということがわかって来ます．ですから，$\sum_{n=1}^{\infty} a_n$ には「集める前の級数」と「集めてしまった和」という二通りの場合があるということだけおぼえておいて，そのときどきで判断するようにして下さい．

**中**．それで私が混乱したのは，

$$\sum_{n=1}^{\infty}(a_n+b_n)=\sum_{n=1}^{\infty}a_n+\sum_{n=1}^{\infty}b_n \tag{4}$$

が成立する，と書いてある本を見ていて，こんなの当然だわと思ってた所が，友人が

$$\sum_{n=1}^{\infty}(1-1)=\sum_{n=1}^{\infty}1-\sum_{n=1}^{\infty}1$$

とすると左辺は

$$0+0+0+\cdots$$

だからその和は0なのに，右辺はどちらも $\infty$ だから意味がないというんです．

**発**．それはどうしてかなあ．

**中**．それでね，よく読んで見ると，「$\sum a_n$, $\sum b_n$ が収束すれば，$\sum(a_n+b_n)$ も収束して，(4) が成立する.」という文章なのよ．(4) だけ見ていると，もう $\sum a_n$ や $\sum b_n$ はちゃんと和になってしまっているみたいに見えるでしょう．それにこの文章だって，「$\sum a_n$, $\sum b_n$ が収束すれば」なんて，もう和になっちゃってるものについて条件つけたりして変だなあなんて考えたりしてたわ．

**発**．あ，そうか．その場合，「$\sum a_n$, $\sum b_n$ が収束すれば……」というときには $\sum a_n$, $\sum b_n$ は和を考える前の級数で，(4) の式の中の $\sum a_n$, $\sum b_n$ はもう和を考えてしまっているんだなあ．

**北**．では，次の話に移りましょう．といっても今の (4) に関連した話なのですが，今，級数 $\sum_{n=1}^{\infty} a_n$ の各項 $a_n$ を正か負かによって分類しましょう．それにはうまい書き方がありまして，

$$p_n=\frac{|a_n|+a_n}{2},\qquad q_n=\frac{|a_n|-a_n}{2}\qquad (n=1,2,\cdots) \tag{5}$$

とおきますと，$a_n>0$ なら $p_n=a_n$，$q_n=0$ となり，$a_n<0$ なら $p_n=0$，$q_n=|a_n|$ となります．つまり，$a_n$ のうちの正のものを $p_n$，負のものに絶対値をつけたものを $q_n$ とおいたことになります．そして，

$$a_n=p_n-q_n,\quad |a_n|=p_n+q_n \quad (n=1,2,\cdots) \tag{6}$$

が成立します．ですから，

$$\sum_{n=1}^{\infty}a_n=\sum_{n=1}^{\infty}(p_n-q_n) \tag{7}$$

となりますが，この右辺が，

$$\sum_{n=1}^{\infty}(p_n-q_n)=\sum_{n=1}^{\infty}p_n-\sum_{n=1}^{\infty}q_n \tag{8}$$

とできるかどうかを見ましょう．

**中**．先生，それはさっき私が言った定理ですわね．

**北**．そうです．

**中**．すると，$\sum_{n=1}^{\infty}p_n$，$\sum_{n=1}^{\infty}q_n$ が共に収束すれば (8) が成立して，$\sum a_n$ は収束するんですわ．

**北**．そこで，$\sum p_n$，$\sum q_n$ が収束する，しないで分類すると，合計 4 つのケースが考えられますね．

**発**．そうです．(i) 両方とも収束，(ii) $\sum p_n$ だけ収束，(iii) $\sum q_n$ だけ収束，(iv) 両方とも発散の 4 つです．

**白**．(i) の場合は (8) が成立するんですね．

**北**．そう，中々理解が早いね．ではあとの 3 つの場合はどうかな．

**白**．えーと，さっきの中山さんの言うた定理は，仮定が「収束すれば」という場合だけやから，こんなん，判断できへん．

**中**．あら，そんなことないわよ．(ii) の場合だと $\sum_{n=1}^{\infty}a_n$ が発散だということがわかるわ．

**白**．へえ，どうして？

**中**．あのね，(7) と (8) から，

$$\sum_{n=1}^{\infty}a_n-\sum_{n=1}^{\infty}p_n=-\sum_{n=1}^{\infty}q_n$$

となるけれど，もし $\sum_{n=1}^{\infty}a_n$ が収束だとすると，この左辺の二つの級数が収束することになっちゃうから，さっきの定理で $\sum q_n$ も収束しなければならなくなるでしょ．これ，(ii) に矛盾するわ．

**白**．あ，うまいこといくなあ．そんなら，(iii) の場合も同じやから $\sum_{n=1}^{\infty}a_n$ はやっぱり発散か．

**中**．そうよ．

**発**．すると残りは (iv) の両方とも発散という場合だけか．これはどうなるかなあ．

**北**．この(iv)の場合は，$\sum a_n$ が収束する場合も発散する場合もあります．そこで(i)のタイプの場合，$\sum a_n$ は絶対収束* するといい，(iv)のタイプで収束する場合は $\sum a_n$ は条件収束または半収束といいます．この二つの場合というのは同じ収束といってもその性質にきわ立ったちがいが見られるのです．

**発**．先生，(i)か(iv)かを見分けるための簡単な方法はないんですか．

**北**．それには，(6)から，$\sum_{n=1}^{\infty}|a_n|$ が収束するかどうかを見ればよいことがわかります．実際 $\sum|a_n|$ が収束なら，$\sum p_n$, $\sum q_n$ は共に収束ですから $\sum a_n$ は(i)のタイプの収束です．また $\sum|a_n|$ が発散なら，(i)のタイプではないから(iv)のタイプ，つまり $\sum a_n$ は条件収束です．

**白**．(発田に) どうして $\sum|a_n|$ が収束なら $\sum p_n$ が収束やということがわかるんや？

**発**．それはだなあ，えゝと，うーん，あ，(5)の $p_n=\dfrac{|a_n|+a_n}{2}$ から，$\sum|a_n|$, $\sum a_n$ が収束なら，$\sum p_n$ は収束となるじゃないか．

**白**．いや，それやったら，$\sum|a_n|$ が収束でも $\sum a_n$ が発散するときはあかんやろ．

**発**．そうだなあ．うーん (と考えてしまう)．

**中**．あら，$\sum|a_n|$ が収束したら $\sum a_n$ も収束するんじゃない？

**白**．そんな都合のええこと，どうしてわかる？

**中**．それは，えゝと，$\sum|a_n|$ が収束したら，$\sum p_n$, $\sum q_n$ が収束するからよ．

**白**．そんなん循環論法や，あかん，あかん．

**北**．助け舟を出しましょうか．$\sum|a_n|$ とか $\sum p_n$, $\sum q_n$ とかが正項級数 (正または0の項から成る級数) であるという性質を今までどこにも用いていません．それを使わないと今のことは言えませんよ．正項級数については，**比較の原理**** というのが成立して都合がよいのです．何かそんなものでもないと，わざわざ $a_n$ を $p_n$ と $q_n$ の差に分ける必要はないはずですね．

**白**．あっ，そらそうですね．

**中**．比較の原理って何ですか．

**北**．次の定理のことです．

「二つの正項級数 $\sum a_n$, $\sum b_n$ が，

(9)
$$a_n \leqq b_n \qquad (n=1,2,\cdots)$$

をみたすとする．そのとき，$\sum b_n$ が収束なら $\sum a_n$ は収束である．」

---

* 絶対収束　absolute convergence.　　条件収束　conditional convergence.
　半収束　semi-convergence.

** principle of comparison.

さっきの皆さんの議論についていいますと，$p_n \leqslant |a_n|$，$q_n \leqslant |a_n|$ が成立しますから，この定理を使えば直ちに $\sum p_n$，$\sum q_n$ が収束することがわかりますね．

**白**．先生，この原理の証明はどうするのですか．

**北**．それは，次のことからすぐ出ます．

「正項級数 $\sum_{n=1}^{\infty} a_n$ が収束するための必要十分条件は，部分和 $s_n = a_1 + \cdots + a_n$ $(n=1, 2, \cdots)$ が上に有界な数列であることである．」

この定理はすぐわかりますね．正項級数の部分和の数列 $s_n$ は単調増加ですから，

$$\lim_{n\to\infty} s_n = \sup_n s_n$$

となり，従ってこの式の片方が有限の値なら他方も有限の値になり，上の定理が成立します．

比較の原理の証明は，今 $\sum a_n$，$\sum b_n$ の部分和をそれぞれ $s_n$，$t_n$ とすると (9) から

$$s_n \leqslant t_n \qquad (n=1, 2, \cdots)$$

となります．だから $\{t_n\}$ が有界数列なら $\{s_n\}$ も有界数列となって，$\sum a_n$ は収束します．

**白**．ふーん，なるほど．すると，今までのことを整理しますと，

（a）　級数には収束級数と発散級数の別がある．それは部分和 $s_n = a_1 + \cdots + a_n$ の極限値のあるなしで定義される．

（b）　収束級数には，絶対収束と条件収束の別がある．それは $\sum |a_n|$ の収束・発散で判別できる．$\sum |a_n|$ が収束すれば，$\sum a_n$ はつねに収束である．

（c）絶対収束級数では，正の項ばかり集めた級数と負の項ばかり集めた級数は共に収束する．条件収束級数では，それらは共に発散する．

（d）　正項級数については比較の原理が成立する．

## [3]　「判定法」について

**北**．なかなかうまくまとめましたね．なお（d）によって大ていの正項級数の収束性を調べることができます．よく，正項級数の収束条件として，「ダランベールの判定法」だの，「コーシーの判定法」だの，あるいはラーベ，クンマー，ガウスなどと，やたらと人の名前をつけた「判定法」なるものが教科書や参考書に出ていますが，「ロボットのように，やみくもに」* それらを用いる前に，それらがどんなに簡単な級数と比較することによって得られた判定法かを見きわめておく方が大切です．たとえば，コーシーの判定法というのは，

$$\text{(10)} \qquad \sqrt[n]{a_n} \leqslant q < 1 \qquad (n=1, 2, \cdots)$$

ならば $\sum_{n=1}^{\infty} a_n$ は収束する，というのですが，これは

---

*　J. Dieudonné の警句．

$$a_n \leqslant q^n \qquad (n=1, 2, \cdots)$$

と，等比級数 $\sum_{n=1}^{\infty} q^n$ と比較しているにすぎません．ところが，学生諸君の中にはひどい人がいまして，

$$\sqrt[n]{a_n} < 1 \qquad (n=1, 2, \cdots)$$

なら $\sum_{n=1}^{\infty} a_n$ は収束である，という形でコーシーの判定法をそれこそ「ロボットのように」暗記しているのです．これだと，

$$a_n < 1$$

となってしまって，等比級数と比較するという「比較の原理」の考え方がどこかへとんでしまっているんですね．

**発**．つまり，(10)の $q$ は公比を表わす一定数だから1より本当に小さくないといけないんですね．

**中**．じゃ，ダランベールだとどうかしら．えゝと，たしか

(11)　$$\frac{a_n}{a_{n-1}} \leqslant q < 1 \qquad (n=1,2,\cdots)$$

なら $\sum_{n=1}^{\infty} a_n$ は収束である，というのだったわね．これは，$a_n \leqslant q \cdot a_{n-1}$ だけど，これだとどうしようもないみたい…….

**北**．それを何回も使ってごらん．

**中**．あ，そうか．わかりました．$a_n \leqslant q \cdot a_{n-1} \leqslant q^2 a_{n-2} \leqslant \cdots \leqslant a_1 \cdot q^{n-1}$ だから，やっぱり

$$a_n \leqslant \frac{a_1}{q} \cdot q^n \qquad (n=1, 2, \cdots)$$

となって，等比級数と比較しているのですね．

**北**．そうです．比較の原理からもわかるように，正項級数が収束するかどうかは $a_n$ が $n \to +\infty$ のときどの位急速に0に近づくかできまるのですが，それが $q^n$ 程度ならO.K.だというのがコーシーやダランベールの考えで，これは $q=e^{-\alpha}$ $(\alpha>0)$ の形に表わすと，

(12)　$$q^n = e^{-\alpha n} \qquad (n \to +\infty)$$

となり．つまり指数的に (exponentially) 減少するわけです．これは $n \to +\infty$ のときの無限小の order* としては大へん早いもので一般の級数がいつもそんな都合のよい order をもっていてくれるとはとても期待できません．たとえば

$$1+\frac{1}{4}+\frac{1}{9}+\frac{1}{16}+\cdots+\frac{1}{n^2}+\cdots$$

---

* 第4章参照．

という級数だと，一般項は $n^{-2}$，つまり $n$ のマイナスべきの order でしか減少しないから，こんな級数の収束性をコーシーやダランベールで“料理”しようとしてもとてもできないことは明らかですね．

**白**．うーん，なるほど．今度は $a_n\to 0$ の order で $\sum a_n$ の収束性を測定しようという考え方やな．すると先生，$n$ のマイナスべきの order でも $\sum a_n$ は収束しますか．

**北**．それをうまく測るのが，積分と比較する方法でね．$\dfrac{1}{x^p}$ $(p>0)$ という関数は $x>0$ で減少関数だから，

$$\frac{1}{(n+1)^p}\leqslant\int_n^{n+1}\frac{dx}{x^p}\leqslant\frac{1}{n^p}\qquad (n=1,2,\cdots)$$

が成立するでしょう．この式を，“比較の原理”の $a_n\leqslant b_n$ だと思えば，$\displaystyle\sum_{n=1}^{\infty}\frac{1}{n^p}$ が収束すれば積分

$$\sum_{n=1}^{\infty}\int_n^{n+1}\frac{dx}{x^p}=\int_1^{\infty}\frac{dx}{x^p}$$

は収束するし，逆にこの積分が有限なら，$\displaystyle\sum_{n=1}^{\infty}\frac{1}{(n+1)^p}=\sum_{n=2}^{\infty}\frac{1}{n^p}$ は収束します．

**白**．うわあ，えらいうまい考えやなあ！　この積分は高校生でもできるでえ．

$$\int_1^{\infty}\frac{dx}{x^p}=\left[\frac{1}{1-p}x^{1-p}\right]_{x=1}^{\infty}=\frac{-1}{1-p}\qquad (p>1)$$

$$=\infty\qquad (p<1)$$

$p=1$ のときは，

$$\int_1^{\infty}\frac{dx}{x}=[\log\ x]_{x=1}^{\infty}=\infty.$$

すると，つまり $\displaystyle\sum_{n=1}^{\infty}\frac{1}{n^p}$ は $p>1$ なら収束，$p\leqslant 1$ なら発散ですか．

**北**．そうです．これで $a_n$ の無限小としての order が $n^{-p}$ であれば $p$ が1より大きいか小さいかで $\sum a_n$ の収束性の判定ができます．もっとも，以前無限小の話のときにも出て来たように，$n$ のべきの order では測定不能な無限小もあります．$n^{\alpha}(\log n)^{\beta}$ の形の無限小です．このような場合 $\alpha\neq -1$ なら $\beta$ が何であっても問題なく $\alpha<-1$ か $\alpha>-1$ かで収束か発散かに分類されてしまいますが，

$$\sum_{n=1}^{\infty}\frac{1}{n(\log n)^p}$$

の形の級数だけは今までの話のラチ外です．これについてはやはり積分 $\displaystyle\int_2^{\infty}\frac{dx}{x(\log x)^p}$ との比較によって $p>1$ なら収束，$p\leqslant 1$ なら発散だということが結論されます．

**発**．$\displaystyle\sum_{n=1}^{\infty}\frac{1}{n(\log n)^p}$ $(p>1)$ なんて級数は，収束のスピードから言うと最低のものですねえ．

**北**．いや，まだまだ，いくらでもゆっくりのがありますよ．

$$\sum \frac{1}{n \log n (\log \log n)^p}, \quad \sum \frac{1}{n \log n \log \log n (\log \log \log n)^p}, \quad \cdots\cdots \qquad (p>1)$$

はすべて収束級数です．

**白**．うへえ，マイッタ，マイッタ．

**北**．まあしかし，大ていは，標準的収束級数のいくつかを手持ちのものとしておぼえておいて，いざという時にとり出して比較のスケールにすればいいのです．そのようなサンプルとして，減少の早い順に書くと，

$$1+\frac{r}{1!}+\frac{r^2}{2!}+\cdots+\frac{r^n}{n!}+\cdots \qquad (r\text{: 任意})$$

$$1+q+q^2+\cdots+q^n+\cdots \qquad (q<1)$$

$$1+\frac{1}{1^p}+\frac{1}{2^p}+\cdots+\frac{1}{n^p}+\cdots \qquad (p>1)$$

$$1+\frac{1}{2(\log 2)^p}+\cdots+\frac{1}{n(\log n)^p}+\cdots \qquad (p>1)$$

などが挙げられます．コーシーやダランベールは2番目に相当します．またラーベの判定法と呼ばれているものは3番目に当ります． ガウスの判定法* は3番目と4番目の級数を使って得られるものです．そのつもりでこれらの「判定法」を検討してごらん．いい勉強になりますよ．

## [4]　総和可能性

**北**．級数には $\sum_{n=1}^{\infty} a_n$ の形のものの外に二重級数 $\sum_{m,n=1}^{\infty} a_{m,n}$ のように一列に並べられていないものもあります．ところが，$\sum_{n=1}^{\infty} a_n$ の形の級数の和の概念は $a_1, a_2, \cdots, a_n, \cdots$ の並ぶ順序に関係した概念で，その順序を変えると和の値が変ってしまうことがあります．たとえば

(13)
$$s=1-\frac{1}{2}+\frac{1}{3}-\frac{1}{4}+\frac{1}{5}-\frac{1}{6}+\frac{1}{7}-\frac{1}{8}+\cdots \text{**}$$

は収束するんですが，

$$\frac{1}{2}s=\frac{1}{2}-\frac{1}{4}+\frac{1}{6}-\frac{1}{8}+\frac{1}{10}-\frac{1}{12}+\cdots$$

を，

$$\frac{1}{2}s=0+\frac{1}{2}+0-\frac{1}{4}+0+\frac{1}{6}+0-\frac{1}{8}+\cdots \text{***}$$

---

*　高木貞治「解析概論」参照．

**　実は $s=\log 2$ である．

***　このように0を挿入しても和が変らないことは自明ではない．(3)の意味で“和”を考えると，0の挿入によってその値が変ることがある．

としておいて (13) に加えると,

$$\frac{3}{2}s=1+\frac{1}{3}-\frac{1}{2}+\frac{1}{5}+\frac{1}{7}-\frac{1}{4}+\cdots$$

となって, これはもとの (13) の級数の各項の順序を変えただけですが, 和の値は5割増しになってしまっています.

**白**. へえ, えらい便利ですね. 加える順番をかえるだけで財産がふえるなんて…….

**発**. その代り, 下手に加えるとスッテンテンになるよ.

**北**. そこで, そんな順序などどう変えても和の値が変らないような“和”の定義がほしい所ですね. そんなわけで, 次のように定義します.

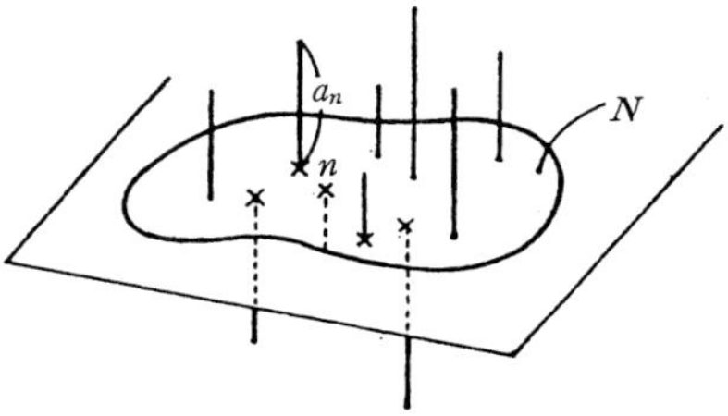

第 1 図

(14) 「$\sum_{n=1}^{\infty}a_n$ が $s$ に総和可能* であるとは, どんな $\varepsilon>0$ に対してもある有限個の $a_n$ があって, それらを含む任意の有限和と $s$ との差が $\varepsilon$ 以下となることを言う.」

**白**. えゝと, それどういうことですか.

**北**. 今度は順序に関係ない定義ですから, 添字の集合 $\boldsymbol{N}=\{n\,;\,n=1,2,\cdots\}$ を地面の上にばらまいて, その上に高さ $a_n$ の棒を立てた図でも想像して下さい (第1図). どんな $\varepsilon>0$ を与えても, $\boldsymbol{N}$ の有限部分集合 $I$ があって, $I$ を含むどんな有限集合 $J$ をとっても, $|\sum_{n\in J}a_n-s|<\varepsilon$ が成立することです. もっとも, 今までの $\sum_{n=1}^{\infty}a_n$ だって,

(15) 「$\sum_{n=1}^{\infty}a_n=s$ とは, どんな $\varepsilon>0$ に対しても, ある番号 $n_0$ があって $n_0$ より大きい $p$ に対しては $|\sum_{n=1}^{p}a_n-s|<\varepsilon$ が成立すること」

であったのですから, 何も変らないように見えますが, “任意の有限和” とした所が大きいちがいです. つまり (15) だと有限集合 $\{a_1,\cdots,a_{n_0}\}$ を含む有限集合としては $\{a_1,\cdots,a_{n_0},a_{n_0+1},\cdots,a_p\}$ の形のものしかとらないのに対し, (14) では, $\{a_1,\cdots,a_{n_0},a_{n_1},\cdots,a_{n_k}\}$ と, $a_{n_0}$ のあとはとびとびでも何でもよいというのです.

**白**. それでも別にどうていうことないのとちがうか.

**発**. いや, $a_n$ が順にうまく正や負になっていて, 順に加えて行くとキャンセルし合って一定値に近づくけれど, とびとびにとってしまうとそういうバランスが保たれなくなってしまうということがあるだろ. だから (14) の方が (15) よりずっと強い条件になっているんだよ.

---

* 総和可能 summable.

**白**．なるほど，そういうことか．(14) みたいに官僚的に言われるとそんな意味がさっぱりわからへん．

**中**．先生，その総和可能というのとさっきの絶対収束とか条件収束とかいうのとはどんな関係があるのでしょうか．

**北**．実は総和可能という概念は絶対収束というのと同値なのですよ．

**中**．というとつまり，絶対収束ならどんな順序に並べかえても絶対収束性も和の値も変らないし，条件収束なら適当に順序を並べかえると必ず和の値が変ったり，収束しなくなったりする，ということですね．

**北**．そう，その通りです．だから，二重級数 $\sum a_{mn}$ のような場合，$|a_{mn}|$ を任意に一列に並べて作った級数が収束してくれれば $\sum a_{mn}$ はそれ自体意味をもつのですが，$\sum|a_{mn}|$ が発散である場合は $\sum a_{mn}$ をどんな風にして加えるかを明示しないと，それ自体では意味をもちません．

**発**．絶対収束と総和可能が同値だということはどうして証明するのですか．

**北**．まあすじ道だけいいますと，まず絶対収束 ⇒ 総和可能を証明するには，正項級数では絶対収束と収束とは同じ概念で，またそれは総和可能とも同じことであることを示します．それは簡単で，$\sum a_n$ に対し，

$$\sum_{n=1}^{\infty} a_n = \sup_{K;\,\text{有限}} \sum_{n\in K} a_n$$

が成立することからわかります．そこで，一般の級数のときには正項と負項に分けると

$$\sum a_n = \sum p_n - \sum q_n$$

となって，もし $\sum a_n$ が絶対収束なら $\sum p_n$, $\sum q_n$ は共に収束，すなわち総和可能ですから，$\sum a_n$ も総和可能になります*．次に，総和可能 ⇒ 絶対収束を証明するには，$\sum a_n$ が総和可能なら $\sum p_n$, $\sum q_n$ が共に収束であることを示せばよいのですが，今もし $\sum p_n$ が収束しなかったとすると，どんな大きい数 $G>0$ に対してもある有限集合 $K$ があって $\sum_{n\in K} p_n > G$ となります．一方，$\sum a_n$ は総和可能ですから，どんな $\varepsilon>0$ に対してもある有限集合 $I$ があって，$I\subset J$ なら

$$s-\varepsilon < \sum_{n\in J} a_n < s+\varepsilon$$

となるはずです．簡単のため，$\varepsilon=1$ ととって，それに対する $I$ を $I_0$ としましょう．$\boldsymbol{N}$ 全体から $I_0$ を除いた集合 $\boldsymbol{N}-I_0$ 上で $\sum_{n\in \boldsymbol{N}-I_0} p_n$ を考えてもこれは発散のはずですから，$G=3$ ととって，これに対する有限集合 $K$ $(\sum_{n\in K} p_n>3,\ K\subset \boldsymbol{N}-I_0)$ を作ります．この $K$

---

*　総和可能な級数の和がまた総和可能であることは簡単に証明できる．

は，$p_n=0$ となるような $n$ を含まないものとして一般性を失いません．すると，$J=I_0\cup K$ とおくと，$J$ は $I_0$ を含む有限集合なのに，

$$\sum_{n\in J}a_n=\sum_{n\in I_0}a_n+\sum_{n\in K}p_n>s-1+3=s+2$$

となって，$\sum_{n\in J}a_n<s+1$ をみたしません．従って $\sum p_n$ は収束でなければならないのです．同様に $\sum q_n$ も収束します．これでおしまいです．

**白**．先生，今の証明の後半を見ていますと，総和可能な級数のどんな部分級数もまた総和可能，というような定理が成立しそうな気配ですが，それは正しいでしょうか

**北**．えゝ，それ，正しいですよ．証明を考えてごらん．

## [5]　級 数 と 積 分

**北**．今まで述べた級数の基本的な構造は，実はいわゆる"広義積分"と呼ばれる積分の話と全く同じ形をしていることに注意しましょう．

**発**．その"広義積分"というのはまだ習っていないのですが……．

**中**．わたしは習ったわ．たとえば半直線 $[0,\infty)$ 上で与えられた関数 $f(x)$ の積分

$$\int_0^\infty f(x)\,dx$$

は，有限区間 $[0,M]$ での積分 $\int_0^M f(x)\,dx$ を求めておいて，$M\to+\infty$ とした極限値でもって定義するっていうのよ．

**発**．ふうん，それはまたえらく常識的な話で，どうってことないなあ．

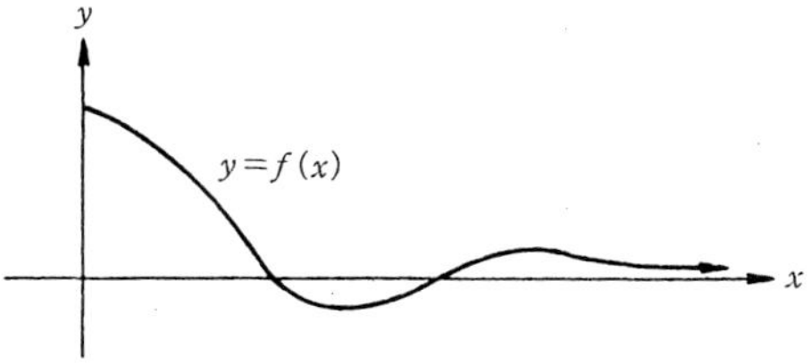


第 2 図

**白**．そうやなあ．先生，それがまたどうして級数の構造と同じだというんですか．

**北**．つまり，半直線上の関数の積分を求めるのに，実数の順序構造に頼って定義しているでしょう．「$M\to+\infty$ とした」ということがそれを示していますね．それに対して，"総和可能"の考え方がありまして，それは，**任意の**有界閉集合上の積分の極限といった体のものです．つまり，

「$f(x)$ が $[0,\infty)$ で $s$ に総和可能とは，どんな $\varepsilon$ に対してもある有界閉集合 $I$ があって，$I$ を含むどんな有界閉集合 $J$ をとっても

$$\left|\int_J f(x)dx-s\right|<\varepsilon$$

が成立することである」

**中**．あら，ほんとに全く同じ感じだわねえ．級数のときは番号 $n$ の順序関係に頼るか頼らないかで普通の収束と総和可能の区別ができたのが，積分のときは変数 $x$ の順序関係の問題に

なるのね．

**白**．すると，広義積分でもやっぱり「総和可能であるための必要十分条件は絶対収束することである．」という定理が成立するのですか．

**発**．ちょっと，そのときの“絶対収束”って何のことだい．

**白**．えゝと，つまり，……，うーん（とせっぱづまって苦しまぎれに）$\int_0^\infty |f(x)|dx$ が中山さんの言うた意味で極限値をもつことや，としたらどうや．

**発**．「としたらどうや．」だなんて，えらくあやふやだなあ．

**白**．スマン．級数のときのマネをしただけや，自信ないねん．

**北**．白川君の言ったことは全部正しいですよ．今の絶対収束の定義など立派なものですよ．

**白**．ア，それでいいんですか．バンザイ！

**発**．その証明も級数の場合と同じように行きますか．

**北**．そうです．というより，級数の理論はすべて積分の理論の一部だと考えた方がいいくらいです．つまり，$\sum a_n$ を考えるのは，区間 $[n, n+1)$ で $f(x)=a_n$ と一定値をとる階段関数 $f(x)$ を考えますと（第3図），どんな意味で和を考えるにしろ

$$\int_1^\infty f(x)dx=\sum a_n$$

と見るのが自然ですからね．さらに，数列 $\{a_n\}$ そのものを $\boldsymbol{N}$ の上の関数と見て，$\boldsymbol{N}$ 上の積分論を作ったり，また，実数直線上にいわゆる点測度を考えて議論する方法もありますが，ここではそこまで立ち入らないことにします．

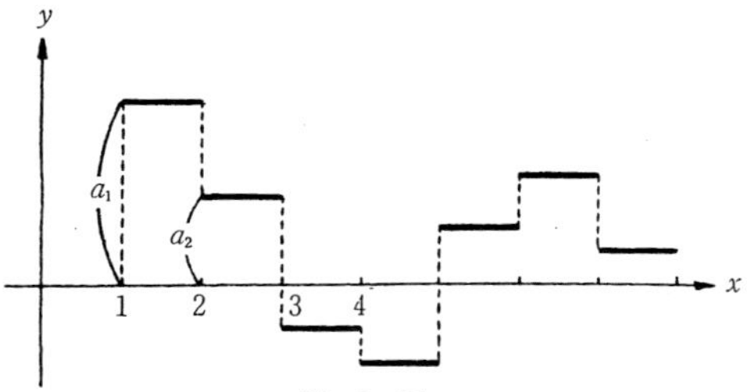

第 3 図

**中**．すると先生，広義積分にも，正項積分っていうんでしょうか，そんなものの収束の判定法みたいなものが考えられるのでしょうか．

**北**．そうなんです．そして積分のときの方がずっとその原理を見やすいのですよ．たとえば

$$|f(x)|\leqq\frac{c}{x^p}\qquad(c>0,\ p>1)\tag{16}$$

なら $\int_1^\infty f(x)\,dx$ は絶対収束だという判定法は正項級数の判定のときすでに使ったものですね．

**白**．あっ，こんな判定法，あたり前やないか．

**北**．最後に，積分の収束性をよくするのに部分積分が有効だということを注意しておきます．たとえば $\int_1^\infty \frac{\sin x}{x}dx$* は絶対収束しませんが，これを部分積分して，

---

*　積分の下端の1にはこの場合興味がない．他の値でもよい．

(17)　$$\int_1^\infty \frac{\sin x}{x}dx=\left[\frac{-\cos x}{x}\right]_1^\infty-\int_1^\infty \frac{\cos x}{x^2}dx=\cos 1-\int_1^\infty \frac{\cos x}{x^2}dx$$

としますと，$\left|\dfrac{\cos x}{x^2}\right|\leqslant\dfrac{1}{x^2}$ となって上の判定法(16)により絶対収束します． 従って，$\displaystyle\int_1^\infty \frac{\sin x}{x}dx$ は収束です．このことは，広義積分の収束性（条件収束性も含めて）を調べるには部分積分して見ると何かの手がかりになることを示しています．これを最初に級数に応用したのがアーベルで，部分積分を級数の言葉で言い直したのを「アーベルの級数変化法」と呼んでいます．(17)で部分積分がうまく行った理由は，一つは $\int \sin x\,dx=\cos x$ が $x\to+\infty$ のとき有界であるため $x$ でわったものが 0 に収束すること，もう一つは $\dfrac{1}{x}$ の導関数が $[1,\infty)$ で総和可能であったということです．そこで，アーベルの定理は，

「$\displaystyle\sum_{n=1}^\infty a_nb_n$ において (i) $\displaystyle\sum_{k=1}^N a_k$ は $N$ に関して有界，(ii) $b_n\to0\,(n\to+\infty)$ (iii) $\displaystyle\sum_{n=1}^\infty (b_n-b_{n+1})$ が絶対収束なら，$\displaystyle\sum_{n=1}^\infty a_nb_n$は（一般に条件）収束する．」

特に，$b_n$ が単調に減少して 0 に収束しますと，(iii)は自動的に満されますから，系として，

「$\displaystyle\sum_{n=1}^\infty a_nb_n$ において (i) $\displaystyle\sum_{k=1}^N a_k$ は $N$ に関して有界 (ii) $b_n\downarrow 0\,(n\to+\infty)$ なら $\displaystyle\sum_{n=1}^\infty a_nb_n$ は収束する．」

が成立します．

**発**．ほう，$\int$ が $\Sigma$ に，$x$ が $n$ に変るだけですね．

**白**．(iii) の $\displaystyle\sum_{n=1}^\infty (b_n-b_{n+1})$ が絶対収束という条件に変るという所がもう一つわかりにくいなあ．

**中**．微分の積分 $\int f'(x)dx$ が定差の和分に変って $\Sigma(b_n-b_{n+1})$ となるのよ．

**白**．感じはわかるけど，何となく異和感が残るなあ．

**北**．じゃ，きちんと証明しましょう．部分積分のマネをするんです．$n$ を一つきめておいて，$\sigma_1=a_{n+1}$，$\sigma_2=a_{n+1}+a_{n+2}$，……，$\sigma_p=a_{n+1}+\cdots+a_{n+p}$ とおきますと，$a_{n+1}=\sigma_1$，$a_{n+2}=\sigma_2-\sigma_1$，……，$a_{n+p}=\sigma_p-\sigma_{p-1}$ となりますから，

(18)　$$\begin{aligned}a_{n+1}b_{n+1}+\cdots+a_{n+p}b_{n+p}&=\sigma_1b_{n+1}+(\sigma_2-\sigma_1)b_{n+2}+\cdots+(\sigma_p-\sigma_{p-1})b_{n+p}\\&=\sigma_1(b_{n+1}-b_{n+2})+\sigma_2(b_{n+2}-b_{n+3})+\cdots+\sigma_pb_{n+p}\end{aligned}$$

これが“部分積分”です．$a_{n+i}$ の部分和 $\sigma_i$ と $b_k$ の差分 $b_k-b_{k+1}$ の積に変形されたわけです．$\displaystyle\sum_{n=1}^\infty a_nb_n$ が収束することをいうには，この両辺の絶対値をとって，右辺は項別の絶対値でおきかえると，$|\sigma_i|\leqslant K$（有界）から，

$$|a_{n+1}b_{n+1}+\cdots+a_{n+p}b_{n+p}|\leqslant K(|b_{n+1}-b_{n+2}|+\cdots+|b_{n+p}|)$$

で，条件(ii),(iii)によりどんな $\varepsilon>0$ に対してもある $n$ があって，この右辺は $\varepsilon$ 以下になります．従って，左辺も $\varepsilon$ 以下です．ということは部分和 $s_n=\displaystyle\sum_{k=1}^n a_kb_k$ が $|s_{n+p}-s_n|<\varepsilon$ を

みたすことを意味しますから，$s_n$ はコーシー列，つまり収束列です．

**白**．なるほど，よくわかりました．

**北**．アーベルの変化法も表面的に見ているとどうしてこんなにうまく行くのかなかなかわかりませんが，積分の方から眺めて見ると，収束性をよくするための手段だということがよくわかりますね．たとえば，$\sum_{n=1}^{\infty}\frac{(-1)^n}{n}$ という級数だと，$a_n=(-1)^n$，$b_n=\frac{1}{n}$ とするのですが，$\frac{1}{n}$ は収束の order が悪いんですが，差分をとると $\frac{1}{n}-\frac{1}{n+1}=\frac{1}{n(n+1)}\sim\frac{1}{n^2}$ で，これでずっとよくなったでしょう．

**発**．それを関数の言葉でいうと，$\frac{d}{dx}\left(\frac{1}{x}\right)=-\frac{1}{x^2}$ ということですね．

**北**．そう，正にそうですよ．

## 練　習　問　題

**1**． $\frac{1}{1-x}=1+x+x^2+\cdots\cdots$， $\frac{1}{x-1}=\frac{1}{x}\frac{1}{1-\frac{1}{x}}=\frac{1}{x}\left(1+\frac{1}{x}+\frac{1}{x^2}+\cdots\cdots\right)$

$$=\frac{1}{x}+\frac{1}{x^2}+\frac{1}{x^3}+\cdots\cdots$$ をたし算すると

$$0=\cdots\cdots+\frac{1}{x^3}+\frac{1}{x^2}+\frac{1}{x}+1+x+x^2+x^3+\cdots\cdots$$

となる．$x>0$ とすると右辺は正だからこれはおかしい．なぜか？

**2**． $\sum_{n=1}^{\infty}u_n{}^2$ が収束すれば $\sum_{n=1}^{\infty}u_n/n^s$ $\left(s>\frac{1}{2}\right)$ は絶対収束することを示せ．

**3**． $\sum na_n$ が収束すれば $\sum a_n$ も収束することを示せ．

**4**． $\lim_{n\to\infty}\left(\sum_{k=1}^{n}\frac{1}{k}-\log n\right)=\gamma$ が存在することを示せ．（$\gamma$ をオイラーの定数という．$\gamma=0.5772\cdots$.）

**5**． $1+\frac{1}{3}+\frac{1}{5}+\frac{1}{7}+\cdots\cdots$，から順に $p$ 項ずつ，$-\frac{1}{2}-\frac{1}{4}-\frac{1}{6}-\frac{1}{8}-\cdots\cdots$ から順に $q$ 項ずつ交互にとってきて作った級数の和は $\log 2+\frac{1}{2}\log\frac{p}{q}$ であることを示せ．（前問を使う．）

# 第10章 解　析　性

## [1] 解析とは？

**北井．** 今日は，数学の中でも最も美しい理論の一つである“解析関数論”の一つの側面に光を当ててみたいと思います．それもごく初歩的な部分にね．

**白川．** ぼく，いつも思うのですが，数学の中で「解析」という言葉が方々にでて来ますね．教科書にも「解析学序説」だとか「関数解析入門」だとか「解析関数論」だとか……．これらは皆同じ意味をもっているのでしょうか．中味を見るとえらいちがっているようなんですけど．

**北．** それはまあ，ひろーい意味に解釈すれば皆共通の枠組みをもっているといえますが，せまい意味でとらえる限りでは，この“解析”という言葉はいろいろちがったことを意味するのです．大体解析というのは，analysis の訳語で，このアナリシスというのは“分析すること”なのです．その意味では，「数学解析」という言葉はただ単に「数学における分析」「数学的な分析」ぐらいにしか受けとられないわけで，あまりその全容を伝えていない術語です．しかし，学術的な術語というものは歴史的なインネンもあって中味はどんどん発展して内容が多様化しているのに言葉の方は中々変らないことが多いんです．それで，広い意味では微分積分が関係するものを皆“解析”の名のもとに総称するのですが，その意味にとる限りその内容たるや空々莫々として来てとらえ様がないほどの広がりを持ってしまいます．一方，“解析的”という言葉がごくせまい意味で用いられている数学の一分野があります．それはいわゆる「関数論」の分野です．ここではこのせまい意味の解析性を議論しようというのですよ．

**中山．** では，ここでいう解析性とは，何か数とか関数とかの属性を表わす言葉なのですね．

**北．** そうです．関数の属性ですね．

**発田．** この前，本屋で立ち読みをしていたら，「解析集合」という言葉がでて来てちんぷんかんぷんだったのですが，集合の属性としての解析性も考えられているんですか．

**北．** えゝ，それも考えられていますが，その意味は全くちがっていて，関数の解析性と集合の解析性との間には何の関係もありません．

**発**．何の関係もない二つの性質に，どうして同じ名前をつけたりするんですか．

**北**．数学者というのは，定義さえはっきりしていたら名前などどうつけてもかまわないと考える人が多いらしく，つまり無頓着なのですよ．代数系に，環とか体とかいう名の系がありますが，環といったって別に円くありません．というより，円いものを想像してもらっては迷惑です．

それと同じで，「集合が解析的であるとは，これこれしかじかのことである．」と約束して話を始めますから，それの具体的イメージがどうであるとか，関数の解析性とどう関係するとかは全く別問題なのですよ．

**白**．どうも数学がとっつきにくいのは，むやみやたらに術語を定義して，そのイメージがわかんうちにどんどこ進んで行きよる所に原因があるのとちがいますか．誰かって，環といわれたら，エンゲージ·リングか何かをまず想像するのが人情でしょう．それがそうやない，円いもんを想像したらあかんやなんて，殺生な話や．（とムクれる．）

**北**．（少しあわてて）まあ，その辺，数学は多少不親切な所があるかも知れませんが，大部分の名称はまずまず自然なのが多いんではないでしょうか．自然科学でも，たとえば，酸化と酸性とを比べて見ると，一方は酸素との結合という意味なのに，他方は $H^{+}$ イオンや $OH^{-}$ イオンの濃度に関する概念でしょう．つまり，同じ文字を使っても，内容が全くちがったニュアンスで用いられることはいくらもありますよ．

**発**．そんなに多くありませんよ．数学はどうもその点ひどいんじゃないですか，他にくらべて．グンだのカンだのタイだのと，まるで軍国主義復活の感じだなあ．

**北**．（ますますあわてて）いやいや，代数学と軍国主義とはそれこそ全く何の関係もありません．（と汗をふく．）

**中**．何の話をしてるの．今は解析性の話じゃなかったの？

**北**．（ほっとして）そう，そうでしたね，では本題にもどりましょうか．

## ［2］ 整　級　数

**北**．まず，関数が解析的であるということの定義を説明しましょう．今，実数のある区間 $I$ の上で定義された関数 $y=f(x)$ がその内の一点 $x=x_0$ で解析的（もっとはっきりさせるため，実解析的ということもあります）であるとは，$x_0$ のある近傍 $U(x_0)$ の各点 $x$ で

(1)　$$f(x)=a_0+a_1(x-x_0)+a_2(x-x_0)^2+\cdots\cdots+a_n(x-x_0)^n+\cdots\cdots$$

という等式が成立するようにできる，ということであると定義します．

(1) の右辺は無限級数ですから，当然 $x_0$ の近傍の各点 $x$ の値を代入する毎に収束して，その値が $f(x)$ に等しくないといけないわけです．

**発**．先生，$f(x)$ が $x_0$ という一点だけで解析的だというのに，条件の方は $x_0$ の近傍でべったりと等式(1)が成立しないといけないんですか．

**北**. そうなんですよ. だから, 大へん能率が悪い定義のように見えます.

**白**. あれえ, そんなことないでえ. $x_0$ 一点で解析的やったら, その近傍で解析的になるやないか.

**発**. どうして?

**白**. $x_0$ の近傍で (1) がべったりと成立してるんやから, $x_0$ の近くの $x_1$ というのをとって来ても (1) が成立するのやろ. そやから $x_1$ で解析的や.

**中**. だめよ. $x_1$ で解析的だということをいうには,

$$(2)\qquad f(x)=b_0+b_1(x-x_1)+b_2(x-x_1)^2+\cdots\cdots+b_n(x-x_1)^n+\cdots\cdots$$

と表わさないといけないのよ. (1) に $x_1$ を代入するのとはわけがちがうわ.

**発**. しかも, (2) は $x_1$ だけじゃなく, $x_1$ の近傍の各点 $x$ を代入しても成立しなきゃならないんだよ.

**白**. あ, そうか. そのたんびに, $f(x)$ を展開し直さんといかんのか. うわあ, これは能率悪いわ. たった一点での性質をきめるのに, そのまわりのことをべたーと言わんならんのか.

**北**. ところが, 結果的には白川君が言った「$x_0$ で解析的ならその適当な近傍の各点で解析的」という定理は正しいのです. つまり, 能率はあまり悪くないのです.

**発**. へえー, 一点で O.K. なら, そこらあたりべたーと O.K. というのはちょっと信じられないことですね. たとえば, ある関数が一点で連続であったとしてもその近傍の各点で連続ではないでしょう. それから, 一点で微分可能でも, その近傍で微分可能などということも成立しません.

**北**. えゝ, ですから解析的という性質は非常に局所的にきまるもののように見えますが, 実は広い範囲にまでその関数全体を規定してしまうのです. そこが解析的という性質の最も重要な特徴です. そのことを今日の最終目標として, 解析性を調べて行きましょう.

まず, (1) の右辺によって表わされる関数のことを整級数といいます. 整級数は $x-x_0$ をあらためて $x$ とかくことにすると,

$$(3)\qquad \sum_{n=0}^{\infty} a_n x^n=a_0+a_1x+a_2x^2+\cdots\cdots+a_nx^n+\cdots\cdots$$

と表わされますが, この級数が収束する範囲は $x=0$ を中心に左右等間隔の区間 $(-\rho, \rho)$ になります. この $\rho$ を (3) の収束半径, この区間を収束円といいます.

**中**. 半径とか円とかは2次元的な概念でしょう. それをどうしてこんな所に使うのですか. また, さっきの「全く無関係な二つの性質に同じ名前をつける」というんですか.

**北**. いや, 今度はそうではありません. ちゃんと魂胆があるんです. つまり将来 $x$ を複素数の変数にして考えるときのためにこんな名前をつけておくのですよ.

**白**. 家の敷地を拡張しようと思うてるさかい, 番地はあらかじめ同じにしとこう, というわけやな.

**北**．たとえば，

(4)　$$1+x+x^2+x^3+\cdots\cdots+x^n+\cdots\cdots$$

という無限級数は $|x|<1$ という区間で収束し $|x|>1$ では発散します．だから収束半径は，1，収束円は $(-1,\ 1)$ です．これを平行移動すると，たとえば

(5)　$$1+(x-2)+(x-2)^2+\cdots\cdots+(x-2)^n+\cdots\cdots$$

という整級数は $|x-2|<1$ で収束し $|x-2|>1$ で発散ですね．だから収束半径は 1 で収束円は $(1,3)$ です．また，(4) は $|x|<1$ では $\dfrac{1}{1-x}$ という関数に等しいですから，上の定義によりますと，$\dfrac{1}{1-x}$ は $x=0$ で解析的である，ということになります．

**中**．すると (5) からは，$\dfrac{1}{1-(x-2)}=\dfrac{1}{3-x}$ という関数は $x=2$ で解析的であることがわかりますね．

**北**．そうです．このことから，有理関数は分母が 0 にならない点で解析的であることがわかります．証明を考えてごらん．

**発**．えゝと，有理関数というと，$f(x)=\dfrac{P(x)}{Q(x)}$ の形の関数のことだな．

**白**．$P$ と $Q$ は多項式やな．

**発**．もちろんそうさ．$Q(x_0)\neq 0$ となる $x_0$ をとると，$f(x)$ は $x_0$ で解析的だというんだね．これどうすれば証明できるのかなあ．

**中**．こんなのどう？

(6)　$$\frac{P(x)}{Q(x)}=a_0+a_1(x-x_0)+\cdots\cdots+a_n(x-x_0)^n+\cdots\cdots$$

とおいて未定係数 $a_0,\ a_1,\ \cdots,\ a_n,\ \cdots\cdots$ を次々にきめて行ったら？

**白**．あ，それ，えゝ考えやなあ．

**発**．だけど，無限に係数があるときは，右辺の級数の収束性をまた別にやらないといけないんだろ．それ，大変だよ．

**白**．うーん．第一，$a_0,\ a_1,\cdots$ を順にきめて行くというても中々ややこしいしなあ．

**中**．そんなことないわ．$a_0=\dfrac{P(x_0)}{Q(x_0)}$ でしょう．$a_1=\dfrac{d}{dx}\left(\dfrac{P(x)}{Q(x)}\right)\Big|_{x=x_0}$ じゃない．次々に微分して $x=x_0$ での値を求めればいいのよ．

**発**．そう．$a_k=\dfrac{1}{k!}f^{(k)}(x_0)$ となることは，(6) の両辺を微分して行けばわかるけど……．それは「(6) が成立すれば」初めてわかることで，(6) が成立するようにできるかどうかわからないだろう．

**中**．じゃあ，$a_0, a_1, \cdots, a_n, \cdots$ がきまった段階で (6) の右辺は $|x-x_0|$ が充分小さい所で収束することをいえばいいでしょう．

**発**．いや，それでもまだだめだよ．それと $\dfrac{P(x)}{Q(x)}$ とが各点 $x$ で等しいかどうかはまた別の

問題だもの．

**中**．あら，どうして？　$f(x)=\dfrac{P(x)}{Q(x)}$ から $a_0,\cdots,a_n,\cdots$ を作るでしょう．それから $\sum a_n(x-x_0)^n$ を作って，ちゃんと関数ができたらそれはもとの $f(x)$ に等しいはずよ．

**発**．どうして？

**中**．あら，だって，だって……．そんなたくさん関数ができるわけないもん．つまりね，$f(x)$ と $\sum a_n(x-x_0)^n$ とは $x=x_0$ ですべての高階微分の値が一致するのよ．だから，……．

**発**．すると君は，一点であらゆる高階微分の値が一致する二つの関数は実はその近傍で同じ関数でなければならないというんだね．

**中**．そうよ．

**発**．（白川に）そんな定理あったかなあ．

**白**．知らんでえ．あったかも知らんけど……．おぼえてないわ．

**発**．先生，今の定理を認めていただくと，できます．

**北**．（笑って）便利な定理ですねえ，残念ながらウソですがねえ．

**中**．あら，成立しないんですか？

**北**．もし成立したとすると，その二つの関数の差を作ると，次の形になりますね．

「あらゆる $k$ について $f^{(k)}(x_0)=0$ ならば $x_0$ の近傍で $f(x)\equiv 0$」

**中**．そうです．それ，正しいんじゃありませんの．

**北**．正しくないんですよ．たとえば $e^{-\frac{1}{x^2}}$ という関数を $x=0$ では 0 と定義して，すべての $x$ について定義しておいてやりますと，この関数のすべての導関数の $x=0$ での値は 0 ですが，$x=0$ のどんな近傍でもこの関数は恒等的に 0 にはなりません（第 1 図）．だからこの関数を $x=0$ のまわりで整級数と一致させようとしても，一致してくれるような整級数はどこにもないんです．中山さんが主張した手続きをこの関数について行ないますと，$a_0=a_1=\cdots=a_n=\cdots=0$ となって，$\sum a_nx^n=\sum 0x^n\equiv 0$ となり，これはこれで立派な関数（定数関数！）ですが，$e^{-\frac{1}{x^2}}$ とは全く一致しないでしょう．一致するのは $x=0$ ただ一点だけですね．

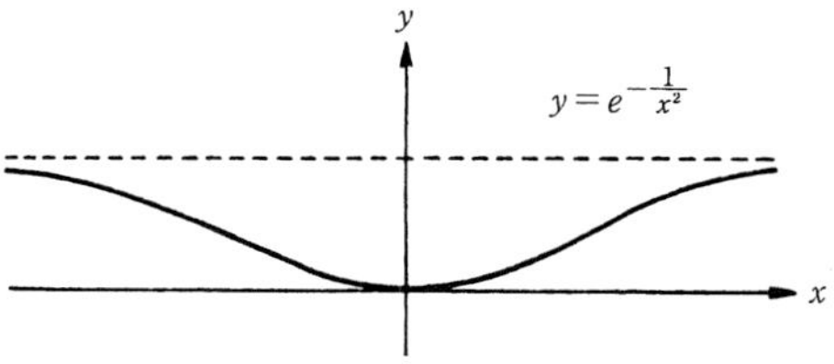


第 1 図

**中**．ほんとうですねえ．数学というのは全く予断や独断をつつしまねばいけませんね．

**発**．じゃ，さっきの問題はまた出発点へ逆もどりか．

**北**．さっきの (4) がヒントなんですがねえ．

**白**．そうか，すると $\dfrac{1}{1-x}$ の形になんとかもって行ったらえゝのやな．うーん，あ，部分分数分解というの，あったなあ．$Q(x)=(x-\alpha_1)^{m_1}\cdots(x-\alpha_p)^{m_p}$ とすると

$$\frac{P(x)}{Q(x)}=\frac{h_1(x)}{(x-\alpha_1)^{m_1}}+\cdots\cdots+\frac{h_p(x)}{(x-\alpha_p)^{m_p}}+R(x)$$

の形に書けるんやったんやで．

**発**．あ，そうだ．$h_1(x)$，…，$h_p(x)$，$R(x)$ は多項式だね．

**白**．うん．そやから，結局 $\dfrac{1}{(x-\alpha)^m}$ の形の関数が $x=x_0\neq\alpha$ という点で解析的やということをいうたらええねん．

$m=1$ のときは，ほとんど(4)と同じやで．えゝと，$\dfrac{1}{x-\alpha}$ を何とか変形して，$x-x_0$ の整級数に直せたらええんやけどなあ．

**中**．あら，それなら簡単よ．

$$(7)\qquad \frac{1}{x-\alpha}=\frac{1}{x-x_0+x_0-\alpha}=\frac{1}{x_0-\alpha}\cdot\frac{1}{1-\dfrac{x-x_0}{\alpha-x_0}}=\frac{1}{x_0-\alpha}\left(1+\frac{x-x_0}{\alpha-x_0}+\left(\frac{x-x_0}{\alpha-x_0}\right)^2+\cdots\right)$$

でいいんでしょ．この収束範囲は $\left|\dfrac{x-x_0}{\alpha-x_0}\right|<1$，つまり $x_0$ を中心にして半径 $|\alpha-x_0|$ の区間よ．

**白**．あ，それでええなあ．$m=2$ やったらどうする？

**中**．これを二つかけ算するのね，ちょっと大変ね．

**発**．さっきと同じで微分すればどう？　(7) を微分したら，

$$-\frac{1}{(x-\alpha)^2}=\frac{1}{x_0-\alpha}\cdot\left(\frac{1}{\alpha-x_0}+\frac{2}{\alpha-x_0}\left(\frac{x-x_0}{\alpha-x_0}\right)+\frac{3}{\alpha-x_0}\left(\frac{x-x_0}{\alpha-x_0}\right)^2+\cdots\cdots\right)$$

となるから，

$$\frac{1}{(x-\alpha)^2}=\frac{1}{(\alpha-x_0)^2}\left(1+2\left(\frac{x-x_0}{\alpha-x_0}\right)+3\left(\frac{x-x_0}{\alpha-x_0}\right)^2+\cdots\cdots\right)$$

だろう．

**白**．そんな無限にあるものを気軽に別々に微分してええのか？　さっきから気になってるんやけど……．

**発**．あゝ，そうか．この無限級数が一様収束したらいいんだがなあ．

**中**．そうよ，微分する前の級数と，微分したあとの級数が両方共一様収束しないといけないのよ．それ正しいかしら．また，「残念ながらそれはウソです」ってことになるんじゃない？　わたし，いやだわ*．

**白**．またまた，一様収束がでて来たでえ．これで3回目や，ええかげん，いやになるなあ．

**発**．先生，整級数は収束円内では一様収束するんでしょうか．それから，その項別微分したものも一様収束するんでしょうか．

---

＊　第6章参照

北．続々，問題が生じますね．こんな簡単なことを調べるにも，整級数のもつ一般的な性質を知っておくことが不可欠でしょう．結論をいいますと，どんな整級数もその収束円の中の有界閉集合上では一様収束し，その項別微分も（整級数になりますが），収束半径はもとのものと変らないんです．だから項別微分によって得られる整級数も同じ収束円の中の有界閉集合上では一様収束し，そこではもとの整級数の導関数に等しくなります．従って，収束円全体（端を除きます）で項別微分してよいわけです．

発．すると，項別微分しても収束半径が変らないという点がすべてのキーポイントになっているわけですね．先生，その証明は簡単ですか．

北．そうですね．収束半径に関するコーシー・アダマール*の定理

「$\sum_{n=0}^{\infty} a_n x^n$ の収束半径を $\rho$ とすると，

$$\frac{1}{\rho}=\overline{\lim}\sqrt[n]{|a_n|}\ 」$$

を用いると簡単です．なぜなら，$\sum a_n x^n$ を項別微分した級数は $\sum n a_n x^{n-1}$ だから，その収束半径は $\overline{\lim}\sqrt[n]{n|a_n|}$ の逆数ですね．それがもとの収束半径の逆数に等しいということを示すのですから，つまり，

$$\overline{\lim}\sqrt[n]{n|a_n|}=\overline{\lim}\sqrt[n]{|a_n|}$$

を示せばいいのでしょう．これは，

$$\overline{\lim}\sqrt[n]{n|a_n|}=\overline{\lim}\sqrt[n]{n}\cdot\sqrt[n]{|a_n|}=(\lim\sqrt[n]{n})(\overline{\lim}\sqrt[n]{|a_n|})=1\cdot\overline{\lim}\sqrt[n]{|a_n|}$$

でおしまいです．

中．先生，上極限 $\overline{\lim}$ についても，$\overline{\lim}(a_n b_n)=\overline{\lim}\,a_n\cdot\overline{\lim}\,b_n$ は成立するんですか．たとえば，$a_n$ が 1, 2, 1, 2, … で，$b_n$ が 2, 1, 2, 1, … だとすると，$a_n b_n$ は 2, 2, 2, … となりますが，それだと，$\overline{\lim}\,a_n b_n=\lim a_n b_n=2$，$\overline{\lim}\,a_n=2$，$\overline{\lim}\,b_n=2$ となって，

$$2=2\cdot 2=4$$

が成立することになりますが……．

北．（つまって）うーん，えーと，そうだねえ……．

中．（横の発田に）これ，前に先生に $\lim(a_n+b_n)=\lim a_n+\lim b_n$ の意味について注意されたとき，ついでに考えてみたのよ．こんな所で逆に先生をやり込めるタネになるとは思わなかったわ．

発．君，中々やるじゃないか．もっと何かで困らせろよ．

白．何や，何や．ワルダクミやったら何にでも乗るでえ．

中．あなたはオッチョコチョイだから，先生みたいなのとやり合ったらすぐボロを出すわ．

---

* J. Hadamard, 1865—1963.

**白**. ちぇっ，軽うみられたなあ.

**北**. あのね，たしかに $\overline{\lim}\, a_nb_n \leqq \overline{\lim}\, a_n\cdot\overline{\lim}\, b_n$ しか成立しませんが，$a_n$, $b_n$ のうちのどちらかが極限値をもてば，等号が成立するんです．つまり，$a_n, b_n>0$ で $\lim a_n$ が存在すれば $\overline{\lim}\, a_nb_n=\lim a_n\cdot\overline{\lim}\, b_n$ が成立します.（とやっと切り抜けたぞという風.）

**白**.（疑わしそうに）へえ，ほんとですか．今日は方々からウソが出てくるのでせいぜいマユ毛にツバをつけてんと…….

**北**. おいおい，そんな狐や狸じゃあるまいし……．じゃ証明しましょう．$\overline{\lim}\, a_n=\lim a_n=a$, $\overline{\lim}\, b_n=b$ とおきますと，任意の $\varepsilon>0$ に対し，ある番号から先のすべての $n$ につき

$$a_n<a+\varepsilon, \qquad b_n<b+\varepsilon$$

が成立するから，両辺をかけて（$a_n>0$, $b_n>0$ だから不等号の向きは変らず）

$$a_nb_n<ab+\varepsilon(a+b+\varepsilon)$$

が成立します．従って，$\overline{\lim}\, a_nb_n\leqq a\cdot b$ です．ここまでは $\lim a_n$ の存在は使いません．逆の不等号が問題です．さて，$a=0$ か $b=0$ なら上の不等号の所が等号になるのは明らかだから，$a>0$, $b>0$ として議論してよいのですが，そのときには，任意の $\varepsilon>0$ に対し，適当に有限個の番号を除いたあとのすべての番号につき $a_n>a-\varepsilon$ が成立します．また $b_n$ については，無数の番号 $n$ につき $b_n>b-\varepsilon$ が成立します．$\varepsilon$ は小さいほど目的にかなうのだから $a-\varepsilon>0$, $b-\varepsilon>0$ としてかまいませんね．だから $a_nb_n>ab-\varepsilon(a+b-\varepsilon)$ が無数の番号 $n$ について成立します．従って，

$$\overline{\lim}\, a_nb_n\geqq a\cdot b$$

でなければなりません．これと上の式とで $\overline{\lim}\, a_nb_n=\lim a_n\cdot\overline{\lim}\, b_n$ が成立することが証明されましたね.

**白**. やっぱりだまされてしもた感じやなあ．何やら，無数やら任意やら有限個やら言うてるうちにぽこっと結論だけ出て来よったでえ.

**中**. 先生，どうして $\overline{\lim}$ だとその“無数の”というのがでてくるんですか.

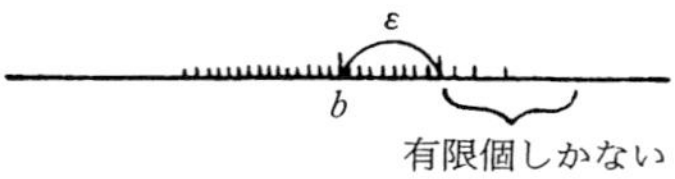


第 2 図

**北**. $\overline{\lim}\, b_n$ というのは $\{b_n\}$ という数列の集積点の最大のものを指します．つまり $\overline{\lim}\, b_n=b$ とすると $b$ より右にはもう $\{b_n\}$ の集積点はありません（第2図)．ですから $b+\varepsilon$ を考えると，それより大きい $\{b_n\}$ の要素は有限個しかなくなっているはずです．一方 $b-\varepsilon$ を考えると，$b$ は $\{b_n\}$ の集積点にはちがいないから，$b-\varepsilon$ より右側には $\{b_n\}$ の要素がむらがっているわけですね（第3図)．しかし $b-\varepsilon$ より小さい $\{b_n\}$ の要素もまた無数にあるかも知れない．だから，「ある番号から先のすべての $b_n$」ではなく，「無数の $b_n$」について

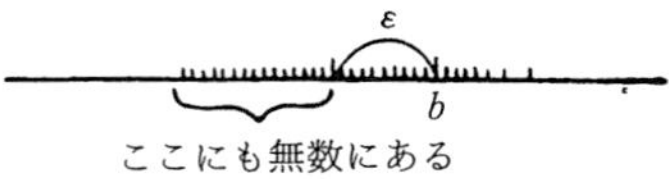


第 3 図

$b_n > b-\varepsilon$ が成立するということになるのです．ところが，どちらも「無数の」$a_n$, $b_n$ が $a_n > a-\varepsilon$, $b_n > b-\varepsilon$ をみたしても，この二つの式を**同時に**満足する番号 $n$ は無数かどうかわかりませんね．

**発**．あ，なるほど，代る代る満たしたり，満たさなかったりしたらだめだなあ．

**白**．そうか，そやから片一方が「無数」でなく，「すべての」$n$ について成立していれば，もう片一方が「無数の」$n$ について成立しているだけで O. K. なんやな．

**中**．つまり，カーボン紙の原理ね．

**発**．あ，なかなかうまい表現だね．

**中**．先生，それでわかりました．ついでに，コーシー・アダマールの定理も証明して下さい．

**北**．それは簡単で，$|x|<\rho$ なら，$\overline{\lim}|a_n x^n|^{\frac{1}{n}}<1$ だから $\overline{\lim}|a_n x^n|^{\frac{1}{n}}<q<1$ となる $q$ をとると，ある番号 $N$ から先はすべて $|a_n x^n|<q^n$ となって“比較の原理”から $\sum a_n x^n$ は絶対収束です．また $|x|>\rho$ なら $\overline{\lim}|a_n x^n|^{\frac{1}{n}}>1$ だから，無数の $|a_n x^n|$ が 1 より大きくなり，級数収束の必要条件 $\lim a_n x^n=0$ をみたしませんから $\sum a_n x^n$ は発散です．$\rho=0$ や $\rho=\infty$ の場合も同じ考えでできます．

**白**．えらいわき道へそれたけど，これでどこまでわかったんかいな．

**発**．$\dfrac{1}{(x-\alpha)^2}$ の展開は $\dfrac{1}{x-\alpha}$ の展開を項別微分したらいいという所までできたよ．

**白**．そうやったな．$\dfrac{1}{(x-\alpha)^3}, \cdots, \dfrac{1}{(x-\alpha)^m}$ も次々に微分して行ったらええのやな．

**中**．そうよ．ものすごく一般な定理ができちゃったから微分積分は自由自在にできるのよ．だから，解析的な関数は無限回微分可能だということもわかったわけですね．

**北**．そうなんです．たとえば，

$$y=\log(1+x+x^2)$$

の $x=0$ のまわりの展開を求めようとするとき，これから $a_k=\dfrac{1}{k!}f^{(k)}(0)$ によって展開の係数を求める人がいますが，そんなことをしていたらいくら時間があっても足りません．これは，$y=\log(1-x^3)-\log(1-x)$ と書いておいて，まず $y=\log(1-x)$ の展開式を求めるのです．それは微分して $y'=-\dfrac{1}{1-x}=-(1+x+x^2+\cdots\cdots)$．これを項別積分して，$\log(1-x)\big|_{x=0}=0$ を用いると

$$\log(1-x)=-\left(x+\frac{x^2}{2}+\frac{x^3}{3}+\cdots\cdots\right)$$

従って，

$$\begin{aligned}\log(1+x+x^2)&=\log(1-x^3)-\log(1-x)\\&=-\left(x^3+\frac{x^6}{2}+\frac{x^9}{3}+\cdots\cdots\right)+\left(x+\frac{x^2}{2}+\frac{x^3}{3}+\cdots\cdots\right)\end{aligned}$$

となります．

## [3]　解析接続

**北.** 解析関数の収束範囲についてもう少し考えましょう．今 $\dfrac{1}{1-x}$ という関数を考えると，この関数自身は $x \neq 1$ できちんと値の定まった関数ですが，これを $x=0$ のまわりで展開した整級数の方は $1+x+x^2+\cdots$ でこれは関数としての存在域は $(-1, 1)$ にすぎません（第4図）．$\dfrac{1}{1-x}$ はこの図から見てもわかるように $x=-1$ をこえてもずっと滑らかなカーブを画いてちゃんと存在するのに $1+x+x^2+\cdots$ の方は $x=-1$ の所で霧のようにぱっと消えてしまって，$x<-1$ の所には何もないのです．不思議でしょう．

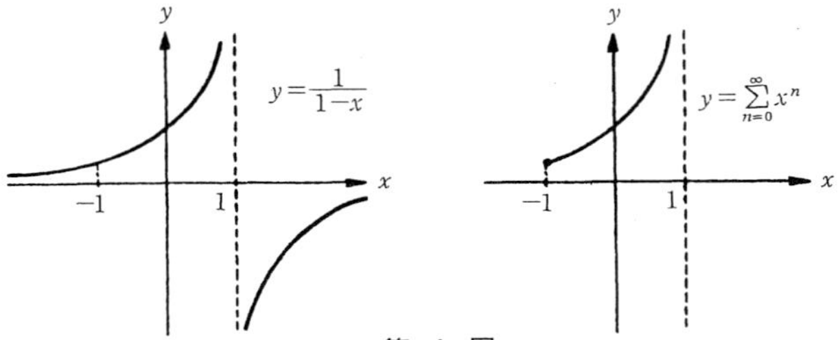


第 4 図

**白．** ふうん，妙なことですねえ．

**北．** ところが同じ $\dfrac{1}{1-x}$ を $x=-1$ のまわりで展開しますと，

$$\frac{1}{1-x}=\frac{1}{2-(x+1)}=\frac{1}{2}\cdot\frac{1}{1-\dfrac{x+1}{2}}$$

$$=\frac{1}{2}\left(1+\frac{x+1}{2}+\left(\frac{x+1}{2}\right)^2+\cdots\cdots+\left(\frac{x+1}{2}\right)^n+\cdots\cdots\right)$$

となってこの級数の存在域は $\left|\dfrac{x+1}{2}\right|<1$，つまり，$-3<x<1$ となるんです．これをグラフに画くと第5図のようになります．

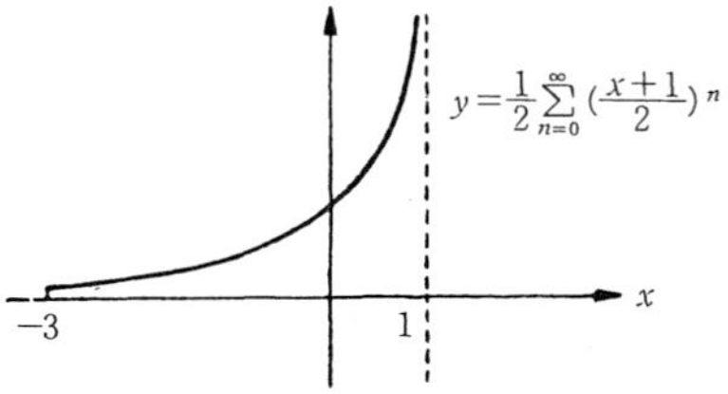


第 5 図

**発．** ふうん，すると，展開する中心をずらして行くと，今まで消えていたものが現われてくるんですね．

**北．** そう，面白いでしょう．今仮りに，火星人か何かが別の数学を持っていて，火星では有理関数については全く無知で，関数といえは整級数しかないと思っているとしましょう．それでも彼等は $\dfrac{1}{1-x}$ を知ることになるのです．なぜなら，まず彼等は $\sum_{n=0}^{\infty} x^n$ という関数をよく知っていますから，この関数を $x=-\dfrac{1}{2}$ を

中心に展開し直します．するともとの関数の存在する部分では $\sum x^n$ と全く同じ値をとるもっと広い範囲まで存在域をもつ整級数が得られます．そこでさらに中心をずらして，次々に存在域を広げて行けば結局全体としては $\dfrac{1}{1-x}$ と同じ関数が得られるでしょう．

**白**．でも $x>1$ の所へは到達できませんよ．$x=1$ の所にカベがあってのりこえられないからだめです．

**北**．ところが，この壁のように見えるのは，実は壁じゃなくて，棒みたいなものなんです．だから，棒の横をまわれば $x>1$ の所へも到達できます．

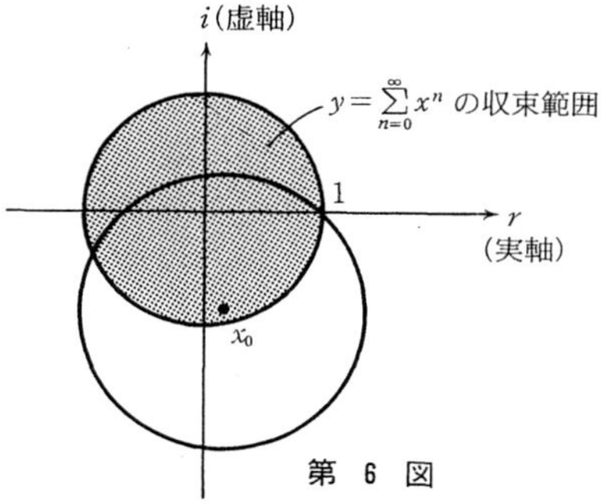

第 6 図

**白**．横ってどこですか．

**北**．つまり複素数の方へまわるんです．

**発**．あっ，そんなことをしてもいいんですか．

**北**．ええ，$\sum_{n=0}^{\infty} x^n$ と書いてある $x$ の所へ複素数を代入しても複素級数になるだけで，その収束とか絶対収束とかの議論は全く同様にできます．そして収束範囲としては本当に円がでてくるんです（第6図）．$x>1$ に到達したければこの収束円の中の一点をとってそのまわりで展開します．するとその時の収束円はもとの円とずれて来ます．そしてその境界には必ず1がのっているんです．もちろん，二つの円の共通部分ではこの二つの級数の値は等しいんですよ．

**発**．へえー，すると $x>1$ などというケチくさいことをいわなくても複素平面全体で関数を一つきめることができますね．

**北**．ええ，今の場合はその関数は $\dfrac{1}{1-x}$ に等しいですがね．$x$ は複素変数としてですよ．

**中**．すると，$\dfrac{1}{1-x}$ という関数の $x<1$ の部分と $x>1$ の部分とはつながっているのですね．

**北**．その通りです．つながっているんです．複素領域でね．

**発**．それなら先生，今ほんのちょっとの範囲だけで収束することがわかっている整級数 $\sum a_n x^n$ があったとしますね．それを今の考えで次々に中心をずらして関数の範囲をひろげて行けるだけ行くと自動的に全複素平面上での関数がきまってしまうんでしょうか．

**北**．えゝ，ほんのちょっときめてやるだけでその関数は完全にきまってしまいます．ただしどうしても乗り越えられない点がいくつか出て来ます．さきほどの例では $x=1$ という点を乗り越えることはできません．この乗り越えられない点のことを解析関数の特異点といいます．特異点が一列にずらりと並んで壁みたいになっている例もありまして，そんな場合はそこから向う側へは行けません．そのような壁を解析関数の自然境界といいます．このように，次々に中心をずらして展開し直して行くことを**解析接続**といいます．

**中**．先生，さきほど $\dfrac{1}{1-x}$ は $x>1$ の所と $x<1$ の所とがつながっているとおっしゃいま

したが，実軸の上半平面からつないだときと，下半平面からつないだときでちがったものが現われてはこないでしょうか．

**北**．実は，ちがったものが現れる場合もあるんです．$\dfrac{1}{1-x}$ の場合は同じ値が現れますがね．たとえば，$y=\sqrt{x}$ という関数は $x=0$ が特異点ですが，$x=1$ から出発して0のまわりをぐるりとまわって次々に解析接続し，もとの $x=1$ の所へもどって見ると，その関数は $-\sqrt{x}$ になっているんです．

**白**．あれえ，すると $\sqrt{x}$ と $-\sqrt{x}$ もつながっているんですか．面白いことになっとるなあ．

**発**．$-\sqrt{x}$ を接続してもう一回0のまわりをまわったらどうなりますか．

**北**．またもとの $\sqrt{x}$ にもどります．もっとも，永久にもとの値にもどらないような関数もあります．たとえば $\log x$ という関数なんかがそうです．これも $x=0$ が特異点ですが，この関数は $x=0$ のまわりを解析接続してもどってくるたびに $2\pi i$ だけ値が変化するのです．反時計まわりにまわると $2\pi i$ だけ増え，時計まわりだとそれだけ減ります．

**中**．面白い話ばかりですが，そんな理論はどこに書いてあるのですか．

**北**．このようなことをもっと組織的に研究するのが「複素変数関数論」です．大変美しい理論で，だれでも勉強し出したらやめられなくなりますよ．

## ［4］　解析性の判定条件

**発**．ちょっと質問があるのですが，それは，与えられた関数が解析的かどうかを見分ける方法にはどんなものがあるのでしょうか．

**北**．それは，まず最も早いのはいくつかの具体的な解析関数の例を知っていて，その四則演算でできているかどうかを見ることです．ただ，わり算になっている時は，それが0になる点では解析的でなくなります．これはさっきの有理関数の所でも出て来ましたね．

**中**．具体的な例としてどんなものを知っていたらいいのでしょう．

**北**．いわゆる初等関数はすべて解析関数です．$e^x$ とか $\sin x$，$\cos x$，$\arctan x$ などもね．それからガンマ関数：

$$\Gamma(s)=\int_0^\infty x^{s-1}e^{-x}dx$$

のように，定積分の中にパラメータが入っていて，そのパラメータについて解析的であるという例がかなりたくさんあります．

**白**．へえ，ガンマ関数も解析的ですか．$\Gamma(s)$ は $s>0$ のときしか定義されてないのかと思うてたわ．

**北**．$\Gamma(s)$ の特異点は $0,\ -1,\ -2,\ \cdots\cdots,\ -n,\ \cdots\cdots$ で，その他のすべての複素数について $\Gamma(s)$ は解析接続で一意的にきまります．それから多項式を係数とする常微分方程式の解として現われる解析関数がまた数多くあります．たとえばベッセル関数などがそうです．これらを「特殊関数」と呼んでいます．その他，楕円関数も19世紀の解析学では中心的話題だった解析関数です．

**白**．それで解析関数はおしまい，というわけじゃないんでしょう．

**北**．もちろんです．もっと一般な判定法は関数論の本をごらんなさい．ただ，実変数にもどって議論するとすれば，$f(x)$ がある区間 $I$ で解析的であるための十分条件として，$f(x)$ の各階の導関数の評価式があります．すなわち，ある定数 $C$ と $K$（共に正）があって，

$$\|f^{(k)}(x)\|_I \leqq CK^k \cdot k! \qquad (k=1,2,\cdots\cdots) \tag{8}$$

が成立するならば，$f(x)$ はその区間で解析的です．つまり，$k$ 階導関数のノルムを $k$ に関する増大の order で評価して，上の程度であれば解析的なのです．この (8) も実用上よく使われる判定法ですよ．

**発**．これは必要十分条件ではないのですか．

**北**．実は，この条件は必要十分なのですが，必要性の方の証明は関数論の知識を使ってするのが最も見通しよくできるので，ここではやりません．十分性だけ証明しましょう．これは簡単で，テイラーの公式

$$f(x)=f(x_0)+\frac{f'(x_0)}{1!}(x-x_0)+\cdots+\frac{f^{(n-1)}(x_0)}{(n-1)!}(x-x_0)^{n-1}+\frac{f^{(n)}(\xi)}{n!}(x-x_0)^n$$
$$(x_0 \leqq \xi \leqq x)$$

を用いますと，$\sum_{k=0}^{n}\frac{f^{(k)}(x_0)}{k!}(x-x_0)^k$ が $n\to\infty$ のとき $f(x)$ に収束するにはその差

$$R_n(x)=\frac{f^{(n)}(\xi)}{n!}(x-x_0)^n$$

が $n\to\infty$ のとき $x_0$ の近傍で一様に0に収束すればよろしい．ところが，

$$|R_n(x)| \leqq \frac{CK^n n!}{n!}|x-x_0|^n = C(K|x-x_0|)^n$$

ですから，$K|x-x_0|<1$ となるような $x$ については $R_n(x)\to 0$ でなければなりません．さらにちょっと遠慮して，$|x-x_0| \leqq \frac{1-\delta}{K}$ $(\delta>0)$ という閉区間を考えるとここでは

$$\|R_n(x)\| \leqq C(1-\delta)^n \longrightarrow 0 \qquad (n\to\infty)$$

と一様収束になりますから，$f(x)=\sum_{k=0}^{\infty}\frac{f^{(k)}(x_0)}{k!}(x-x_0)^k$ がこの閉区間（つまり $x_0$ の近傍）で成立します．だから $f(x)$ は $x_0$ で解析的です．$x_0$ は $I$ のどの点でもよかったのだから，$f(x)$ は $I$ で解析的です．

**白**．解析学というのは何でも order なんやなあ．

**北**．今日の話をまとめると，関数の属性の一つに解析的という性質があって，それは無限回微分可能と

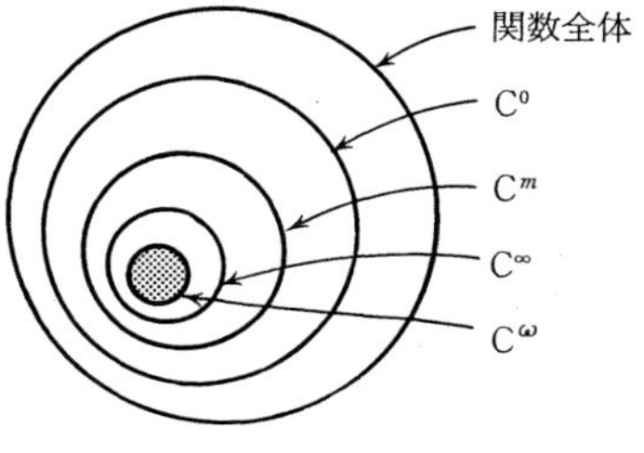


第 7 図

いう性質よりもっと強く，その微分の階数についての order に関する条件 (8) で規定されていること，そして規制が強いだけに，よい性質をたくさん備えていて，そのうちの一つとして解析接続などが挙げられること等です．ある領域 $\Omega$ で解析的な関数の全体を $C^{\omega}(\Omega)$ で表わすことがありますが，その関数族としての包含関係は第７図のようになっているわけですね

## 練　習　問　題

1. 上，下極限について次の不等式を証明せよ．ただし $a_n>0$　$(n=1, 2, \cdots\cdots)$ とする．

$$\varliminf \frac{a_n}{a_{n-1}} \leqq \varliminf \sqrt[n]{a_n} \leqq \varlimsup \sqrt[n]{a_n} \leqq \varlimsup \frac{a_n}{a_{n-1}}$$

（このことから $\lim \dfrac{a_n}{a_{n-1}}$ が存在すればその逆数は $\Sigma a_n x^n$ の収束半径であることがわかる.）

2. $y=\mathrm{Arctan}\,x$ の $x=a$ のまわりの整級数展開を求め，その収束半径を求めよ．

3. $f(x)=\sum_{n=0}^{\infty}\dfrac{(-1)^n}{2n+1}x^{2n+1}$ を考えることにより

$$1-\frac{1}{3}+\frac{1}{5}-\frac{1}{7}+\frac{1}{9}-\cdots\cdots=\frac{\pi}{4}$$

であることを示せ.

4. フィボナッチ数列 $a_0=0$，$a_1=1$，$a_n=a_{n-1}+a_{n-2}$　$(n\geqq 2)$ を係数とする整級数 $\sum_{n=0}^{\infty} a_n x^n$ を考えることにより，$a_n$ の一般形を決定せよ．

5. 閉区間 $[1, 3]$ に含まれるすべての有理数を一列に並べて $r_1, r_2, \cdots\cdots, r_n, \cdots\cdots$ とし，$\sum_{n=0}^{\infty} r_n x^n$ を作る．この整級数は収束するか．もし収束するなら収束半径を求めよ．

# 第11章　積分のいろいろ

## [1]　リーマン積分の定義

**白川，発田，中山．** 先生こんにちわ．

**北井．** やあ，いらっしゃい．今日からしばらく積分のお話をしようと思います．

**発．** 積分というと，今までにもちょいちょい顔を出していましたね．高校の時にもかなり習ったし……．

**白．** あの定積分というやつか．あれ，ややこしいばっかりでちょっともええと思わへんかったわ．分割やら近似やらいうて，うるさいことや．いっそのこと，積分は微分の逆算や，いうて定義して，それでおしまいにしたらどうやろうと思うこともあるわ．

**中．** だめよ，そんな単純な具合に行かないんだって前に* やったじゃない．わたしは積分の概念はやはりきちっと調べておかないとだめだと思うわ．

**北．** うん，それにね，多変数関数の積分という概念には諸君まだお目にかかっていないだろう．そういうのも含めて定積分の理論を体系的にとらえるということは大切なんですよ．

**白．** へえ，多変数の積分というのもあるんですか．

**北．** ええ，今日は一変数の積分のお話に限りますが，ともかく多変数の積分も同じように取り扱えるように説明するつもりです．もっとも，微分の所でも一変数の多変数とではかなり様子がちがう部分が多かったように，積分でも一変数と多変数では細かい所でいろいろ異なった特徴がみられます．

**発．** 微分の所で一変数と多変数の様子がちがうというのは，たとえばどんな……？

**中．** たとえば，平均値の定理がベクトル値では成立しなかったり，偏微分可能でも微分可能とは限らなかったり，…….

**北．** そうですね．それと同じで，積分を考えるときも，一変数と多変数とでは，たとえば，関数の連続性についてかなり差異がみられます．多変数だと，右連続とか左連続などは考えられないでしょう．

---

*　第5章参照

**発**．なるほど，そういうふうに言われると面白そうな感じもしてくるんですが，大ていの教科書では，何かこうもう一つ歯切れのよい所がなくて，積分というのは高等数学の中ではスマートでない方の筆頭じゃないでしょうか．

**北**．そうですか？　ぼくなどは，積分論もモダンさにかけては他の数学のどの分野にも劣らないと思っているのですがねえ．

**発**．だけど，あの分割がどうのこうの，面積確定か不確定かだの，もう読んでいてうんざりするんです．何か，スパーッと明快にやっつける方法はないものでしょうか．

**北**．分割を考えることは，積分の性格から見て非常に自然で，別にややこしくないと思いますがね．今，有限区間 $[a, b]$ 上で与えられた有界関数 $f(x)$ に対して，$f(x)$ のグラフと $x$ 軸の間に囲まれた二次元領域の面積を計算したいと思うとき，だれだって，細長い短冊をいくつかその上において，目の子勘定をするでしょう（第1図）．

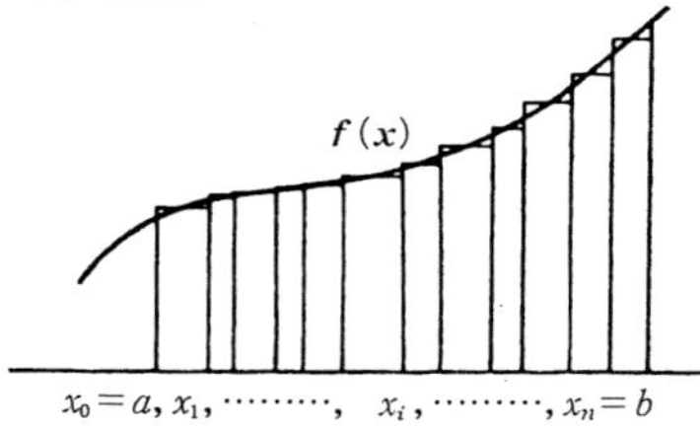


第 1 図

**発**．しかし，それは近似値でしょう．だからそれをどんどん精密にして行って，極限として，

$$\int_a^b f(x)dx$$

を得るのですが，この極限というのが今までの数列などのように，一列に並んだ番号 1, 2, 3, …… にそって，$a_1, a_2$, …… と行くのじゃなくて，分割のやり方をどんどん細かくして行くというのです．細かくして行った極限というのはどんなものでしょうか．その辺が何となくボヤッとしてしまって…….

**白**．あ，あれ，ぼくもようわかりません．分割 $\Delta$ を細かくして行って，

$$(1) \qquad I=\lim_{\Delta}\sum_{i=1}^{n} f(\xi_i)(x_i-x_{i-1}) \qquad (x_{i-1}\leqq\xi_i\leqq x_i)$$

を考える，なんて書いてあるけど，この極限て何のことですか．

**北**．いや，数列の場合と同じことですよ．じゃ，数列 $\{a_n\}_{n=1,2,\ldots}$ の極限が $a$ であるということをキチンと言ってごらん．

**発**．それは，ええと，$n$ をどんどん大きくすると $a_n$ はどんどん $a$ に近づく…….

**中**．あら，そんなのダメだって，1年前にやったじゃない．

$$\lim_{n\to\infty} a_n=a$$

というのは，数列 $\{a_n\}_{n=1,2,\ldots}$ と数 $a$ との関係を述べたものでしょう．

**発**．あっ，そうだった．つい悪いクセがでちゃった．ええと，どんな $a$ の近傍を考えても，有限個を除いてすべての $a_n$ はその近傍に入る，というのだったね．

**中**．そうよ．それと同じだとすると，(1) の極限がある数 $I$ だというのは，$I$ のどんな近

傍をとっても，有限通りの分割方法を除いて残りのすべての分割方法について $\sum f(\xi_i)(x_i-x_{i-1})$ の値はその近傍に入る，となるわね．これでいいのかしら．

**白**．そら，ムチャクチャや．たとえば，$[a, b]$ を二つの部分に分ける分割の方法だけでも無限にたくさんあるでえ．

**発**．これはむしろ，$\lim_{x\to a} f(x)=f(a)$ のような場合と同じように考えるべきだよ．つまり，「$f(a)$ のどんな近傍をとっても，$x$ さえ $a$ に近ければ $f(x)$ はその近傍に入る」というやつさ．このまねをすると，(1) の場合は，えゝと，「$I$ の任意の近傍に対し，分割が何かに近ければ，$\sum f(\xi_i)(x_i-x_{i-1})$ はその近傍に入る」となるんだが……，この場合どうなるかなあ．

**中**．分割が近いとか遠いとかって何のこと？

**発**．それがわからないんだ，実は．

**北**．そこで，「分割を細かくして行ったら」ということに注意して下さい．分割が何かに近づくというのも面白い発想ですが，そもそも近似値 $\sum f(\xi_i)(x_i-x_{i-1})$ が積分値 $\int_a^b f(x)dx$ に近づくためには，分割の幅，つまり $x_i-x_{i-1}$ が小さくなって行く過程が必要ですね．ですから，今一つの分割 $\varDelta$：$a=x_0\leqq x_1\leqq\cdots\leqq x_n=b$，に対して，

$$|\varDelta|=\max_{1\leqq i\leqq n}|x_i-x_{i-1}|$$

とおきますと，(1) の意味は，

「$I$ のどんな $\varepsilon$ 近傍に対しても，ある数 $\delta>0$ をうまくとって，$|\varDelta|<\delta$ をみたす任意の分割 $\varDelta$ については，

$$\left|\sum_{i=1}^{n} f(\xi_i)(x_i-x_{i-1})-I\right|<\varepsilon$$

が成立するようにできる．」

ということなんです．つまり，分割の幅 $|\varDelta|$ さえ十分小さければ，それがどんな形をした分割かにかかわりなく，近似値は $I$ にいくらでも近い値をとる，というのですよ．

**中**．すると，やっぱり(1)の極限の意味も，たくさんの近似値の集合と，一つの値 $I$ との関係を言い表しているだけなんですね．

**北**．その次りです．このとき $f(x)$ はリーマン積分可能であるといいます．

## [2]　二，三の性質

**発**．それで積分の定義が一種の極限であることはわかりましたが，それはべらぼうに複雑なものですねえ．

**北**．えゝ，何しろ分割 $\varDelta$ を一つきめただけでも，まだ $\xi_1,\cdots,\xi_n$ のえらび方に自由度が残っていますからね．そこで，この積分の定義をいろいろ言いかえて，使い易い形にしましょう．まず，一つの分割 $\varDelta$ をきめる毎に $\sum_{i=1}^{n} f(\xi_i)(x_i-x_{i-1})$（リーマン和といいます）とい

う値の集合を数直線上にプロットして見ると第２図のような具合になっているでしょう．この集合の両端，つまり下限と上限をそれぞれ $\underline{S}_\varDelta$, $\bar{S}_\varDelta$ としましょう．これらの値はそれぞれ，

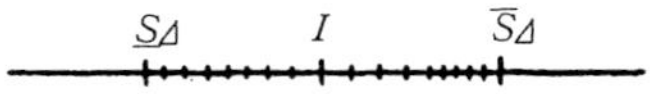


第 2 図

$$\text{(2)}\qquad \bar{S}_\varDelta=\sum_{i=1}^{n}\sup_{x_{i-1}<\xi_i\leqq x_i}f(\xi_i)(x_i-x_{i-1}),\quad \underline{S}_\varDelta=\sum_{i=1}^{n}\inf_{x_{i-1}<\xi_i\leqq x_i}f(\xi_i)(x_i-x_{i-1})$$

に等しいことはすぐわかりますね．

**中**．先生，$\sup_{\xi_i}\sum_{i=1}^{n}f(\xi_i)(x_i-x_{i-1})\leqq\sum_{i=1}^{n}\sup_{\xi_i}f(\xi_i)(x_i-x_{i-1})$ は成立しますが等号は常に成立するとは限らなかったのじゃないでしょうか．

**北**．それはあまりにも教条主義的理解ですねえ．今 $a_n$, $b_m$ という二つの数列があって $\sup_{n,m}(a_n+b_m)$ を考えると，これは $n$ と $m$ を独立に動かした和 $a_n+b_m$ の上限で，$n$ を動かすときには $b_m$ は何も関係ないのだから $\sup_{n,m}(a_n+b_m)=\sup_n a_n+\sup_m b_m$ となります．(2) の場合も，$\xi_i$ を動かすことによって変る部分は $i$ 番目の項だけだから，等号が成立するのは当然ですよ．

**中**．なるほどわかりました．

**北**．積分の定義によれば，$|\varDelta|<\delta$ であるようなどんな $\varDelta$ についても，第２図で画いたような集合は，すべて $[I-\varepsilon, I+\varepsilon]$ という区間の中に含まれていなければならないというのです．

**発**．すると先生，問題なのは中間の個々の $\sum f(\xi_i)(x_i-x_{i-1})$ の値よりむしろ $\underline{S}_\varDelta$, $\bar{S}_\varDelta$ の値であるということになりますね．

**白**．そうやな．$I-\varepsilon\leqq\underline{S}_\varDelta\leqq\bar{S}_\varDelta\leqq I+\varepsilon$ となってたらええわけや．中間のリーマン和は自動的に中に入りよるわ．

**北**．そうなんですよ．そこで，その両端の $\underline{S}_\varDelta$, $\bar{S}_\varDelta$ だけを考えることにして，今度は $\varDelta$ をいろいろ変えて，$\{\underline{S}_\varDelta : \varDelta$ は有限分割$\}$ という集合と $\{\bar{S}_\varDelta : \varDelta$ は有限分割$\}$ という集合をそれぞれ数直線上にプロットして見ましょう．

すると，この二つの集合は，おたがいに入り交ることなく，完全に分離されるんです（第３図）．

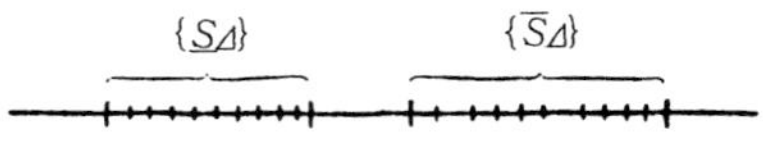


第 3 図

**発**．へえ，これは面白いなあ．

**中**．その間に距離があるんですか．

**北**．いや．この二つの集合の端が一致することはあります．それどころか，実は端が一致するときが，積分が存在するときなのですよ．

**白**．あ，つまり勝手な関数やったら，一般にこの二つの集合の間にすき間ができるけど，すき間がないような関数やったら，それは積分が存在する関数やというわけですね．

**北**. そうです．しかも，その一致する端の値が積分値 $I=\int_a^b f(x)dx$ なのですよ．

**白**. なるほど，そうか！

**中**. 先生，そう一度に言われても困りますわ．第3図のことから説明して下さい．どうしてこううまく分離されるんですか．

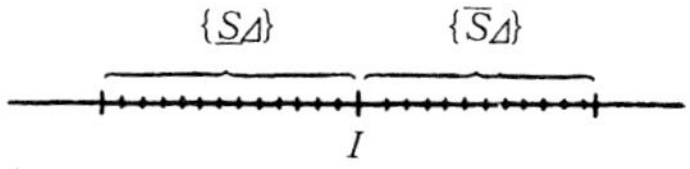


第 4 図

**北**. 今分割 $\Delta$ にもう一つ分点を勝手につけ加えて新しい分割 $\Delta'$ を作ったとしますね．すると

$$\underline{S}_\Delta \leqslant \underline{S}_{\Delta'}, \qquad \bar{S}_{\Delta'} \leqslant \bar{S}_\Delta$$

となります．なぜなら，$\underline{S}_\Delta$ と $\underline{S}_{\Delta'}$ とでは分点をつけ加えた区間（それを $[x_{i-1}, x_i]$，つけ加えた分点を $y_0$ とでもしますと）での $\inf\limits_{x_{i-1}<\xi_i\leqslant x_i} f(\xi_i)(x_i-x_{i-1})$ だけが変って，$\inf\limits_{x_{i-1}<\xi_i\leqslant y_0} f(\xi_i)(y_0-x_{i-1})+\inf\limits_{y_0<\eta_i\leqslant x_i} f(\eta_i)(x_i-y_0)$ となりますが，下限を考えるとき，比較する範囲をせばめると，inf の値は大きくなりますから，

$$\begin{aligned}\inf_{x_{i-1}<\xi_i\leqslant x_i} f(\xi_i)(x_i-x_{i-1}) &= \inf_{x_{i-1}<\xi_i\leqslant x_i} f(\xi_i)(y_0-x_{i-1})+\inf_{x_{i-1}<\xi_i\leqslant x_i} f(\xi_i)(x_i-y_0)\\ &\leqslant \inf_{x_{i-1}<\xi_i\leqslant y_0} f(\xi_i)(y_0-x_{i-1})+\inf_{y_0<\xi_i\leqslant x_i} f(\xi_i)(x_i-y_0)\end{aligned}$$

従って，

$$\underline{S}_\Delta \leqslant \underline{S}_{\Delta'}$$

となります．これを $f(x)$ のグラフで見ると第5図のようになります．黒くした部分だけふえますね．$\bar{S}_{\Delta'} \leqslant \bar{S}_\Delta$ も同じようにして示されます．このことは分点をつけ加えるたびに起りますから，たくさんの分点をつけ加えても同じように $\underline{S}_\Delta$ は増大し，$\bar{S}_\Delta$ は減少します．

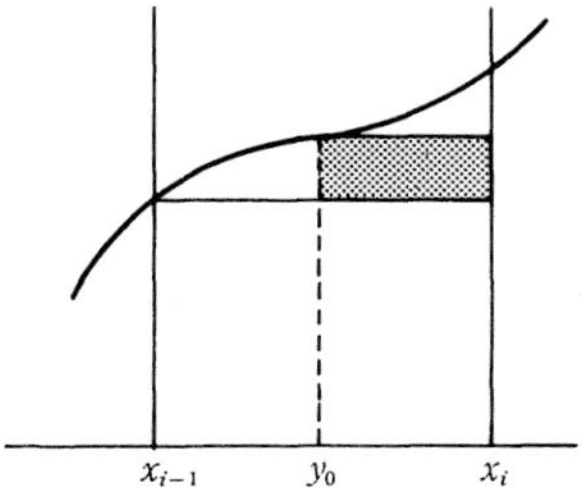


第 5 図

さて，今 $\{\underline{S}_\Delta\}$ と $\{\bar{S}_\Delta\}$ の中から一つずつ数をえらんで来ましょう．それは $\underline{S}_{\Delta_1}, \bar{S}_{\Delta_2}$ の形の数です．この $\Delta_1, \Delta_2$ という分割の両方の分点をすべて分点としてもつような分割を $\Delta_3$ とすると，$\Delta_3$ は $\Delta_1$ という分割にさらにいくつかの分点をつけ加えてできたものですから，$\underline{S}_{\Delta_1} \leqslant \underline{S}_{\Delta_3}$ が成立しています．一方 $\Delta_3$ は $\Delta_2$ に分点をつけ加えたものでもありますから，$\bar{S}_{\Delta_3} \leqslant \bar{S}_{\Delta_2}$．従って，$\underline{S}_{\Delta_1} \leqslant \underline{S}_{\Delta_3} \leqslant \bar{S}_{\Delta_3} \leqslant \bar{S}_{\Delta_2}$ となって，$\{\underline{S}_\Delta\}$ の元はすべて $\{\bar{S}_\Delta\}$ のあらゆる元より左側にあります．これが第3図です．

**白**. なるほど，うまいこと証明できるなあ．

**発**. そうすると，$f(x)$ の積分が存在するためには，$\sup\limits_\Delta \underline{S}_\Delta = \inf\limits_\Delta \bar{S}_\Delta$ が成立することが必要だということはわかるなあ．

**白**．どうして？

**発**．だって，もし，$\{\underline{S}_\Delta\}$ の右端と $\{\bar{S}_\Delta\}$ の左端が離れていたら，その距離の半分を $\varepsilon$ とすると，どの点の $\varepsilon$ 近傍も $\{\underline{S}_\Delta\}$ か $\{\bar{S}_\Delta\}$ かのどちらかとは交らなくなっちゃうだろう．だから，$I-\varepsilon<\underline{S}_\Delta\leqq\bar{S}_\Delta<I+\varepsilon$ となるような $I$ はどこにも見つからないってわけさ．

**白**．そうか，なるほどなあ．必要やということはわかったけど，十分やということは？

**発**．それも言えるのじゃないかな．えゝと，もし

$$\sup_\Delta \underline{S}_\Delta=\inf_\Delta \bar{S}_\Delta$$

だったとすると，この値を $I$ とせよ，てえのはどうかな，そのはずだぜ．すると任意の $\varepsilon>0$ に対しある分割 $\Delta_1$ があって，$I-\varepsilon\leqq\underline{S}_{\Delta_1}$ となるね．また別の分割 $\Delta_2$ があって $I+\varepsilon\geqq\bar{S}_{\Delta_2}$ となることもいいね．あ，わかった．すると $\Delta_1$ と $\Delta_2$ の分点を合わせた分割を $\Delta_3$ とおけば，

$$I-\varepsilon\leqq\underline{S}_{\Delta_1}\leqq\underline{S}_{\Delta_3}\leqq\bar{S}_{\Delta_3}\leqq\bar{S}_{\Delta_2}\leqq I+\varepsilon$$

つまり，$\underline{S}_{\Delta_3}$ も $\bar{S}_{\Delta_3}$ も $I$ の $\varepsilon$ 近傍に入るじゃないか．できた，できた！

**中**．（しばらく考えていたが）ちょっとおかしいわよ．$f(x)$ の積分というのは，それではだめよ．$I=\int_a^b f(x)dx$ だというのは，任意の $\varepsilon>0$ に対して，$\delta>0$ をうまくとれば，$|\Delta|<\delta$ となるどんな $\Delta$ についても

$$I-\varepsilon\leqq\underline{S}_\Delta\leqq\bar{S}_\Delta\leqq I+\varepsilon$$

が成立することでしょう．たった一つの $\Delta_3$ について成立してもだめよ．

**発**．あっ，そうか．ちえっ，いやだなあ，これ位で積分の定義についてはおしまいになるんだったら，まあガマンするけれど，まだ何かガタガタ証明しなくちゃならないのか．

**北**．えゝ，この辺で今までのことを整理しますと，

(i)　どんな $\varepsilon>0$ に対しても，$\delta>0$ を十分小さくえらべば，$|\Delta|<\delta$ となるあらゆる $\Delta$ に対し

$$I-\varepsilon\leqq\underline{S}_\Delta\leqq\bar{S}_\Delta\leqq I+\varepsilon.$$

(ii)　どんな $\varepsilon>0$ に対しても，ある分割 $\Delta$ をうまくとれば

$$I-\varepsilon\leqq\underline{S}_\Delta\leqq\bar{S}_\Delta\leqq I+\varepsilon.$$

(iii)

$$\sup_\Delta \underline{S}_\Delta=\inf_\Delta \bar{S}_\Delta$$

という三つの性質のどれか一つを $f(x)$ がみたせば，あとの二つは自動的にみたされているということを言いたいのですね*

**発**．そうです，そうです．さっきぼくが証明したのは(i)が成立すれば，必然的に(iii)が成立

---

＊　(ii)や(iii) を積分可能の定義としている教科書もある．

するということです．

**中**．それから，(iii) が成立すれば (ii) は必然的に成立することも今発田さんが示しました．だから，(ii) から (i) がでることを言えば，この三つの条件は同値だということになります．

**北**．(ii) から (i) を出すには少し特別な工夫がいります．それをダルブー*の定理といっています．この定理の証明はここでは述べないけれど，大ていの教科書には出ていますから見ておいて下さい．普通，積分が存在するかどうかを見るのに，定義の (i) をチェックするのが大へん面倒なときは，それに代って，使い易い (ii) または (iii) を用います．これらは，

(iv) どんな $\varepsilon>0$ に対しても，ある分割 $\Delta$ をうまくとると，

(3) $$\bar{S}_\Delta-\underline{S}_\Delta<\varepsilon$$

とできる．

という形に言い直すことができるので，この形で用いることが多いようです．(3) は

$$\bar{S}_\Delta-\underline{S}_\Delta=\sum_{i=1}^{n}\{\sup_{x_{i-1}<\xi_i\leq x_i}f(\xi_i)-\inf_{x_{i-1}<\xi_i\leq x_i}f(\xi_i)\}(x_i-x_{i-1})$$

ともかけますが，この右辺の { } の中は $(x_{i-1}, x_i]$ での関数の変動の最大幅ですから，これを $f(x)$ の振動量といい，$O_i(f)$ で表わしましょう．すると，(3) は

(4) $$\bar{S}_\Delta-\underline{S}_\Delta=\sum_{i=1}^{n}O_i(f)(x_i-x_{i-1})$$

となりますね．

**発**．すると，$O_i(f)$ が小さくなるように分割できれば $f$ は積分が存在するわけですね．

**北**．そうです．たとえば $f(x)$ が連続ならそうできます．これは連続関数の有界閉区間上での一様連続性という性質でして，$x, y$ の相対距離さえ近ければ $f(x)$ と $f(y)$ はいくらでも近くできる，つまり $f(x)$ と $f(y)$ の近さを規定するのは $x$ と $y$ の相対距離だけで，$x$ とか $y$ とかの位置には関係しないということです．これは自明のことではありませんね．実際，$f(x)=\dfrac{1}{x}$ という関数は $x=0$ の近傍では一様連続ではありません．というのは，$\dfrac{1}{x}$ と $\dfrac{1}{y}$ の差を小さくしようとするとき，$x$ と $y$ が 0 に近ければ近いほど，その相対距離を縮めねばならないからです．

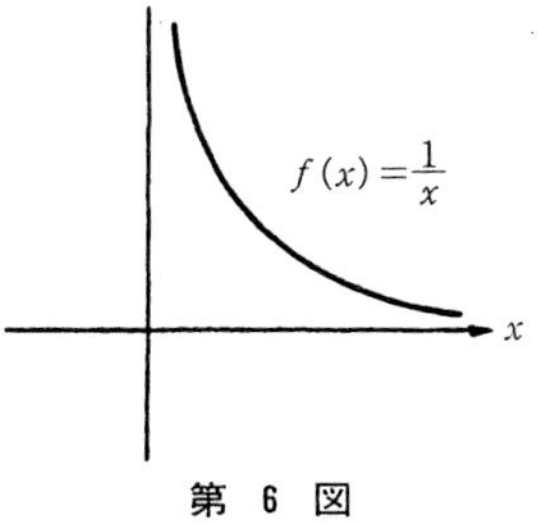

第 6 図

**中**．あら，さっき連続関数はいつも一様連続だとおっしゃったのではなかったのですか．

**発**．いや，「有界閉区間の上では」という注釈つきなんだよ．

**中**．あ，そうか，今の例は閉区間でないのね．

**北**．えゝ，もし $[\varepsilon, 1]$ $(\varepsilon>0)$ という有界閉区間でなら，

---

* J. G. Darboux, 1842—1917.

$\dfrac{1}{x}$ という関数はもちろん一様連続ですよ．

**白**．先生の話を聞いていますと(4)が小さくなるためには $O_i(f)$ が小さくないといけないのやから，積分が存在するためには $f(x)$ は連続関数であることが必要であるように思えて来ましたけど…….

**北**．そんなことはありませんよ．$(x_i-x_{i-1})$ が小さくなったっていいじゃないですか．

**白**．あれえ，$x_i-x_{i-1}$ は初めから十分小さくとるのでしょう？

**北**．もちろんそうですが，$x_i-x_{i-1}$ を $\varepsilon$ でおきかえると，

$$\bar{S}_\varDelta-\underline{S}_\varDelta<\varepsilon\sum_{i=1}^{n}O_i(f)$$

となって，今度は分割 $\varDelta$ のとり方に関係のない定数 $M$ があって，

$$\sum_{i=1}^{n}O_i(f)\leqq M. \tag{5}$$

がどんな分割 $\varDelta$（に関する振動量の和）についても成立するという条件が必要となるでしょう．

**発**．そうなんだよ．$\sum_{i=1}^{n}$ の数はものすごく多いから，それをどこかで吸収するものがないといけないんだ．連続関数のときは，それが $[a, b]$ の長さ $b-a$ で，

$$\bar{S}_\varDelta-\underline{S}_\varDelta\leqq\varepsilon\sum(x_i-x_{i-1})=\varepsilon(b-a)$$

となったんだね．

**北**．(5)が成立するような $M$ がとれるとき，$f(x)$ のことを $[a, b]$ において有界変動であるといいます．だから，積分が存在する相当広い条件として，一つは連続，もう一つは有界変動というのが見つかったわけですね．

**中**．先生，連続という性質は直観的ですが，有界変動というのはもう一つよくわかりません．たとえばどんな関数がありますか．

**北**．これには非常に明快な答がありまして，単調増加関数や単調減少関数は有界変動です．実際，単調増加関数だと，

$$\sup_{x_{i-1}<\xi_i\leqq x_i} f(\xi_i)=f(x_i),\qquad \inf_{x_{i-1}<\xi_i\leqq x_i} f(\xi_i)=f(x_{i-1}+0)$$

となりますから*，

$$O_i(f)=f(x_i)-f(x_{i-1}+0)$$

従って，単調性から，

---

* $f(x+0)=\lim_{\varepsilon\downarrow 0} f(x+\varepsilon)\qquad f(x-0)=\lim_{\varepsilon\downarrow 0} f(x-\varepsilon)$

$$\sum_{i=1}^{n} O_i(f) \leqq f(b)-f(a)$$

となってしまうからです．一方，有界変動関数は必ず二つの単調増加関数の差で表わされる，ということがわかっていますので，そんなに変な関数でないことはこれからわかりますね．このように，今までにわかったことをもう一度言うと，

「有界閉区間上での連続関数または有界変動関数は，つねに積分が存在する．」

## [3] ルベーグ積分とリーマン積分*

**発**．先生，よく本の題名に，ルベーグ積分などというのを見かけますが，何とか積分などと名前をつけて区別しなければならないほどたくさんのちがった積分があるんですか．

**北**．何々積分と名前をつける場合，たとえばフーリエ積分などのように，積分する関数が特殊な形をしているためにつけるのと，積分の概念そのものがちがうためにつけるのと，二つの場合があるようです．ルベーグ積分は後者の場合に当るわけです．

**発**．今までの積分とどうちがうのですか．

**北**．その質問に表面的に答えても何にもならないと思いますねえ．まあ，最も安っぽい答は，「積分が存在するような関数の範囲が，今までの積分にくらべてぐっと拡がった」ということになりましょう．今までの積分(それをリーマン**積分といいます)だと，積分できない関数を作ることは比較的簡単なのですが，ルベーグ積分ができない関数というのを作ることは普通の手段では不可能だといえる位です***．しかし，ただ積分できる関数の範囲を拡げるだけではほとんど意味がないのでして，実用上，個々の積分を計算するだけならリーマン積分でも十分すぎる位です．

**発**．リーマン積分が存在する関数についてはルベーグ積分もできて，その値は一致するのですね．

**北**．そうです．だからルベーグ積分はリーマン積分の拡張になっています．

リーマン積分の致命的な欠点は，前にも注意しましたが，いろいろな“極限操作”について，非常に強い制限条件が必要となり，これがまったく非実用的であることなのです．たとえばもっとも簡単な例として，$[a,b]$ 上の関数列 $\{f_n(x)\}_{n=1,2,\cdots}$ がある関数 $f(x)$ に各点収束しているときは，

(5) $$\lim_{n\to\infty}\int_a^b f_n(x)dx=\int_a^b f(x)dx$$

---

* この節では，簡単のため，考える関数はすべて有界とし，区間は有界閉区間$[a,b]$とする．

** B. Riemann, 1826—1866.

*** いわゆる超越的手法が必要となる．

は一般に成立しなかったのでしたね．

**白**．そうやったなあ．一様収束という条件が必要やったと思います*．

**北**．たしかに $f_n(x)$ が $f(x)$ に一様収束すれば O.K. ですが，事実としては，一様収束でなくても，大ていの場合上の式は成立するのです．

**発**．何だかわからなくなって来た．(5)が成立しない例として，第７図のような関数列をとればよかったのですが，これは今先生が言われた“大ていの場合”には入らないのですか．

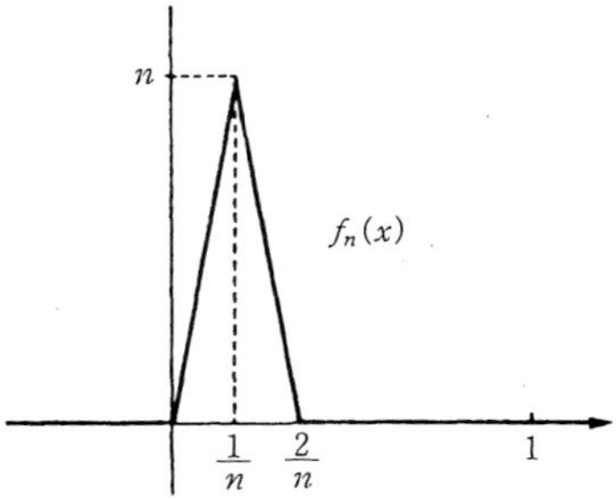


第 7 図

**北**．えゝ，つまり，(5)が成立するための十分条件として，一様収束という強いものでなくももっと弱いものがあるのです．それは，$f_n(x)$ が一様有界という条件です．これは，

$$|f_n(x)| \leqq M \qquad (n=1, 2, \cdots)$$

をみたすような，$x$ にも $n$ にも無関係な定数 $M$ がとれるという条件です．第７図のような例ではこれが満されていないでしょう．しかし，第８図のような例では，一様収束ではありませんが，積分の方は

$$\lim_{n\to\infty}\int_0^1 f_n(x)dx=0=\int_0^1 0\cdot dx$$

と等しくなりますね．このように，一様収束でなくても(5)が成立することが多いのに，リーマン積分の定理ではそれを皆除外しなければならないのは惜しい，というより実用上こまります．

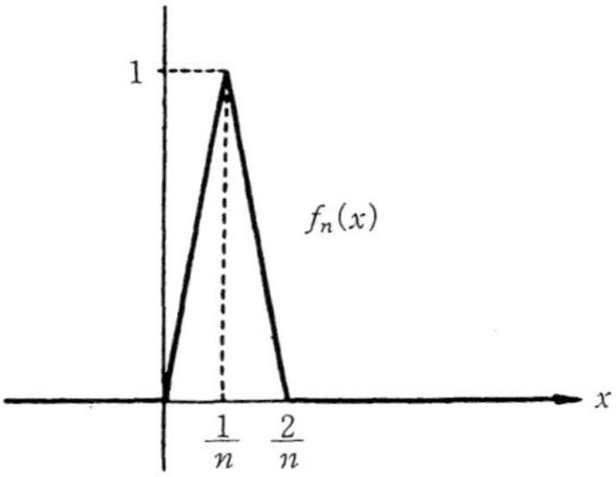


第 8 図

**中**．先生，その，一様有界，各点収束なら(5)が成立するというのは大へん明快な定理ですが，** こんな単純なことがリーマン積分では言えないのですか．

**北**．そうなんですよ．こんなことが言えないでは面白くないでしょう．その原因は，次のことにあるのです．リーマン積分では $[a, b]$ を分割して，$[x_{i-1}, x_i]$ という小区間では $f(x)$ を一定数 $f(\xi_i)$ で近似しているわけですが，もし $f(x)$ がめちゃめちゃに不連続で，その値が小区間でも非常に変動する関数だとしますと，一定数で近似することは近似になってい

*　第６章参照

**　有界閉区間上で考えている．

ないでしょう．つまり，$f(x)$ とすぐとなりの $f(y)$ の値の間に何の近さも保証されないとき，$f(x)$ を $f(y)$ の近似値だとはいえないわけです．だからリーマン積分は，連続関数や有界変動関数のような，関数の変動の様子がおだやかなものについてだけうまく話ができる理論です．従って，各点収束列などのように，“となりは何をする人ゾ”とばかり，各点々々ばらばらに固定する毎に $f_n(x)$ の $n\to\infty$ とした極限値を考える場合にはそれは無力になるんです．

たとえば，今，[0, 1] 上の有理数全体に番号をつけてそれらを $r_1, r_2, \cdots, r_n, \cdots$ としておき，$f_n(x)$ という関数列として，

$$f_n(x)=\begin{cases} 1 & (x=r_1, \cdots, r_n) \\ 0 & (\text{それ以外の } x) \end{cases}$$

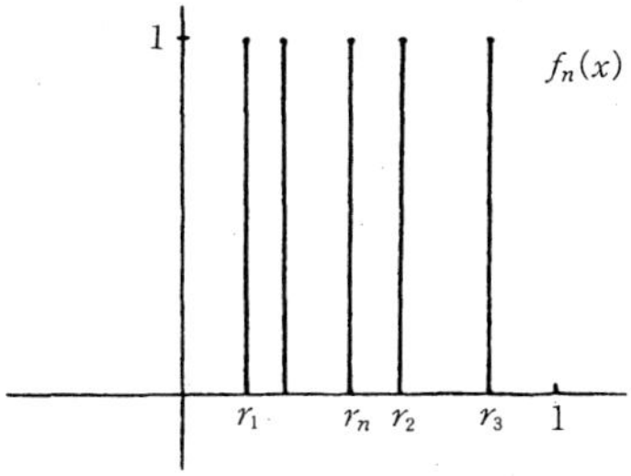


第 9 図

というのを考える（第9図）と，もちろんこの関数個々の積分は 0 です．一方，$\lim_{n\to\infty} f_n(x)=f(x)$ は $x$ が有理数のとき 1，無理数のとき 0 となる関数ですが，この関数はリーマンの意味では積分が存在しません．実際，この関数については $\bar{S}_\Delta$ は $\Delta$ にかかわりなく常に 1 で，$\underline{S}_\Delta$ は常に 0 ですからね．この関数列 $f_n(x)$ は一様有界，各点収束なのに (5) は右辺が存在しないために成立しなくなるのです．リーマン積分てのは不便でしょう．これがルベーグ積分だと，有理数の所だけ 1 で他では 0 という関数は積分できて，その値は 0 となるんです．従って，(5) は成立します．一般に実用的な面から考えても，パラメータ $\alpha$ をもった関数 $f(x, \alpha)$ の積分が $\alpha$ を動かすとどう変るかということはしばしば現れる問題ですが，その際リーマン積分では一様収束といった相当強い条件がないと

$$\lim_{\alpha\to\alpha_0}\int_a^b f(x, \alpha)dx=\int_a^b f(x, \alpha_0)dx$$

などの等式をすらすら使うわけに行かないのです．どうです，ルベーグ積分の必要性がわかりましたか．

**発**．えゝ，ルベーグ積分がただ単に「積分できる関数の範囲を拡げる」だけの意味しかもたないのではなくって，もっと実際的に有用なものであることがわかりました．

**白**．そのルベーグ積分は一口にいって，どういうカラクリでリーマン積分とちがうのですか．

**北**．そんなことを一口で言えといったって無理ですよ．ただ，リーマン積分との発想のちがいから言いますと，さっき言ったようにリーマン積分ではすぐとなりとの値のちがい(変動)がおだやかなほどうまく行く理論だったのに対し，ルベーグ積分ではすぐとなりかどうかは

あまり考えないで，同じ位の値をもっている点よ集れ，というわけで，

$$A_{c_1,c_2}=\{x:\ c_1<f(x)\leqq c_2\}$$

という集合を考え，($A_{c_1,c_2}$ の長さ)$\times c_1$ を一くくりとして，$c_1$, $c_2$ をいろいろかえて集めたものを $\int_a^b f(x)dx$ の近似値にとるのです（第10図）．この方が，関数の変動についての制限は少くてすみそうですね．

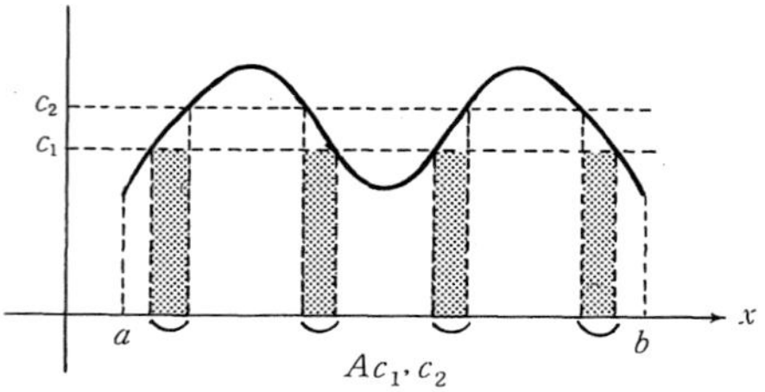

**第 10 図**

**白**．はあ，なるほど，そういう考え方もあるんやなあ．

**中**．だけど，そんなことをしたら，今度は $A_{c_1,c_2}$ という集合がややこしいものにならない？　第一，$A_{c_1,c_2}$ の長さっていうけど，集合の長さって何なのかしら，わからなくなっちゃった．

**北**．そうなんです．このように考えると必然的に，区間の長さという概念を一般化して，集合の長さといったものを考えるハメになります．これを普通は測度 (measure) といっていますがね．ただ $f(x)$ のヨコのつながり具合を全く無視しているかというと，そうではないので，たとえば $f(x)$ が連続なら，$\{x:f(x)<c\}$ は開集合になるという具合に，$f(x)$ の変動のはげしさ，おだやかさは集合 $A_{c_1,c_2}$ の複雑さ，簡単さに反映されます．

それから，$\int_a^b f(x)dx$ の近似値として，$\sum c_i\times(A_{c_{i-1},c_i}$ の測度) の形の値を考えるといいましたが，これは，$A_{c_{i-1},c_i}$ の上で1，その他では0という値をとる関数（これを $A_{c_{i-1},c_i}$ の特性関数といいます）を $\varphi_{c_{i-1},c_i}(x)$ としますと，$\sum c_i\varphi_{c_{i-1},c_i}(x)$ という関数の積分とも考えられます．そして，$\int_a^b f(x)dx$ がそれらの極限だというのだから，

(6)
$$\int_a^b f(x)dx=\lim\int_a^b\sum c_i\varphi_{c_{i-1},c_i}(x)dx$$

が $f(x)$ の積分の定義だとも考えられるのです．この lim は $f(x)$ の値域の方の分割に関する極限です．ところが，この極限操作に関し，各点的に $\sum c_i\varphi_{c_{i-1},c_i}(x)\to f(x)$ となるので，(6) は (5) の形の式の一種です．いいかえるとルベーグ積分は，最初から (5) の形の式が成立するように定式化を考えている，ともいえるんです．

もっとも，今お話ししたことはものすごく荒っぽい話で，測度の話，$\sum c_i\varphi_{c_{i-1},c_i}(x)$ の積分はどう考えるかの問題，$\sum c_i\varphi_{c_{i-1},c_i}(x)\to f(x)$ の収束性の吟味など，きちんとやり出すと，本格的な積分論になってしまいます．今日は，そんな本格的なことは皆やめて，ただルベーグ積分の効能書きを並べたて，皆さんの学習意欲をそそりたかったんです．

**白**．ウヘー，そんなこといわれたら勉強せざるを得んなあ．

## [4] コーシー積分

**発**. ルベーグ積分の他にも，リーマン積分とちがった積分はありますか．

**北**. そうですね．関数が有界でないときや，考えている区間が無限区間の場合，正値関数に関する積分としてはルベーグの理論で完全ですが，関数の値が正になったり負になったりするとき，正の部分の積分も負の部分の積分も無限大となるけれど，互いにキャンセルし合って有限の値がでてくるという場合があるでしょう．ちょうど，無限級数で条件収束するような場合と同じことを考えて下さい．ルベーグ積分ではそのような場合は積分があるとは認めず，ただ絶対収束するときだけ“積分可能”といいます．しかし，これではもったいないと考える人たちはその後もいろいろな“条件収束”の条件を考えています．そのような積分には，まあいろいろな名前がついてはいますがね．皆さんは当面そんな事まで気にする必要はないでしょう．

ただ，教育的に見てリーマン積分は中途半端だという主張から，リーマン積分よりせまい積分を考えた人たちがいます．つまり，一様収束に関して“閉じている”体系としてリーマン積分可能族があるのですが，それがリーマン積分の唯一のとりえだとすれば，もっと性質のよい，しかも連続関数や有界変動関数は含んでいるような関数族で，一様収束について閉じているようなものがある，というのです．

**白**. その“閉じている”というのは，その関数族の中の関数列が一様収束すれば，その極限関数もその関数族に入っている，ということですね．

**北**. その通りです．そのような関数族の一例として，連続関数の全体というのが考えられますが，これだと，一点でも不連続点があればもうその族には入れてもらえなくなるので，その上で積分を考える関数の範囲としてはせますぎます．しかし，一方，「リーマン積分可能な関数とは，不連続な点の全体がルベーグの意味で測度0の集合になっているような関数である」というルベーグの定理があるのです．このことは，リーマン積分可能という性質をリーマン積分のワクの中だけで議論してもだめだということを示しています．つまりルベーグ測度という考えがあって始めて明快な結論が得られるのです．だから，不連続点が全くない関数の全体よりは広く，不連続点の全体が測度0である関数の全体よりはせまいような，うまい関数族をとって来て，そこでは一様収束に関してなら(5)が成立するように，またその他の計算なども易しくできるようにできないものか，ということをフランスの，特にブルバキ派の人々が考え，一つの回答として，方正関数*という概念をもち出しました．

**中**. それはどんな関数ですか？

---

* fonction réglée　準連続関数という人もある．英語では regulated function.

**北**．それはね，$f(x+0)$，$f(x-0)$ がどんな点においても存在するような関数のことです．

**発**．つまり，不連続点が第一種ばかりからできている関数ですね．

**北**．えゝ，そのときはこの関数の不連続点は高々可算個であることがわかり，リーマンの意味で積分できます．しかも，大切なことは，ある関数が方正であるための必要十分条件は，それが階段関数*の一様収束する無限列の極限関数になっていることなのです．つまり，方正関数 $f(x)$ に対しては必ずある階段関数列 $\{\varphi_n(x)\}_{n=1,2,\cdots}$ がうまく作れて

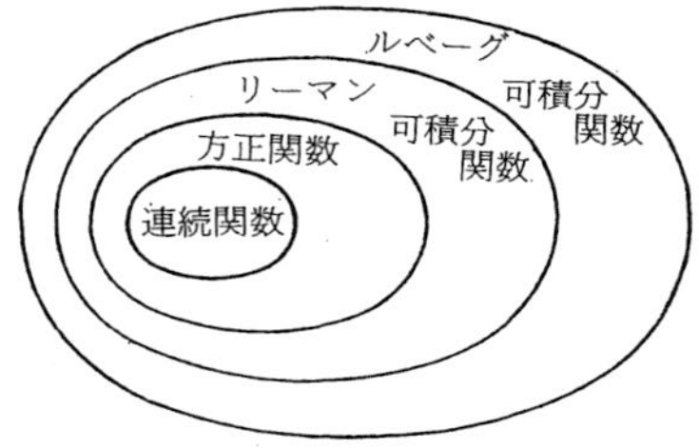


第 11 図

$$\varphi_n(x) \underset{(n\to\infty)}{\longrightarrow} f(x) \qquad \text{（一様収束）}$$

となります．そこで $f(x)$ の積分として，ルベーグと同じ考えで，

$$\int_a^b f(x)dx = \lim_{n\to\infty}\int_a^b \varphi_n(x)dx$$

とすればいいじゃないか，というのがブルバキ派の考えです．

**白**．あ，(6) とよう似てますね．

**中**．一様収束という所がちがうのね．

**北**．Dieudonné** なんかは「もしリーマン積分に“リーマン”という天才の名前がついてなかったら，こんな中途半端な理論はもっと早く博物館入りしていただろう」などと毒づき，「実用上はコーシー積分（方正関数に関する積分を彼はこう名づけているんです）で十分で，それよりもっと強力な道具が必要となったら，直ちにルベーグ積分を勉強すればいい．」と，リーマン積分に引導を渡し，さらに「今どきリーマン積分なんかを正規のカリキュラムに組みこんでいるのはアカデミズムのごりごり保守主義だけだ」と，もうボロクソにけなしているんですよ．

**白**．トホッ，ハゲシイ．

**発**．先生はゴリゴリの方ではないんでしょう？　とすると，やっぱりコーシー積分を勉強しろという方かな？

**北**．ぼくはあらゆることについて“墨守する”ということを好まないので，リーマン積分も

---

*　$[a;b]$ のある分割 $\Delta$：$a=x_0\leqq x_1\leqq\cdots\leqq x_n=b$ があって，各 $(x_{i-1},x_i)$ 上では一定値をとるような関数のことを階段関数という．

**　ディユドネ「現代解析の基礎」（森 毅 訳，東京図書）参照．

墨守しませんが，かといってブルバキズムも墨守しません．要するに，いくつかの理論の今言ったような現代的状況について，いつも“醒めた目”をもち続けたいし，皆さんにももつようになってほしいと思うだけです．

## 練　習　問　題

**1**. $f(x)$ が 3 次の多項式なら

$$\int_{-a}^{a} f(x)dx = \frac{a}{3}(f(-a)+4f(0)+f(a))$$

であることを示せ．

**2**. $[a, b]$ で $f(x)$ は連続，かつ $f(x) \geqq 0$ とすると

$$\lim_{n\to+\infty}\left(\int_a^b (f(x))^n dx\right)^{\frac{1}{n}} = \max_{[a,b]} f(x)$$

であることを示せ．

**3**. $f(x)$, $g(x)$ が積分可能なら $\max(f(x),\ g(x)) = h(x)$ もまた積分可能であることを示せ．

**4**. $[a, b]$ でリーマン積分可能な関数の一様収束列の極限関数はまたリーマン積分可能であることを示せ．

**5**. 有界変動でない連続関数の例をあげよ．

# 第12章　多重積分

## ［1］　多重積分とは

**北井．** 今日は多重積分について考えましょう．多重積分というのは，多変数の関数 $f(x_1, \cdots, x_n)$ の積分ということです．

**白川．** よく，

$$\iint_D f(x, y)dxdy$$

などとかいてあるやつですね．

**発田．** $n$ 変数なら $\int \cdots \int_D f(x_1, \cdots, x_n)dx_1 \cdots dx_n$ となるんですか．

**北．** そうです．……がむやみにでてくるので，多重積分をよく用いる人は面倒がって，

$$\int \cdots \int \text{ を } \int, \quad (x_1, \cdots, x_n) \text{ を } x, \quad dx_1, \cdots, dx_n \text{ を } dx$$

とそれぞれひとまとめにして，

$$\int_D f(x)dx$$

とかいてすました顔をしていますがね．

**中山．** へえ，それでよく普通の積分とまちがわないものですね．

**北．** 要するに慣れの問題でしょうね．もっとも，ときどき，"それは何変数のつもりですか？" などと質問されたりなんかしますけれども……

今日は簡単のために，2変数の場合を中心にお話ししましょう．

**白．** 2重積分というと，$x$ について積分して，それから $y$ について積分したらええのやろ．何もむずかしいことあらへん．

**北．** じゃ，一つ練習問題を出しましょう．半径 $a$ の球の体積を求めてごらん．

**白．** それは，$\frac{4}{3}\pi a^3$ でしょう．

**北．** いや，だからどうして $\frac{4}{3}\pi a^3$ となるのかと聞いているのですよ．

**白．** どうしてって，そうおぼえたんやけどなあ．おぼえてましたでは答にならんなあ．

**発．** 何をバカなことをいってるんだ．計算しようよ．

球の方程式は $x^2+y^2+z^2=a^2$ だろ．$z$ についてとくと，$z=\pm\sqrt{a^2-x^2-y^2}$ となるね．上半分だけでいいから，$z=\sqrt{a^2-x^2-y^2}$ を，$x^2+y^2\leqq a^2$ という所で積分したら半球の体積がでるってわけだ．つまり

$$\mathscr{D}=\{(x,\ y):x^2+y^2\leqq a^2\}$$

とおくと，

$$球の体積=2\iint_{\mathscr{D}}\sqrt{a^2-x^2-y^2}\ dxdy$$

だよ．

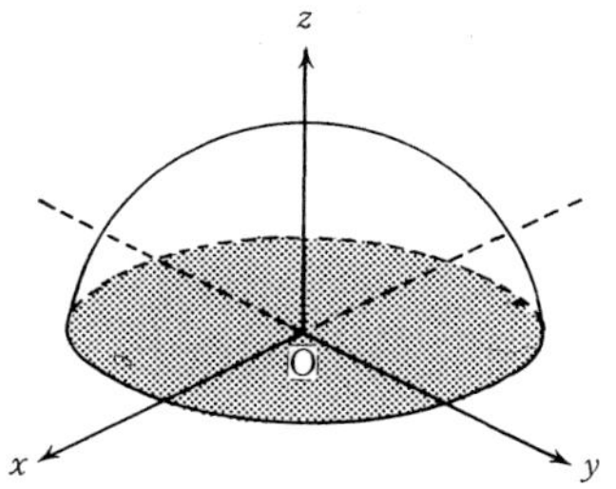

第 1 図

**白**．そうか．これを $x$ について積分すると，……，あれえ，どこからどこまで積分するんやろ．

**中**．そのとき $y$ も変数だから動くんでしょう．$x$ について積分するとき，$y$ はどうするの？

**白**．どうするて，まあしばらくじっとしててもらうんやな．

**中**．どうしてそんなことを命令する権利があるの？　いくらあなたが命令しても動くものは動くわよ．

**白**．「それでも地球は動く」か．やっかいなやつやな．

**北**．ほらね．やっぱりまず2重積分の意味をはっきりさせておいてから計算手順の議論にうつった方がわかりやすいでしょう．

**白**．なるほど，積分をくり返したらええと単純に考えてたけど，どうもうまくいかんなあ．

**北**．そこで，2重積分の意味を考えましょう．今2変数の有界関数 $f(x,\ y)$ が $(x,\ y)$ 平面の長方形：$\{(x,\ y):a\leqq x\leqq b,\ c\leqq y\leqq d\}$ で与えられたとしましょう．この長方形を簡単のため $D=[a,\ b]\times[c,\ d]$ と表わしたりします(第2図)．そのとき，

$$z=f(x,\ y)$$

という曲面と，この長方形 $D$ との間にある3次元空間の領域 (第3図) の体積のことを(もしそれがうまくきまればの話ですが)，

$$(1)\qquad \iint_D f(x,\ y)dxdy$$

と表わすことにするのです．

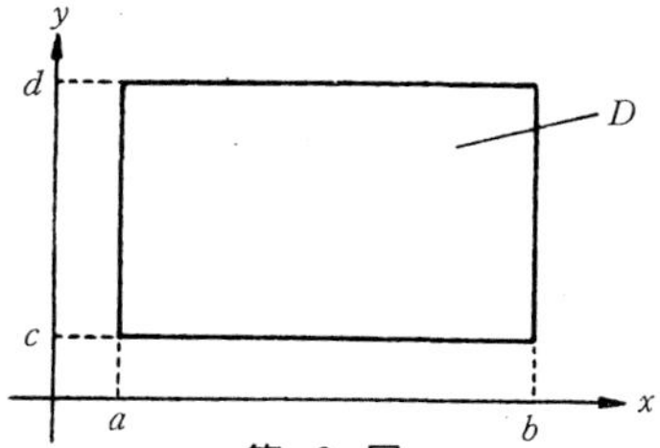

第 2 図

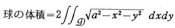

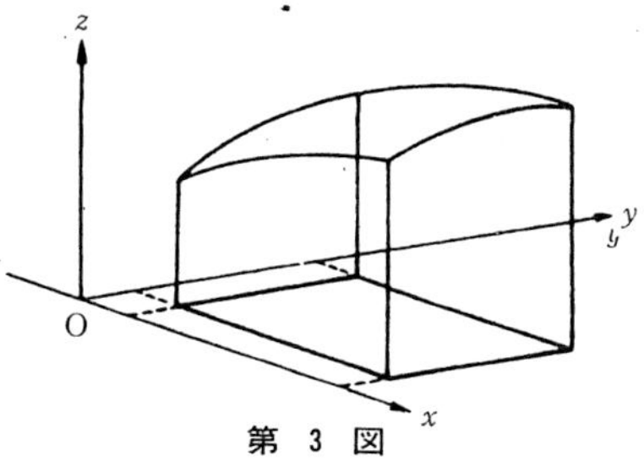

第 3 図

**白**．先生，それならさっきと同じことですね．

**北**．いや．君が言ったのは，$x$ について積分して $y$ について積分するという計算手順のことでしょう．ここでは，計算手順はひとまず置いて，(1) とは何かを先にきめておくのですよ．

**発**．それはいいのですが，長方形上の積分だけしか定

義しないのだったら，さっきの球の体積でさえ定義できないことになりますが……，

**北**．ええ．そこで，一般に，ある有界領域 $\mathscr{D}$ の上で $f(x, y)$ が与えられているときには，$\mathscr{D}$ を含む長方形 $D$ をとって，$\mathscr{D}$ の外側の $D$ の点では $f(x, y)$ は0であると定義してやりますと，$f(x, y)$ は $D$ 全体で定義されますから，その積分は考えることができますね．それを $\mathscr{D}$ 上の $f(x, y)$ の積分と考えるのですよ．そのとき，$\mathscr{D}$ を覆う $D$ の作り方はいろいろありますから，$D$ のとり方を変えてもその積分の値は変らないということを注意しておかねばなりません．

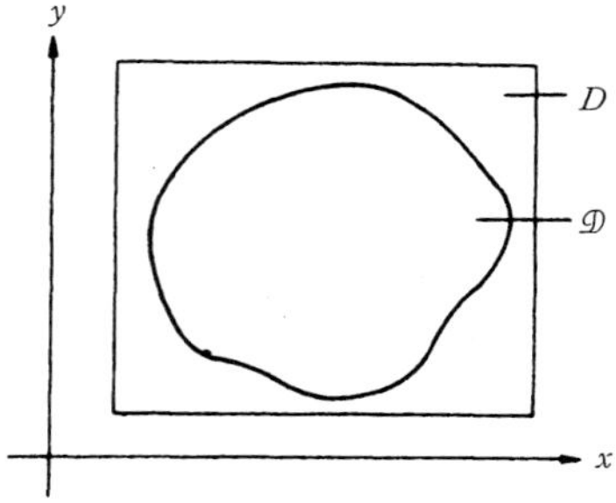


第 4 図

**中**．先生，それで大体の定義はわかりますが，$f(x, y)$ が $\mathscr{D}$ では連続とか滑らかとか，いろいろいい性質をもっていたとしても，$\mathscr{D}$ の外側で突然0になってしまうと，$\mathscr{D}$ の境界の所ですごーい不連続性がでて来てしまって，実際の計算ができなくなるんではないでしょうか．

**北**．実際の計算のことは別にしても，事実 $\mathscr{D}$ の境界点は拡張された $f(x, y)$ の不連続点になることが多いので，多重積分の理論を作る際には，コーシーのように「連続関数なら積分可能である.」という定理だけではどうにもなりません．どうしても不連続関数の積分を考察せざるを得なくなります．

## ［2］　リーマン積分

**発**．積分の存在については1変数の場合と同じ調子ですればいいんですか．

**北**．リーマン式にやりますと，ほとんど同じにできます．つまり，有限分割 $\triangle : a=x_0<x_1<x_2<\cdots<x_n=b,\ c=y_0<y_1<\cdots<y_m=d$ に対し，リーマン和

$$\sum_{i=1}^{n}\sum_{j=1}^{m} f(\xi_{ij},\ \eta_{ij})(x_i-x_{i-1})(y_j-y_{j-1})$$

を考え，分割の幅

$$|\triangle|=\max_{i,\ j}\{|x_i-x_{i-1}|,\ |y_j-y_{j-1}|\}$$

を0に近づけたときのリーマン和の極限値が存在するとき，その値を（リーマンの意味での）$f(x, y)$ の $D$ 上での2重積分といい，

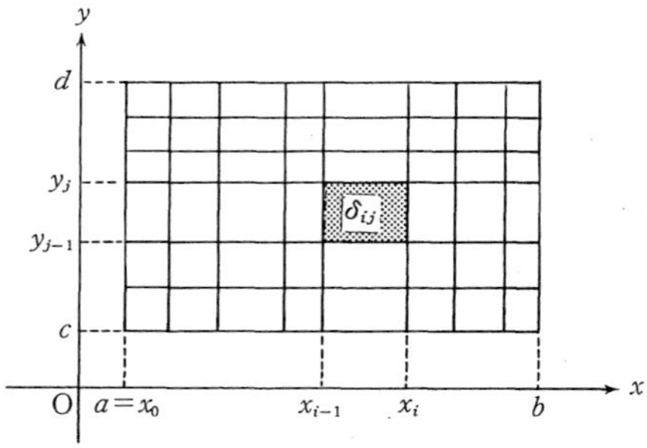


第 5 図

$$\iint_D f(x,\ y)dxdy$$

と表わすのです．また，$f(x, y)$ はリーマン積分可能といいます．この場合，1変数のとき

と全く同様に，小長方形 $\delta_{ij}=[x_{i-1},\ x_i]\times[y_{j-1},\ y_j]$ での $f(x,\ y)$ の上限と下限をそれぞれ $M_{ij}$，$m_{ij}$，また $\delta_{ij}$ の面積を $\mu(\delta_{ij})$ とかくことにして，

$$\bar{S}_\Delta=\sum_i\sum_j M_{ij}\,\mu(\delta_{ij}),\qquad \underline{S}_\Delta=\sum_i\sum_j m_{ij}\,\mu(\delta_{ij})$$

とおくと，数直線上で2つの集合 $\{\bar{S}_\Delta\}$ と $\{\underline{S}_\Delta\}$ とは互いに入り交らないんです．だから，

$$\sup_\Delta \underline{S}_\Delta \leqslant \inf_\Delta \bar{S}_\Delta$$

が成立するのですが，この式の等号が成立することがリーマン積分可能であるための必要十分条件となります．

**発**．なーんだ．1変数のときと同じなんだなあ．

**北**．ところが問題はこの先にあるのです． さっき言ったように，「長方形 $D$ 上で連続な関数はそこでリーマン積分可能である」という定理は，1変数の場合と全く同じようにして証明できるのですが，不連続関数について何らかの情報がどうしても必要なので，この定理だけで多重積分の話をおしまいにするわけにいかないのです．

**中**．不連続関数についての情報といいますと，どんなことですか．たとえば不連続点が一点だけだったら，その関数は積分可能とか，そういったことですか．

**北**．ええ，まあそんなことです．もっとはっきりいうと，その関数の不連続点の集合を $E$ とするとき，$E$ の形といいますか，$E$ の拡がり方といいますか…… つまり $E$ の面積ですね，それが問題なのです．

**発**．あれえ，面積といえば積分でしょう．今積分を問題にしているんだから，それだと循環論法になりませんか．

**北**．ええ，実は $E$ の“面積”が0かどうかが問題なので， 面積一般の議論でなく，面積0の議論をしておくだけでいいんです．

**白**．というと？

**北**．さっき言った「連続関数が積分可能だ」という定理の証明の大すじをいいますと，

$$0\leqslant\bar{S}_\Delta-\underline{S}_\Delta=\sum_i\sum_j(M_{ij}-m_{ij})\mu(\delta_{ij})$$

で $M_{ij}-m_{ij}$ は $\delta_{ij}$ の幅が小さくなればいくらでも一様に小さくできるということから，

$$|\delta_{ij}|<\delta\ \Rightarrow\ M_{ij}-m_{ij}<\varepsilon$$

となって，

$$0\leqslant\bar{S}_\Delta-\underline{S}_\Delta<\varepsilon(b-a)(d-c)$$

すなわち，

$$\sup_\Delta \underline{S}_\Delta=\inf_\Delta \bar{S}_\Delta$$

がでるのですが，不連続関数でも $M_{ij}-m_{ij}$ が小さくならない部分では $\sum \mu(\delta_{ij})$ が小さくできる，という現象が起こっているなら，やはり $\bar{S}_\Delta-\underline{S}_\Delta<\varepsilon$ とできます．

つまり小長方形 $\delta_{ij}$ を，$E$ の点を含むものと含まないものとに分類して，含む方を第１組含まない方を第２組とします．第２組に入った $\delta_{ij}$ 上では $f(x, y)$ が連続であることはいうまでもありません．

さて，分割△の幅をどんどん小さくして行くと，第１組に入る $\delta_{ij}$ の面積の総和がいくらでも小さくなってしまう，という現象が生じたとすればどうでしょう．たとえば，不連続点が一点しかないというときなら，第１組に入る $\delta_{ij}$ は１個しかないから，正にこの現象が生じているわけです．で，そんな場合には，任意の $\varepsilon>0$ に対し，まず第１組に入る $\delta_{ij}$ の面積の総和が $\varepsilon$ 以下になるように分割△の幅を小さくとってやり，その△については第２組に入るような(つまり第１組の $\delta_{ij}$ 以外の)所では $M_{ij}-m_{ij}<\varepsilon$ となるようにさらに分割の幅を小さくしてやりますと，

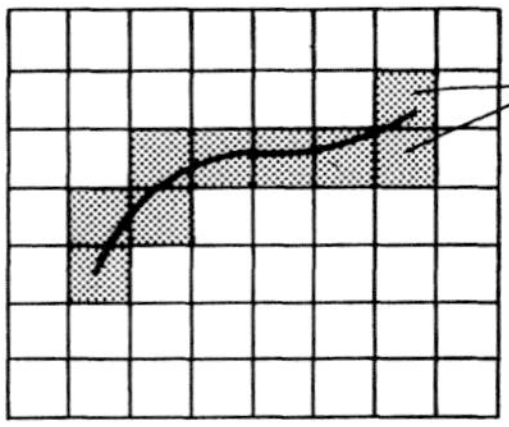

第６図

$$\bar{S}_\Delta-\underline{S}_\Delta=\sum_i \sum_j (M_{ij}-m_{ij})\mu(\delta_{ij})=\sum{}^{(1)}+\sum{}^{(2)}$$

と書けますが*，

$$\sum{}^{(1)}(M_{ij}-m_{ij})\mu(\delta_{ij})\leqq 2M\sum{}^{(1)}\mu(\delta_{ij})<2M\cdot\varepsilon,$$
$$\sum{}^{(2)}(M_{ij}-m_{ij})\mu(\delta_{ij})\leqq \varepsilon\sum{}^{(2)}\mu(\delta_{ij})<\varepsilon(b-a)(d-c)$$

と両方とも小さくなるので，$f(x, y)$ は積分可能だということになります．

**白**．その $M$ というのは何ですか．

**北**．あ，これ？ $f(x, y)$ は有界だから $|f(x, y)|\leqq M$ をみたす $M$ があるとしているわけです．だから，$M_{ij}\leqq M$，$-m_{ij}\leqq M$ となり，$M_{ij}-m_{ij}\leqq 2M$ なんですよ．

**中**．すると，関数が有界でなかったり，領域が有界でない場合は別に考えるのですね．

**北**．そうです．といっても，全く別に考えるのでなく，有界な場合の極限として考えるのです．このことについては，次の時間にやることにして，今日は有界な場合に限りましょう．

**発**．すると，不連続関数については，その不連続点の全体 $E$ が小さいものなら積分可能になるのですね．

**中**．小さいといっても長さが短かいといったこととはちがうわよ．何かこう，やせてるって感じじゃないかしら．

**白**．今の話を聞いてると，分割△の幅をどんどん小さくして行ったとき，第１組に入る $\delta_{ij}$ の面積の総和がいくらでも小さくなってしまう，ということがうまく利いたんやが，これと

---

＊　$\sum^{(1)}$ は第１組に関する和，$\sum^{(2)}$ は第２組に関する和．

「やせている」とどういう関係があるの？

**中**. だって，要するに，不連続点の全体 $E$ をたくさんの小長方形 $\delta_{ij}$ で覆うんでしょう．その覆うのに必要な長方形は面積の総和をいくらでも小さくできる，というんだから，つまり，やせてるってわけよ．

第 7 図

**北**. そうですね．そこである集合 $E$ がこの性質をもっているとき，（ジョルダン*の意味の）面積が 0 であるといいます．この定義で注意してほしいのは，面積という概念が普遍的に定義されていて，それを $E$ にあてはめたら 0 になりました，というのではなくて，「面積が 0」という概念だけが定義されている，ということです．

## ［3］ 集合の面積

**発**. じゃあ，もっと一般の集合に面積を定義するのはどうするんですか．

**白**. いや，今は体積を問題にしてるのやで．面積はもう 1 変数の積分ですんでるやないか．

**発**. そうじゃないんだよ．1 変数の関数の積分だと $y=f(x)$ の形の関数のグラフで囲まれた集合でないと面積は問題にならなかったろう．だから，たとえば第 8 図のように，中にニキビがたくさんあったり，ヒゲが無数に生えていたりする集合の“面積”は，1 変数の積分じゃどうしようもないじゃないか．

**白**. ウハッ，これ，なんていう集合や．このニキビの所は集合の点に入れへんのか．

**発**. そうだよ．目やマユゲの所や頭の毛の所も除くことにするともっと複雑となるよ．

**中**. こんな集合に面積を考えて，どうしようっていうの．

**発**. 面白いじゃないか．あらゆる集合に面積という量を考えておくと便利だろ．

**中**. そりゃ，便利にはちがいないけど……．

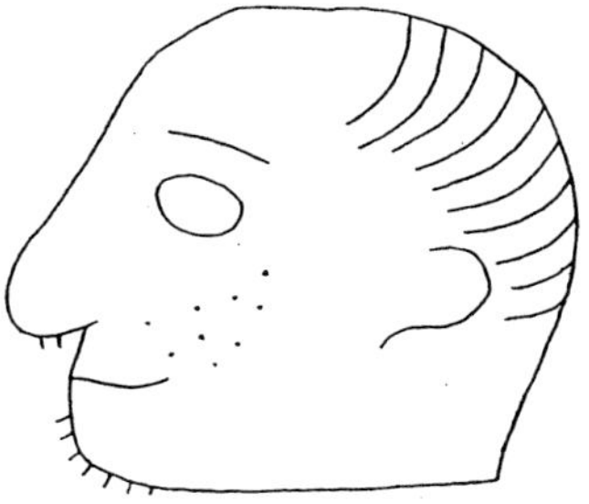

第 8 図

**北**. その絵は中々ケッサクですね．

**白**. こんな集合にでも面積が考えられるのですか．

**北**. ええ，考えられますよ．その集合を $A$ として，$A$ の定義関数 $\chi(x,\ y)$ を作ります．

$$\chi(x,\ y)=\begin{cases}1, & (x,\ y)\in A,\\ 0, & (x,\ y)\notin A\end{cases}$$

つまり，その集合の上だけ高さ 1 の台地を作るんです．そして，この $\chi(x, y)$ が積分可能の

---

* C. Jordan, 1838—1922

とき，$A$ は面積をもつ，または $A$ は面積確定といい，

$$\iint_A \chi(x, y)dxdy$$

を $A$ の面積と定義するんです．

**白**．あ，そうか，高さが1やから，体積すなわち面積か．

**発**．先生，$\chi(x, y)$ の不連続点の集合は正に $A$ の境界集合に等しいでしょう．すると，$A$ が面積確定であるには，$A$ の境界が面積0であることが必要十分ですね．

**北**．そう，この場合 $\chi(x, y)$ は1と0以外の値をとりませんから，$\bar{S}_\Delta$ と $\underline{S}_\Delta$ の差が生じるのは $A$ の境界付近だけです．従って，

$$A\text{ は面積確定} \Longleftrightarrow A\text{ の境界は面積 }0$$

ということになります．この文章は一見同義反覆のように見えますが，さっきもいったように「面積0」という概念だけ別に定義したから，同義反覆じゃありません．むしろ，「面積0」をもとにして「面積一般」を定義したのだと考えられます．

**中**．先生，この定義だと，「どんな集合にも面積という量が与えられる」ということからは程遠いのじゃないでしょうか．$\chi(x, y)$ が積分可能でない場合は $A$ は面積がきまらないんでしょう．

**北**．ええ，そのような集合には，ジョルダンの意味での面積は存在しないということになります．たとえば，$[0, 1]\times[0, 1]$ において，$x$ も $y$ も有理数であるような点の全体を $A$ としますと，この $A$ は面積確定ではありません．その理由を考えてごらん．

**白**．$A$ の境界点の全体はどんな集合かなあ．

**発**．$A$ は $[0, 1]\times[0, 1]$ の中にびっしりつまっているんだろう．その境界というと……．

**中**．境界点の定義はね，その点のどんな近傍をとっても，$A$ の点も $A$ 以外の点も含んでいるような点のことよ．今の場合だと，$A$ の点は全部 $A$ の境界点だわね．

**白**．それやったら，$[0, 1]\times[0, 1]$ のすべての点が $A$ の境界点やでえ．

**中**．どうして？

**白**．$[0, 1]\times[0, 1]$ の勝手な点 $P$ をとって，$P$ を中心にどんな小さい円をかいても $A$ の点も $A$ 以外の点もびっしり入ってるやないか．

**中**．あら，そうね．だったら $A$ の境界は $[0, 1]\times[0, 1]$ 全体ってわけ？　あらあ，境界というと何だかへりの方の細々とした所だと思ってたら，もとの集合より広い境界ってのがあるのねえ．

**発**．先生，白川君がいうように $A$ の境界が $[0, 1]\times[0, 1]$ なら，$A$ は面積確定じゃありません．しかし，$A$ の境界が $A$ より広いなんて，そんなことがあるんですか．

**北**．ええ，今の例がその典型的なもので，こんな場合 $A$ の定義関数は積分可能じゃありません．

## [4] ルベーグ測度

**中**．先生，さっきから気になっているのですが，「ジョルダンの意味では」などと注釈付きで言われているのは，その他の意味の面積も考えられるからでしょうか．

**北**．ええ，ここでもまたルベーグが登場するんです．

**発**．そうくるだろうと思ったよ．どうもこの辺でLさんのニオイがしてたんだ．

**中**．どうしてニオうの？

**発**．あの，有理数で1，その他で0という集合のあたりへくると，どうもこの，可算個というやつがあやしいフンイキを発散させるんだなあ．いや，感じだけだけどさ．

**中**．さっきの例は可算個とカンケイないでしょ．びっしりつまっていることだけが関係するのよ．

**発**．そりゃそうだけどさ，何となくニオウね．

**中**．ヘンなの．

**北**．面積のもっと一般的な定義はルベーグ測度によって与えられます．発田君のカンは正しいのでして，ジョルダンの意味の面積からルベーグの面積概念へ飛躍するにはどうしても「有限個」の感覚から「可算個」の感覚への切りかえが必要です．

**白**．はあ，可算個ぐらいやったら別に驚きませんけど……．

**北**．ルベーグの意味で「測度が0」というのは，可算個の長方形群で $A$ を覆って，その長方形の面積の総和がいくらでも小さくできることをいうのです．

**白**．ジョルダンの場合と大してちがわないように見えますが……．

**北**．たとえば，さきほど考えた $[0,1]\times[0,1]$ での有理点の全体 $A$ はジョルダンの意味では面積は存在しなかったのですが，ルベーグの意味では面積が0なのです．

**白**．へえー，どうしてですか．

**北**．今の例だと，有限個の長方形群で $A$ をカバーするには，結局 $[0,1]\times[0,1]$ を全部カバーせざるを得ませんね．しかし，ルベーグの意味でなら，$A$ はカバーするが $[0,1]\times[0,1]$ の全部はカバーしないような長方形群が作れるんです．

**白**．へえー，よくわかりません．

**北**．$A$ は可算集合だから，それらの点を一列に並べて $P_1, \cdots, P_n, \cdots$ としましょう．任意に $\varepsilon>0$ を一つ固定しておき，まず $P_1$ を中心とする面積 $\dfrac{\varepsilon}{2}$ の正方形を作ります．次に $P_2$ を中心にして面積 $\dfrac{\varepsilon}{2^2}$ の正方形を作ります．このように，一般に $P_n$ を中心に面積 $\dfrac{\varepsilon}{2^n}$ の正方形を作ってやりますと，これら可算個の正方形の面積の総和は

$$\frac{\varepsilon}{2}+\frac{\varepsilon}{2^2}+\cdots+\frac{\varepsilon}{2^n}+\cdots=\varepsilon \tag{2}$$

となって，$\varepsilon$ は任意でしたから，結局面積の総和がいくらでも小さくなるような正方形群で

$A$をカバーできたわけですよ.

**発**. うーん. たしかにそうですねえ.

**白**. 何やらダマされたみたいやぞう. 数学者ちゅうのは時々人をだましといてニヤニヤする悪いクセがある, ケシカラン.

**北**. いや, 今のは大マジメですよ. 決してだましたりなんかしていません.

**中**. 先生, それやっぱりおかしいんじゃありません?　有理点の各点毎にちょっとずつ幅をもたせてやると, $[0,1]\times[0,1]$を覆いつくすでしょう.

**北**. いや, その幅のもたせ方が点に関係なく一様になっていればたしかにそうですが, この場合はその幅は(2)が収束する位に早く小さくなるんですよ. 一様じゃありません.

**中**. しかし, どんな有理点をとっても少しは幅がついてるんでしょう.

**北**. もちろんそうです. だけど, 有理点でない点Pをとってごらんなさい. このPを誰か確実にカバーしてくれる保証があるでしょうか. 有理点に一様に同じ幅をつければ, たしかにその保証は得られますが, そうでないとわかりませんね.

**中**. そのPのすぐとなりの……. あ, そうか, すぐとなりの数などなかったんだっけ.

**北**. このように, 「有限個」という所を可算個と言い直すだけで本質的に異った世界が開けてくるんですよ. 面白いでしょう.

**白**. あの先生, 一人で面白がってるなあ, ケタクソワルイなあ.

**発**. ルベーグの意味の測度0というのがどんなものかおおよその見当はつきましたが, そうすると, 一般の集合に対してルベーグの意味の測度はどう定義するのですか.

**北**. それは, ジョルダンの場合有限個と言っていた所を可算個と言い直せば大体同じ言葉で定義されます. もっとも言葉はよく似ていても内容はもう月とスッポンほどちがいますがね. つまり, ある有界集合$A$があったとき　$A$を覆う可算個の長方形群の面積の和の下限を$A$の外測度といい, $\overline{m}(A)$とかきます. 一方$A$を含む十分大きい長方形$D$を一つとり, (第9図)

$$\overline{m}(D)-\overline{m}(D-A)$$

を$A$の内測度といい, $\underline{m}(A)$で表わします. $A$が面積確定* であるとは,

$$\underline{m}(A)=\overline{m}(A)$$

が成立することだと定義し, この値を$A$の測度というのです. もちろんこんなことだけでは何も言ったことにはならないわけで, ジョルダン測度にくらべてルベーグ測度がどんなに広い理論であるかを知るにはもっとたくさんの勉強が必要です.

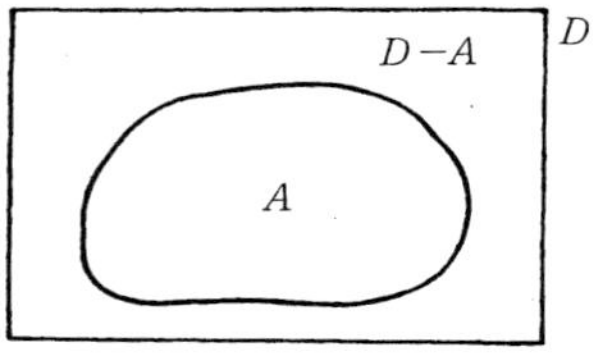


第 9 図

**発**. 先生, ルベーグ測度でもまだ面積のきまらない集合があるんですか.

---

* ルベーグ測度の場合は「可測集合」という言葉を使う.

**北**．ええ，ありますよ．ただ，超限帰納法を必要とするのでここではその作り方を示すことはできません．

## [5] 累次積分との関係

**白**．先生，今まで2重積分の話をうかがって一般の集合の面積にまで話が及んだのですが，3重，4重，……，$n$重積分についても同じようなことが成立するのでしょうね．

**北**．ええ，全く同じ議論ができます．要するに基本的な図形として，座標軸に平行な稜をもつ長方体 $D=\{(x_1, \cdots, x_n) : a_i \leqq x_i \leqq b_i (i=1, \cdots, n)\}$ を考え，この(超)体積を，$(b_1-a_1)\cdots(b_n-a_n)$ と定義します．そして，前と同じように，$D$上で与えられた有界関数 $f(x_1, \cdots, x_n)$ の積分は，リーマン和，$\sum_{\alpha} f(x_1^{(\alpha)}, \cdots, x_n^{(\alpha)})(x_1{}^{i_1}-x_1{}^{i_1-1})\cdots(x_n{}^{i_n}-x_n{}^{i_n-1})$ $(\alpha=(i_1, \cdots, i_n))$ の極限として定義するのです．$n=2$ の場合から類推して考えれば何でもないでしょう．「一を聞いて十を知る」というタトエがありますが，数学では「2を聞いて$n$を知る」ことが大切ですね．もっともいつも2と$n$が同じだというわけにはいきませんが……，

**発**．$n$重積分のルベーグの理論もあるのですね．

**北**．もちろんです．むしろ，ルベーグの理論の方が多重積分を取り扱うのに便利な理論です．たとえば，2重積分の場合，普通その計算は初めに白川君が言ったように1重積分をくり返して計算することにより求められるのです．つまり，

$$(3) \qquad \iint_D f(x, y)dxdy=\int_c^d\left\{\int_a^b f(x, y)dx\right\}dy$$

なのですが，リーマン積分でこの式が成立するにはかなり面倒な条件がついてくるんです．

**発**．どんな条件ですか？

**北**．まずこの式に意味があるためには $f(x, y)$ が2重積分可能でなければならないことはすぐわかりますが，リーマン式だとそのことから(3)の右辺が存在することが自動的には出てこないんです．そこで，リーマン積分で(3)が成立する条件として，

(i) $\iint_D f(x, y)dxdy$ が存在すること，

(ii) $y$を固定する毎に $\int_a^b f(x, y)dx$ が存在すること，

を仮定するのです．そうすれば(3)は成立します．

**中**．そのとき，(3)の右辺の外側の積分の存在は仮定しなくていいんですか．

**北**．ええ，それは(i)と(ii)から自動的に出てくるので仮定しなくてよろしい．

**白**．$f(x, y)$ が連続なら(i)も(ii)も O.K. やから，大ていの間に合うなあ．

**発**．だめだよ．ほら，$f$の定義域が長方形でないときは定義域の境界で$f$の不連続点がたくさん現われるんだったんじゃないか．

**白**．あ，そうか．

**北**．実用上は，定義域の境界はさっきの第8図のようなヘンなものじゃなく，滑らかな曲線であることが多いので，$f$ が定義域の内部で連続なら，(ii)の条件は満足されます．というのは，$y$ を固定して $x$ だけ動かすとき，$x$ 軸に平行な直線ができますが，この直線と境界の曲線とは高々有限回しか交わりません．従って $f(x, y)$ は $x$ の関数としては不連続点が高々有限個しかないことになり，積分可能です．

ですから，まあ普通の計算はそれで何とかできるのですが，少し複雑な関数を扱うことになるとたちまちリーマン式というのは不便極りないものだということがわかります．

**発**．ルベーグ式だとうまく行くんですか．

**北**．ええ，ルベーグ式だと(i)だけでいいんです．

**白**．へえ，これは便利やな．

**北**．あまりくわしくお話しできないのは残念ですが，とにかく多重積分については大ていの教科書であまり歯切れがよくないのです．その理由は，どうもリーマン積分で精密な議論をしてみても仕方がない．ルベーグ積分まで行った方がすっきりするという頭が教科書を書く人にあるからじゃないでしょうか．

## 練　習　問　題

1. $y=f(x)$ $(a \leqq x \leqq b)$ が連続関数ならば，そのグラフは面積0であることを示せ．

2. $D=[a, b]\times[c, d]$ で定義された関数 $f(x, y)$ が，「$x_1 \leqq x_2$, $y_1 \leqq y_2$ なら $f(x_1, y_1) \leqq f(x_2, y_2)$」をみたすならば（たとえ連続でなくても）$D$ 上積分可能であることを示せ．

3. $D=\{(x, y, z);\ x^2+y^2+z^2 \leqq a^2,\ x^2+y^2 \leqq ax\}$ $(a>0)$ という領域上で $\iiint_D dx\,dy\,dz$ を求めよ．

4. $\sup_{\Delta} \underline{S}_{\Delta}=\underline{\int}_D f(x)dx$, $\inf_{\Delta} \overline{S}_{\Delta}=\overline{\int}_D f(x)dx$ などとかくことにする．今 $f(x, y)$ が $D=[a, b]\times[c, d]$ 上で二重積分可能とすると $\overline{\int}_c^d f(x, y)dy$ は $x$ について積分可能であって，

$$\iint_D f(x, y)dxdy=\int_a^b\left(\overline{\int}_c^d f(x, y)dy\right)dx$$

が成立することを示せ．

# 第 13 章　積分の変数変換

## ［1］　一点での面積比

**北井**．普通の積分 $\int_a^b f(x)\,dx$ で変数 $x$ を $x=\varphi(t)$ によって $t$ に変換して，$t$ に関する積分に直すことを積分の変数変換といいます．これが多変数関数の積分ではどうなるかを考えましょう．

**白川**．一変数のときは，

$$(1)\qquad \int_a^b f(x)dx=\int_\alpha^\beta f(\varphi(t))\cdot\varphi'(t)dt \qquad (a=\varphi(\alpha),\ b=\varphi(\beta))$$

でしたね．

**北**．そうです．(1) が成立する理由は，$x$ の動く範囲 $[a,\ b]$ と $t$ の動く範囲 $[\alpha,\ \beta]$ の対応で長さの比が各点 $t$ では $\varphi'(t)$ になる，という所にあります．つまり，$dx$ とか $dt$ は (1) の場合それぞれの座標という意味よりむしろ各座標軸上の長さを表わしています．その $dx$ と $dt$ の比が $\varphi'(t)$ だというわけです．だから，

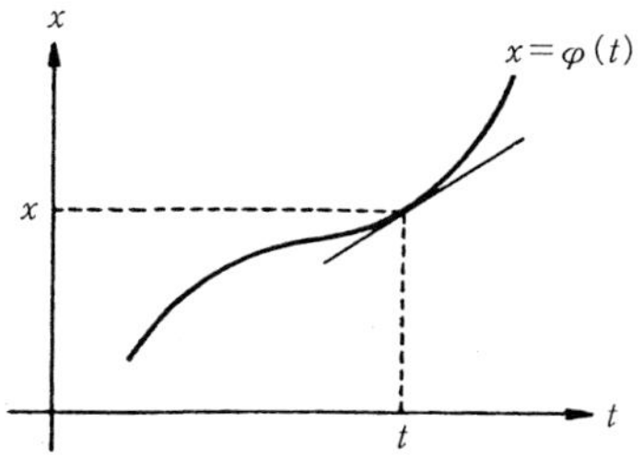


第 1 図

$$\frac{dx}{dt}=\varphi'(t)$$

とかくとき，それは，

$$(2)\qquad \lim_{a\to 0}\frac{([\varphi(t),\ \varphi(t+a)]\text{ の長さ})}{([t,\ t+a]\text{ の長さ})}=\varphi'(t)$$

という意味をもっています．それが (1) で $dx=\varphi'(t)dt$ とおきかえられる理由です．

**発田**．そんなことはあたりまえみたいな感じですが……．

**北**．このことが多変数のときも同じように起るのです．今度は，二重積分

$$\iint_{\mathscr{D}} f(x,\ y)dxdy$$

について考えましょう．変数変換に用いられる変換関数を $\boldsymbol{x}=\boldsymbol{x}(\boldsymbol{u})$，または座標毎にして，

$$x=\varphi(u,\ v)$$
$$y=\psi(u,\ v) \tag{3}$$

とします．この変換で，$(x, y)$ 平面上の領域とそれに対応する $(u, v)$ 平面上の領域の面積の比の各点 $(u, v)$ での値を求めますと，それが二重積分の変数変換での (2) の役目をするはずですね．

**中山**．すると，二重積分の変数変換の公式は

$$\iint_{\mathscr{D}} f(x,\ y)dxdy=\iint_{\mathscr{D}'} f(\varphi(u,\ v),\ \psi(u,\ v))J(u,\ v)dudv$$

の形になるのですね．この $J(u, v)$ というのが一変数での $\varphi'(t)$ の役目をするのですね．

**発**．とすると，

$$J(u,\ v)=\lim_{a\to 0}\frac{([x,\ x+A]\times[y,\ y+A]\ \text{の面積})}{([u,\ u+a]\times[v,\ v+a]\ \text{の面積})}$$

となるのかな．

**北**．ところが，$[u, u+a]\times[v, v+a]$ という正方形を (3) でうつして，はたして $[x, x+A]\times[y, y+A]$ という正方形がでてくるでしょうか？

**発**．あ，そうか．一次元だと区間* をうつしたら，$\varphi(t)$ が連続ならうつった先もまた区間だったけれど，多次元だとそうはいかないなあ．まがった長方形みたいなものができますね．(第2図)

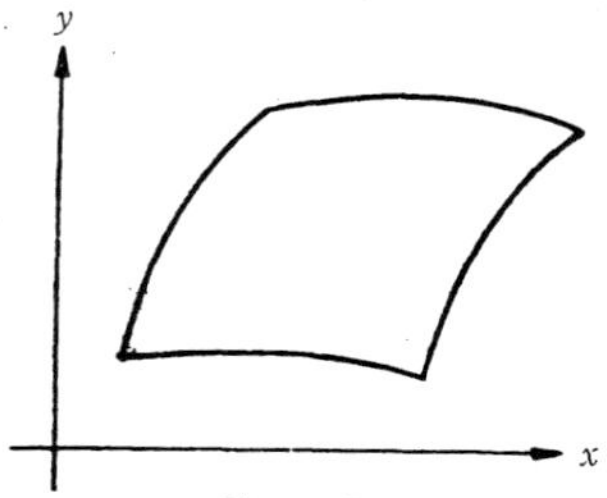

第 2 図

**北**．ええ，それを $\Omega$ とかくことにしますと，

$$J(u,\ v)=\lim_{a\to 0}\frac{(\Omega\ \text{の面積})}{([u,\ u+a]\times[v,\ v+a]\ \text{の面積})} \tag{4}$$

となります．

**白**．そんなら，この値を (3) から計算せんといかんことになりますね．

**北**．この極限はいったいどんな値か，見当をつけてごらん．

**白**．うーん，一次元のとき $\varphi'(t)$ やったから，二次元のときは，$\varphi'\times\psi'$ かな．

**中**．$\varphi'$ なんて何のこと？

**白**．あ，そうか．$\varphi, \psi$ は二変数の関数やったなあ．

**発**．$dxdy=J(u,v)dudv$ だから，

$$J(u,\ v)=\frac{dxdy}{dudv}$$

だろう．だから，$\dfrac{dx}{du}$ と $\dfrac{dy}{dv}$ を求めたらいいんじゃないかな．

---

*　有界閉区間のつもり

**白**．それもあかんわ．$x, y$ は二変数の関数やから，$\dfrac{dx}{du}$ なんて意味ないよ．

**中**．だけど，(3) を微分したら，

$$(5)\qquad \begin{aligned} dx &= x_u du + x_v dv \\ dy &= y_u du + y_v dv \end{aligned}$$

だから，*

$$dxdy = (x_u du + x_v dv)(y_u du + y_v dv)$$

とかけるんじゃない．

**発**．なるほど，それでやってみよう．これを展開すると，

$$= x_u x_v (du)^2 + x_u y_v du dv + x_v y_u dv du + x_v y_v (dv)^2$$

となるなあ．あれえ，$(du)^2$ って何のこと？

**北**．学生諸君の中にはそのような機械的計算をやる人がときどきあります．$dxdy$ は $(x, y)$ 平面の面積要素を表わす記号ですから，すぐに (5) の $dx$ と $dy$ をかけていいというわけにはいかないでしょう．

実際，(5) は，(3) の接変換というか，つまり (3) で

$$x - x_0 = \frac{\partial x}{\partial u}(u_0, v_0)(u - u_0) + \frac{\partial x}{\partial v}(u_0, v_0)(v - v_0) + g_1(u, v),$$

$$y - y_0 = \frac{\partial y}{\partial u}(u_0, v_0)(u - u_0) + \frac{\partial y}{\partial v}(u_0, v_0)(v - v_0) + g_2(u, v)$$

$$\lim_{(u,v)\to(u_0,v_0)} \frac{g_1(u, v)}{|(u, v) - (u_0, v_0)|} = \lim_{(u,v)\to(u_0,v_0)} \frac{g_2(u, v)}{|(u, v) - (u_0, v_0)|} = 0$$

としたときの $u - u_0$，$v - v_0$ に関する一次の部分を取り出したものです．だから，

$$\begin{pmatrix} dx \\ dy \end{pmatrix} = \begin{pmatrix} x_u \\ y_u \end{pmatrix} du + \begin{pmatrix} x_v \\ y_v \end{pmatrix} dv$$

として見るとよくわかるように，$du = u - u_0$，$dv = v - v_0$ が $(u_0, v_0)$ を原点としていろいろ変るとき，$(dx, dy)$ というベクトルは $(x_0, y_0)$ を中心として，(5) に従って変化するというわけです．だから $dx$ と $dy$ を単純にかけ算することは，$(dx, dy)$ というベクトルを対角線とする長方形の面積を求めることになります(第3図)．

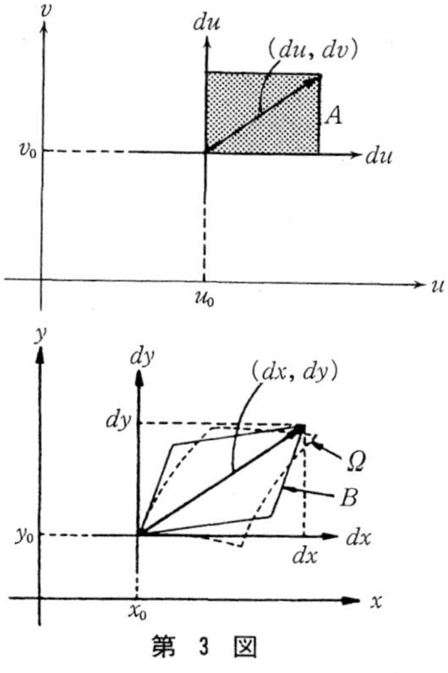

第 3 図

---

*　$x_u = \dfrac{\partial x}{\partial u}$ など

しかしそれだと，カンジンの $du$, $dv$ をタテ，ヨコの長さとする長方形 $A$ の面積と，それに対応してできる $(dx, dy)$ を対角線とする平行四辺形 $B$ ((5) は線型変換だから長方形は平行四辺形にうつります) の面積の比を計算することにならないでしょう．

**白**．あっ，これはナンセンスなことを考えとったなあ．

**中**．先生，$(u, v)$ 平面上の小さな長方形 $A$ を (3) で $(x, y)$ 平面へうつすと，本当は第2図のようにまがるから，第3図の点線で表わしたような図形 $\Omega$ が出てくるのでしょう．それと，もとの長方形 $A$ との面積比を計算しなければいけません．

**北**．ええ，そうです．だから

$$\frac{\Omega\text{の面積}}{A\text{の面積}}=\frac{\Omega\text{の面積}}{B\text{の面積}}\times\frac{B\text{の面積}}{A\text{の面積}}$$

と書き直して，右辺の二つの比を別々に考えましょう．

## [2]　外　　　積

**北**．まず，$\dfrac{B\text{の面積}}{A\text{の面積}}$ の方はどうでしょう．

**中**．$B$ の二辺と，その間の角度を求められたらいいんだけどな．

**発**．$B$ の二辺は，それぞれ $(du, 0)$ と $(0, dv)$ に対応するベクトルだから，$(x_u, y_u)du$ と $(x_v, y_v)dv$ の長さに等しいはずだよ．角度は，ええと…….

**白**．その二つのベクトルの内積を作ったら…….（と三人ともつまる）

**北**．どうも皆さん，線型代数は苦手らしいですね．$\boldsymbol{a}, \boldsymbol{b}$ を二辺とする平行四辺形の面積は $\boldsymbol{a}$ と $\boldsymbol{b}$ からできる行列式に等しいんですよ．

**中**．たしか，そんなこと，習ったような気がしますけど，どうしてそうなるんだったかしら．

**白**．ようおぼえてないわ．

**北**．それは，次のように考えたらわかります．今，$\boldsymbol{a}, \boldsymbol{b}$ を二辺とする平行四辺形の面積を $\boldsymbol{a}\wedge\boldsymbol{b}$ とかくことにします．ただし，$\boldsymbol{a}$ と $\boldsymbol{b}$ の順序をひっくり返すと，同じ図形をうらから見ているつもりで，符号を負にして，$\boldsymbol{b}\wedge\boldsymbol{a}=-\boldsymbol{a}\wedge\boldsymbol{b}$ と約束します．すると，$\wedge$ はベクトルについての一種の掛け算になるんです．

**発**．それは内積みたいなものですか？

**北**．よく似ていますが，$\boldsymbol{b}\wedge\boldsymbol{a}=-\boldsymbol{a}\wedge\boldsymbol{b}$ などという，内積には見られない性質があります．むしろ外積 (exterior product) なのです．

**白**．しかし，かけた結果はスカラーだから，スカラー積でしょう．

**北**．いや，それは二次元ベクトルの特殊性によるのであって，3次元以上だと $\boldsymbol{a}\wedge\boldsymbol{b}$ はスカラーにはなりません．

**発**．あっ，3次元以上でも考えられるのですか．

**北**．ええ．外積の理論は非常に重要な線型代数の話題なのですが，まだ線型代数の教科書にあまり出ていないようですね．ここでは，2次元の外積の話だけをしておきましょう．さてところで，この演算には面白い性質があるんです．つまり線型性です．

$$(\lambda_1\boldsymbol{a}_1+\lambda_2\boldsymbol{a}_2)\wedge\boldsymbol{b}=\lambda_1\boldsymbol{a}_1\wedge\boldsymbol{b}+\lambda_2\boldsymbol{a}_2\wedge\boldsymbol{b},\quad \boldsymbol{a}\wedge(\lambda_1\boldsymbol{b}_1+\lambda_2\boldsymbol{b}_2)=\lambda_1\boldsymbol{a}\wedge\boldsymbol{b}_1+\lambda_2\boldsymbol{a}\wedge\boldsymbol{b}_2$$

**発**．ほほう．面積なのにベクトルの性質とそんなにうまく合うかなあ．

**北**．第4図を見てごらん，平行四辺形の面積の加法性がよくわかるでしょう．右の図では $\boldsymbol{a}\wedge\boldsymbol{b}_2$ が負になるのでかえってうまく線型性が保たれていることがわかりますね．

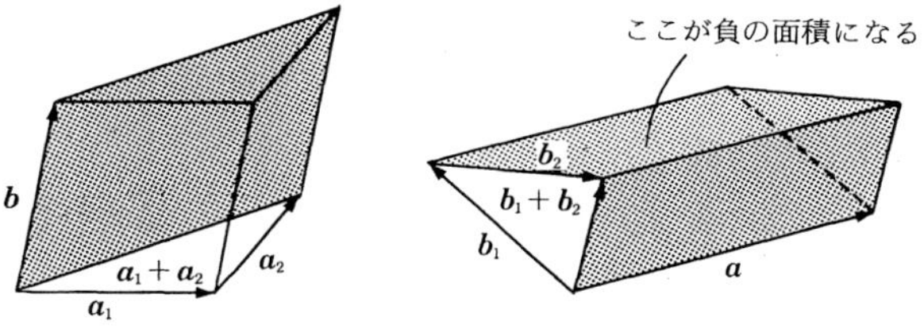


第 4 図

**中**．先生，どうして $\boldsymbol{a}\wedge\boldsymbol{b}_2$ は負になりますか？

**北**．$\boldsymbol{a}\wedge\boldsymbol{b}$ を平行四辺形の面積だといいましたが，$\boldsymbol{b}\wedge\boldsymbol{a}$ も符号が反対なだけでやはり同じ面積ですから，そのどちらが正かということを約束しておかねばなりません．そこで，$\boldsymbol{a}$，$\boldsymbol{b}$ が座標系と同じ順序であるとき，つまり $\boldsymbol{a}\to\boldsymbol{b}$ という回転が反時計廻りになっているとき，$\boldsymbol{a}\wedge\boldsymbol{b}>0$ と定義しておきます．すると，第4図の右の図では $\boldsymbol{a}\to\boldsymbol{b}_2$ は時計廻りの回転になるから $\boldsymbol{a}\wedge\boldsymbol{b}_2=-\boldsymbol{b}_2\wedge\boldsymbol{a}<0$ となるわけです．

**発**．それで，この $\boldsymbol{a}\wedge\boldsymbol{b}$ が行列式になっていることはどうしてわかるのですか？

**北**．今，$\boldsymbol{e}_1=(1,0)$，$\boldsymbol{e}_2=(0,1)$，$\boldsymbol{a}=(a_1,a_2)$，$\boldsymbol{b}=(b_1,b_2)$ とすると，

$$\boldsymbol{a}=a_1\boldsymbol{e}_1+a_2\boldsymbol{e}_2,\quad \boldsymbol{b}=b_1\boldsymbol{e}_1+b_2\boldsymbol{e}_2$$

だから，

$$\begin{aligned}\boldsymbol{a}\wedge\boldsymbol{b}&=(a_1\boldsymbol{e}_1+a_2\boldsymbol{e}_2)\wedge(b_1\boldsymbol{e}_1+b_2\boldsymbol{e}_2)\\&=a_1b_1\boldsymbol{e}_1\wedge\boldsymbol{e}_1+a_1b_2\boldsymbol{e}_1\wedge\boldsymbol{e}_2+a_2b_1\boldsymbol{e}_2\wedge\boldsymbol{e}_1+a_2b_2\boldsymbol{e}_2\wedge\boldsymbol{e}_2\end{aligned}$$

となりますが，$\boldsymbol{e}_1\wedge\boldsymbol{e}_1=\boldsymbol{e}_2\wedge\boldsymbol{e}_2=0$ ですね．同じベクトルを二辺とする平行四辺形というのはぺたんこですからね．また $\boldsymbol{e}_2\wedge\boldsymbol{e}_1=-\boldsymbol{e}_1\wedge\boldsymbol{e}_2$ だから，結局，

$$\boldsymbol{a}\wedge\boldsymbol{b}=(a_1b_2-a_2b_1)\boldsymbol{e}_1\wedge\boldsymbol{e}_2=\begin{vmatrix}a_1 & b_1\\ a_2 & b_2\end{vmatrix}\boldsymbol{e}_1\wedge\boldsymbol{e}_2$$

ところが，$\boldsymbol{e}_1$ と $\boldsymbol{e}_2$ を二辺とする平行四辺形とは単位面積の正方形だから，$\boldsymbol{e}_1\wedge\boldsymbol{e}_2=1$．従って $\boldsymbol{a}\wedge\boldsymbol{b}$ は $\boldsymbol{a}$，$\boldsymbol{b}$ の座標の作る行列式に等しいのです．

**中**．なるほど，きれいな証明ですわね．これで平行四辺形の面積が行列式を使ってかけることがよくわかりますわ．線型代数の本で，平行四辺形の面積の加法性が行列式の線型性と同

じ現象だということが書いてあるのを見たことがないわ.

**発**. 先生，これ何次元でも同じですか？

**北**. ええ，同じことですよ. $n$ 次元で $n$ 個のベクトル $\boldsymbol{a}_1, \cdots, \boldsymbol{a}_n$ を各辺とする平行多面体の(超)体積を $\boldsymbol{a}_1\wedge\cdots\wedge\boldsymbol{a}_n$ と表わすと，上と全く同じ論法で，

$$(6)\qquad \boldsymbol{a}_1\wedge\cdots\wedge\boldsymbol{a}_n=\begin{vmatrix} a_{11} & \cdots & a_{1n} \\ a_{21} & \cdots & a_{2n} \\ \cdots & \cdots & \cdots \\ a_{n1} & \cdots & a_{nn} \end{vmatrix}\boldsymbol{e}_1\wedge\cdots\wedge\boldsymbol{e}_n$$

となり，$\boldsymbol{e}_1\wedge\cdots\wedge\boldsymbol{e}_n=1$ ですから，その(超)体積は上の行列式の値に等しいのです. もちろん，$\boldsymbol{a}_1\wedge\cdots\wedge\boldsymbol{a}_n$ は，$\boldsymbol{a}_1, \cdots, \boldsymbol{a}_n$ がこの順序で右手系を作っているとき正の値をとるものと約束し，順序を一つ入れかえると $(-1)$ を一つかけることとするのです.

**発**. 何だか線型代数の時間みたいになっちゃったけれど，もとの話にもどりませんか. $(x_u, y_u)du$ と $(x_v, y_v)dv$ を二辺とする平行四辺形の面積を求める所だったんです.

**白**. あ，今までの話を適用したら簡単や.

$$(x_u, y_u)du\wedge(x_v, y_v)dv=\begin{vmatrix} x_u & x_v \\ y_u & y_v \end{vmatrix}dudv$$

そやから，面積比は，(5) の係数の行列式に等しいということがわかったなあ.

**発**. すると，

$$(7)\qquad J(u, v)=\begin{vmatrix} \dfrac{\partial x}{\partial u} & \dfrac{\partial x}{\partial v} \\ \dfrac{\partial y}{\partial u} & \dfrac{\partial y}{\partial v} \end{vmatrix}=\det\frac{\partial \boldsymbol{x}}{\partial \boldsymbol{u}}$$

が成立するってわけか.

**中**. まだ，$\dfrac{\Omega\text{ の面積}}{B\text{ の面積}}$ がどうなるかが残っているわよ.

**北**. そうですね. しかし結論的にいうと，$B$ の面積がどんどん小さくなった極限では，

$$(8)\qquad \lim\frac{\Omega\text{ の面積}}{B\text{ の面積}}=1$$

が成立するので，(7) は正しいのです. つまり，

$$(9)\qquad \iint_{\mathcal{D}} f(x, y)dxdy=\iint_{\mathcal{D}'} f(\varphi(u, v),\ \psi(u, v))\begin{vmatrix} \dfrac{\partial\varphi}{\partial u} & \dfrac{\partial\varphi}{\partial v} \\ \dfrac{\partial\psi}{\partial u} & \dfrac{\partial\psi}{\partial v} \end{vmatrix}dudv$$

これが変数変換の公式です. ただし，変換式 (3) は 1 対 1 の写像で，$C^1$-クラスの関数であるとしての話ですがね.

ここで強調したいのは，$dxdy$ は $dx$ と $dy$ の単純な掛け算ではなく，外積的な掛け算になっているということです.

**白**．先生，(9) は 3 次元以上のときも同じ形の式になるのですか．

**北**．ええ，全く同じですよ．$n$ 重積分なら，

$$\int_{\mathscr{D}} f(\boldsymbol{x})dx_1 \cdots dx_n = \int_{\mathscr{D}'} f(\boldsymbol{x}(\boldsymbol{u}))J(\boldsymbol{u})du_1 \cdots du_n \tag{10}$$

で，$J(\boldsymbol{u})$ は変数変換式 $\boldsymbol{x}=\boldsymbol{x}(\boldsymbol{u})$ の関数行列式

$$J(\boldsymbol{u}) = \begin{vmatrix} \dfrac{\partial x_1}{\partial u_1} & \cdots\cdots\cdots & \dfrac{\partial x_1}{\partial u_n} \\ \dfrac{\partial x_2}{\partial u_1} & \cdots\cdots\cdots & \dfrac{\partial x_2}{\partial u_n} \\ & \cdots\cdots\cdots\cdots\cdots\cdots & \\ \dfrac{\partial x_n}{\partial u_1} & \cdots\cdots\cdots & \dfrac{\partial x_n}{\partial u_n} \end{vmatrix} = \det \frac{\partial \boldsymbol{x}}{\partial \boldsymbol{u}}$$

に等しいのです．これも，多変数の線型写像での(超)体積比 (6) を考慮すればその意味がよくわかりますね．

## [3] 落　し　穴

**中**．先生，今までの話で，(9) や (10) が成立する意味はよくわかったのですが，別にこの式を証明したことにはならないんでしょう．

**白**．まあ，(8) の証明はしてないけど，これさえできたらもうええのとちがうか？

**中**．どうして？　$\Omega$ と $A$ の面積比の極限が $J(u,\ v)=\det \dfrac{\partial \boldsymbol{x}}{\partial \boldsymbol{u}}$ だとわかったとしてもまだそれに $f(\boldsymbol{x})$ をかけて積分するのよ．積分というのは一種の極限だから，二つの極限が重なってくることになって，ややこしいわよ．

**白**．そうか．厳密にやってみい，いわれるとちょっと困るなあ．

**発**．だけど，$f$ がないときはできてるんだろう．つまり，$f(\boldsymbol{x})\equiv 1$ の場合だと，

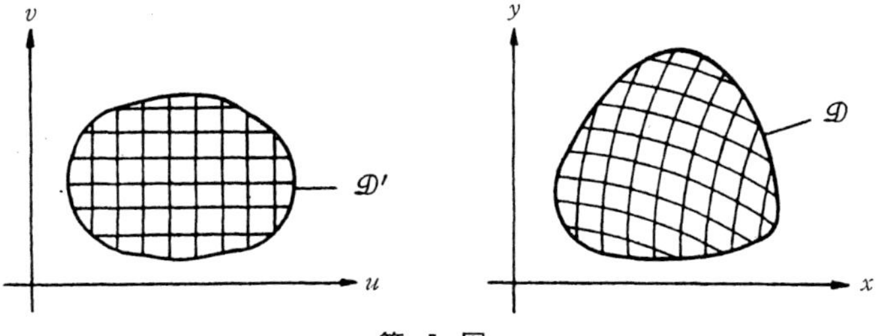


第 5 図

$$\iint_{\mathscr{D}} dxdy = \iint_{\mathscr{D}'} \det \frac{\partial \boldsymbol{x}}{\partial \boldsymbol{u}} dudv \tag{11}$$

が成立することはいいんだろう．だってさ，$\mathscr{D}'$ の分割に対応する $\mathscr{D}$ の分割線は，

$$x=\varphi(u,\ v)$$
$$y=\psi(u,\ v)$$

で，$u$=一定や$v$=一定とおいた曲線だから，$C^1$-クラスの平面曲線になるね．その曲線で$\mathscr{D}$が網目状に分けられるのさ．その一つ一つが第3図の$\Omega$なのだから，(8)から

(12)　　　$\Omega$の面積$=J(u,\ v)\times(u_i-u_{i-1})(v_j-v_{j-1})$

となり，これを全部集めると，

$$\mathscr{D}\text{の面積}=\sum_{i,j}J(u,\ v)(u_i-u_{i-1})(v_j-v_{j-1})$$

この分割を細かくして行った極限は左辺は一定，右辺は $\iint_{\mathscr{D}'}J(u,\ v)dudv$ に収束するだろう．

**中**．(12)はだめよ．(8)からわかるのは，どんな$\varepsilon>0$に対しても，分割の幅が小さければ

$$1-\varepsilon<\frac{\Omega\text{の面積}}{J\cdot(u_i-u_{i-1})(v_j-v_{j-1})}<1+\varepsilon$$

とできるということだから，分割の幅を$\delta$とすると

$$\Omega\text{の面積}=J\cdot(u_i-u_{i-1})(v_j-v_{j-1})+o(1)\cdot J\cdot(u_i-u_{i-1})(v_j-v_{j-1})$$

となってるんでしょう．このあとの項がつもりつもって，最後まで生き残ったらどうするの．

**発**．あ，そうか．うーん，いや，この第二項の和は $\sum_{i,j}o(1)J\cdot(u_i-u_{i-1})(v_j-v_{j-1})=o(1)\cdot\sum_{i,j}J\cdot(u_i-u_{i-1})(v_j-v_{j-1})$ と前に出て，0に収束するからやはりいいのさ．

**中**．だけど，その$o(1)$というのは一斉に外にくくり出せるの？ $i,\ j$に応じて，0に近づく早さがちがったりするとだめになるわよ．

**発**．うーん．

**北**．そうです．そこも(11)を証明する際に気をつけねばならない点ですね．しかし，もっと大切なことがあります．もし$J(\boldsymbol{u})<0$なら(11)の左辺は正，右辺は負となって奇妙ですね．

**白**．あっ，そうや．これ，あかんわ．

**北**．これはね，外積の性質からもわかるように $\det\dfrac{\partial \boldsymbol{x}}{\partial \boldsymbol{u}}=J(\boldsymbol{u})<0$ のときは，$x,\ y$の順序と$u,\ v$の順序が逆になっていて，右手系から左手系への変換になっているのです．だから，(11)で左辺は正なのに右辺は負になってしまうという妙なことが起らないようにするには，$J(\boldsymbol{u})$にはいつも絶対値をつけて考えることにすればよいことになります．そうすれば変換の偶奇性を気にしなくてすみます．しかし，一次元のとき

$$\int_b^a f(x)dx=-\int_a^b f(x)dx$$

と約束して，$a,\ b$の大小と関係なしに $\int_a^b f(x)dx$ が考えられるようにしたのと同じように，二次元でも

$$\iint_{\mathscr{D}\,ウラ} f(x, y)\,dxdy = -\iint_{\mathscr{D}\,オモテ} f(x, y)\,dxdy$$

と約束すれば，(11) は $J(\boldsymbol{u})<0$ のときは

$$\iint_{\mathscr{D}\,ウラ} dxdy = \iint_{\mathscr{D}\,オモテ} J(\boldsymbol{u})\,dudv$$

となって，絶対値をつけなくてもすみます．どっちでもかまいませんよ．

**中**．すると，$J$ が正になったり負になったりするときはどうするのですか？

**北**．そのときは，$\mathscr{D}'$ を $J>0$ の部分と $J<0$ の部分に分けますと第 6 図の左側のようになるでしょう．これを $\boldsymbol{x}=\boldsymbol{x}(\boldsymbol{u})$ で $(x, y)$ 平面にうつすと，$J=0$ の所で折れ曲って第 6 図の右側のようになります．$\mathscr{D}_1$, $\mathscr{D}_2$, $\mathscr{D}_3$ とそれに対応する $\mathscr{D}_1'$, $\mathscr{D}_2'$, $\mathscr{D}_3'$ にそれぞれ公式 (11) を適用すると，

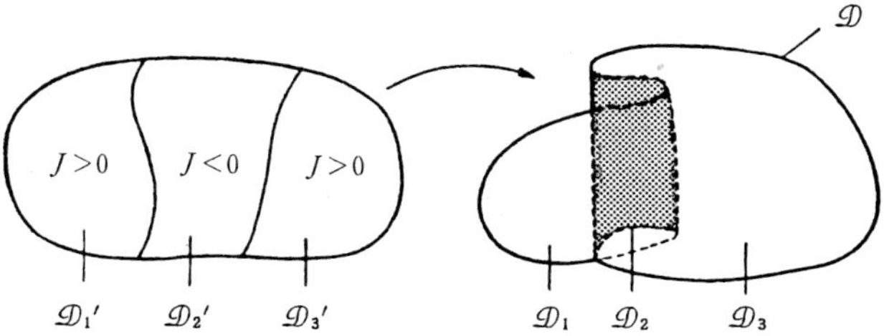


第 6 図

$$\iint_{\mathscr{D}'\,オモテ} J(\boldsymbol{u})\,dudv = \iint_{\mathscr{D}_1\,オモテ} dxdy + \iint_{\mathscr{D}_2\,ウラ} dxdy + \iint_{\mathscr{D}_3\,オモテ} dxdy$$

とはなりますが，この左辺は一般に $\iint_{\mathscr{D}} dxdy$ に等しくはありません．上の図からも，そのずれが読み取れますね，このように一般に $J$ の符号が変ると $\boldsymbol{x}=\boldsymbol{x}(\boldsymbol{u})$ が 1 対 1 の 対応であるという性質を失うので，(11) は一般には成立しなくなります．それから，$J$ の符号が一定でも，第 7 図のように，$\mathscr{D}$ 全体としては 1 対 1 でなくなるときがあります．そのときはもちろん，重なった部分の面積を 2 倍に勘定しないと (11) は正しくありません．

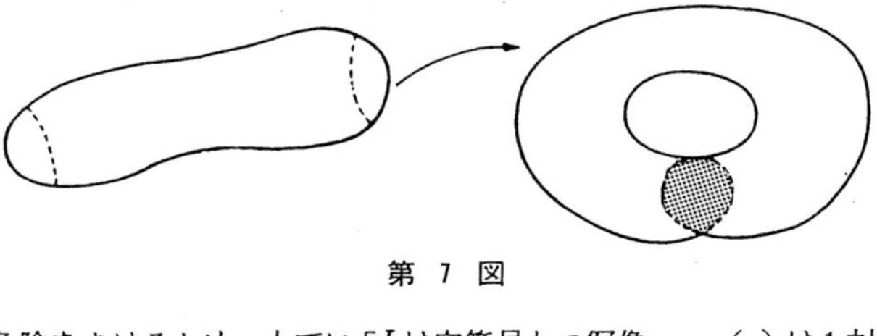

第 7 図

ですから，危険をさけるため，大てい「$J$ は定符号かつ写像 $\boldsymbol{x}=\boldsymbol{x}(\boldsymbol{u})$ は 1 対 1」と仮定するのです．そうして，(11) の代りに，$\mathscr{D}$ のオモテもウラもなく単に

$$\iint_{\mathscr{D}} dxdy = \iint_{\mathscr{D}'} |J(\boldsymbol{u})| dudv \tag{13}$$

ということを証明してある本が多いのです．このような仮定をおく必要を知るためにも，今いったことは大切ですね．

**中．** 先生，(13) から (9) はすぐでるのですか．

**北．** ええ，(13) の意味をはっきり理解すれば (9) は比較的簡単ですよ．つまり $\mathscr{D}'$ を細かく分割して，その一つ一つの小区域 $\delta_{ij}'$ での $f(\boldsymbol{x}(\boldsymbol{u}))$ の上限，下限を $M_{ij}$, $m_{ij}$ とすると

$$\iint_{\delta_{ij}'} m_{ij} |J(\boldsymbol{u})| dudv \leqslant \iint_{\delta_{ij}'} f(\boldsymbol{x}(\boldsymbol{u}))|J(\boldsymbol{u})| dudv \leqslant \iint_{\delta_{ij}'} M_{ij} |J(\boldsymbol{u})| dudv$$

この左端と右端の量は (13) によりそれぞれ $m_{ij}\mu(\delta_{ij})$*，$M_{ij}\mu(\delta_{ij})$ （$\delta_{ij}$ は $\delta_{ij}'$ に対応する $(x, y)$ 平面の小区域です）に等しいから，$i, j$ について加えると，

$$\sum_{i,j} m_{ij}\mu(\delta_{ij}) \leqslant \iint_{\mathscr{D}'} f(\boldsymbol{x}(\boldsymbol{u}))|J(\boldsymbol{u})| dudv \leqslant \sum_{i,j} M_{ij}\mu(\delta_{ij})$$

この両端は積分の定義から，分割を細かくするとき共通の一定値 $\iint_{\mathscr{D}} f(\boldsymbol{x})dxdy$ に収束します．まん中の値は分割に関係ない一定値ですから，結局

$$\iint_{\mathscr{D}} f(\boldsymbol{x})dxdy = \iint_{\mathscr{D}'} f(\boldsymbol{x}(\boldsymbol{u}))|J(\boldsymbol{u})| dudv$$

が成立するわけです．この証明で，$J(u)$ に絶対値をつけなくて $\mathscr{D}$ のウラオモテを区別してやっても注意してやりさえすれば同じように証明できますが，簡単だから絶対値をつけた方式でやったまでです．

**発．** 重積分の変数変換の公式の証明というのはいろんな所に落し穴みたいなのがあって気味が悪いんですね．さっきの，$J \fallingdotseq 0$ でも 1 対 1 とは限らないなんて，全然考えもしなかったことです．

**北．** ええ，たしかにこの公式の証明は微積分学の中の一つの難所，それも教える側にとっての難所でしょうね．というのは，今発田君が言ったいろんな落し穴があるというだけでなくその落し穴がたしかにここにあるのだということを説明するのがまた面倒なのです．そこで厳密性の保持を第一の任務と心得ている数学の先生は，落し穴の説明など考えず，ひたすら論理的にあやまちのない証明を行なうことに専念するものですから，往々にして学生諸君はあっけにとられてしまうハメになります．たとえば，(8)の証明など大変細かい神経を必要とするのでして，大ていの人はヤーメタといいたくなります．

それで，実は数学の先生の中でも見ているといくつかのパターンがあるようですよ．一つはあくまでも厳密主義を押し通す「厳密派」，これはしかし大ていどこかで厳密性を欠くこと

---

*　$\mu(\delta)$ は $\delta$ の面積

にあとで気がついて，「あーあ，今年もまた失敗した」と後悔し，「よし来年こそは」とさらに超厳密な証明を考えるといったタイプです．人間だれでも少しは失敗もあるものですよ．そう毎年完璧な証明を一分のすきもなく講義できるわけないのですが，このタイプの先生は割合多いですね．第2に「どうせわからんだろう」とばかり落し穴を伏せて素通りするタイプがあります．これは証明が一見きれいで何の苦労もなく学生諸君も納得して八方まるくおさまるので，大変結構なように見えますが，ぼくはあまり良いとは思いません．数学の，いや学問の発展は，そのようなきわどい落し穴のような所から往々にして出発するのでして，「しんどいから，めんどうだから」さけて通っていては，いつまでたっても飛躍は望めないことになります．第3は「こことここが落し穴だから気をつけろ」と注意して細かい証明はやらないというタイプです．ぼくのこの時間での態度もこの方式に従っているわけですが，このやり方の欠点は学生諸君がその注意を守ってもう一度自分で厳密な証明をたどって見ることを前提としている点にあります．大ていの人はそんなことをしないんです，残念ながら．それで，その場では証明されていないから何となく割り切れない気分のままずるずる行ってしまうことになります．しかし，そもそも大学の講義の聞きっぱなしだけで数学を理解しようなどというのは間違っていると思いますね．大学での勉強はやはり「自ら学ぶことを学ぶ」という点が大切だと思いますよ．

**白**．うへー，もう一ぺん変数変換の所を勉強してみます，ハイ．

## 練　習　問　題

**1.**　2次元および3次元の極座標変換の公式をかけ．

**2.**　$\displaystyle\iint_D \left(e^{\frac{y^2}{x^2}}-e^{x^2+y^2}\right)\frac{\sqrt{x^2+y^2}}{x^2}dxdy \quad (D=\{(x,y)\,;x^2+y^2\leqq 1,\ 0\leqq y\leqq x\})$

の値を求めよ．

**3.**　$\displaystyle\iint_D dxdy \qquad (D=\{(x,\ y):|l_1x+m_1y|\leqq a_1,\ |l_2x+m_2y|\leqq a_2\})$

の値を求めよ．ただし，$l_1m_2\neq l_2m_1$ とする．

**4.**　$z=f(x,y)$　$((x,y)\in D\subset R^2)$ を $C^1$‒ クラスの関数とするとき，その曲面の曲面積は $\displaystyle S=\iint_D\sqrt{1+\left(\frac{\partial f}{\partial x}\right)^2+\left(\frac{\partial f}{\partial y}\right)^2}\,dxdy$ で与えられる．もし $(x,\ y)$ を極座標変換して，$z=f(r\cos\theta,\ r\sin\theta)=\varphi(r,\ \theta)$ を得たとすれば，$S$ は $\varphi$ に関するどんな積分で与えられるか．

**5.**　球；$x^2+y^2+z^2\leqq a^2$ $(a>0)$ を二つの円柱：$x^2+y^2\leqq\pm ax$ でくり抜いたとき，残った球面の部分の面積を求めよ．（この部分をヴィヴィアニの穹面という．）

# 第 14 章　広義積分

## [1]　無限領域の積分

**北井**．今日は，広義積分*) について考えましょう．広義積分というのは，今まで有界な関数を有界な領域で考えて来たのに対し，有界でない関数や，有界でない領域についての積分を考えようというのです．

**白川**．$\frac{1}{x}$ の積分や $\int_0^{\infty}$ の形の積分のことですね．

**発田**．前に，たしか級数の所で，$\int_0^{\infty}$ の形の積分は，

(1)　$$\int_0^{\infty} f(x)dx=\lim_{M\to\infty}\int_0^M f(x)dx$$

ときめられていたんじゃなかったかな．

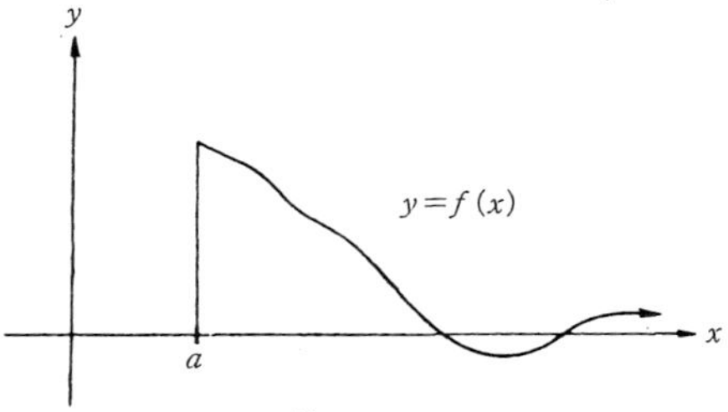

第 1 図

**北**．たしかにそうです．一変数の場合，半直線 $[a, \infty)$ 上の積分は(1)の形で定義することができます．しかし，(1) の定義は $\int_0^{\infty}$ の定義として考えられる唯一つのものでしょうか

**中山**．「∞ とかいてあるのは $\lim_{M\to\infty}$ である」というのが数学での常識だと思っていたんですが，それではいけませんか．

**北**．スローガンとしてはなかなかいいと思いますが，スローガンというものはたいてい例外がいっぱいあったり，大まかな原則を示しているだけでその中味は人によって千差万別であることが多いので，今のスローガンもいろいろ検討を要しますよ．

**発**．しかし，(1) の場合はそれ以外にはちょっと考えられないがなあ．

**北**．(1) は 1 次元の領域が，数の大小関係によって順序づけられていることに依存した定義でしょう．だから，もしこれと同じことを 2 次元で考えるとすると，たちまち困るんですよ．

**白**．ああ，2 次元の場合か．2 重積分やったらどうなるんかなあ．

---

* improper integral の訳．異常積分，変格積分などということもある．

**中**．こんなのどう．原点を中心とする円で半径をだんだん大きくして行くのよ．そしてその円と，今考えている領域との共通部分で積分して，極限をとるの．つまり，その円を $C_M$（$M$ は半径）として，考えてる無限領域を $\Omega$ とすると，

(2) $$\iint_{\Omega} f(x, y)dxdy = \lim_{M\to\infty}\iint_{\Omega\cap C_M} f(x, y)dxdy$$

とすればいいと思うけど（第 2 図）．

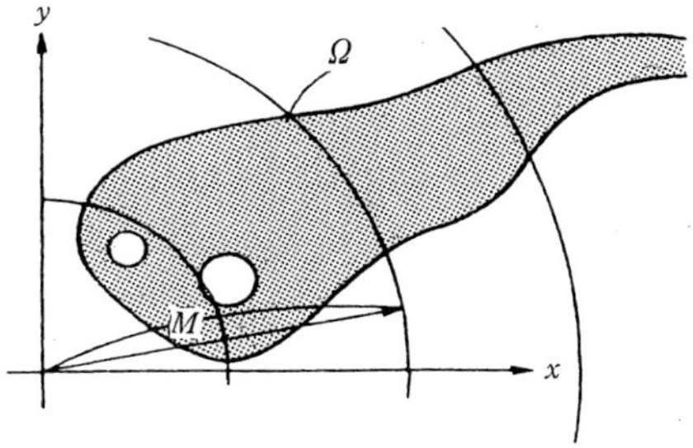


第 2 図

**発**．あ，なるほど，これだと 1 次元の場合はちょうど (1) になってるから，よさそうだなあ．

**北**．ちょっと聞きますが，この定義は，$f(x, y)$ と $\Omega$ を与えただけできまる値でしょうか．

**中**．そのう，今考えたばかりなのでちょっと……．

**発**．だって，無限領域を有限領域の極限として考えるのだから，値としてきまるのではないでしょうか．

**中**．ちがうのよ．先生のおっしゃってるのは，(2) の値は $C_M$ という円の列でなく，たとえば楕円の列だとか，正方形の列だとかをとって極限移行しても，(2) と同じ値になるかということよ．

**発**．あ，そうか．うーん，しかし，そんなものは別に気にしなくてもいいように思うがなあ．

**中**．気にする，しないの問題じゃなく，(2) の値が $C_M$ という列のえらび方にも関係するなら，$\iint_{\Omega} f(x, y)dxdy$ の定義に，ちゃんとそれをことわっておかなくちゃいけないでしょ．

**北**．そうなんです．しかも，(2) は実際，$C_M$ の形をかえると，一般にその値が変ってしまうんですよ．これは 1 次元の場合でも同じで，たとえば

(3) $$f(x)=\begin{cases}\dfrac{1}{1+x} & (x\geqq 0)\\[2mm] \dfrac{-1}{1-x} & (x<0)\end{cases}$$

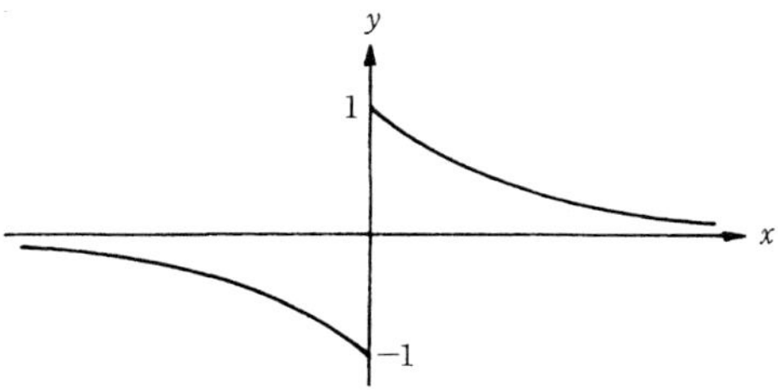


第 3 図

を全直線 $R=(-\infty, \infty)$ にわたって積分しますと，これは奇関数だから，

$$\int_{-M}^{M} f(x)dx=0$$

従って，(2) の形の定義に従うと，

$$\int_{-\infty}^{\infty} f(x)dx=\lim_{M\to\infty}\int_{-M}^{M} f(x)dx=0$$

となります．ところが，今，$\int_{-M}^{2M} f(x)dx$ を考えると，これは $\int_{M}^{2M} f(x)dx$ に等しいから，

$$\int_{-M}^{2M} f(x)dx = \int_{M}^{2M} \frac{dx}{1+x} = [\log(1+x)]_{M}^{2M} = \log(1+2M) - \log(1+M)$$

$$= \log\frac{1+2M}{1+M} = \log 2\left(\frac{1+\frac{1}{2M}}{1+\frac{1}{M}}\right) \xrightarrow[M\to\infty]{} \log 2$$

だから，$(-\infty, \infty)$ を $[-M, 2M]$ という有限区間でぶつ切りにして積分を求め，$M$ をどんどん大きくして行くと，それは $[-M, M]$ でぶつ切りにしたときの積分の極限値 0 とはちがった値に収束してしまうんですよ．

さらにもし，$[-M, 3M]$ できざんで $M\to\infty$ とすると $\log 3$ に収束するでしょう．一般に $[-M, \alpha M]$ 上の積分を求めてから $M\to\infty$ とすると $\log\alpha$ に収束します．$\alpha$ は任意の正数でよいから，結局，$\int_{-\infty}^{\infty} f(x)dx$ は任意の値でよいということになります．これではこまりますね．

**発**．なるほど，つまり，そんな有界領域の列のとり方で値が変ってしまうような定義は，定義として失格だということですね．

**北**．ええ，もちろん，$\lim_{M\to\infty}\int_{-M}^{M} f(x)\,dx$ を計算することが必要な場合もあります．特にフーリエ積分などを取り扱うときは，この形の積分が方々に顔を出します．そんな時注意しないといけないのは，この形の積分が広義積分 $\int_{-\infty}^{\infty} f(x)\,dx$ として，$f(x)$ と積分領域 $(-\infty, \infty)$ とだけからきまる値ではなく，特殊な極限操作できまる量だということですね．

**白**．そうすると，そんな有界領域列のとり方に関係しない，ほんまの広義積分 $\int_{-\infty}^{\infty} f(x)\,dx$ はどう定義するのですか．

**北**．ではその話にうつりましょう．広義積分といっても，関数が有界でない場合と領域が有界でない場合に分けられます．どちらでも考え方は同じですが，わかりやすいように，領域が有界でない場合をまず考えましょう．ですから考える関数は有界とします．それから，これからの話は次元に無関係なので，一応 2 次元での話をしますが，1 次元でも $n$ 次元でも同じだと思って聞いて下さい．今，積分領域を $\Omega$ とします．$\Omega$ の境界は面積 0 と仮定しておきましょう．

$$\iint_{\Omega} f(x,\ y)\,dxdy = \int_{\Omega} f(\boldsymbol{x})\,dxdy^{*}$$

をどう定義するかを問題にしているのですが，まず，$f(x,y) \geq 0$ の場合を考えます．この場合は，積分領域が広ければ広いほど積分した値は大きくなるはずだから，$\Omega$ の中のあらゆる

---

*　二重積分でもこのように $\int$ を一回しかかかないことがある．

有界閉集合上の積分（それらは有界関数の有界領域上の積分だから，普通の積分として計算できます）を考え，その上限を$\Omega$上の積分と定義します．つまり，

$$(4)\qquad \int_\Omega f(\boldsymbol{x})\,dxdy=\sup_{K\subset\Omega}\int_K f(\boldsymbol{x})\,dxdy \qquad (K\text{ は有界閉集合})$$

と定義するのです．これは$f$と$\Omega$とだけからきまる量です．もっとも，上限をとっているから，この値は$+\infty$となることがあります．そのときは広義積分は$+\infty$である，または発散する，といいます．

**白**．ふーん．あらゆる$K$を考えてその積分を全部計算して，となると，定義としてはええけど，なんや，ものすごいことをせんならんなあ．$\Omega$が有界なときとえらいちがいや．

**北**．(4)の計算法はまた別にいろいろ考えられます．それはあとにして，$\Omega$が有界のときも(4)が成立することを注意しておく必要はあるでしょう．

**白**．あ，そうか，$\Omega$が有界のときは，(4)の両辺にそれぞれ独立の意味があるから，その値が等しいかどうか証明せんといかんわけやな．

**北**．それは比較的簡単で，まずどんな$K$についても

$$\int_K f(\boldsymbol{x})\,dxdy\leqq\int_\Omega f(\boldsymbol{x})\,dxdy$$

は明らかでしょう．$K\subset\Omega$ですからね．従って，左辺の sup を考えても

$$\sup_{K\subset\Omega}\int_K f(\boldsymbol{x})\,dxdy\leqq\int_\Omega f(\boldsymbol{x})\,dxdy$$

が成立することがわかります．一方，$\Omega$は面積確定だから，任意の$\varepsilon>0$に対し，$\Omega$の中に含まれる多角形$K$で，$\Omega$との面積の差が$\varepsilon$以下であるようなものがとれます（第4図）．従って

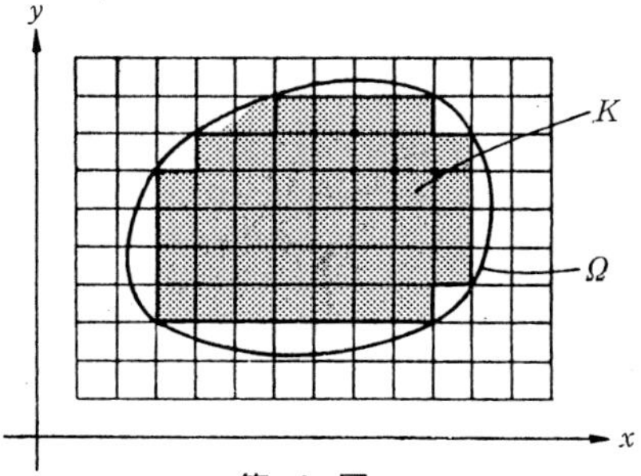

**第 4 図**

$$0\leqq\int_{\mathcal{D}} f(\boldsymbol{x})\,dxdy-\int_K f(\boldsymbol{x})\,dxdy\leqq\varepsilon\cdot M \qquad (M\text{ は}|f(\boldsymbol{x})|\text{の}\Omega\text{での最大値})$$

となり，いくらでも$\int_{\mathcal{D}} f(\boldsymbol{x})\,dxdy$に近い値の$\int_K f(\boldsymbol{x})\,dxdy$が存在することがわかりますから，(4)が成立します．

**発**．つまり，(4)は$\Omega$が有界のときに成立する性質なので，有界でないときの定義に採用しようというわけだな．

**北**．$f(\boldsymbol{x})$の符号が負のときも同じように定義できることは明らかでしょう．sup を inf に変えればいいんです．そこで，$f(\boldsymbol{x})$が一定符号でない場合を考えましょう．このときは，$f(\boldsymbol{x})$が正となる部分，負となる部分を別々に考えます．すなわち，

$$f_+(\boldsymbol{x})=\begin{cases}f(\boldsymbol{x}) & (f(\boldsymbol{x})\geqq 0)\\ 0 & (f(\boldsymbol{x})<0)\end{cases},\qquad f_-(\boldsymbol{x})=\begin{cases}0 & (f(\boldsymbol{x})\geqq 0)\\ -f(\boldsymbol{x}) & (f(\boldsymbol{x})<0)\end{cases}$$

とおきます（第5図）と，

$$f(\boldsymbol{x})=f_+(\boldsymbol{x})-f_-(\boldsymbol{x}),\qquad |f(\boldsymbol{x})|=f_+(\boldsymbol{x})+f_-(\boldsymbol{x}),$$

$$f_+(\boldsymbol{x})=\frac{1}{2}(|f(\boldsymbol{x})|+f(\boldsymbol{x})),\qquad f_-(\boldsymbol{x})=\frac{1}{2}(|f(\boldsymbol{x})|-f(\boldsymbol{x})),$$

が成立します．そこで

$$\int_\Omega f(\boldsymbol{x})dxdy=\int_\Omega f_+(\boldsymbol{x})dxdy-\int_\Omega f_-(\boldsymbol{x})dxdy \tag{5}$$

と定義するのですが，この右辺は次の4つの場合がありますね．つまり

(i)　二つの積分は共に有限の値をもつ．

(ii)　第1項は有限で第2項は $-\infty$．

(iii)　第1項は $+\infty$ で，第2項は有限．

(iv)　二つの積分が共に発散する．

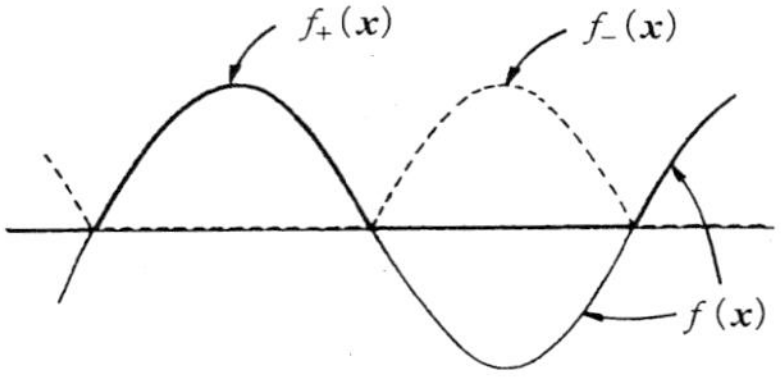


第 5 図

このうち (i) が成立するとき，(5) の右辺の値でもって，(5) の左辺の値と定義し，(5) は広義積分が絶対収束する，といいます．われわれが安心して定義できるのはこの場合だけでして，(ii) や (iii) の場合はそれぞれ積分は発散して，その値は $+\infty$，$-\infty$ であるということですし，また (iv) の場合はいわゆる条件収束の場合で，どんな値をあらかじめ指定しても $\Omega$ に含まれる有界閉集合の列 $K_n$ をうまく作ることにより，

$$\int_{K_n} f_+(\boldsymbol{x})dxdy-\int_{K_n} f_-(\boldsymbol{x})dxdy$$

をその値に収束させるようにできます．さっきの例 (3) はちょうどこの (iv) の場合に当ります．そうでしょう，(3) では

$$f_+(x)=\begin{cases}\dfrac{1}{1+x} & (x\geqq 0)\\ 0 & (x<0)\end{cases},\qquad f_-(x)=\begin{cases}0 & (x>0)\\ \dfrac{1}{1-x} & (x\leqq 0)\end{cases}$$

で，$\displaystyle\int_{-\infty}^\infty f_+(x)dx=\int_0^\infty \frac{dx}{1+x}$，$\displaystyle\int_{-\infty}^\infty f_-(x)dx=\int_{-\infty}^0 \frac{dx}{1-x}=\int_0^\infty \frac{dx}{1+x}$ となりますが $\displaystyle\int_0^M \frac{dx}{1+x}=\log(1+M)$ は $M$ をいろいろ動かしたとき有界じゃありませんから，その上限は $+\infty$，つまり $\displaystyle\int_0^\infty \frac{dx}{1+x}=+\infty$ です．いいかえると正の部分の積分も，負の部分の積分も共に $+\infty$ であって，うまく差し引きしながら計算すると有限の値に近づけることもできるが，発散させることもできる，というわけです．

**中**．さっき，先生が言われたフーリエ積分の所などでてくる $\displaystyle\lim_{M\to\infty}\int_{-M}^M f(x)\,dx$ の形の計算は，この条件収束の一つのやり方を表わしているのですね．

**発**．あ，そうか．級数で，

$$1-\frac{1}{2}+\frac{1}{3}-\frac{1}{4}+\cdots=\log 2$$

という形の集め方は，これはこれで意味があるのと同じで，$\lim_{M\to\infty}\int_{-M}^{M}f(x)dx$ も実用上，意味があるんだなあ．

**白**．それはわかるけど，(i)の場合，どうして絶対収束というんですか？　どこにも絶対値なんか出て来てませんけど．

**北**．いや，出て来ていますよ．$\int_{\mathscr{D}}f_+(\boldsymbol{x})dxdy$ と $\int_{\mathscr{D}}f_-(\boldsymbol{x})dxdy$ が共に有限だということは，$|f(\boldsymbol{x})|=\frac{1}{2}(f_+(\boldsymbol{x})+f_-(\boldsymbol{x}))$ について $\int_{\mathscr{D}}|f(\boldsymbol{x})|dxdy<+\infty$ が成立することを表わしているでしょう．

**白**．あ，なるほど．

**北**．逆に，$f_+(\boldsymbol{x})\leqslant|f(\boldsymbol{x})|$，$f_-(\boldsymbol{x})\leqslant|f(\boldsymbol{x})|$ だから，$|f(\boldsymbol{x})|$ が広義積分できれば，

$$\int_{\mathscr{D}}f_+(\boldsymbol{x})dxdy\leqslant\int_{\mathscr{D}}|f(\boldsymbol{x})|dxdy,\quad \int_{\mathscr{D}}f_-(\boldsymbol{x})dxdy\leqslant\int_{\mathscr{D}}|f(\boldsymbol{x})|dxdy$$

と，(i)が成立します．つまり，(i)が成立するための必要十分条件は $\int_{\mathscr{D}}|f(\boldsymbol{x})|dxdy<+\infty$ です．それで絶対収束する，というのです．

**中**．なんだか級数の復習をしているみたい．

## ［2］　広義積分の計算

**白**．先生，(i)の場合，実際の計算はどのようにするんですか．

**北**．sup だとどうしても計算しにくいので，極限の計算におきかえるんです．それには中山さんがさっき考えたように（第2図），$\Omega$ を覆いつくして行くような有界閉集合列 $K_n$ を作って，$\int_{K_n}f(\boldsymbol{x})\,dxdy$ の $n\to\infty$ とした極限値を考えればよろしい．証明は皆さんで考えてごらん．

**発**．ようし，考えてやろう．(i)が成立するという条件から

$$\lim_{n\to\infty}\int_{K_n}f(\boldsymbol{x})\,dxdy=\sup_{K\subset\Omega}\int_K f_+(\boldsymbol{x})\,dxdy-\sup_{K\subset\Omega}\int_K f_-(\boldsymbol{x})\,dxdy \tag{6}$$

をだせばいいわけだな．うーんと，これ，符号一定の場合に証明すればいんじゃないかな．

**白**．どうしてや？

**発**．正値関数 $f(\boldsymbol{x})$ について

$$\lim_{n\to\infty}\int_{K_n}f(\boldsymbol{x})\,dxdy=\sup_{K\subset\Omega}\int_K f(\boldsymbol{x})\,dxdy \tag{7}$$

が証明できたら，符号が一定でないときは，

$$\int_{K_n}f(\boldsymbol{x})\,dxdy=\int_{K_n}f_+(\boldsymbol{x})\,dxdy-\int_{K_n}f_-(\boldsymbol{x})\,dxdy \tag{8}$$

となって，右辺の各項はそれぞれ(7)によって，$\int_{\mathcal{D}} f_+(\boldsymbol{x})dxdy$, $\int_{\mathcal{D}} f_-(\boldsymbol{x})dxdy$ に収束するだろう．だから(8)の左辺はその差，つまり(6)の右辺に収束するってわけさ．

**中**．そうね．ということは，つまり $f(\boldsymbol{x})\geqq 0$ であって，(7)の右辺が有限ならば，$\Omega$ を覆いつくして行くような $K_n$ によって，(7)が成立することを証明すればいいのよ．

**白**．それやったら，$K_1\subset K_2\subset\cdots\subset K_n\subset\cdots$ とだんだん大きくして行ったら，

$$\int_{K_n} f(\boldsymbol{x})dxdy \longrightarrow \int_{\mathcal{D}} f(\boldsymbol{x})dxdy$$

となるんやろ．それでええのとちがうか？

**中**．そんなのだめよ．途中で止って，$\lim_{n\to\infty}\int_{K_n} f(\boldsymbol{x})dxdy < \int_{\mathcal{D}} f(\boldsymbol{x})dxdy$ となるかも知れないじゃないの．

**発**．とにかく，(7)の等号の所を $\leqq$ としたらたしかに成立するね．(7)の左辺は $\sup_n \int_{K_n} f(\boldsymbol{x})dxdy$ に等しいから，あらゆる考え得る有界閉集合上の積分値の上限の方が大きいわけだ．

**白**．うん，そやから逆の不等式を出したらええわけやな．

**中**．どんな $K$ をとっても，今考えている一列の $K_n$ のどれかに含まれてしまうなら，

$$\int_K f(\boldsymbol{x})dxdy \leqq \int_{K_n} f(\boldsymbol{x})dxdy \leqq \lim_{n\to\infty}\int_{K_n} f(\boldsymbol{x})dxdy$$

となるでしょう．だから $\sup_{K\subset\Omega}$ を考えると，

$$\sup_{K\subset\Omega}\int_K f(\boldsymbol{x})dxdy \leqq \lim_{n\to\infty}\int_{K_n} f(\boldsymbol{x})dxdy$$

となるじゃない．これでおしまいよ．

**発**．あ，なるほど，これですんだね．

**白**．その，今中山さんがいうた条件，どんな $K$ をとってもどれかの $K_n$ に含まれてしまうというの，いつでも大丈夫成立するか？

**中**．だんだん大きくなって $\Omega$ を覆いつくすのでしょう．だからいいんじゃない？

**北**．いや，それは実は間違いです．だから，条件の中へ入れておかねばなりません．つまり，$K_n$，$(n=1,2,\cdots)$ のみたすべき条件としては，

（a）　$K_n\subset K_{n+1}$　　$(n=1,2,\cdots)$

（b）　$\bigcup_{n=1}^{\infty} K_n=\Omega$

（c）　$K\subset\Omega$ となる任意の有界閉集合に対しある番号 $n$ があって，$K\subset K_n$．

があれば，君達の考えた証明で完全です．

**白**．先生，いつも変やなあと思うのは，$\bigcup_{n=1}^{\infty} K_n$ という書き方です．どうせ $K_1\subset K_2\subset\cdots\subset K_n\subset\cdots$ やから，$n=1$ からとせんでも，$n=2$ からでもかまへんのでしょう．そしたら，$n=3$ からでも，どこからでもええことになって，何や，わけがわからんようになるんですけど….

**北**．しかし，別にいらないからといって $n=1$ の場合も入れておいてやってかまわないでしょう．

**白**．そら，入れても入れんでも同じやから入れとこ，いわれたら，まあそれでもええかいなあ，と思うたりしますけど，どうも釈然としません．

**北**．もともと，$\bigcup_{n=1}^{\infty} K_n$ という集合は，$K_1, K_2, \cdots, K_n, \cdots$ のどれかに属するような点の全体を指すので，ある点が $K_1$ に属したらその点は $K_2$ にも $K_3$ にも，$K_n$ にも属しますが，「どれかに属する」という条件は満足しているわけですよ．

**中**．あら，$\bigcup_{n=1}^{\infty} K_n=\lim_{m\to\infty} \bigcup_{n=1}^{m} K_n$ じゃなかったんですか．「$\infty$ とかいてあるのは lim である．」と思ってたんですが……．

**北**．あまりスローガンばかりふりまわしても困りますね．大体，集合の lim なんてどんなものですか． 集合列 $A_n$ $(n=1, 2, \cdots)$ がある集合 $A$ に収束するというのを一般的に定義しなければならないでしょう．そうではなくて，

$$\bigcup_{n=1}^{\infty} A_n=\{x\text{; ある } n \text{ があって } x\in A_n\}$$

なのですよ．なお，(c) があれば (b) は自動的にみたされます．

**発**．(a) と (b) がみたされれば，(c) は自動的にみたされそうな気がしますが，そうならないような例はあるんでしょうか．

**北**．ええ，ありますよ．もっとも，ちょっと揚げ足とりのような感じの例で，あまり感じよくありませんが，それは，たとえば半平面 $y\geqq 0$ を覆いつくす有界閉集合の列 $K_n$ として，第6図のように，半径 $n$ の半円から，半径 $\dfrac{1}{n}$ の半円だけ取り去ったものを考えます．取り去る半円の一端はつねに原点になるようにとっておくのですよ．すると一辺が $x$ 軸上にある長方形 $K$ で，原点がその辺上にあるようなものを考えますと，この $K$ はどの $K_n$ にも含まれてしまわないでしょう．つまり，この $K_n$ $(n=1, 2, \cdots)$ は (a) と (b) はみたすが，(c) をみたしていないんですよ．

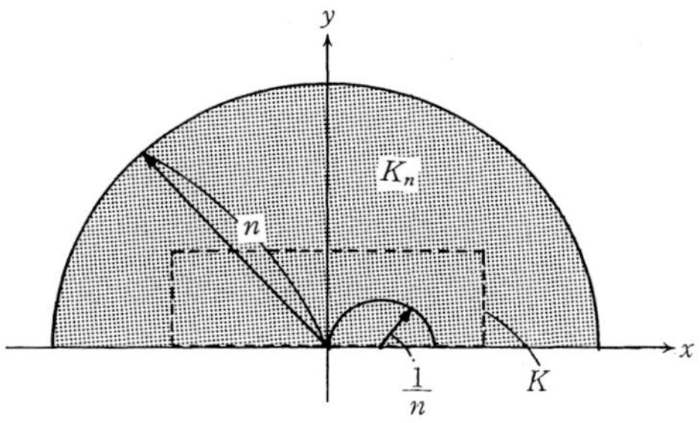

**第 6 図**

**白**．そんなん，ずるいですよ．半円 $\dfrac{1}{n}$ の円なんかくり抜かないで，もっとスナオに，半径形で半平面を覆えば問題は起らないじゃありませんか．

**発**．いや，それはだめだよ．たしかにスナオに $K_n$ を作れば問題はないけれど，何をスナオと見るかを規定しなけりゃだめだろ．それが (c) なのさ．つまり (c) が成立する程度にスナオに作ってくれといっているわけさ．

**白**．あ，そうか，ちぇっ，いやになるなあ，数学ちゅうのは．ものすごく意地悪やでえ．

**北**．よく目にする計算例として，

$$\int_0^\infty\int_0^\infty e^{-(x^2+y^2)}dxdy$$

というのを考えてみましょう．これは第一象限での正値関数の二重積分ですから，条件収束は起り得ないケースです．従って，(a),(b),(c)をみたす任意の $K_n$ について積分値を求めて，その $n\to\infty$ での極限値を求めれば，それが有限値ならその値が広義積分の値，それが $+\infty$ ならこの広義積分は発散である，ということになります．ですからとにかくそのような極限を求めればよろしい，今，そのような $K_n$ として，四分円

$$K_n=\{(x,\ y)\ ;\ x\geqq0, y\geqq0, x^2+y^2\leqq n^2\}$$

をとりますと，これは白川君のいうスナオな列なので，(a),(b),(c)をみたしています．そこで

$$\int_0^\infty\int_0^\infty e^{-(x^2+y^2)}dxdy=\lim_{n\to\infty}\iint_{K_n}e^{-(x^2+y^2)}dxdy$$

として計算できます．この lim の中の積分は極座標変換すると簡単に求まりますね．ヤコビアンは，$J(r,\theta)=r$ なので，

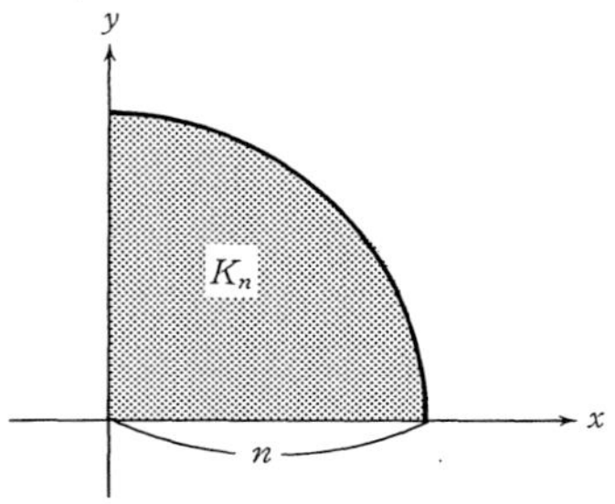


第 7 図

$$\iint_{R_n}e^{-(x^2+y^2)}dxdy=\int_{\theta=0}^{\frac{\pi}{2}}\int_{r=0}^{n}e^{-r^2}rdrd\theta=\int_{r=0}^{n}e^{-r^2}rdr\int_0^{\frac{\pi}{2}}d\theta=\frac{\pi}{4}(1-e^{-n^2})$$

従って，

$$\int_0^\infty\int_0^\infty e^{-(x^2+y^2)}dxdy=\frac{\pi}{4} \tag{9}$$

です．

**白**．先生，もし $K_n$ の代りに正方形 $S_n=\{(x,\ y)\ ;\ 0\leqq x\leqq n,\ 0\leqq y\leqq n\}$ をとっても同じ値に収束しますか．

**北**．ええ，どんな列でも(a),(b),(c)さえみたせば，皆同じ値に収束しますよ．

**白**．ふーん，そんなら $S_n$ で計算してみよう．

$$\iint_{S_n}e^{-(x^2+y^2)}dxdy=\int_0^n\int_0^n e^{-x^2}e^{-y^2}dxdy=\int_0^n e^{-x^2}dx\int_0^n e^{-y^2}dy=\left(\int_0^n e^{-x^2}dx\right)^2$$

あれえ，

$$\int_0^\infty\int_0^\infty e^{-(x^2+y^2)}dxdy=\left(\int_0^\infty e^{-x^2}dx\right)^2 \tag{10}$$

となったぞ．$\int_0^\infty e^{-x^2}dx$ はどんな値やったかなあ．

**北**．あのね，むしろ $\int_0^\infty e^{-x^2}dx$ の値をこの二重積分から求めることができるんですよ．つまり，(9)と(10)から，

$$\left(\int_0^\infty e^{-x^2}dx\right)^2=\frac{\pi}{4}$$

となり，従って，($e^{-x^2}>0$ だから)

$$\int_0^\infty e^{-x^2}dx=\frac{\sqrt{\pi}}{2}$$

であることがわかります.

## [3] order による評価

**中**. 先生，さっきから，私，広義積分というのは無限級数の収束の話とよく似ているなあと思って聞いているんですけど，正項級数の収束判定のように，広義積分が絶対収束するための判定法のようなものはあるんでしょうか.

**北**. そうですね. それに相当するものとしては，やはり，考えている有界関数 $f(\boldsymbol{x})$ の $|\boldsymbol{x}|\to\infty$ のときの減少の order を見る定理があります. たとえば，2次元平面全体で定義された関数 $f(x, y)$ の $r=\sqrt{x^2+y^2}\to\infty$ のときの値が,

(11) $$|f(x, y)|\leqq\frac{C}{r^{2+\alpha}}\qquad(\alpha>0,\ C>0\ \text{は一定数})$$

程度に小さくなって行くときには，$f(x, y)$ の全平面上での広義積分は絶対収束します.

なぜなら，今，不等式 (11) が $x^2+y^2>R^2$ という領域で成立しているとしますと，

$$\int_{-\infty}^\infty\int_{-\infty}^\infty|f(x, y)|dxdy=\iint_{x^2+y^2\leqq R^2}|f(x, y)|dxdy+\iint_{x^2+y^2>R^2}|f(x, y)|dxdy,$$

右辺の第1項は有限値をとりますから問題はなく，第2項は (11) によって

$$\iint_{x^2+y^2>R^2}|f(x, y)|dxdy\leqq\iint_{x^2+y^2>R^2}\frac{C}{r^{2+\alpha}}dxdy.$$

極座標変換しますと，この右辺の積分は

$$=C\int_{\theta=0}^{2\pi}\int_{r=R}^\infty\frac{rdrd\theta}{r^{2+\alpha}}=C\int_R^\infty\frac{dr}{r^{1+\alpha}}\int_0^{2\pi}d\theta=\frac{2\pi C}{\alpha}\cdot\frac{1}{R^\alpha}$$

となってやはり有限の値になります. 従って，$f(x, y)$ の広義積分は絶対収束します.

**発**. そうすると (11) の $r^{2+\alpha}$ というのは2次元の場合の特殊性ですね.

**北**. そうです. 1次元だったら $r^{1+\alpha}$ となりますし，$n$ 次元なら $r^{n+\alpha}$ となります.

**白**. へえ，どうしてですか？

**北**. 今の証明で，極座標変換の $dxdy=rdrd\theta$ の所が変って，$n$ 次元なら $r^{n-1}$ がかかるから $\dfrac{r^{n-1}}{r^{n+\alpha}}=\dfrac{1}{r^{1+\alpha}}$ となって，この $dr$ に関する1次元の積分が収束してくれるんですよ.

**中**. $\alpha=0$ ならだめですか.

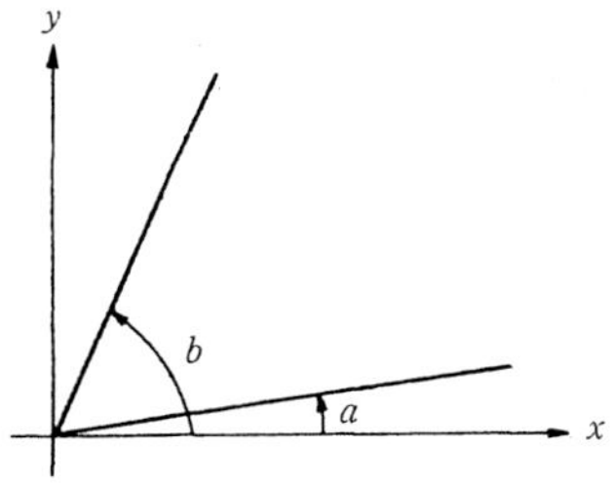


第 8 図

**北**．それはだめです．たとえば $f(x,y)=\dfrac{1}{r^2}=\dfrac{1}{x^2+y^2}$ の全平面上の積分は発散します．それから，この定理は，あくまで全平面上で与えられた関数についての定理だということを忘れないで下さい．実は，この定理は扇形領域 $\{(r,\theta)\,;\,0\leqq r<\infty,\ a\leqq\theta\leqq b\}$ についてなら同じように成立します（第8図）．極座標変換のとき $\theta$ に関する積分が0から $2\pi$ までではなく $a$ から $b$ までに変るだけですから，証明の方法は全く同じです．しかし，積分領域の無限への拡がり方が，第9図(a)のように，1次元的にしか拡がらない場合にはその方向への関数の減少の仕方は $\dfrac{1}{r^{2+\alpha}}$ でなくてもよく，$\dfrac{1}{r^{1+\alpha}}$ でよろしい．さらに，(b)のように，領域の境界が放物線になっているような場合には，その形に応じて $r$ のべき指数が変ります．詳しいことは皆さんがめいめいに考えて下さい．

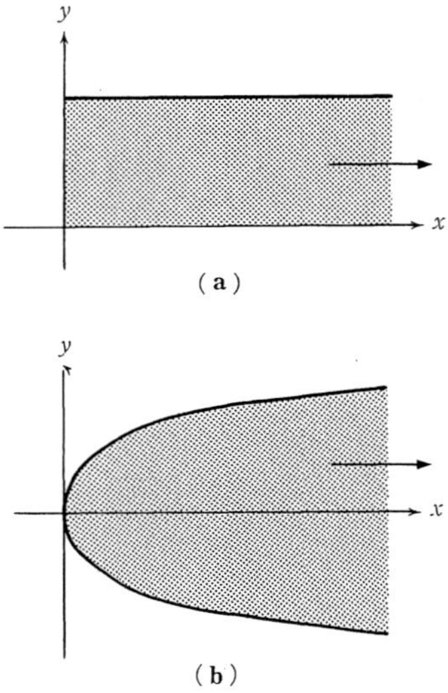

第 9 図

## [4]　非有界関数の広義積分

**発**．関数が有界でない場合の広義積分はどう考えるのですか．

**北**．それは，非有界領域に関する広義積分と全く同じ考え方でできます．つまりまず $f(\boldsymbol{x})\geqq 0$ の場合，$f(\boldsymbol{x})$ が有界となるようなあらゆる有界閉集合 $K$ 上の積分の上限を $f(\boldsymbol{x})$ の広義積分といいます．つまり

$$\int_{\Omega} f(\boldsymbol{x})\,dxdy=\sup_{K\subset\Omega}\int_{K} f(\boldsymbol{x})\,dxdy$$

と定義します．また，符号が一定でないときには前と同様 $f_+(\boldsymbol{x})$ と $f_-(\boldsymbol{x})$ を考えて，絶対収束，条件収束等を考えることになります．その他，全く同じ議論をくり返すことになるから，もうこれ以上やらなくてもいいでしょう．

**発**．すると，order 比較定理も同じように成立するのですか．

**北**．ああ，それだけ少しちがいますね．$f(x,y)$ が一点 $(x_0,y_0)$ の近傍で有界でないとき，つまり，$(x,y)\to(x_0,y_0)$ につれて $|f(x,y)|\to\infty$ となるとき，その増大の order が

$$(12)\qquad |f(x,y)|\leqq\frac{C}{r^{2-\alpha}}\qquad (\alpha>0,\ C>0,\ r=\sqrt{(x-x_0)^2+(y-y_0)^2}\,)$$

であれば，その点の近傍の広義積分は絶対収束する，というのが order 比較定理です．

**白**．あ，今度は $r^{2-\alpha}$ と引き算になるのか．

**北**．この証明も簡単で，$(x_0,y_0)$ のまわりで (12) が成立する近傍を $\{r\leqq R\}$ であるとします

と，極座標変換により，

$$\iint_{r\leqq R}|f(x,y)|dxdy\leqq\iint_{r\leqq R}\frac{C}{r^{2-\alpha}}dxdy=C\int_{\theta=0}^{2\pi}d\theta\int_{r=0}^{R}\frac{dr}{r^{1-\alpha}}=\frac{2\pi C}{\alpha}R^{\alpha}$$

となって絶対収束です．

**中**．結局，一次元の積分で $\int_0^1\frac{dx}{x^a}$ が収束するのは $a<1$ のとき，$\int_1^{\infty}\frac{dx}{x^a}$ が収束するのは $a>1$ のとき，というのを使ってそれぞれ多次元の場合の積分を評価しているのですね．

**北**．そうです．だから，これも $n$ 次元だと (12) の代りに，

$$|f(\boldsymbol{x})|\leqq\frac{C}{r^{n-\alpha}}$$

という条件をおくことになります．

それから，$|f(x,y)|\to+\infty$ となる場所が一点でなく，壁のように，ある曲線 $l$ にそって $f(x,y)$ が立ち上っているような場合には，当然今言ったような order で評価してはいけません．そのような時は，その曲線の法線方向と接線方向に分けて考えるとすぐわかるように，法線方向から $(x,y)$ がその曲線に近づくときの $|f(\boldsymbol{x})|$ の増大の order が1次元的に積分可能でなくてはならず，従って，

$$|f(x,y)|\leqq\frac{C}{d(\boldsymbol{x},l)^{1-\alpha}}\ ^*$$

の形の条件の下で広義積分は絶対収束します．

では，今日は練習問題を出しますから，やって下さい．

「次の二重積分は収束するかどうかを判定せよ．

(13) $$\int_{-\infty}^{\infty}\int_{-\infty}^{\infty}\frac{\sqrt{x^2+y^2}}{(1+(x+y)^2)(1+(x-y)^2)}dxdy$$ 」

## [5] 演　　習

**白**．分母は大体 $r^4$ の order で分子は $r$ やから全体は $\frac{1}{r^3}$ の order で減少するのとちがうか．

**中**．どうも，そうじゃないらしいわよ．$x=y$ という直線上では分母は $r^2$ の order でしょう．$x+y=0$ の上でも同じよ．

**白**．あ，そうやな，そんなら，発散か．

**発**．そうとも言えないよ．さっきの定理は全平面上の評価だから，一直線上で評価できなくたって，全体としては収束かも知れないじゃないか．

**白**．それもそうやな．うーん，わからんなあ．極座標変換でもしてみるか．

**中**．どうして極座標変換なんかするの？

**白**．どうしてって，別に理由はないけれど，変換してみたらうまいこといくかも知れんやないか．

---

* $d(\boldsymbol{x},l)$ は $\boldsymbol{x}$ と $l$ との距離を表わす．

**中**．極座標変換するってことは，原点まわりの廻転と原点から遠ざかる比例拡大に分けて考えるってことでしょう．この積分は，$x=y$ と $x=-y$ の二本の直線の所が少し高くなっているので，廻転したって別にどうってことないわよ．

**発**．むしろ，$x-y=u$，$x+y=v$ とおいて一定角だけまわしてみたら？　その方がわかりやすくなるよ．

**中**．そうね．それはいい考えね．$(x, y) \longleftrightarrow (u, v)$ のヤコビアンは $\dfrac{\partial(x, y)}{\partial(u, v)}=\dfrac{1}{2}$ だから，

$$\iint_{R^2}\frac{\sqrt{x^2+y^2}}{(1+(x+y)^2)(1+(x-y)^2)}dxdy=\iint_{R^2}\frac{\frac{1}{2}\sqrt{(u+v)^2+(v-u)^2}}{(1+v^2)(1+u^2)}\cdot\frac{1}{2}dudv$$
$$=\frac{1}{2\sqrt{2}}\iint_{R^2}\frac{\sqrt{u^2+v^2}}{(1+u^2)(1+v^2)}dudv$$

となるわよ．少し見やすくなったわ．

**白**．というても，やっぱりさっきと同じや．$u=0$ の所と $v=0$ の所が order が $\dfrac{1}{r}$ になりよる．この積分，どう変形するんやろ．うーん．（と三人とも考えこむ）

**白**．この分子の $\sqrt{u^2+v^2}$ というやつが感じ悪いんや．これが $u, v$ の多項式やったらうまいこと変形できるんやけどな．

**中**．あっ，今あなたが言ったのでわかったわ！　$\sqrt{u^2+v^2}\sim|u|+|v|$ でしょう．これでおきかえるのよ．

**発**．その〜というのは一体何？

**中**．つまり，order が同じということよ．もっと正確にいうと，ええと，どうだったかな．

(14)
$$\frac{1}{\sqrt{2}}(|u|+|v|)\leqslant\sqrt{u^2+v^2}\leqslant|u|+|v|$$

だったと思うわ．

**発**．(14) は正しいよ．各辺を 2 乗してみたらすぐわかる．

**中**．でしょう．だから，もし

(15)
$$\iint_{R^2}\frac{|u|+|v|}{(1+u^2)(1+v^2)}dudv$$

が発散したら，(14) の第 1 の不等式から，(13) も発散よ．また (15) が収束したら，(14) の第 2 の不等式から，(13) も収束するわよ．

**白**．バンザイ！　(15) やったらまかしとき．ええと，

$$(15)=\iint_{R^2}\frac{|u|}{(1+u^2)(1+v^2)}dudv+\iint_{R^2}\frac{|v|}{(1+u^2)(1+v^2)}dudv$$
$$=\int_{-\infty}^{\infty}\frac{|u|}{1+u^2}du\int_{-\infty}^{\infty}\frac{dv}{1+v^2}+\int_{-\infty}^{\infty}\frac{du}{1+u^2}\int_{-\infty}^{\infty}\frac{|v|}{1+v^2}dv$$
$$=4\int_0^{\infty}\frac{udu}{1+u^2}\int_{-\infty}^{\infty}\frac{dv}{1+v^2}$$

あっ，この二つの積分の初めの方は $\infty$ やでえ．

**中**．そうね．だから (13) は発散ってわけね．

## 練　習　問　題

**1.**　$$\int_0^1\left(\frac{1}{x}-\left[\frac{1}{x}\right]\right)dx$$

の値を求めよ．ただし $[a]$ は $a$ をこえない最大の整数を表わす．[　] をガウスの記号という．

**2.**　$$\iint_D\frac{dx\,dy}{\sqrt{x-y}}\qquad (D=\{(x,\ y);\ 0\leqq y\leqq x,\ 0\leqq x\leqq 1\})$$

の値を求めよ．

**3.**　$$\iint_D x^{-\frac{3}{2}}e^{y-x}dx\,dy\qquad (D=\{(x,\ y)\,;0\leqq y\leqq x\})$$

の値を求めよ．

**4.**　$D_\alpha{}^+=\{(x,\ y)\,;0\leqq y\leqq x,\ \ \alpha\leqq x\leqq 1\}$，$D_\beta{}^-=\{(x,\ y)\,;0\leqq x\leqq y,\ \ \beta\leqq y\leqq 1\}$，$D=D_\alpha{}^+\cup D_\beta{}^-$ とするとき，

$$\iint_D\frac{x^2-y^2}{(x^2+y^2)^2}dx\,dy$$

の値を求めよ．次に $\alpha,\beta\to 0$ とするとき，この値はどんな値にも収束させることができることをたしかめよ．

# 第 15 章　ガンマ関数とベータ関数

## [1]　球の体積

**北井．** 球の体積を計算できますか．

**白川．** 今日は計算練習ですか．ええと，球の体積は，

$$V=2\iint_{x^2+y^2\leqq a^2}\sqrt{a^2-x^2-y^2}\,dxdy \tag{1}$$

を計算したらええのやな．これは，くり返し積分に直すと，

$$=2\int_{-a}^{a}\left(\int_{x=-\sqrt{a^2-y^2}}^{\sqrt{a^2-y^2}}\sqrt{a^2-x^2-y^2}\,dx\right)dy.$$

この(　)の中の積分は，ええと，うーん，この形の積分は

$$\int\sqrt{c^2-x^2}\,dx=\frac{1}{2}\left(x\sqrt{c^2-x^2}+c^2\,\mathrm{Arcsin}\frac{x}{c}\right) \tag{2}$$

の，$c$ の所へ $\sqrt{a^2-y^2}$ を代入して，求めたらええのやから，

$$\int_{-\sqrt{a^2-y^2}}^{\sqrt{a^2-y^2}}\sqrt{a^2-y^2-x^2}\,dx$$

$$=\left[\frac{1}{2}\left(x\sqrt{a^2-y^2-x^2}+(a^2-y^2)\,\mathrm{Arc\,sin}\frac{x}{\sqrt{a^2-y^2}}\right)\right]_{x=-\sqrt{a^2-y^2}}^{\sqrt{a^2-y^2}}$$

$$=\frac{1}{2}(a^2-y^2)(\mathrm{Arcsin}\,1-\mathrm{Arcsin}(-1))$$

$$=\frac{\pi}{2}(a^2-y^2).$$

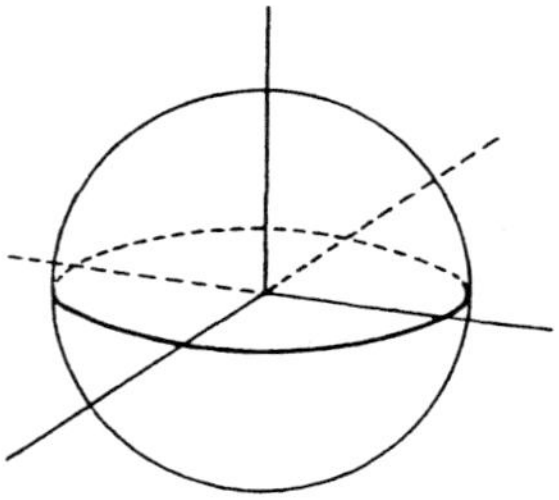

第 1 図

あ，うまい形になりよった．すると，

$$V=2\int_{-a}^{a}\frac{\pi}{2}(a^2-y^2)dy=\pi\left[a^2y-\frac{y^3}{3}\right]_{-a}^{a}=\frac{4}{3}\pi a^3.$$

**発田．** (2) の式はどうしてでてくる？

**白．** それは公式集で見たんや，実は．（とアタマをかく）

**中山．** 公式集を見なくても，$\sqrt{c^2-x^2}=1\cdot\sqrt{c^2-x^2}$ として，こ

れを部分積分したら (2) はすぐでるわ.

**北**. ではね，4次元空間の球の体積は？

**白**. うわあ，4次元空間でも球の体積というのが考えられるのかあ.

**発**. そりゃ，考えられるさ. 何次元も同じことだろう.

**白**. うん，まあ，前の時間に，$n$ 重積分というのを習ったから，4次元でも5次元でも体積を考えてええのやけど，今までは何となく抽象的に考えてたもんやさかい，具体的に4次元の球の体積といわれると，どないしてええのやらわからん.

**発**. それは，(1) と同じ形になるんだよ. 4次元の球だと，

$$V=2\iiint_{x^2+y^2+z^2\leqq a^2}\sqrt{a^2-x^2-y^2-z^2}\,dxdydz \tag{3}$$

となるのさ.

**白**. どうしてそれが4次元の球の体積やといえるの.

**発**. ええと，つまりだね，4次元空間のある集合 $\Omega$ の体積とは，$\Omega$ の定義関数

$$\chi_\Omega(x,y,z,w)=\begin{cases}1 & (x,y,z,w)\in\Omega\\ 0 & (x,y,z,w)\notin\Omega\end{cases}$$

の4重積分，

$$\iiiint_{\mathcal{D}}\chi_\Omega(x,y,z,w)\,dxdydzdw \tag{4}$$

のことだろ. この積分が存在するとしての話だがね. $\mathcal{D}$ は $\Omega$ を含む長方体とするんだよ.

**中**. それが体積の定義なのね.

**発**. そうだよ. 今 $\Omega$ として，

$$\Omega=\{(x,y,z,w)\,;\,x^2+y^2+z^2+w^2\leqq a^2\}$$

ととると，これが4次元の球であるってわけさ. そこでこの $\Omega$ に関する4重積分 (4) を考えるんだが，$dw$ についてまず積分すると，$w^2\leqq a^2-x^2-y^2-z^2$ という範囲の積分となるから，(4) は

$$=\iiint_{x^2+y^2+z^2\leqq a^2}\left(\int_{w=-\sqrt{a^2-x^2-y^2-z^2}}^{+\sqrt{a^2-x^2-y^2-z^2}}dw\right)dxdydz$$

となるだろう. この（　）の中は $2\sqrt{a^2-x^2-y^2-z^2}$ となるじゃないか. だから (3) は4次元の球の体積を表わすんだよ. そもそも，3次元の球の体積を2重積分 (1) で求める時も同じ考えで，3重積分

$$\iiint\chi_\Omega(x,y,z)\,dxdydz$$

から1次元落してでてくるんだったろう.

**白**. なるほど，わかった. そんなら，(3) を計算しよう. まず $x$ について積分して，

$$V=2\int_{-a}^{a}\left(\int_{-\sqrt{a^2-z^2}}^{\sqrt{a^2-z^2}}\left(\int_{-\sqrt{a^2-y^2-z^2}}^{\sqrt{a^2-y^2-z^2}}\sqrt{a^2-y^2-z^2-x^2}\,dx\right)dy\right)dz$$

$$=2\int_{-a}^{a}\left(\int_{-\sqrt{a^2-z^2}}^{\sqrt{a^2-z^2}}\frac{\pi}{2}(a^2-y^2-z^2)\,dy\right)dz$$

$$=\frac{4\pi}{3}\int_{-a}^{a}(a^2-z^2)^{3/2}dz$$

となるなあ．ちえっ，せっかく2行目で多項式の積分になったと思うて喜んだのも束の間，また無理関数の積分になってしもたわ．めんどくさいなあ，だれかやってくれ．

**中**．ものぐさなのね．この形の関数は $z=a\sin\theta$ と変換して不定積分が求められるって教科書にあったんじゃない．

**白**．そら，そうかも知らんけど，もういやになったんや．やってえな．

**中**．しょうのない人だこと．ええと，$z=a\sin\theta$ とおくと，$\theta$ の動く範囲は $-\frac{\pi}{2}$ から $\frac{\pi}{2}$ となって，$dz=a\cos\theta\cdot d\theta$ となるから，

$$V=\frac{4\pi}{3}\int_{-\pi/2}^{\pi/2}a^4\cos^4\theta\,d\theta=\frac{8\pi}{3}a^4\int_0^{\pi/2}\cos^4\theta\,d\theta$$

この定積分はどうするんだっけ．あ，そうそう，一つだけ部分積分するんだったわ．

$$\int_0^{\pi/2}\cos^4\theta\,d\theta=\Big[\cos^3\theta\cdot\sin\theta\Big]_0^{\pi/2}+\int_0^{\pi/2}3\cos^2\theta\cdot\sin^2\theta\,d\theta$$

$$=3\int_0^{\pi/2}\cos^2\theta\,d\theta-3\int_0^{\pi/2}\cos^4\theta\,d\theta$$

だから，

$$\int_0^{\pi/2}\cos^4\theta\,d\theta=\frac{3}{4}\int_0^{\pi/2}\cos^2\theta\,d\theta=\frac{3}{4}\cdot\frac{\pi}{4}$$

となるじゃない．結局

$$V=\frac{\pi^2}{2}a^4$$

だわ．

## [2]　極　座　標

**中**．でも，白川さんの計算，何となく要領悪いような感じだわねえ．大体，$\sqrt{c^2-x^2}$ の不定積分なんていやなものでしょう．

**白**．要領悪うてえらいすまなんだ．どうしたらええの，そしたら．$n$ 重積分いうたら $n$ 回順番に積分するより他に手はないと思うけど…….

**中**．たとえば(1)だと，極座標変換すると，

$$V=2\int_{\theta=0}^{2\pi}\int_{r=0}^{a}\sqrt{a^2-r^2}\cdot r\,dr\,d\theta=2\int_0^{2\pi}d\theta\cdot\int_0^{a}r\sqrt{a^2-r^2}\,dr$$

となって，二つの定積分を別々にすればいいことになるでしょう．あなたのようにせっかく一度多項式の積分にまでもって来たのにまたまた変なものになってしまうなんてことはなくてすむわ．

**北**．どうも白川君の計算は評判がよくありませんね．たしかに，$n$重積分をいつも単純にくり返し積分によって計算することはよくないんです．それだと，たとえば$n$次元空間の球，

$$\Omega=\{(x_1,\ \cdots,\ x_n):\ \sum_{i=1}^{n}x_i{}^2\leqq a^2\}$$

の体積を求めることはほとんど不可能になりますよ．

**白**．うわあ，$n$一般ですか．そんなもんさっぱり見当がつかんわ．

**北**．では$n$次元空間の球の体積を求めてみましょう．積分をかいてごらん．

**発**．それは，

$$V=\underset{\sum_{i=1}^{n}xi^2\leqq a^2}{\int\cdots\int}dx_1\cdots dx_n \tag{5}$$

です．こうかくことはやさしいけれど，これをどうするのかなあ．

**北**．なあに，簡単です．中山さんが言ったように極座標変換するのが最も自然でしょう．

**白**．でも先生，$n$次元の極座標変換て，どんなものですか．

**北**．あ，それから説明すべきですね．$R^n$の任意の点$\boldsymbol{x}=(x_1,\ \cdots,\ x_n)$から$x_1$軸への正射影を考えるとき，原点Oと$\boldsymbol{x}$を結ぶ線分と$x_1$軸正の方向とのなす角を$\theta_1$，その線分の長さを$r$とすると，

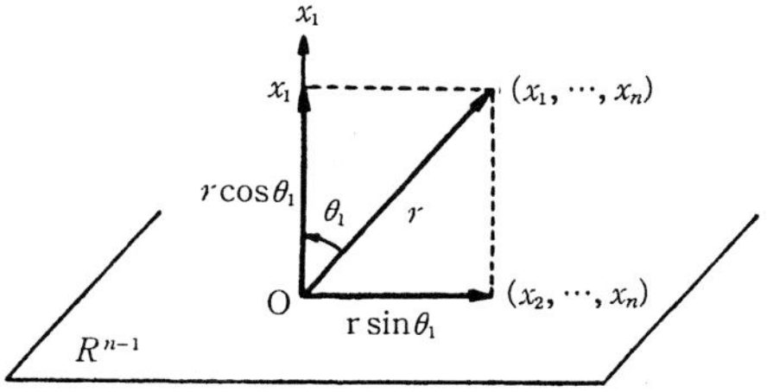


第 2 図

$$x_1=r\cos\theta_1$$

が成立することは正射影の性質から明らかですね．そしてそのとき同時に，$x_1$軸と直交する超平面，つまり$(x_2,\ \cdots,\ x_n)$平面への正射影は$(0,\ x_2,\ \cdots,\ x_n)$であるわけです．これを$R^{n-1}$の座標点$(x_2,\ \cdots,\ x_n)$と考えて，$R^{n-1}$での極座標を考えればよろしい．このように次々に次元を下げて行きますとおしまいに1次元となるから，これで極座標の構成は完成するわけです．

**白**．そういわれても，ちょっとピンときませんが……．

**北**．つまり，最初は$x_1=r\cos\theta_1$ですね．その次は，原点Oと$(x_2,\ \cdots,\ x_n)$を結ぶ線分と，$x_2$軸とのなす角を$\theta_2$とすると，その線分の長さは明らかに$r\sin\theta_1$ですから，次の式は

$$x_2=r\sin\theta_1\cos\theta_2$$

となります．同様に $x_3$ は $x_3=r\sin\theta_1\sin\theta_2\cos\theta_3$ となり，次々に同様の式がでて来て，最後から2つ目までは同じで，$x_{n-1}=r\sin\theta_1\sin\theta_2\cdots\cos\theta_{n-1}$ ですが，最後は $x_n$ 軸への正射影だけが残り，それは，新しい角が出てこないで，$x_n=r\sin\theta_1\sin\theta_2\cdots\sin\theta_{n-1}$ となるだけです．つまり，

$$
\begin{aligned}
x_1&=r\cos\theta_1\\
x_2&=r\sin\theta_1\cos\theta_2\\
x_3&=r\sin\theta_1\sin\theta_2\cos\theta_3\\
&\cdots\cdots\cdots\cdots\\
x_{n-1}&=r\sin\theta_1\sin\theta_2\cdots\sin\theta_{n-2}\cos\theta_{n-1}\\
x_n&=r\sin\theta_1\sin\theta_2\cdots\sin\theta_{n-2}\sin\theta_{n-1}
\end{aligned}
\tag{6}
$$

が $n$ 次元極座標なんです．

**中**．先生，それだと，3次元のときは

$$
\begin{aligned}
x&=r\cos\theta\\
y&=r\sin\theta\cos\varphi\\
z&=r\sin\theta\sin\varphi
\end{aligned}
$$

となりますが，これは普通の順序とちがいますよ．

**北**．ええ，人によっては $x_n$ から始めて，次々に $x_{n-1}, x_{n-2}, \cdots, x_2, x_1$ の順に正射影を行う人もあります．まあ順序を変えても右手系と左手系のちがいが出てくるだけで，大して気にしなくていいでしょう．

**発**．(6)は右手系の変換ですか．

**北**．ええ，$(x_1, \cdots, x_n)$ と $(r, \theta_1, \cdots, \theta_{n-1})$ の対応として，これはうらがえしの変換ではありません．それを見るには，変換(6)のヤコビアンを計算してみるとすぐわかります．実際，

$$
\begin{aligned}
J&=\frac{\partial(x_1, \cdots, x_n)}{\partial(r, \theta_1, \cdots, \theta_{n-1})}\\
&=r^{n-1}\sin^{n-2}\theta_1\sin^{n-3}\theta_2\cdots\sin\theta_{n-2}
\end{aligned}
\tag{7}
$$

となります．この計算は，行列式が大きいからちょっと大変なように見えますが，次々にその行数をへらして行くように考えれば簡単にできます．

**白**．この値が正やということがわかればええのやな．$r>0$ はすぐわかるけど，あとはどうして正なんやろ．

**発**．$\theta_1$ は $\boldsymbol{x}$ と $(1, 0, \cdots, 0)$ とのなす角だろう．だから $0\leqq\theta_1\leqq\pi$ なんだよ．

**白**．あ，そうか．それで $\sin\theta_1\geqq0$ やな．$\theta_2, \cdots, \theta_{n-2}$ についても同じことやな．

**北**．実は最後の $\theta_{n-1}$ の動く範囲だけは $0\leqq\theta_{n-1}\leqq2\pi$ としなければなりません．それが2次元の極座標の特殊性ですね．というより，むしろ1次元の極座標の特殊性というべきかも知れません．つまり1次元では，原点からの距離を $r$ とすると，$x=r$ か $x=-r$ のどちらかで

すから，高次元の極座標の時のようにはいかないのです．

**白**．しかし，$J$ の中には $\theta_{n-1}$ が入ってこないから，$J>0$ ということは O.K. ですね．

**北**．そう，その通りです．これだけの準備で，$n$ 次元空間の球の体積を求めましょう．白川君が4次元のときにやったようにはしないで，いきなり (5) で極座標変換します．すると，

(8)
$$V=\int_{0\leqq r\leqq a}\cdots\int J\cdot dr d\theta_1\cdots d\theta_{n-1}$$
$$=\int_0^a r^{n-1}dr\int_0^\pi \sin^{n-2}\theta_1 d\theta_1\int_0^\pi \sin^{n-3}\theta_2 d\theta_2\cdots\int_0^\pi \sin\theta_{n-2}\,d\theta_{n-2}\int_0^{2\pi}d\theta_{n-1}$$

となることが (7) からわかりますね．

**白**．あっ，そうか．(7) が変数分離の形になってるから，一ぺんに1次元積分の積にかけるんやなあ．

**発**．いや，それでも (8) の各積分の計算は大変だぞ．

**北**．ここで出てくる

(9)
$$\int_0^\pi \sin^k\theta\, d\theta$$

の形の積分は，一々計算していたら大変なのですが，これらをまとめて面倒見るのが，ガンマ関数の理論なのです．

**中**．ガンマ関数というと，いつか演習でやったけど，

(10)
$$\Gamma(s)=\int_0^\infty x^{s-1}e^{-x}dx \qquad (s>0)$$

という関数でしょう．こんなもの，(9) とどんな関係があるのですか．

**北**．よく微積分の演習では複雑な積分の演習をさせますが，ものによっては演習のための演習，計算のための計算という類のものも少くありません．そして，重要な定積分の計算は，ガンマ関数という典型的な場合に帰着させる方法によって簡単に求められることが多いのです．

## [3]　ガンマ関数とベータ関数

**白**．ガンマ関数というたら，階乗 $n!$ の拡張やということだけ，よう知ってますけど…….

**発**．そうです．

(11)
$$\Gamma(s+1)=s\Gamma(s)$$

という公式と，$\Gamma(n)=(n-1)!$，$\Gamma\left(\frac{1}{2}\right)=\sqrt{\pi}$ というような数値と，それに関数のグラフ(第3図)も習いました．

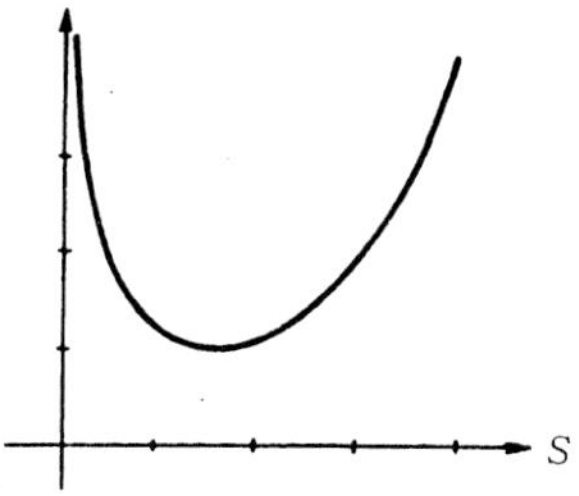


第 3 図

**北**．その $\Gamma\left(\frac{1}{2}\right)=\sqrt{\pi}$ はどうして証明しましたか．

**発**. それは，ええと，

$$\Gamma\left(\frac{1}{2}\right)=\int_0^\infty x^{1/2-1}e^{-x}dx$$
$$=\int_0^\infty \frac{e^{-x}}{\sqrt{x}}dx=2\int_0^\infty e^{-t^2}dt$$

としておいて，この右辺の積分は，第14章でやったように，２重積分の極座標変換を使って

$$\left(\int_0^\infty e^{-t^2}dt\right)^2=\int_0^\infty\int_0^\infty e^{-x^2-y^2}dxdy=\int_0^{\pi/2}\int_0^\infty e^{-r^2}rdrd\theta=\frac{\pi}{4}$$

から出します．

**北**. そのやり方は $s=\dfrac{1}{2}$ でなくてもできるはずですね．

**発**. といいますと，……？

**北**. 一般の $\Gamma(p)\times\Gamma(q)$ について同じことをやってごらん．

**発**. はい，ええと，$e$ の肩の変数を $x^2$ の形に直すために $x=t^2$ とおくと，

$$\Gamma(s)=\int_0^\infty t^{2(s-1)}e^{-t^2}2tdt=2\int_0^\infty t^{2s-1}e^{-t^2}dt$$

となるから，

$$\Gamma(p)\Gamma(q)=4\int_0^\infty\int_0^\infty x^{2p-1}y^{2q-1}e^{-(x^2+y^2)}dxdy.$$

ははーん，ここで極座標変換すると，$x=r\cos\theta$，$y=r\sin\theta$ だから，$\theta:0\to\dfrac{\pi}{2}$，$r:0\to\infty$ と動き，

$$=4\int_{\theta=0}^{\pi/2}\int_{r=0}^\infty(r\cos\theta)^{2p-1}(r\sin\theta)^{2q-1}e^{-r^2}rdrd\theta$$
$$=4\int_0^\infty r^{2(p+q)-1}e^{-r^2}dr\cdot\int_0^{\pi/2}\cos^{2p-1}\theta\cdot\sin^{2q-1}\theta d\theta$$
$$=\Gamma(p+q)\cdot 2\int_0^{\pi/2}\cos^{2p-1}\theta\cdot\sin^{2q-1}\theta d\theta$$

となりますね．

**北**. ほらね．この式から，

(12)　$$2\int_0^{\pi/2}\cos^{2p-1}\theta\cdot\sin^{2q-1}\theta d\theta=\frac{\Gamma(p)\Gamma(q)}{\Gamma(p+q)}\qquad (p,\ q>0)$$

という公式が得られたでしょう．だから，$\cos\theta$ と $\sin\theta$ のかけ算の定積分はガンマ関数で表わせるわけです．たとえば，さっきの (9) だと，

$$\int_0^\pi \sin^k\theta d\theta=2\int_0^{\pi/2}\sin^k\theta d\theta=\frac{\Gamma\left(\frac{k+1}{2}\right)\Gamma\left(\frac{1}{2}\right)}{\Gamma\left(\frac{k+1}{2}+\frac{1}{2}\right)}=\sqrt{\pi}\,\frac{\Gamma\left(\frac{k+1}{2}\right)}{\Gamma\left(\frac{k+2}{2}\right)}$$

とかけます．$2q-1=k$，$2p-1=0$ となるように $p$ と $q$ を $k$ からきめるのです．

中．そうかけるのはいいけれど，これだと何だか余計むずかしくなったみたいです．だって，

$$\sqrt{\pi}\ \frac{\Gamma\left(\dfrac{k+1}{2}\right)}{\Gamma\left(\dfrac{k}{2}+1\right)}=\sqrt{\pi}\ \frac{\displaystyle\int_0^\infty x^{\frac{k+1}{2}-1}e^{-x}dx}{\displaystyle\int_0^\infty x^{\frac{k}{2}}e^{-x}dx}$$

なんでしょう．（と不満そう．）

北．（あわてて）いや，そうじゃないんです．$\Gamma\left(\dfrac{k+1}{2}\right)$ というようなものがでて来たら,「ああ，すんだ，できた」と思わなくちゃいけないんですよ．それをもう一度積分形にもどしたりしては困ります．つまり，たとえば $k$ が奇数なら

$$\Gamma\left(\frac{k+1}{2}\right)=\left(\frac{k+1}{2}-1\right)!$$

と，はっきりその値がわかるでしょう．

発．しかしそのときは $\Gamma\left(\dfrac{k+2}{2}\right)$ は階乗の形ではかけないでしょう．

北．ええ，だけど公式(11)はどんな $s>0$ についても成立しますから，

$$\Gamma\left(\frac{k}{2}+1\right)=\frac{k}{2}\Gamma\left(\frac{k}{2}\right)=\frac{k}{2}\left(\frac{k}{2}-1\right)\Gamma\left(\frac{k}{2}-1\right)=\cdots=\frac{k}{2}\left(\frac{k}{2}-1\right)\left(\frac{k}{2}-2\right)\cdots\times\frac{1}{2}\Gamma\left(\frac{1}{2}\right)$$

という所まで変数の値を下げられますね．ここで $\Gamma\left(\dfrac{1}{2}\right)=\sqrt{\pi}$ を代入すると，

$$\Gamma\left(\frac{k}{2}+1\right)=\frac{k(k-2)(k-4)\cdots3\cdot1}{2^{\frac{k+1}{2}}}\sqrt{\pi}$$

どうです．ちゃんと具体的に値が求まったでしょう．

白．なるほど，そうすると，$\sin\theta$ や $\cos\theta$ のかけ算の積分はエッチラオッチラせんでもええんやな．

北．(12)の左辺で表わされる $p,q$ の関数をベータ関数といい $B(p,q)$ で表わします．ベータ関数の積分をいろいろ変数変換して，相当広範囲な定積分をこの関数に帰着できます．いいかえるとガンマ関数に帰着できるんです．

白．たとえばどんな…….

北．普通ベータ関数の定義としてどの本にものっているのは，

$$(13)\qquad B(p,\ q)=\int_0^1 x^{p-1}(1-x)^{q-1}dx\qquad (p,\ q>0)$$

です．これは(12)の積分で，$x=\cos^2\theta$ とおけばすぐ得られます．なお，(12)でも(13)でも $p,\ q$ のどちらかが1より小さいと，積分の端の点の近傍で広義積分になっていることに注意して下さい．

発．もちろん収束するんでしょう．

北．ええ，$p>0$，$q>0$ である限り収束します．だから安心していていいんです．それから，

(13)や(12)の左辺だと $B(p, q)$ は $p$ と $q$ について対称でないように見えるれど，(12)の右辺から実は対称であることがわかります．

**白**．その他にも変換できる積分がありますか．

**北**．ええ，たとえば，

(14)
$$\int_0^\infty \frac{x^\gamma dx}{(1+x^\alpha)^\beta}$$

の形の積分はベータ関数で表わせます．実際，(13)を $x=\dfrac{t}{1+t}$ で変換すると

(15)
$$B(p, q)=\int_0^\infty \frac{x^{p-1}}{(1+x)^{p+q}}dx \qquad (p>0,\ q>0)$$

となります．(14)を(15)の形に直すのは簡単でしょう．

**発**．$x^\alpha=t$ とおけばいいのですね．

**北**．そう，その通りです．もっとも(14)の広義積分が収束するには $\alpha\beta>\gamma+1>0$ という条件が必要です．これがみたされているとしての話です．なお，(14)で $\beta=1$ の場合，これを(15)の形に直すと，

(16)
$$B(s, 1-s)=\int_0^\infty \frac{x^{s-1}}{1+x}dx \qquad (0<s<1)$$

となりますが，この積分は

$$=\frac{\pi}{\sin \pi s}$$

に等しいんです．従って，(12)と合わせて，

$$\Gamma(s)\Gamma(1-s)=\frac{\pi}{\sin \pi s} \qquad (0<s<1)$$

が成立します．(16)の計算は複素積分を通してやるのが最もわかりやすいのでここではやりませんが，その結果はよくおぼえておいて下さい．

**中**．(さっきからノートに計算していたが)こんな定積分もガンマ関数に直せるのですね．

$$\Gamma(s)=\int_0^1 \left(\log\frac{1}{t}\right)^{s-1}dt=\frac{1}{s}\int_0^\infty e^{-t^{\frac{1}{s}}}dt.$$

**発**．初めの式は $e^{-x}=t$ とおいたんだね．

**中**．そう．その次の式は，$x^s=t$ とおいたものよ．

**白**．さっきの $n$ 次元の球の体積を求めてやろ．(8)から，

$$V=\frac{a^n}{n}\cdot\frac{\Gamma\left(\frac{n-1}{2}\right)}{\Gamma\left(\frac{n}{2}\right)}\cdot\frac{\Gamma\left(\frac{n-2}{2}\right)}{\Gamma\left(\frac{n-1}{2}\right)}\cdot\cdots\cdot\frac{\Gamma\left(\frac{2}{2}\right)}{\Gamma\left(\frac{3}{2}\right)}\cdot(\sqrt{\pi}\,)^{n-2}\cdot 2\pi$$

$$=\frac{2(\sqrt{\pi})^n}{n\Gamma\left(\frac{n}{2}\right)}a^n$$

あ，えらい簡単になりよった．

**北．** ほらね，すっきりした形になったでしょう．これをガンマ関数を使わずに表わそうとすると，$n$ が偶数か奇数かによって，この分母の表わし方が変ってしまうので，このような統一的なかき方はできません．

なお，$\frac{n}{2}\Gamma\left(\frac{n}{2}\right)=\Gamma\left(\frac{n}{2}+1\right)$ なので，上の公式を

$$V=\frac{(\sqrt{\pi})^n}{\Gamma\left(\frac{n}{2}+1\right)}\cdot a^n$$

とかくとなおすっきりします．もちろん，見た目がすっきりするだけで内容は別に変りありませんが．

## [4] ウォリスの公式

**北．** $\Gamma(s)$ は $n!$ を整数でない $n$ について拡張したものと見なせるので，$\Gamma(s)=(s-1)!$ とかく人がある位ですが，$s$ が1だけずれると

$$\frac{\Gamma(s+1)}{\Gamma(s)}=s$$

と関数は $s$ 倍になります．では，$s$ が $\frac{1}{2}$ だけずれると，関数は何倍になるでしょうか．

**白．** こういう誘導尋問にはすぐひっかかるのがボクの悪いクセで，…，$\sqrt{s}$ 倍になると思います．

**北．** なぜそう思いますか．

**白．** ほらすぐそう反問するでしょう．こっちは何も深い考えはないんです．$\sqrt{s}$ 倍ずつふえたら2回やったらちょうど $s$ 倍になるでしょう．それだけのことです．

**北．** そう，それでいいんです．ちょうど $\sqrt{s}$ 倍ではないけれど，漸近的に $\sqrt{s}$ 倍になります．

**白．** あっ，当ってるんですか．へへっ．

**北．** つまり，

$$\lim_{s\to+\infty}\frac{\Gamma\left(s+\frac{1}{2}\right)}{\sqrt{s}\;\Gamma(s)}=1 \tag{17}$$

が成立します．普通は $s=n+\frac{1}{2}$ で $n$ が整数値をとりながら大きくなって行く極限式をウ

ォリス*の公式といいます**が，$s$はそのような形でなくてもいいんです．

**発．** (17)の方がすっきりしていますが，証明はどうするんですか．

**北．** 二つのガンマ関数の比を出すにはベータ関数が好都合です．(12)で$p$と$p+q$の差を$\frac{1}{2}$にするため，$q=\frac{1}{2}$とおいて　$B\left(p,\frac{1}{2}\right)$を$p$の関数と見ますと，これは$p$について単調減少関数なんです．実際$0<x<1$なので(13)の$x^{p-1}$の部分は$p$を大きくすると小さくなります．従って，$p_1>p_2$なら$B\left(p_1,\frac{1}{2}\right)<B\left(p_2,\frac{1}{2}\right)$です．そこで，任意の$p>\frac{1}{2}$につき，

$$B\left(p+\frac{1}{2},\ \frac{1}{2}\right)<B\left(p,\ \frac{1}{2}\right)<B\left(p-\frac{1}{2},\ \frac{1}{2}\right)$$

が成立します．これを(12)によってガンマ関数にかき直すと，

$$\frac{\Gamma\left(p+\frac{1}{2}\right)\Gamma\left(\frac{1}{2}\right)}{\Gamma(p+1)}<\frac{\Gamma(p)\Gamma\left(\frac{1}{2}\right)}{\Gamma\left(p+\frac{1}{2}\right)}<\frac{\Gamma\left(p-\frac{1}{2}\right)\Gamma\left(\frac{1}{2}\right)}{\Gamma(p)}$$

となります．従って，中央の項が$\left(\frac{\Gamma(p)}{\Gamma\left(p+\frac{1}{2}\right)}\right)^2$となるようにしますと，左右の項は

$$\frac{\Gamma(p)}{\Gamma(p+1)}<\left(\frac{\Gamma(p)}{\Gamma\left(p+\frac{1}{2}\right)}\right)^2<\frac{\Gamma\left(p-\frac{1}{2}\right)}{\Gamma\left(p+\frac{1}{2}\right)}$$

となりますが，これは

$$\frac{1}{p}<\left(\frac{\Gamma(p)}{\Gamma\left(p+\frac{1}{2}\right)}\right)^2<\frac{1}{p-\frac{1}{2}}$$

すなわち，

$$1<\left(\frac{\sqrt{p}\,\Gamma(p)}{\Gamma\left(p+\frac{1}{2}\right)}\right)^2<\frac{1}{1-\frac{1}{2p}}$$

これは$p\to\infty$のとき(17)が成立することを示しています．

**中．** 先生，スターリング***の公式というのがウォリスの公式と一しょに出ていたと思うんですが，それはどんなのですか．

---

*　J. Wallis 1616–1703.

**　$s=n+\frac{1}{2}$のとき，$\Gamma\left(s+\frac{1}{2}\right)=n!$，$\Gamma(s)=\frac{(2n)!}{2^{2n}n!}\sqrt{\pi}$　となるから，$\lim_{n\to\infty}\frac{2^{2n}(n!)^2}{\sqrt{n}(2n)!}=\sqrt{\pi}$となる．

***　J. Stirling　1692–1770.

**北**. ああ，その方が大切なのです．スターリングの公式は $\Gamma(s)$ の $s\to\infty$ のときの漸近式を与えるもので，

$$\lim_{s\to\infty}\frac{\Gamma(s)}{\sqrt{2\pi}\,s^{s-\frac{1}{2}}e^{-s}}=1$$

とかけます．しかもこの極限の収束の order までわかっていて，

$$\Gamma(s)=\sqrt{2\pi}\cdot s^{s-\frac{1}{2}}e^{-s}\cdot e^{\mu(s)}$$

とおくとき，$\mu(s)=\dfrac{\theta(s)}{12s}$，$0<\theta(s)<1$ とかけるのです．ただ，このことを示すには，$\log\Gamma(s)$ が凸関数であることが本質的に利いてくるものですから，説明がちょっと大変で，ここではやりません．

## [5] 多変数のベータ関数

**北**．ベータ関数のパラメータの数をふやして $n$ 変数とした $B(p_1, \cdots, p_n)$ を考えましょう．それは，むしろ $n+1$ 変数 $p_1, \cdots, p_n, q$ の関数として議論した方が番号のつけ方に混乱がなくていいので，

(18) $$B(p_1, \cdots, p_n, q)=\int\underset{K}{\cdots}\int x_1^{p_1-1}\cdots x_n^{p_n-1}(1-\sum_{j=1}^{n}x_j)^{q-1}dx_1\cdots dx_n,$$

ただし，$K=\{(x_1, \cdots, x_n): x_j\geqslant 0(j=1, \cdots, n), \sum_{j=1}^{n}x_j\leqslant 1\}$，とおきます．これをディリクレ* の積分とも呼びます．たしかにベータ関数の拡張になっていますね．これがガンマ関数で表わされることを示しましょう．結論を先にいうと，

(19) $$B(p_1,\cdots, p_n, q)=\frac{\Gamma(p_1)\cdots\Gamma(p_n)\cdot\Gamma(q)}{\Gamma(p_1+\cdots+p_n+q)}$$

が成立します．

**白**．へえー，そっくり同じ形の式になるんですね．

**北**．これも $n$ 次元の典型的な積分の計算のときよく利用するものです．いろいろな証明の仕方がありますが，なるべく今までのことを使ってやりましょう．まず，極座標変換しやすいように，$K$ をかえます．すなわち，$x_1=u_1^2, \cdots, x_n=u_n^2$ と変換すると，ヤコビアンは $J=2^n u_1\cdots u_n$ で，$K$ は $2^n$ 分球 $\Omega=\{(u_1, \cdots, u_n): u_j\geqslant 0, \sum_{j=1}^{n}u_j^2\leqslant 1\}$ にうつりますから，

(20) $$B(p_1, \cdots, p_n, q)=2^n\int\underset{\Omega}{\cdots}\int u_1^{2p_1-1}\cdots u_n^{2p_n-1}(1-\sum_{j=1}^{n}u_j^2)^{q-1}du_1\cdots du_n$$

---

* P. Dirichlet 1805–1859.

ここで極座標変換(6)を行いますと，ヤコビアンは $r^{n-1}\cdot\sin^{n-2}\theta_1\cdots\sin\theta_{n-2}$ となるから，積分される関数の $r$ を含む項は

$$r^{2p_1-1}r^{2p_2-1}\cdots r^{2p_n-1}(1-r^2)^{q-1}r^{n-1}=r^{2(p_1+\cdots+p_n)-1}(1-r^2)^{q-1}$$

です．次に $\theta_1$ を含む項は

$$\cos^{2p_1-1}\theta_1\sin^{2p_2-1}\theta_1\sin^{2p_3-1}\theta_1\cdots\sin^{2p_n-1}\theta_1\cdot\sin^{n-2}\theta_1$$
$$=\cos^{2p_1-1}\theta_1(\sin\theta_1)^{2(p_2+\cdots+p_n)-1},$$

同様に $\theta_2,\cdots,\theta_{n-1}$ を含む項もそれぞれ，

$$\cos^{2p_j-1}\theta_j\sin^{2p_{j+1}-1}\theta_j\cdots\sin^{2p_n-1}\theta_j\cdot\sin^{n-j-1}\theta_j$$
$$=\cos^{2p_j-1}\theta_j(\sin\theta_j)^{2(p_{j+1}+\cdots+p_n)-1}$$

とかけるから，

$$B(p_1,\cdots,p_n,q)=2\int_0^1 r^{2(p_1+\cdots+p_n)-1}(1-r^2)^{q-1}dr$$
$$\times 2\int_0^{\pi/2}\cos^{2p_1-1}\theta_1(\sin\theta_1)^{2\sum_{j=2}^{n}p_j-1}d\theta_1\times\cdots\times 2\int_0^{\pi/2}\cos^{2p_{n-1}-1}\theta_{n-1}\sin^{2p_n-1}\theta_{n-1}d\theta_{n-1}$$

これらはすべてベータ関数の形で，

$$=B(p_1+\cdots+p_n,q)\cdot B(p_1,p_2+\cdots+p_n)\cdots B(p_{n-1},p_n)$$
$$=\frac{\Gamma(p_1+\cdots+p_n)\Gamma(q)}{\Gamma(p_1+\cdots+p_n+q)}\cdot\frac{\Gamma(p_1)\Gamma(p_2+\cdots+p_n)}{\Gamma(p_1+\cdots+p_n)}\times\cdots\times\frac{\Gamma(p_{n-1})\Gamma(p_n)}{\Gamma(p_{n-1}+p_n)}$$
$$=\frac{\Gamma(p_1)\cdots\Gamma(p_n)\Gamma(q)}{\Gamma(p_1+\cdots+p_n+q)}.$$

**発**．こんな式，どんな風に使うのですか．

**北**．たとえば，(20)で，$p_1=p_2=\cdots=\frac{1}{2}$，$q=1$ とおくと，$\Omega$ の体積の $2^n$ 倍，つまり単位球の体積がでるでしょう．だから，それは，

$$B\left(\frac{1}{2},\cdots\frac{1}{2},1\right)=\frac{\Gamma\left(\frac{1}{2}\right)^n}{\Gamma\left(\frac{n}{2}+1\right)}=\frac{(\sqrt{\pi})^n}{\Gamma\left(\frac{n}{2}+1\right)}$$

となって，初めにやった球の体積が一度にでて来ます．それから，たとえば．

$$D=\{(x_1,\cdots,x_n)\ ;\ |x_1|^{\alpha_1}+\cdots+|x_n|^{\alpha_n}\leqq 1\}$$

というような領域の体積だと，

$$V=\int\cdots\int_D dx_1\cdots dx_n=2^n\int\cdots\int_{(x_j\geqq 0)\cap D}dx_1\cdots dx_n$$

としておいて，$x_1^{\alpha_1}=u_1,\cdots,x_n^{\alpha_n}=u_n$ で変数変換すると，ヤコビアンは $J=\frac{1}{\alpha_1\cdots\alpha_n}u_1^{\frac{1}{\alpha_1}-1}\cdots u_n^{\frac{1}{\alpha_n}-1}$，従って，

$$=2^n\int_K\cdots\int\frac{u_1^{\frac{1}{\alpha_1}-1}\cdots u_n^{\frac{1}{\alpha_n}-1}}{\alpha_1\cdots\alpha_n}du_1\cdots du_n=\frac{2^n}{\alpha_1\cdots\alpha_n}B\left(\frac{1}{\alpha_1},\cdots,\frac{1}{\alpha_n},1\right)$$

$$=\frac{2^n}{\alpha_1\cdots\alpha_n}\cdot\frac{\Gamma\left(\frac{1}{\alpha_1}\right)\cdots\Gamma\left(\frac{1}{\alpha_n}\right)}{\Gamma\left(\frac{1}{\alpha_1}+\cdots+\frac{1}{\alpha_n}+1\right)}$$

となります．特に $\alpha_1=\alpha_2=\cdots=\alpha_n=\alpha$ と皆同じときは，

$$V=\frac{2^n}{\alpha^n}\cdot\frac{\Gamma\left(\frac{1}{\alpha}\right)^n}{\Gamma\left(\frac{n}{\alpha}+1\right)}$$

となります．$\alpha=2$ のときが先ほどの球の場合で，$\alpha=1$ とすれば正 $2^n$ 面体，また $\alpha\to\infty$ とすると $V\to 2^n$ となり，これは原点を中心とする一辺 2 の立方体の体積です．2 次元と 3 次元の場合の図をかいておきますから，この計算をゆっくり味わって下さい．ガンマ関数自身の

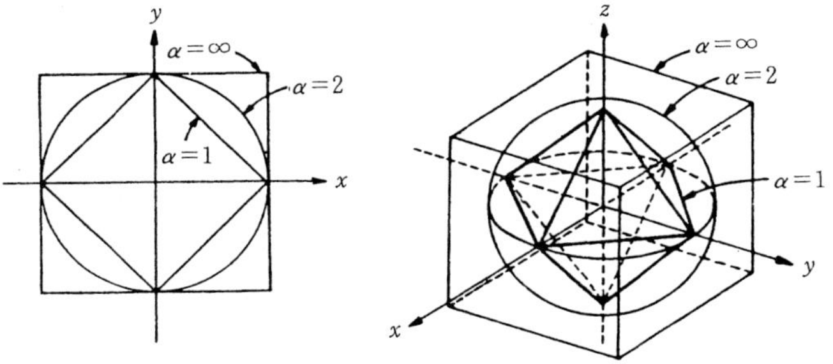


第 4 図

関数としての細かい性質，つまり $\log\Gamma(s)$ が凸であるとか，$s<0$ のときにはどんな風になっているとか，無限積展開の形とか，導関数の性質とか，そういったことには全くふれませんでしたが，これはむしろ複素変数の関数として扱う方がよいと思ったからです．それらについてはまた機会があればふれることにしましょう．

## 練　習　問　題

1. $\iiint_D dx\,dy\,dz\quad \left(D=\left\{(x,\ y,\ z)\,;\sqrt{\frac{x}{a}}+\sqrt{\frac{y}{b}}+\sqrt{\frac{z}{c}}\leqq 1\right\},\ a,\ b,\ c>0\right)$

の値を求めよ．

2. スターリングの公式を用いて，(17) の一般化

$$\lim_{s\to+\infty}\frac{\Gamma(s+a)}{s^a\Gamma(s)}=1$$

を証明せよ．

**3.** (7) の計算を実行せよ．

**4.** $\log \Gamma(s)$ は凸関数であることを示せ．

# 第16章　ベクトル解析 I

## [1]　スカラー場，ベクトル場

白川．先生，今日はベクトル解析の話をうかがいに来ました．

発田．ベクトル解析の本をこのグループで読んでいるんですが，式の計算なんかが続々と出て来て，それについての演習問題がまたたくさんある所など，高校の教科書によく似ているんです．だけど，結局の所，ベクトル解析って，何をどうする学問なのか，はっきりしません．

中山．回転だの発散だのと，意味あり気な名前がついた演算があるんですけど，何が回転したり，何がとび散ったりしているのか全然説明されていないし，見当もつきません．

北井．なるほど，近頃はベクトル解析についての本も多くなり，わかりやすい解説も方々で見られるようになって来ていますが，それでもピンとこない人があるようですね．

では，いくつか質問してみましょう．まず，ベクトル場とかスカラー場とかいうのは何でしょうか？　白川君，ベクトル場というのは？

白．えーと，それはベクトルが与えられている領域のことです．

北．（何ということだという顔つき）「ベクトルが与えられている」というのはどういうことですか．

白．その辺のことはあまりはっきり考えていませんが，つまりそのう，あるベクトル $\boldsymbol{a}$ がある領域の中にあるのではないでしょうか．

発．水が流れている時には，そこには流速というものがあるでしょう．それから，点電荷がある時には電場ができるでしょう．そういうのがベクトル場です．

北．ではね，水流の流速ベクトル場を考えるとき，それは水が流れている領域の各点で流速ベクトルを考えているのですね．

発．もちろんそうです．

北．すると，そのベクトルというのは，測定地点を変えるといろいろちがったベクトルが現われるのでしょう．それだったら，ベクトル場の定義としては，ある領域の各点にそれぞれあるベクトルが対応しているその対応それ自体をいうのだとしなければなりませんね．

白．あっ，そうか．場というと何となく領域のことやという先入観があったんやけど，そうやないんやな．

**発**．すると，ある領域 $\Omega$ 上のベクトル場というのは，$\Omega$ の各点Pに対し，ベクトル $\boldsymbol{v}(\mathrm{P})$ を対応させることですね．つまりベクトル値関数のことになりますね．

**北**．そうです．ベクトル場とはベクトル値関数と同じ概念です．

**中**．(不満そうに) それならどうしてベクトル場などと別の名前がついているのですか．

**北**．もともとベクトル解析は物理学者や応用数学者が流速とか電場などについて研究するときに考えた表現形式だったものですから，ベクトル値関数をむしろ $\Omega$ 上にベクトル $\boldsymbol{v}(\mathrm{P})$ がちらばっていると見たんですよ．そのちらばった状態のことをベクトル場と呼んでいたんです(第１図)．このように見た方が，ベクトル値関数 $\boldsymbol{v}(\mathrm{P})$ を考えますというよりずっとイメージ豊かですね．

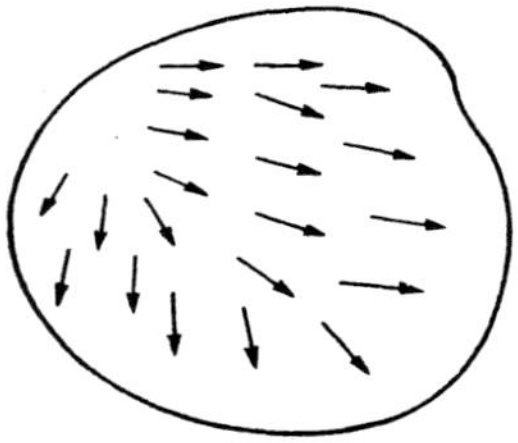

第 1 図

**中**．すると，スカラー場というのはスカラーがちらばっている状態，つまりスカラー値関数のことですか．

**北**．そうです．何のことはない，普通の関数のことですよ．この場合も，スカラーがちらばっているというイメージを重んじる時，スカラー場という言葉を使うんです．

**発**．先生，スカラー場の勾配場というのは何ですか．

**北**．簡単のため，二次元のスカラー場 $f(x, y)$ についていいますと，今 $(x, y)$ という一点からある方向に動こうとするとき，それが $f(x, y)$ の値の増加の方向かどうかを見るには，いわゆる方向微分を求めるといいはずですから，その方向の方向余弦を $\boldsymbol{n}=(\cos\theta,\ \sin\theta)$ とすると，

$$(1)\qquad \frac{\partial f}{\partial \boldsymbol{n}}=\frac{\partial f}{\partial x}\cos\theta+\frac{\partial f}{\partial y}\sin\theta$$

がその方向に向っての $f(x, y)$ の値の増加率を与えます．そこで，$\left(\dfrac{\partial f}{\partial x},\ \dfrac{\partial f}{\partial y}\right)$ というベクトルを $\boldsymbol{v}$ とかきますと，

$$(2)\qquad \boldsymbol{v}=\boldsymbol{v}(x,\ y)=\left(\frac{\partial f}{\partial x}(x,\ y),\ \frac{\partial f}{\partial y}(x,\ y)\right)$$

で，$\boldsymbol{v}(x, y)$ はベクトル値関数，つまりベクトル場ですね．そして，(1) から

$$(3)\qquad \frac{\partial f}{\partial \boldsymbol{n}}=\boldsymbol{v}(x,\ y)\cdot\boldsymbol{n}=|\boldsymbol{v}(x,\ y)|\cdot|\boldsymbol{n}|\cdot\cos\varphi=|\boldsymbol{v}(x,\ y)|\cdot\cos\varphi^{*}$$

となります．$\varphi$ は $\boldsymbol{v}(x, y)$ と $\boldsymbol{n}$ とのなす角です．そこで，$\boldsymbol{n}$ をいろいろかえて，なるべくこの値が大きくなるようにしましょう．つまり最も増加率が大きくなる方向を見つけようというわけです．するともちろん $\cos\varphi=1$ のときが最大ですから，$\boldsymbol{n}$ が $\boldsymbol{v}$ と同じ方向のときが

*　$\boldsymbol{v}\cdot\boldsymbol{n}$ は $\boldsymbol{v}$ と $\boldsymbol{n}$ の内積を表わす．

最大なわけです．いいかえると，(2) はもとのスカラー場 $f(x, y)$ の最大の増加方向を示すベクトルです．しかも，(3) から，そのような $\boldsymbol{n}$ に関する方向微分は

$$\frac{\partial f}{\partial \boldsymbol{n}}=|\boldsymbol{v}(x, y)|$$

ですから，$\boldsymbol{v}$ の大きさは，最大増加率そのものを与えます．このように(2)で与えられるベクトルはスカラー場の増加状態を最も端的に示すベクトル場なので，これを $f(x, y)$ の勾配場* といい，

$$\operatorname{grad} f$$

で表わします．注意してほしいのは，$\operatorname{grad} f$ の定義は (2) ですから，見かけは $x$, $y$ 座標のえらび方に依存してきまるように見えるけれど，ベクトルの方向も大きさも $x$ 軸，$y$ 軸などとは無関係にきまるものですから，$\operatorname{grad} f$ 自身はスカラー場から直接決定されるベクトル場です．

**中**．$\operatorname{grad} f(x, y)$ は，点 $(x, y)$ 毎にちがった方向のベクトルが得られるのですね．それがちらばっているというんだけれど，具体的にスカラー場が与えられたとき，その勾配場がどんなになっているのかちょっと見当つかないわ．

**北**．そうだね．次のように考えると簡明ですよ．$c$ を一定として等高線

$$f(x, y)=c$$

の接線を考えますと，その方程式は

$$\frac{\partial f}{\partial x}dx+\frac{\partial f}{\partial y}dy=0 \tag{4}$$

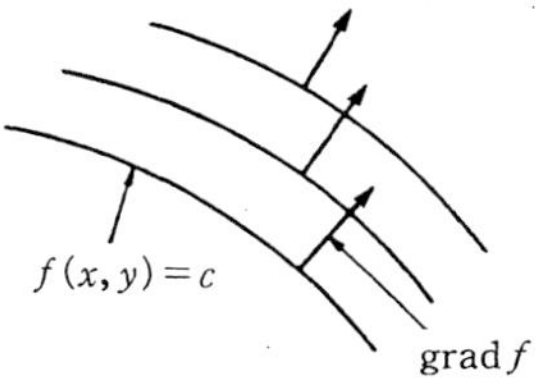

第 2 図

ですね．$dx$, $dy$ が接線の方程式の流通座標で $dx=X-x$, $dy=Y-y$ などのつもりなのですよ．すると $\operatorname{grad} f=\left(\frac{\partial f}{\partial x}, \frac{\partial f}{\partial y}\right)$ は，その法線方向，つまり等高線の法線ベクトルを表わしているでしょう．だから $\operatorname{grad} f$ の状態を知りたければ $f(x, y)$ の等高線を画いてみるとすぐ見当がつくんですよ(第2図)．

## [2] ベクトル場の線積分

**北**．今度は，ベクトル場の線積分というのを考えましょう．何次元でも同じことですから，2次元領域 $\Omega$ 上の2次元ベクトル場 $\boldsymbol{v}(x, y)$ について説明します．$\Omega$ 内の一つの曲線 $\Gamma=$ AB 上の，AからBへ向っての線積分とは次のような量のことです．この曲線上に有限個の分点

---

* 勾配 gradient.

$$X_0(=A),\quad X_1, \cdots, X_n(=B)$$

をとり，さらに $X_{i-1}X_i$ 上にそれぞれ任意に $(\xi_i, \eta_i)$ $(i=1, \cdots, n)$ をとったとき，リーマン和

$$(5)\qquad \sum_{i=1}^{n} \boldsymbol{v}(\xi_i, \eta_i)\cdot(X_i - X_{i-1})^{*}$$

の分割を細かくして行った極限値がもしあれば，その値を

$$(6)\qquad \int_{A:\Gamma}^{B} \boldsymbol{v}(x, y)\cdot d\boldsymbol{r}$$

と表わし，線積分と呼ぶのです．

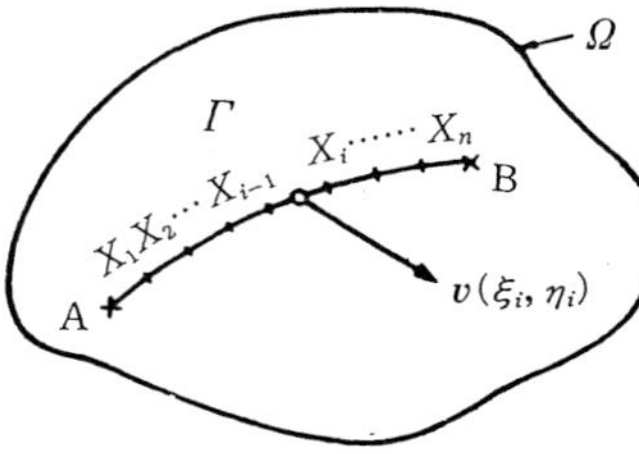

第 3 図

**白**．うわあ，何やらわけのわからんもんですねえ．積分いうたら面積や体積のことを思い浮べるのが普通やけど，これは何を思い浮かべるのですか．

**北**．もともと，面積や体積だって数学的には積分で「定義する」ものでしょう．だから，この線積分も数学的には，何かすでに存在するあるものを意味するというわけではありません．

**発**．しかし，先生，白川君のいう「思い浮べる」というのは，数学的定義のことではなくイメージの問題なんですよ．

**北**．数学上の概念をいちいち物質的なイメージに結びつけないと理解できないのも困りものですが，まあ初めのうちは仕方がありません．この線積分の場合，次のように考えたらどうでしょう．今 $\boldsymbol{v}(x, y)$ が与えられたとき，これを $(x, y)$ に働く力であると考えます．つまり点 $(x, y)$ に単位質点を置いたら $\boldsymbol{v}(x, y)$ という力を受けるものとするのです．すると，$\boldsymbol{v}(\xi_i, \eta_i)\cdot(X_i - X_{i-1})$ はその質点が $X_{i-1}$ から $X_i$ へ移動した場合にその力がなした仕事を表わします．だから，それを寄せ集めると，AからBまで $\Gamma$ にそって質点が移動したとき $\boldsymbol{v}(x, y)$ がなした仕事が $\int_{A:\Gamma}^{B} \boldsymbol{v}(x, y)\cdot d\boldsymbol{r}$ であることになります．

**中**．わたし，物理は弱いんですけれど，…，$(x, y)$ に質点を置いたとき $\boldsymbol{v}(x, y)$ という力を受けたらその質点は $\boldsymbol{v}(x, y)$ の方向に動き出すわけでしょう？　それがどうして $\Gamma$ にそって動けるのですか？

**北**．あ，そうじゃないんです．$v(x, y)$ の他にもいろいろな力を受けて，結果として $\Gamma$ にそってAからBまで質点が動いた場合を考えているんですよ．その場合，その他の力がなした仕事はいざ知らず，$v(x, y)$ が責任をもった仕事は $\int_{A:\Gamma}^{B} v(x, y)\cdot dr$ だというんです．たとえば井戸の水をくみ上げるとき，人間が力を加えて井戸の水を上へくみ上げるでしょう．そのとき重力場は仕事をするどころか人間の仕事を妨害しているんですね．だから，そのとき重力場のなした仕事は負の値をとることになります．そのかわり，一旦くみ上げた水を手

---

* $\boldsymbol{v}\cdot(X_i - X_{i-1})$ は，$X_i$ を位置ベクトルと見て，二つのベクトル $\boldsymbol{v}$ と $X_i - X_{i-1}$ の内積を考えているのである．

から離すと，水は人間が力を加えなくても自然に落ちて行きますね．だからそのときは重力場だけが仕事をしたのですよ．

**白**．この線積分を具体的に計算するにはどうすればいいんですか．

**北**．リーマン和(5)の所で，$X_i - X_{i-1}$ というベクトルを $x$ 成分，$y$ 成分に分けて考えると，

$$\sum_{i=1}^{n} \{u(\xi_i,\ \eta_i)\cdot(x_i - x_{i-1}) + v(\xi_i,\ \eta_i)\cdot(y_i - y_{i-1})\}^{*}$$

となります．ここで曲線 $\Gamma$ の方程式が

$$\begin{cases} x = \varphi(t) \\ y = \psi(t) \end{cases},\quad t_0 \leqq t \leqq T$$

であるとしますと，分割 $X_0, X_1, \cdots, X_n$ に対応する点が $t_0 < t_1 < \cdots < t_n = T$ と見つかるはずですから，平均値の定理で

$$x_i - x_{i-1} = \varphi(t_i) - \varphi(t_{i-1}) = \varphi'(\tau_i)\cdot(t_i - t_{i-1}),\qquad t_{i-1} < \tau_i < t_i$$

$$y_i - y_{i-1} = \psi(t_i) - \psi(t_{i-1}) = \psi'(\tau_i')\cdot(t_i - t_{i-1}),\qquad t_{i-1} < \tau_i' < t_i$$

となるように $\tau_i$，$\tau_i'$ がとれます．また $(\xi_i,\ \eta_i)$ に対応する $t$ の値を $\tau_i''$ とでもしますと，(5)は

(7) $$\sum_{i=1}^{n}\{u(\varphi(t_i''), \psi(\tau_i''))\varphi'(\tau_i'') + v(\varphi(\tau_i''), \psi(\tau_i''))\psi'(\tau_i')\}(t_i - t_{i-1})$$

となります．ここで $\tau_i = \tau_i' = \tau_i''$ であれば，これは

(8) $$\int_{t_0}^{T}\{u(\varphi(t), \psi(t))\cdot\varphi'(t) + v(\varphi(t))\cdot\psi'(t))\cdot\psi'(t)\}dt$$

のリーマン和だから，(8)が(6)の計算式を与えます．$\tau_i$ と $\tau_i', \tau_i''$ は一般に異なる値ですが，$\varphi, \psi$ が $C^1$-クラスの関数なら，(8)のリーマン和と(7)との差

$$\Sigma\{u(\varphi(\tau_i''), \psi(\tau_i''))\cdot(\varphi'(\tau_i) - \varphi'(\tau_i''))$$
$$+ v(\varphi(\tau_i''), \psi'(\tau_i''))(\psi'(\tau_i') - \psi'(\tau_i''))\}(t_i - t_{i-1})$$

は，分割の幅を小さくして行きますと，$\varphi'(\tau_i) - \varphi'(\tau_i'') \to 0$，$\psi'(\tau_i') - \psi'(\tau_i'') \to 0$ となって(残りは有界なので) 全体はどんどん0に収束します．従って，(7)は分割の幅を細かくして行くと(8)に収束するんです．

**発**．要するに，曲線の方程式を(8)へ代入したらいいんですね．

**白**．よく本なんかに

(9) $$\int_C u dx + v dy$$

---

*　$\boldsymbol{v}$ の $x$ 成分を $u$，$y$ 成分を $v$ とする．

とかいてあるけど，これと(6)とはどうちがうのですか．

**北**．同じものですよ．つまり $dx=\varphi'(t)dt$, $dy=\psi'(t)dt$ とかいてあるだけです．

**白**．あ，それだけのことか．

**北**．つまり $\boldsymbol{v}(x, y)=(u(x, y), v(x, y))$ と $d\boldsymbol{r}=(dx, dy)$ の内積 $udx+vdy$ の線積分だというので (9) のように書くのです．

## [3]　グリーン・ストークスの定理

**北**．線積分について重要なのはグリーン・ストークス* の定理でしょう．この定理は線積分と重積分の関係を述べたもので，

$$\int_{\partial\Omega}\boldsymbol{v}(x, y)\cdot d\boldsymbol{r}=\iint_{\Omega}\left(\frac{\partial v}{\partial x}-\frac{\partial u}{\partial y}\right)dxdy \tag{10}$$

という公式です．$\Omega$ は平面上の有界領域，$\partial\Omega$ は $\Omega$ の境界で滑らかな曲線か，または滑らかな曲線を有限個つなぎ合わせたものとします．それから，$\partial\Omega$ にそう線分の向きは，$\Omega$ を左に見て進む向きだとします(第 4 図)．

**発**．ああ，そうか．穴があいていると，反時計廻りでなくなるんだなあ．

**北**．この式の証明はそんなにむずかしくありません．

$$\iint_{\Omega}\frac{\partial v}{\partial x}dxdy=\int_{\partial\Omega}vdy,\quad \iint_{\Omega}\frac{\partial u}{\partial y}dxdy=-\int_{\partial\Omega}udx$$

を示せばいいのですから，この左辺の二重積分をくり返し積分 $\int\left(\int\frac{\partial v}{\partial x}dx\right)dy$ というようにしておいて，この中の積分が $v$ の $\partial\Omega$ 上の値となることを見ればよいのです．やってごらん．

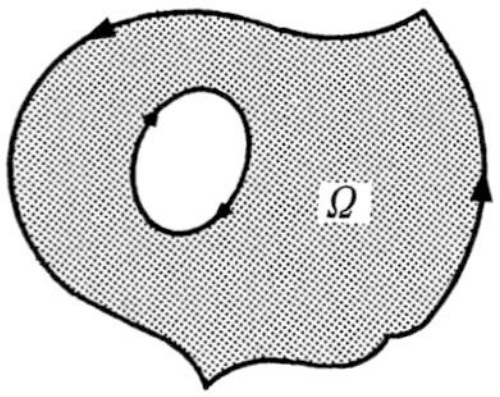


第 4 図

**白**．えーと，

$$\iint_{\Omega}\frac{\partial v}{\partial x}dxdy=\int\left(\int\frac{\partial v}{\partial x}dx\right)dy$$

この積分の上端下端はどうなるんやろ．

**中**．$\Omega$ があまり複雑だと困るけど，第 5 図のような場合だと

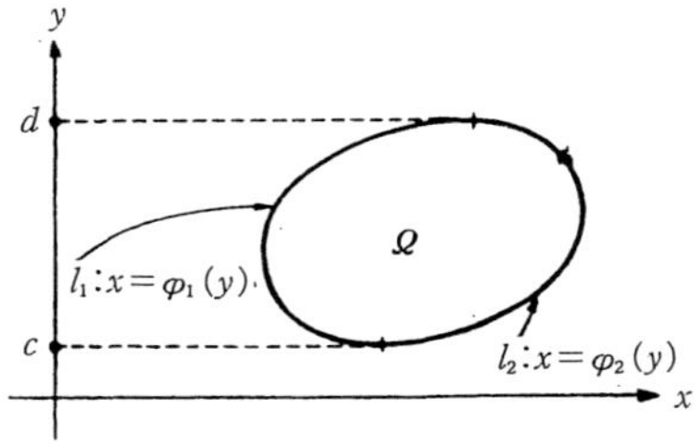


第 5 図

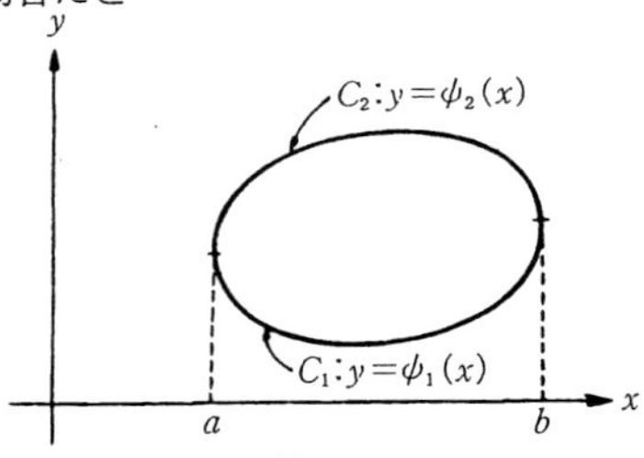


第 6 図

*　G. Green 1793-1841.　G. Stokes 1819-1903.

$$=\int_c^d\left(\int_{\varphi_1(y)}^{\varphi_2(y)}\frac{\partial v}{\partial x}dx\right)dy=\int_c^d(v(\varphi_2(y),\ y)-v(\varphi_1(y),\ y))dy$$

$$=\int_c^d v(\varphi_2(y),\ y)\,dy+\int_d^c v(\varphi_1(y),\ y)\,dy=\int_{\partial\Omega}v(x,\ y)dy$$

となるわ．

**白**．あ，うまいことになっとるなあ．

**発**．どうして $c$ から $d$ までの積分が線積分になるの？

**中**．だって，(8) の式で，$x=\varphi_2(y)$, $y=y$ という曲線が $\Omega$ の右側の境界線でしょう．だから，それを代入したら，

$$\int_{l_2}v(x,\ y)\,dy=\int_c^d v(\varphi_2(y),\ y)dy$$

となるじゃない．それから，$l_1$ については，$\Omega$ を左に見て進もうとすると，$y$ は $d$ から $c$ まで逆向きに積分しないといけないでしょ．だから，－が消える代り $d$ から $c$ への積分になるのよ．

**発**．なるほど，すると $u$ に関する積分も同じ考えでやればできるはずだなあ．第 6 図で，

$$\iint_\Omega\frac{\partial u}{\partial y}dxdy=\int_a^b\left(\int_{\psi_1(x)}^{\psi_2(x)}\frac{\partial u}{\partial y}dy\right)dx=\int_a^b\{u(x,\ \psi_2(x))-u(x,\ \psi_1(x))\}\,dx$$

**白**．ちょっとまってくれ．今度は $\int_a^b u(x,\ \psi_2(x))dx$ は，$\Omega$ を左に見て進む方向とちがうでえ．

**発**．そうだね．だから，これをひっくり返して

$$=-\int_b^a u(x,\ \psi_2(x))dx-\int_a^b u(x,\ \psi_1(x))dx=-\int_{\partial\Omega}u(x,\ y)dx$$

あ，なるほど－がついて来るわけがわかったよ．「$\Omega$ を左に見て進む」ということを，紙の裏側から見ると，「$\Omega$ を右に見て進む」ことになるんだ．だから，$x$-$y$ 座標系にとって反時計廻りの向きは，$y$-$x$ 座標系にとっては時計廻りの方向になっているんだね．

**白**．それで，$\Omega$ が卵形みたいな場合はわかったけど，一般の場合はどうなるんやろ．

**北**．それはね，$\Omega$ を十分細かく分割してやると(第 7 図)，一つ一つの小領域は中山さんが言いだした第 5 図の形にできますね．それら一つ一つに今証明したことをあてはめて，それらを全部加え合わせると，人工的につけ加えた分割線上の線積分は全部消えてしまって，$\partial\Omega$ 上の線積分だけが残り，

$$\int_{\partial\Omega}\boldsymbol{v}\cdot d\boldsymbol{r}=\iint_\Omega\left(\frac{\partial v}{\partial x}-\frac{\partial u}{\partial y}\right)dxdy$$

が成立するんです．

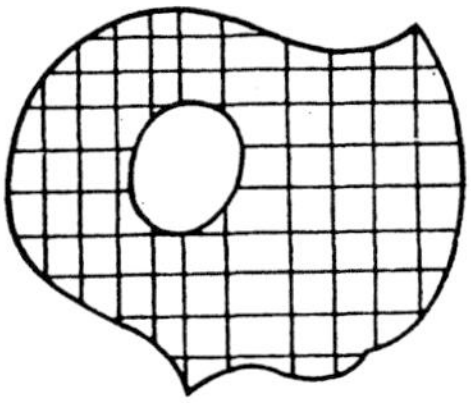

第 7 図

**中**．どうして消えるのですか．

**北．** 分割線の両側は共に $\Omega$ の点ばかりでしょう．だから，その線上を一つの方向に積分するとき，必ずその反対の方向に同じ積分が行なわれるんです．「$\Omega$ を左に見て進む」んですからね．従って，おたがいに打ち消し合って 0 となるんですよ．

**中．** なるほど，それで穴があるときなどは，時計廻りの方向に積分しないといけないのですね．

**北．** この定理によって，$\boldsymbol{v}=(u(x,\ y),\ v(x,\ y))$ というベクトル場に対し，$\dfrac{\partial v}{\partial x}-\dfrac{\partial u}{\partial y}$ というスカラー関数がある特別の意味をもつことがわかります．実際，半径 $\varepsilon$ の円を $(x_0,\ y_0)$ を中心に画いて，その内部 $S$ での二重積分を考えると，一般に連続関数 $f(x,\ y)$ に対して

$$f(x_0,\ y_0)=\lim_{\varepsilon\to 0}\frac{1}{\pi\varepsilon^2}\iint_S f(x,\ y)dxdy$$

が成立しますね．

**発．**（白川に）どうしてこんなことが成立するんだい．

**白．** これはカンタンや．$\pi\varepsilon^2$ というのは $S$ の面積やろ．そやから，この式の右辺の lim の中は $f(x,\ y)$ の $S$ 上の平均値というわけや．$\varepsilon\to 0$ とすると，中心での $f$ の値がでてくるやないか．

**発．** ああ，なるほど，そうだね．

**北．** 従って，グリーン・ストークスの定理から，

(11)
$$\left.\frac{\partial v}{\partial x}-\frac{\partial u}{\partial y}\right|_{(x_0,\ y_0)}=\lim_{\varepsilon\to 0}\frac{1}{\pi\varepsilon^2}\int_{\partial S}\boldsymbol{v}(x,\ y)\cdot d\boldsymbol{r}.$$

この式でわかることは，右辺は $x$, $y$ という座標のえらび方に関係のない量ですから，左辺も見かけ上は $x$ 座標，$y$ 座標を用いているようですが，実はベクトル場そのものによってきまる量だということです．そこで

(12)
$$\mathrm{rot}\,\boldsymbol{v}=\frac{\partial v}{\partial x}-\frac{\partial u}{\partial y}$$

とかき，$\boldsymbol{v}(x,\ y)$ の回転といいます*．

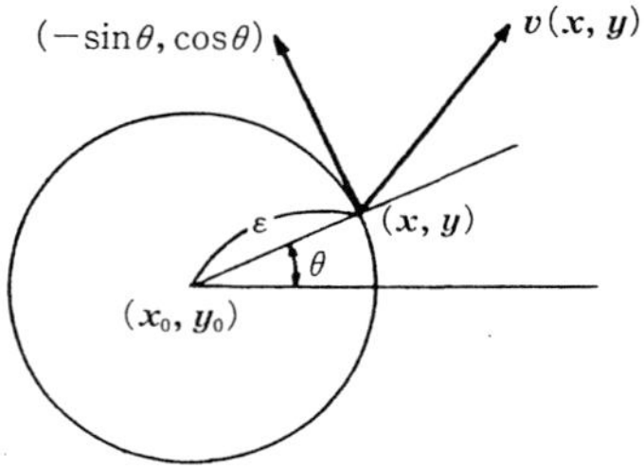

第 8 図

**中．** rot $\boldsymbol{v}(x,\ y)$ が座標系に関係なしにきまることはわかりますが，この量をどうして回転というんですか？

**北．** (11)の右辺をさらに変形してみましょう．$\partial S$ は円周だから，

$$x=x_0+\varepsilon\cos\theta$$
$$y=y_0+\varepsilon\sin\theta$$

---

* 回転 rotation. curl とかくこともある．

とおくと，

$$\int_{\partial S} \boldsymbol{v}(x,\ y)\cdot d\boldsymbol{r} = \varepsilon\int_0^{2\pi}\{u(x,\ y)(-\sin\theta)+v(x,\ y)\cos\theta\}\,d\theta$$

となります．この{ }の中は $\boldsymbol{v}$ と $\boldsymbol{r}=(-\sin\theta,\ \cos\theta)$ との内積，つまり $(x,\ y)$ という点での円の接線への $\boldsymbol{v}(x,\ y)$ の正射影の成分を表わしています(第8図)．今，$\boldsymbol{v}(x,\ y)$ が $(x,\ y)$ での流体の流速を表わしているとしますと，$\dfrac{1}{\varepsilon}\boldsymbol{v}(x,\ y)\cdot\boldsymbol{r}$ は $\boldsymbol{v}(x,\ y)$ がこの円を反時計廻りに回転させようとする速さ，つまり角速度を表わします．$\dfrac{1}{\varepsilon}\displaystyle\int_{\partial S}\boldsymbol{v}(x,\ y)\cdot d\boldsymbol{r}$ はそれらを $\partial S$ にそって集めたものですから，それを円周の長さ $2\pi\varepsilon$ でわりますと，この円周上での角速度の平均値が得られます．従って $\varepsilon\to 0$ とした極限値では，

$$\mathrm{rot}\ \boldsymbol{v}(x_0,\ y_0)=\lim_{\varepsilon\to 0}\frac{1}{\pi\varepsilon^2}\int_{\partial S}\boldsymbol{v}(x,\ y)\cdot d\boldsymbol{r}=2\cdot\lim_{\varepsilon\to 0}\frac{1}{2\pi\varepsilon}\times\frac{1}{\varepsilon}\int_{\partial S}\boldsymbol{v}(x,\ y)\cdot d\boldsymbol{r}$$

は，$(x_0,\ y_0)$ での反時計廻りの角速度の2倍を与えているのです．

**白**．一点での角速度なんて考えられへんやないか．

**発**．そんなことをいってたら，一点での速度だって考えられなくなるよ．ある量の平均値の極限としていろんな概念を考えるのが微積分じゃないか．

**白**．そら，まあそうやな．

**北**．ちょっと注意しておきます．3次元のベクトル場でも rot $\boldsymbol{v}$ を考えますが，そのときはスカラーにならず，またベクトルになるんです．今は簡単のため2次元で話を進めます．

## [4] ポテンシャル場

**北**．グリーン・ストークスの定理は大へん重要でして，大ていのことはこの定理から出てしまうんです．たとえば，次の定理などもそうです．

「$\Omega$ を単連結領域とするとき，$C^1$-クラスのベクトル場 $\boldsymbol{v}(x,\ y)$ について次の3条件はたがいに同値である*.

(i) $\Omega$ の任意の閉曲線 $C$ についての線積分が，

(13) $$\int_C \boldsymbol{v}(x,\ y)\cdot d\boldsymbol{r}=0$$

である．

(ii) あるスカラー場 $f(x,\ y)$ があって，

(14) $$\boldsymbol{v}(x,\ y)=\mathrm{grad}\,f$$

(iii) rot $\boldsymbol{v}=0$. 」

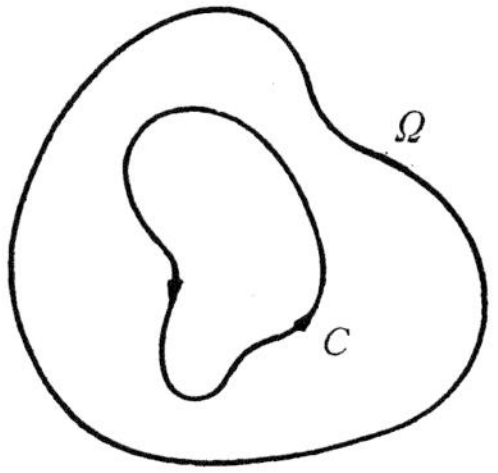


第 9 図

* $\Omega$ の内部にどんな単一閉曲線を画いても，その内部がつねに $\Omega$ の点ばかりであるとき，$\Omega$ を単連結(simply connected) という．

**白**．ちょ，ちょっと待って下さい．あんまり一ぺんに言われると何が何やらわからんようになります．えーと，なるほど，(ii)の条件はまあようわかるわな．(iii)は回転のないベクトル場や，ということやろ．これもまあそんなもんやと思たらええわな．(i)がようわからんなあ．

**中**．(i)は，二点A，Bをきめたら

$$\int_{\mathrm{A}}^{\mathrm{B}} \boldsymbol{v}\cdot d\boldsymbol{r}$$

の値がAからBへの道のとり方に無関係に，AとBだけできまってしまうということよ．

**白**．へえ，どうして？

**中**．だって，AからBへある曲線 $C_1$ にそって行って，帰りは別の道 $C_2$ を通ってかえるとするでしょう．すると，$C_1$ と $C_2$ を一つの閉曲線と見ると，

$$\int_{\mathrm{A}:C_1}^{\mathrm{B}} \boldsymbol{v}\cdot d\boldsymbol{r}+\int_{\mathrm{B}:C_2}^{\mathrm{A}} \boldsymbol{v}\cdot d\boldsymbol{r}=0$$

つまり

$$\int_{\mathrm{A}:C_1}^{\mathrm{B}} \boldsymbol{v}\cdot d\boldsymbol{r}=\int_{\mathrm{A}:C_2}^{\mathrm{B}} \boldsymbol{v}\cdot d\boldsymbol{r}$$

となるじゃない．

**白**．あ，$\int_{\mathrm{B}}^{\mathrm{A}}$ を $\int_{\mathrm{A}}^{\mathrm{B}}$ にしたら－の符号がつくのか．

**発**．今の話で，この定理の証明も大体見当がつくよ．

**中**．あら，そう．じゃ，やって見て．

**発**．まず(i)を仮定するとだね，$\int_{\mathrm{A}}^{\mathrm{B}} \boldsymbol{v}\cdot d\boldsymbol{r}$ はAとBの関数だろ．　Aを今 $(x_0,\ y_0)$ と固定しておいて，$\mathrm{B}=(x,\ y)$ を変数と思ったら，

$$f(x,\ y)=\int_{(x_0,\ y_0)}^{(x,\ y)} \boldsymbol{v}\cdot d\boldsymbol{r} \tag{15}$$

という関数ができるだろ．これが(ii)の $f$ に当るんじゃないかなと思うんだ．

**白**．えらいヤマカンやな．

**発**．いや，そうでもないよ．(ii)によると $f$ を微分したら $\boldsymbol{v}$ になるというんだから，$f$ は $\boldsymbol{v}$ を何らかの意味で積分しないと出てこないはずだろ．

**中**．それで(15)とおいてみたのね．(i)から(ii)を出すには(15)の勾配場がちょうど $\boldsymbol{v}$ になることを言わなければいけないのよ．発田さん，できる？

**発**．そういわれると，意地でもしなきゃならないじゃないか．うーん，$\dfrac{\partial}{\partial x}\int_{(x_0,\ y_0)}^{(x,\ y)} \boldsymbol{v}\cdot d\boldsymbol{r}$ はどうして求めるのかなあ(とつまる)．

**北**．ちょっとだけ助け舟を出しましょうか．(15)が(ii)の $f$ であることは正しいのですが，偏微分を直接計算するより，$f(x,\ y)$ の全微分を求める方がいいんですよ．

**白**．あ，そうか．すると，

$$f(x+h,\ y+k)-f(x,\ y)=\int_{(x_0,\ y_0)}^{(x+h,\ y+k)}\boldsymbol{v}\cdot d\boldsymbol{r}-\int_{(x_0,\ y_0)}^{(x,\ y)}\boldsymbol{v}\cdot d\boldsymbol{r}=\int_{(x,\ y)}^{(x+h,\ y+k)}\boldsymbol{v}\cdot d\boldsymbol{r}$$

**北**．そこでね，$(x,\ y)$ から $(x+h,\ y+k)$ への道として，直線をとることにすると，

$$=\int_0^1 u(x+th,\ y+tk)hdt+v(x+th,\ y+tk)kdt.$$

積分の平均値の定理から，ある $\theta$ $(0<\theta<1)$ があって，

$$=u(x+\theta h,\ y+\theta k)h+v(x+\theta h,\ y+\theta k)k$$

となるんです．

**白**．あ，わかりました．これを変形して，

(16)　$$=u(x,\ y)h+v(x,\ y)k+g(x,\ y\ ;\ h,\ k)$$

とおくと，

(17)　$$\frac{g(x,\ y\ ;\ h,\ k)}{\sqrt{h^2+k^2}}=\frac{u(x+\theta h,\ y+\theta k)-u(x,\ y)}{\sqrt{h^2+k^2}}\times h+\frac{v(x+\theta h,\ y+\theta k)-v(x,\ y)}{\sqrt{h^2+k^2}}\times k$$

で，$\sqrt{h^2+k^2}\to 0$ のとき，$\left|\dfrac{h}{\sqrt{h^2+k^2}}\right|\leqq 1$，$\left|\dfrac{k}{\sqrt{h^2+k^2}}\right|\leqq 1$ やから，右辺の分子が 0 に収束して，(16)の左側 2 項が $f(x,\ y)$ の全微分を表わすことが言えたわけや．

**発**．へえ，君，なかなかうまいことをやるじゃないか．

**白**．へへえ，いや，目標は(16)の形の式やということがはっきりしているから，無理に(16)をでっち上げて，あとでノコリカスの部分を調べて見ただけや．

**中**．(16)，(17)で $\dfrac{\partial f}{\partial x}=u$，$\dfrac{\partial f}{\partial y}=v$ がでたわけね．

**発**．うん，じゃ，先へ行こう．(ii)から(iii)はどうして証明するかな．

**中**．これは簡単だわ．$\mathrm{rot}\,(\mathrm{grad}\, f)=\dfrac{\partial}{\partial x}\left(\dfrac{\partial f}{\partial y}\right)-\dfrac{\partial}{\partial y}\left(\dfrac{\partial f}{\partial x}\right)=0$ でおしまい．

**発**．なるほど．じゃ，残るのは(iii)から(i)を出す所だけだね．えーと，$\mathrm{rot}\,\boldsymbol{v}=0$ なら，閉曲線にそう線積分は 0 になるかなあ．あっ，ここでグリーン・ストークスの定理を使うんだよ．$C$ が囲む領域を $\Omega_1$ とすると，

(18)　$$\int_C \boldsymbol{v}\cdot d\boldsymbol{r}=\iint_{\Omega_1}\mathrm{rot}\,\boldsymbol{v}dxdy=0$$

できた，できた！

**白**．ちょい待ち，さっきから気になってるんやけど，もとの領域が単連結という条件は結局どこにでもでて来やへんのはどうしてや．

**発**．そんなものは余分な条件だろ．きっとなくてもいいんだよ．

**北**．なくてもいい条件をつけたりなんかしませんよ．ちゃんといるんです．実際，(18)はくせもので，もし$\Omega$が単連結でなかったら，$C$が囲む領域を$\Omega_1$とすると$\partial\Omega_1=C$は一般に成立しないでしょう(第10図)．だから(18)は成立せず，

(19) $$\iint_{\Omega_1}\mathrm{rot}\,\boldsymbol{v}dxdy=\int_{C\uparrow}\boldsymbol{v}d\boldsymbol{r}+\int_{\Gamma\downarrow}\boldsymbol{v}d\boldsymbol{r}$$

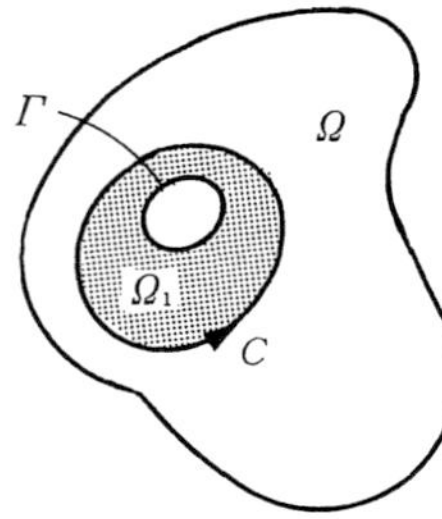

第 10 図

となってしまうんですよ．だから，(iii)から(i)はでて来ません．

**発**．うーん，そうか．ウカツだったなあ．

**北**．たとえば，

$$\boldsymbol{v}=\left(\frac{-y}{x^2+y^2},\ \frac{x}{x^2+y^2}\right)$$

というベクトル場は，$\mathrm{rot}\,\boldsymbol{v}=\dfrac{y^2-x^2}{(x^2+y^2)^2}-\dfrac{y^2-x^2}{(x^2+y^2)^2}=0$ で(iii)をみたしますが，原点を中心とする円周$C$上での線積分の値は，$C$の半径を$a$とすると，

$$\int_C\frac{-y}{x^2+y^2}dx+\frac{x}{x^2+y^2}dy$$
$$=\int_0^{2\pi}\frac{-a\sin\theta}{a^2}(-a\sin\theta)d\theta+\frac{a\cos\theta}{a^2}(a\cos\theta)d\theta=\int_0^{2\pi}d\theta=2\pi$$

となって0になりません．これは原点(0, 0)が$\boldsymbol{v}$の定義域に入らないからなのです．

**白**．まさに“落し穴”やなあ．

**北**．この定理の条件をみたすベクトル場のことを，ポテンシャル場といいます．

ポテンシャル場＝勾配場＝渦なし場

という等式が，単連結領域では成立するわけです．そして，(ii)の$f(x, y)$を$\boldsymbol{v}$のスカラーポテンシャル*，または単にポテンシャルといいます．

## [5] 中 心 力 場

**北**．この次の時間にお話ししますが，2次元のベクトル解析では“対数ポテンシャル”という特殊な形のポテンシャルが重要な役目を果します．それへの手がかりとして，中心力場というのを知っておくことが大切です．

中心力場というのは，ある一点$(x_0, y_0)$を中心にして，ベクトルが放射状に分布していて，その大きさは$(x_0, y_0)$から$(x, y)$までの距離にだけ関係しているようなベクトル場です(第11図)．つまり式で書くと，

* scalar potential

$$\boldsymbol{v}=f(r)\cdot(x-x_0,\ y-y_0),$$
$$r=\sqrt{(x-x_0)^2+(y-y_0)^2}$$

の形のベクトル場です．ここで，$f(r)$ は $r=0$ を除いて十分滑らかと仮定しておきましょう．すると，

「中心力場は必ずポテンシャル場である.」

という定理が成立します．

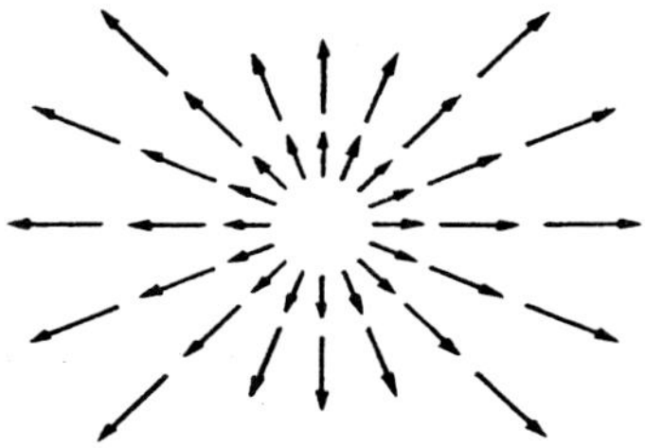

第 11 図

**白**．$f(r)$ はどんな関数でもいいんですか．へえー，おもしろいなあ．

**発**．ほんとうかなあ．さっきの定理で $\mathrm{rot}\,\boldsymbol{v}=0$ をためしてみよう．

$$\mathrm{rot}\,\boldsymbol{v}=f'(r)\frac{\partial r}{\partial x}\cdot(y-y_0)-f'(r)\frac{\partial r}{\partial y}\cdot(x-x_0)$$
$$=f'(r)\left\{\frac{x-x_0}{r}(y-y_0)-\frac{y-y_0}{r}(x-x_0)\right\}=0$$

なるほどたしかに渦なしだ．

**中**．ちょっとおかしいわ．$f(r)$ は $r=0$ では微分できないかもしれないでしょ．だから，穴があいている場合に当っていて，さっきの定理は使えないわよ．

**白**．それなら，$(x_0,\ y_0)$ のまわりの線積分を計算して 0 になるかどうか見たらええのとちがうか．もし 0 やったら，(19)の $\Gamma$ に関する積分はないのやから，(18)が成立するよ．

**中**．そうね．じゃあ，やってみるわ．

$$\int_C \boldsymbol{v}\cdot d\boldsymbol{r}=\int_0^{2\pi}f(a)a\cos\theta(-a\sin\theta\,d\theta)+f(a)a\sin\theta(a\cos\theta\,d\theta)=0$$

あっ，やっぱり 0 になるわ．だからポテンシャル場なのね．

**北**．ついでに，そのスカラーポテンシャルを求めてごらん．

**発**．はい．スカラーポテンシャルを $\varphi(x,\ y)$ とすると，

$$\varphi(x,\ y)=\int_{(x_0,\ y_0)}^{(x,\ y)}f(r)(x-x_0)dx+f(r)(y-y_0)dy$$

ええと，$(x_0,\ y_0)$ と $(x,\ y)$ を結ぶ道として直線がよさそうだな．

$$x-x_0=r\cos\alpha \qquad\qquad y-y_0=r\sin\alpha$$

とすると，$dx=dr\cos\alpha$，$dy=dr\sin\alpha$ だから，　$\varphi(x,\ y)=\int_0^r f(r)\,rdr$．

**北**．うるさいことをいうと，$f(r)$ は $r=0$ でどうなっているかわかりませんから，この積分は広義積分のつもりで考えるか，または，$(x_0,\ y_0)$ からでなく，ちょっとずらした点からの積分とする方が無難ですが，大すじはそれでよろしいですね．

**中**．つまり，　$$\varphi(x,\ y)=\int_1^r f(r)rdr+C$$

とでもする方がいいというわけね．

**白**．先生，ベクトル解析ではまだ div という記号があったんですが，これはどんなものですか．

**北**．これは「発散」といっていますが，その意味については次の時間にお話ししましょう．

## 練　習　問　題

1．$\int_{C_a}(x^2-y^2)dx+2xydy$　（$C_a$ は原点を中心とする半径 $a$ の円周）を求めよ．

2．$\boldsymbol{v}=\left(\dfrac{-y}{x^2+y^2},\ \dfrac{x}{x^2+y^2}\right)$ の多価ポテンシャルを求めよ．

3．$\boldsymbol{x}_0=(x_0,\ y_0)$ を中心とする中心力場 $\boldsymbol{v}$ は

$$\boldsymbol{v}=f(r)\,\mathrm{grad}\,r\quad(r=|\boldsymbol{x}-\boldsymbol{x}_0|)$$

とかけることを示せ．

4．$\boldsymbol{v}=(u(x,\ y),\ v(x,\ y))$ がポテンシャル場であるとき，そのスカラーポテンシャルを $\varphi(x,\ y)$ とすると，微分方程式 $u(x,\ y)dx+v(x,\ y)dy=0$ の一径数解は $\varphi(x,\ y)=c$ で与えられることを示せ．（第５章の問題３を参照のこと．）

5．平面上の曲線 $\ell$ 上の各点での接線ベクトルが，その点でのベクトル場 $\boldsymbol{v}$ と同じ方向をもつとき，$\ell$ を $\boldsymbol{v}$ のベクトル線という．

$\boldsymbol{v}=(u(x,\ y),\ v(x,\ y))$ のベクトル線のみたすべき微分方程式は

$$\frac{dx}{u(x,\ x)}=\frac{dy}{v(x,\ y)}$$

で与えられることを示せ．

# 第 17 章　ベクトル解析 II

## [1]　流量積分とガウスの定理

**北井**．前の時間にはベクトル場の線積分を考え，ベクトル場の回転という量に自然に到達したのでしたが，今日は別の積分，流量積分というのを考えましょう．すると自然にベクトル場の発散という概念に到達します．

**白川**．流量積分というと流体力学から来た言葉ですか．

**北**．まあそんな所です．今 $\boldsymbol{v}(x,\ y)$ というベクトル場が与えられたとき，ある曲線 $\Gamma$ にそう流量積分を，次のように定義します．線積分のときと同様，$\Omega$ の分割

$$X_0(=A),\ X_1,\ \cdots,\ X_n(=B)$$

を考え，各小区間 $\widehat{X_{i-1}X_i}$ の中に代表点 $(\xi_i, \eta_i)$ をえらんで，そこでの法線ベクトル $\boldsymbol{n}(\xi_i, \eta_i)$ をとります．$\boldsymbol{n}$ は長さ 1 にとっておくのです．そして

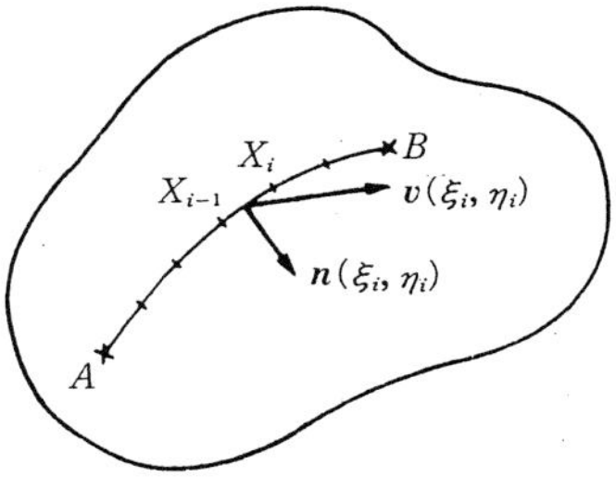


第 1 図

$$\sum_{i=1}^{n} \boldsymbol{v}(\xi_i, \eta_i)\cdot\boldsymbol{n}(\xi_i, \eta_i)\,|X_i - X_{i-1}|$$

という形の一種のリーマン和を考えましょう．$\boldsymbol{n}$ の向きに 2 通りありますが，「$A$ から $B$ へ」というときには，その進行方向に向って右側の法線ベクトルをとることにします．すると，分割を細かくして行った極限値

$$\lim\sum_{i=1}^{n} \boldsymbol{v}(\xi_i, \eta_i)\cdot\boldsymbol{n}(\xi_i, \eta_i)\,|X_i - X_{i-1}|$$

がもしあれば，この値のことを，$A$ から $B$ までの $\Gamma$ にそう $\boldsymbol{v}(x,y)$ の**流量積分**といい，

(1)　$$\int_{A\,:\,\Gamma}^{B} \boldsymbol{v}(x,y)\cdot d\boldsymbol{n}$$

で表わします．

**発田**．今度は法線ベクトルとの内積か．これが「流量」とどんな関係があるのですか．

**北**．$\boldsymbol{v}(x,y)$ を流体の流速のベクトル場としましょう．深さ一定のみぞを水が流れている所を想像して下さい（第2図）．すると PQ を横切って単位時間に $\boldsymbol{n}$ の方向へ流れた流量は PQ と $\boldsymbol{v}$ とでできる平行四辺形の面積に等しいでしょう．そしてそれが

$$\boldsymbol{v}\cdot\boldsymbol{n}\cdot|PQ|=|\boldsymbol{v}|\cdot|\boldsymbol{n}|\cdot\cos\alpha|PQ|$$

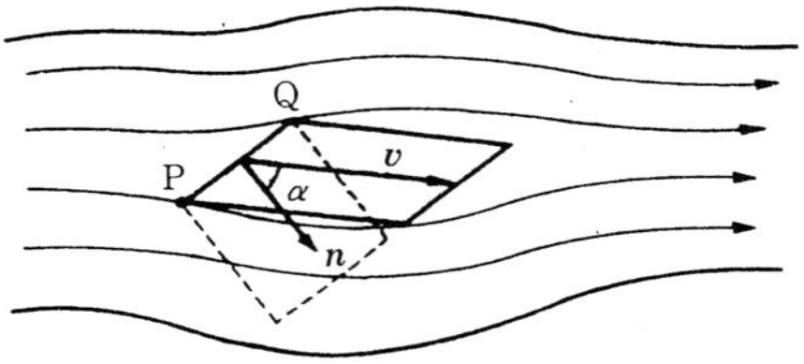


第 2 図

に等しいことは明らかですから，それらを曲線 $\Gamma$ の小片毎に作ってよせ集めた (1) は，$\Gamma$ を通過して法線 $\boldsymbol{n}$ の方向へ（つまり $A\to B$ の進行方向に向って左から右へ）単位時間内に流れた水の量を表わしています．

**中山**．先生，これも一種の線積分ですね．つまり，1次元の積分でしょう．

**北**．そうですよ．

**中**．それなら，前の線積分と何か関係があるのじゃないでしょうか．

**北**．ええ，実は2次元ベクトル場の場合は，流量積分と線積分は密接な関係があります．$\Gamma$ 上の一点 $(x, y)$ での接線ベクトルを $\boldsymbol{r}(x, y)$，法線ベクトルを $\boldsymbol{n}(x, y)$ とすると $\boldsymbol{r}$ と $\boldsymbol{n}$ は直交しますね．線積分では $\boldsymbol{v}$ と $\boldsymbol{r}$ の内積だったのが流量積分では $\boldsymbol{v}$ と $\boldsymbol{n}$ の内積となります．$\boldsymbol{n}$ を反時計廻りに $\dfrac{\pi}{2}$ だけ回転させると $\boldsymbol{r}$ になるのですから，今，$\boldsymbol{v}(x, y)$ を反時計廻りに $\dfrac{\pi}{2}$ だけ回転したベクトルを $\boldsymbol{v}^*(x,y)$ としますと，

$$\boldsymbol{v}(x,y)\cdot\boldsymbol{n}(x,y)=\boldsymbol{v}^*(x,y)\cdot\boldsymbol{r}(x,y)$$

が成立します．従って，

$$\int_{A:\Gamma}^{B}\boldsymbol{v}(x,y)\cdot d\boldsymbol{n}=\int_{A:\Gamma}^{B}\boldsymbol{v}^*(x,y)\cdot d\boldsymbol{r}$$

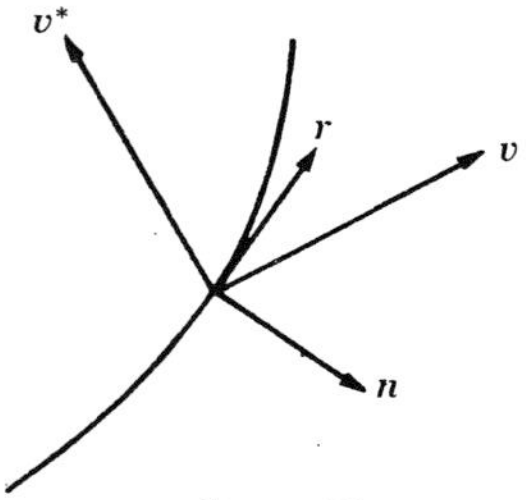


第 3 図

となります．

**白**．そうか，そうしたら，別に新しい積分を定義したわけやないんやな．

**発**．しかし，実際に計算するにはどうするのかな．

**中**．$\boldsymbol{v}^*$ がわかればいいんじゃない？

**発**．$\boldsymbol{v}=(u(x,y),v(x,y))$ とすると，$\boldsymbol{v}^*=(-v(x,y),u(x,y))$ だよ．

**中**．そうね．だったら，

$$\int_{A:\Gamma}^{B}\boldsymbol{v}(x,y)\cdot d\boldsymbol{n}=\int_{A:\Gamma}^{B}u(x,y)\,dy-v(x,y)\,dx \qquad (2)$$

と計算すればいいわけね．

**北**．なかなかわかりが早いね．

**白**．あれえ，すると，線積分についていろいろ考えたことが，みんなこの流量積分について考えられることになるはずやでえ．

北．そう，正にその通りですよ．一つ，自分で考えてごらん．

白．まず，グリーン・ストークスの定理はどうなるかな．

$$\int_{\partial\Omega}\boldsymbol{v}\cdot d\boldsymbol{r}=\iint_{\Omega}\left(\frac{\partial u}{\partial x}-\frac{\partial u}{\partial y}\right)dxdy$$

の $\boldsymbol{v}$ の所へ $\boldsymbol{v}^*$ を代入すると，

(3) $$\int_{\partial\Omega}\boldsymbol{v}\cdot d\boldsymbol{n}=\iint_{\Omega}\left(\frac{\partial u}{\partial x}+\frac{\partial v}{\partial y}\right)dxdy$$

となるなあ．これ，何のことやろか．

北．(3) をガウス** の定理というんです．白川君はガウスの定理を知らないうちに導いてしまったんですよ．

発．うわあ，スゴイ，スゴイ．

白．こら，ひやかすな．

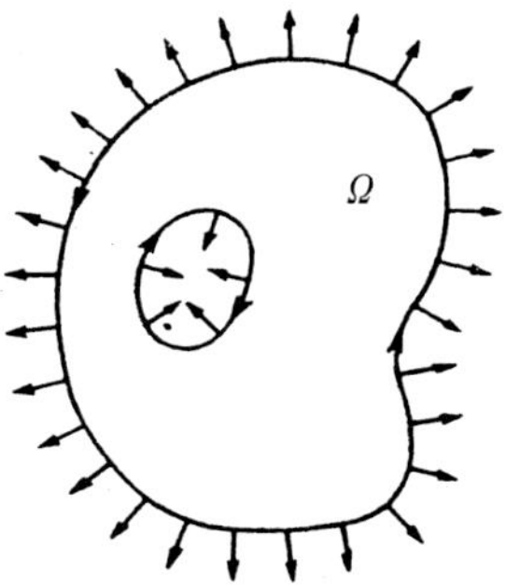


第 4 図

北．(3) の左辺は $\partial\Omega$ の進む方向が，$\Omega$ を左に見て進むという約束だったでしょう．その方向に関し $\boldsymbol{n}$ の向きは，進行方向に関し右側に出る法線ベクトルをとると約束したから，結局 $\boldsymbol{n}$ は $\Omega$ の境界での外側への法線ベクトルになります（第 4 図）．だから，(3) の左辺は，$\Omega$ の内側から外へ向って，$\partial\Omega$ を通過して単位時間内に流れ出す流量を表わします．もちろん，その値が負であれば，$\Omega$ に流れこんでいるわけです．その流量が右辺に等しいというのですから，(3) の右辺の積分の中味として現れている関数は，各点各点での流体の湧き出す面密度を表わしていることになります．

白．ちょっと，その辺，わかりにくいですが，なんで面積分から面密度がでてくるんですか．

北．つまり，一点 $(x_0, y_0)$ での値は，

(4) $$\left.\left(\frac{\partial u}{\partial x}+\frac{\partial v}{\partial y}\right)\right|_{(x_0,y_0)}=\lim_{m(\Omega)\to 0}\frac{\iint_{\Omega}\left(\frac{\partial u}{\partial x}+\frac{\partial v}{\partial y}\right)dxdy}{m(\Omega)}=\lim_{m(\Omega)\to 0}\frac{\int_{\partial\Omega}\boldsymbol{v}\cdot d\boldsymbol{n}}{m(\Omega)}$$

でしょう．$\Omega$ は今考えている点 $(x_0, y_0)$ を中心とする円のようなものを考えておけばいいんです．

白．ああ，体積を底辺の面積でわったら高さの平均値がでるということか．わかりました．

北．もちろん，第 4 図で，$\Omega$ のある部分では $\frac{\partial u}{\partial x}+\frac{\partial v}{\partial y}>0$ で，また別の部分では $\frac{\partial u}{\partial x}+\frac{\partial v}{\partial y}<0$ となることがあります．一方で湧き出していて，他方で吸い込んでいるわけです．ですから (3) の左辺が $\partial\Omega$ を通って内から外へ流れ出る流量だといっても，それは差し引きした

* C. F. Gauss 1777–1855.

** $m(\Omega)$ は $\Omega$ の面積．

結果そうなるという意味で，$\Omega$ の至る所湧き出したりしているのではありません.

**発**. すると，$\dfrac{\partial u}{\partial x}+\dfrac{\partial v}{\partial y}$ はベクトル場から得られる量だから，何か名前がついているんでしょう.

**北**. ええ，

$$\text{(5)}\qquad \operatorname{div}\boldsymbol{v}=\frac{\partial u}{\partial x}+\frac{\partial v}{\partial y}$$

と書いて，$\boldsymbol{v}(x,y)$ の**発散** (divergence) といいます．これも (4) の第3式からすぐわかるように $x,y$ という座標系のえらび方に無関係に，ベクトル場 $\boldsymbol{v}$ だけからきまる量です.

## [2]　管状場と流れの関数

**中**.（さっきから熱心に計算していたが）先生，前の時間に習ったポテンシャル場の定理を $\boldsymbol{v}^*$ にあてはめたら，次のようになったんですけど，これ，いいんでしょうか.

**北**. ほう，皆に説明して上げて下さい.

**中**. 「次の三つの条件は，単連結領域 $\Omega$ で同値である.

(i)　任意の閉曲線 $C$ に関し

$$\int_C \boldsymbol{v}\cdot d\boldsymbol{n}=0$$

(ii)　あるスカラー場 $\psi(x,y)$ があって，

$$u=\frac{\partial\psi}{\partial y},\qquad v=-\frac{\partial\psi}{\partial x}$$

(iii)　$\operatorname{div}\boldsymbol{v}=0$.　」

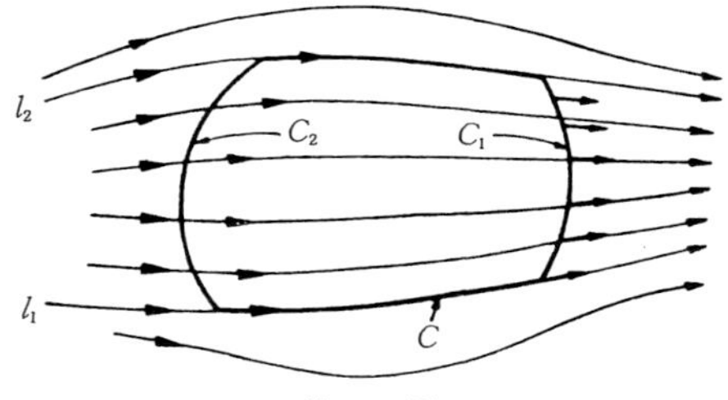


第 5 図

**発**. なーんだ．それ，前の定理を書きかえただけじゃないか.

**中**. そうよ．そうことわったでしょ．（文句があるかとニラミつける.）

**北**. まあ，まあ，そう怒らなくてもいいですよ．たしかに言いかえにすぎないけれど，流体力学の人達には有難い定理なんですよ．この (iii) の条件を流体力学では**連続の方程式**といいます．そして (iii) をみたす $\boldsymbol{v}$ のことを**管状**ベクトル場といいます.

**白**. (i) と (iii) はさっきからの話でよくわかるんです．つまり湧き出しがないことと，閉曲線を通って流量の差し引きが0だということは同値や，いうんでしょう．それはようわかるんですが，(ii) の条件というのは何ですか．ようわかりません.

**北**. 今，$C$ として，二本のベクトル線 $l_1, l_2$ を橋わたしするような閉曲線をえらびましょう（第5図）．ベクトル線というのはその接線方向のベクトルがその点での $\boldsymbol{v}(x,y)$ と同じ方向であるわけだから，各点で法線 $\boldsymbol{n}$ と $\boldsymbol{v}$ とは直交し，$\boldsymbol{v}\cdot\boldsymbol{n}=0$ です．従って，$l_1, l_2$ 上の流量積分は0です．のこりの，橋わたしの部分の積分が両方合わせて0というのが条件 (i) ですね.

それを式でかくと,

$$\int_{C_1\nearrow} \boldsymbol{v}\cdot d\boldsymbol{n} + \int_{C_2\searrow} \boldsymbol{v}\cdot d\boldsymbol{n} = 0$$

この積分の向きは $C_1$ については下から上へ, $C_2$ については上から下へです. 今これを両方とも下から上への積分に直しますと第2項の符号が変って,

(6)
$$\int_{C_1\nearrow} \boldsymbol{v}\cdot d\boldsymbol{n} = \int_{C_2\nearrow} \boldsymbol{v}\cdot d\boldsymbol{n}$$

となりますね.

**中**. つまり, $l_1$ と $l_2$ を結ぶ曲線ならどんなカーブを画いても流量積分の値は同じだ, という条件ですね.

**北**. それはつまり, $C_2$ を通過して $C$ の内部に入りこんだ流体はそのまま $C_1$ を通過して $C$ の外部へと出て行くということを意味するでしょう.

**白**. あっ, そうか. そうやから $C$ の内部には湧き出しも吸いこみもないということか. それがどんな $C$ についても起るから, $\mathrm{div}\,\boldsymbol{v}=0$ なんやな.

**発**. 管状という言葉もここから来ているんですね. つまり, 勝手な二本のベクトル線をとると, その間で水の流れは管のように増減なく流れますということなんですね. これは面白いなあ.

**北**. そうなんですよ. ところで(ii)の条件は(6)と関係するんです. (ii)は,

(7)
$$\boldsymbol{v}^* = \mathrm{grad}\,\psi$$

を座標毎に分けて書いたものですね.

**中**. ええ, なるべく $\boldsymbol{v}^*$ を使わずに書こうとすると, 別々に分けることになってしまって….

**北**. (7)から,

(8)
$$\psi(x,y) = \psi(a,b) + \int_{(a,b)}^{(x,y)} \boldsymbol{v}^* d\boldsymbol{r} = \psi(a,b) + \int_{(a,b)}^{(x,y)} \boldsymbol{v}\cdot d\boldsymbol{n}$$

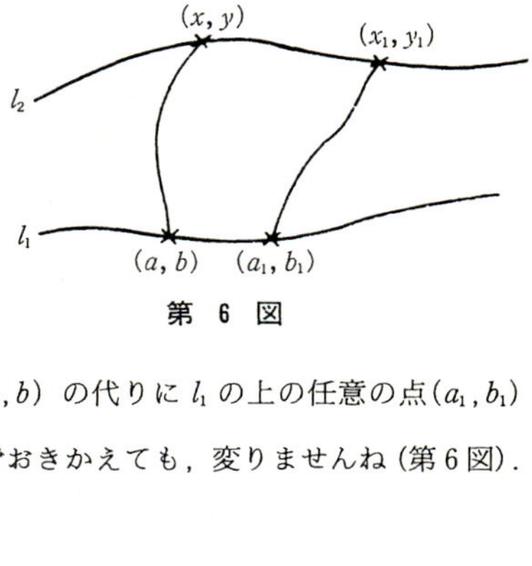

**第 6 図**

となります. ここで, $(a,b)$ から $(x,y)$ に至る曲線は何であってもいいはずです. ところが, この $(a,b)$ を通るベクトル線を $l_1$, $(x,y)$ を通るベクトル線を $l_2$ とすると, $\int_{(a,b)}^{(x,y)} \boldsymbol{v}\cdot d\boldsymbol{n}$ の値は, $(a,b)$ の代りに $l_1$ の上の任意の点 $(a_1,b_1)$ でおきかえ, また $(x,y)$ の代りに $l_2$ 上の点 $(x_1,y_1)$ でおきかえても, 変りませんね (第6図). つまりいいかえると,

$$\int_{(a,b)}^{(x,y)} \boldsymbol{v}\cdot d\boldsymbol{n} = \int_{l_1}^{l_2} \boldsymbol{v}\cdot d\boldsymbol{n}$$

とでもかくべきもので, $l_1, l_2$ 上の点であればどんな点でも同じ値になるというのが(6)の

式だったんです．従って，(6)と(8)から，

$$\psi(x,y)-\psi(a,b)=\int_{l_1}^{l_2}\boldsymbol{v}\cdot d\boldsymbol{n}$$

となります．

**発**．すると，えーと，$\psi(x,y)=$一定という曲線はベクトル線になるんですか．

**北**．そうなんです．等高線がベクトル線になるような関数，それが$\psi$の正体なんです．これを管状場 $\boldsymbol{v}(x,y)$ に対する**流れの関数**といいます．流れの具合を等高線としてうまく表わしていますからね．

## [3]　管状ポテンシャル場，調和関数

**北**．今度は $\boldsymbol{v}(x,y)$ が同時にポテルシャル場かつ管状場であるという場合を考えましょう．白川君，その条件を式にかいてごらん．

**白**．はい．

(9)　$$\mathrm{rot}\,\boldsymbol{v}=0,\qquad \mathrm{div}\,\boldsymbol{v}=0$$

です．座標毎にかくと，

(10)　$$\frac{\partial v}{\partial x}-\frac{\partial u}{\partial y}=0,\quad \frac{\partial u}{\partial x}+\frac{\partial v}{\partial y}=0$$

となります．

**北**．これらから，$u$ と $v$ の単独の式を出すにはどうしたらよいでしょうか．

**発**．第１式を $y$ で偏微分し，第２式を $x$ で偏微分して引き算すると $v$ が消えますね．逆にすると $u$ が消えます．

**中**．結局

$$\frac{\partial^2 u}{\partial x^2}+\frac{\partial^2 u}{\partial y^2}=0,\qquad \frac{\partial^2 v}{\partial x^2}+\frac{\partial^2 v}{\partial y^2}=0$$

と，同じ形の式を満たしますわ．これ，どこかで見たような式ねえ．

**北**．一般にこの形の方程式（偏微分方程式です）を**ラプラスの方程式***といいます．ラプラスの方程式をみたす関数を**調和関数**といいます．管状ポテンシャル場の各座標関数は調和関数なんです．

**中**．逆に二つの調和関数を二つ並べて作ったベクトル場 $\boldsymbol{v}=(u(x,y),v(x,y))$ は管状ポテンシャル場でしょうか．

**北**．いや，実はそういきません．たとえば $u=x^2-y^2, v=x$ としますとどちらも調和ですが，$\boldsymbol{v}=(u,v)$ について，

---

＊　P. Laplace　1749-1827.

$$\mathrm{rot}\,\boldsymbol{v}=1+2y, \qquad \mathrm{div}\,\boldsymbol{v}=2x+0$$

となって，どちらも 0 にはなりません．

**中**．すると，調和関数の中でも何か関係のある二つをとってこないと管状ポテンシャル場を作ることはできないんですね．

**白**．その関係て，何やろ？

**北**．いや，結局もとの条件式(10)なんですよ．(10)をみたす二つの関数 $u, v$ をたがいに**共役**な調和関数といいます．また(10)を**コーシー・リーマンの方程式***といいます．コーシー・リーマンの方程式は微分可能な複素変数関数の実部と虚部がみたす方程式として関数論の教科書の初めの方に出て来ます．つまり管状ポテンシャル場は複素変数関数論を用いて議論すると非常に明快な話になるんです．

**発**．先生，微分積分学の中に複素変数関数の話をある程度入れるべきですねえ．整級数の話といい，今の管状ポテンシャル場といい，いろんな所に顔を出すじゃないですか．

**北**．ええ，体系としてのまとまり方から見ると微分積分学の中に「解析性」の概念が複素変数を通して出てくるというのは自然であるし，当然そうであるべきなのですが，現在のわが国の微分積分学の教科書でそのような形をとっているものは例外的です．それは「関数論」という講義が別にあるから，そこでやればよいというのでわざと切り離しているんだと思います．

**白**．なんや，大学の中のカリキュラムのナワバリ争いか．

**北**．うん，そういわれても仕方ないね．その点，高木貞治先生の「解析概論」が「初等関数は解析性を自覚することによりはっきりとらえられる」ことをスローガンに，「微分積分学の中での関数論」という視点を打出しているのは，大数学者の基礎数学に対する見識としてさすがに立派なものです．

では，話をもとへもどして，管状ベクトル場の様子を画くことを考えましょう．$\boldsymbol{v}$ はポテンシャル場なのだから，そのスカラーポテンシャルを $\varphi(x, y)$ とすると，$\varphi$ の等高線の法線方向が $\boldsymbol{v}(x, y)$ のその点での方向ですね．一方 $\boldsymbol{v}$ は管状だから流れの関数 $\psi(x, y)$ があるわけですが $\psi$ の等高線はベクトル線ですからそれは $\varphi(x, y)$ の等高線と直交します．いいかえると，$\varphi(x, y)=C$ という曲線群と，

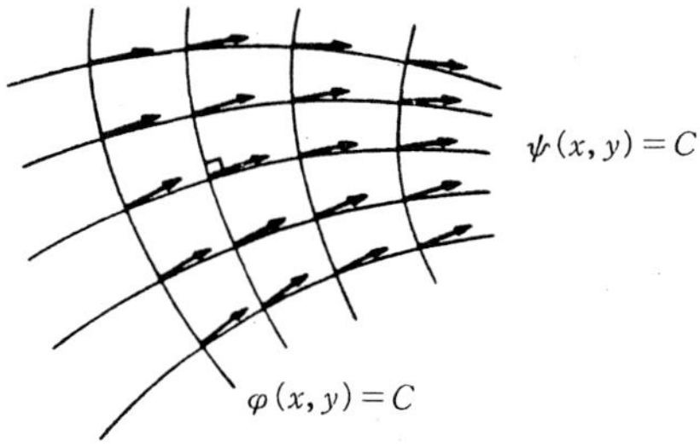


第 7 図

---

* コーシー・リーマンの方程式は $u$ と $v$ について対称でないので，正確には「$u$ は $v$ の共役調和関数」といわねばならない．そのとき $v$ は $-u$ の共役調和関数である．

$\psi(x,y)=C$ という曲線群は直交截線群を作っているんです．だから $\boldsymbol{v}$ の様子を画くとすれば，$\varphi,\psi$ を求めてその等高線のグラフを画けばいいんです（第7図）．

**中**．$\varphi(x,y)$ と $\psi(x,y)$ はどんな関係があるんですか．

**北**．実は $\varphi,\psi$ はまたたがいに共役な調和関数なんです．

**白**．へえー，これはおどろきやな．

**北**．それはすぐわかりますよ．$\boldsymbol{v}=\mathrm{grad}\,\varphi$，$\boldsymbol{v}^*=\mathrm{grad}\,\psi$ で $\boldsymbol{v}^*=(-v,u)$ なのだから，

$$\frac{\partial\varphi}{\partial x}=\frac{\partial\psi}{\partial y},\qquad \frac{\partial\varphi}{\partial y}=-\frac{\partial\psi}{\partial x}$$

となるでしょう．これ，コーシー・リーマンそのものじゃないですか．

**白**．あ，なんや，そんな簡単なことか．

## ［4］　管状中心力場

**北**．今度は中心力場が管状であるための必要十分条件を求めてみましょう．

**発**．だんだん条件が強くなって来たなあ．中心力場は自動的にポテンシャル場だから，前節のことは全部成立しているんですね．

**北**．ええ，ただし，中心点を除いて，ですよ．

**中**．（ノートをのぞきながら）ええと，中心力場とは

$$\boldsymbol{v}(x,y)=f(r)(x-x_0,y-y_0),\qquad r=\sqrt{(x-x_0)^2+(y-y_0)^2}$$

の形のベクトル場のことだったわねえ．これが管状だというのは，

$$\mathrm{div}\,\boldsymbol{v}=0$$

ということだから，

$$\begin{aligned}\mathrm{div}\,\boldsymbol{v}&=\frac{\partial}{\partial x}(f(r)\cdot(x-x_0))+\frac{\partial}{\partial y}(f(r)\cdot(y-y_0))\\&=f'(r)\frac{\partial r}{\partial x}\cdot(x-x_0)+f(r)\cdot 1+f'(r)\frac{\partial r}{\partial y}\cdot(y-y_0)+f(r)\cdot 1\end{aligned}$$

この中の $\dfrac{\partial r}{\partial x}$，$\dfrac{\partial r}{\partial y}$ は，えーと，$r^2=(x-x_0)^2+(y-y_0)^2$ の両辺を $x,y$ でそれぞれ偏微分すると，

$$2r\frac{\partial r}{\partial x}=2(x-x_0),\qquad 2r\frac{\partial r}{\partial y}=2(y-y_0)$$

だから，

$$\frac{\partial r}{\partial x}=\frac{x-x_0}{r},\qquad \frac{\partial r}{\partial y}=\frac{y-y_0}{r}.$$

ふうん，すると，

$$\begin{aligned}\operatorname{div}\boldsymbol{v}&=f'(r)\cdot\frac{(x-x_0)^2}{r}+f'(r)\frac{(y-y_0)^2}{r}+2f(r)\\&=\frac{f'(r)}{r}\{(x-x_0)^2+(y-y_0)^2\}+2f(r)\\&=rf'(r)+2f(r)=0\end{aligned}$$

となるわ．これをみたす関数 $f(r)$ を見つければいいのね．

**白**．中山さんは計算するとなると早いなあ．それ，微分方程式になってるのとちがうか？

**中**．そうよ．

$$r\cdot f'+2f=0$$

という微分方程式を $f$ について解けばいいのよ．

**発**．あ，それならとけるよ．変数分離型ってやつだろ．

$$\frac{f'}{f}=-\frac{2}{r}$$

となるから，

$$\log f=-2\log r+c$$

つまり，

$$f(r)=\frac{c}{r^2}$$

となるわけだ．

**中**．先生，管状中心力場は，

$$\text{(11)}\qquad \boldsymbol{v}(x,y)=c\left(\frac{x-x_0}{r^2},\ \frac{y-y_0}{r^2}\right)$$

の形のものであり，それに限ります．

**北**．皆さん，大へんよくできますねえ．

**発**．先生，中心力場というのは，力の源が $(x_0, y_0)$ にあって，平面上の各点に $f(r)(x-x_0, y-y_0)$ という力を及ぼしているんでしょう．それが，管状だというのは，$(x_0, y_0)$ を除いて力の源がないということですね．

**中**．むしろ，力の“にじみ出し”がないという感じじゃないかしら．

**白**．にじみ出しか，なるほど女性はうまい表現をするなあ．

**北**．では，$(x_0, y_0)$ での $\boldsymbol{v}$ の湧き出し量はいくらでしょうか．

**発**．それは，$\int_\Gamma \boldsymbol{v}\cdot d\boldsymbol{n}$ を計算すればいいんだ．$\Gamma$ は $(x_0, y_0)$ を中心とする円としようや．

**中**．そうね．

$$\int_\Gamma \boldsymbol{v}\cdot d\boldsymbol{n}=c\int_\Gamma\frac{(x-x_0)}{r^2}dy-\frac{(y-y_0)}{r^2}dx=c\int_0^{2\pi}(\cos^2\theta+\sin^2\theta)d\theta=2\pi c$$

となります．

**北**．今その湧き出し量を $a$ としますと，$c=\dfrac{a}{2\pi}$ ですから，

$$\boldsymbol{v}(x,y)=\frac{a}{2\pi}\left(\frac{x-x_0}{r^2},\ \frac{y-y_0}{r^2}\right)$$

となります．このベクトル，単位長の何倍あるかを調べてみると，$(x-x_0)^2+(y-y_0)^2=r^2$ ですから，$\left(\dfrac{x-x_0}{r},\ \dfrac{y-y_0}{r}\right)$ が単位長のベクトルで，$\boldsymbol{v}$ はその $\dfrac{a}{2\pi r}$ 倍なのです．つまり，ベクトルの長さ，いいかえるとベクトル場の強さは力の中心からの距離に反比例して減少します．これが2次元空間での万有引力の法則，またはクーロンの法則です．

**白**．あれえっ，万有引力の法則というのは経験則でしょう．

**北**．ええ，そうです．しかし，今までの議論は万有引力の法則が $\mathrm{div}\,\boldsymbol{v}=0$ と同値だということを数学的に示したにすぎません．$\mathrm{div}\,\boldsymbol{v}=0$ がこの自然界の物質の性質としての万有引力というものについて成立するかどうか，それはやはり経験則に属することでしょう．

**発**．だけど $\mathrm{div}\,\boldsymbol{v}=0$ の方が「もっともらしい」経験則ですね．$\boldsymbol{v}$ の強さが $(x_0, y_0)$ からの距離に反比例するという法則と，$(x_0, y_0)$ においた質点から出る力は $(x_0, y_0)$ 以外からは出ませんという法則と，どちらが説得力があるかとなると，勝敗は明らかだな．

**北**．さあ，それはどうですかね．$\mathrm{div}\,\boldsymbol{v}=0$ という法則を承認するのは「もっともらしい」かも知れないけれど，それが実際と合うかどうか実験するのは大へんでしょう．

**発**．あ，そうか．やっぱり万有引力の方がわかりやすいか，なるほど．

**中**．だけど，物理学の公理を作るとすると，万有引力については「距離に反比例する」より「$\mathrm{div}\,\boldsymbol{v}=0$」の方がすっきりするような感じですわね．

**白**．さっきから $\dfrac{1}{r}$ に比例するといってるけど，本当は $\dfrac{1}{r^2}$ に比例するというのが万有引力の法則とちがうのか．

**北**．いや，それは3次元空間の万有引力です．2次元では $\dfrac{1}{r}$ ですよ．

## ［5］　対数ポテンシャル

**北**．今度は，ある領域 $\Omega$ の全体に管状中心力場の源が分布している場合を考えましょう．たとえば地球全体はその各点各点が万有引力の源なのですが，それらが連続的に分布しているわけですね．ここでは2次元の場合を考えましょう．$\Omega$ の一点 $(\xi,\eta)$ での発散の面密度が $\rho(\xi,\eta)$ で与えられているとしますと，$(\xi,\eta)$ を含む小さい領域 $\delta$ では $\rho(\xi,\eta)\cdot m(\delta)$ を発散とする力の源ができて，それが全平面に力を及ぼす，つまり一つの管状中心力場を作ります．そのベクトル場は，

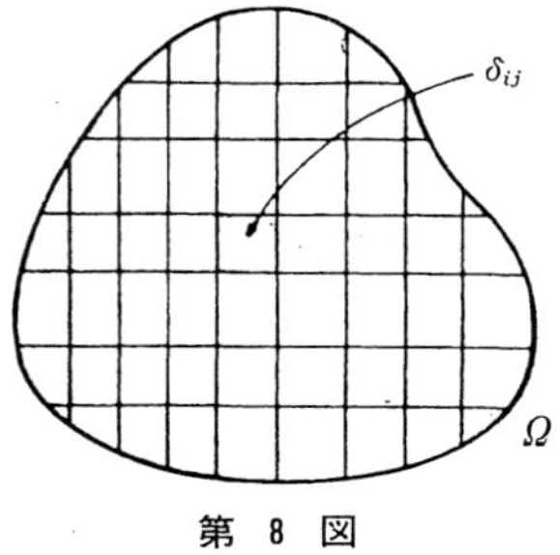

第 8 図

$$\text{(12)}\qquad \frac{\rho(\xi,\eta)m(\delta)}{2\pi}\left(\frac{x-\xi}{r^2},\frac{y-\eta}{r^2}\right),$$

$$r=\sqrt{(x-\xi)^2+(y-\eta)^2}$$

ですね．今 $\Omega$ を長方形分割して，その各小領域を $\delta_{ij}$ としますと，その小領域毎に上のベクトル場ができますからその合成ベクトル場

$$\sum_{i,j}\frac{\rho(\xi,\eta)m(\delta_{ij})}{2\pi}\left(\frac{x-\xi}{r^2},\frac{y-\eta}{r^2}\right)$$

は，分割を細かくして行った極限において，

$$\text{(13)}\qquad \boldsymbol{v}(x,y)=\frac{1}{2\pi}\iint_{\Omega}\rho(\xi,\eta)\left(\frac{x-\xi}{r^2},\ \frac{y-\eta}{r^2}\right)d\xi d\eta$$

というベクトル場に収束します．ここではもちろん $\rho(\xi,\eta)$ は連続関数としておきます．これが求めるベクトル場です．

**白**．ということは点 $(x,y)$ に単位質点をおくと $\boldsymbol{v}(x,y)$ という力を受けるということですね．

**北**．まあ物理的にはそうなりますが，数学的には $\operatorname{div}\boldsymbol{v}=\rho(\xi,\eta)$ を与えて，$\boldsymbol{v}$ を作ったことになっているんです．

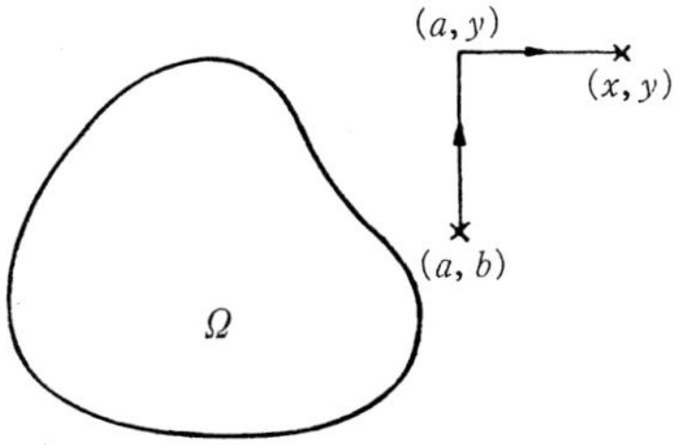

第 9 図

**中**．だけど先生，$\operatorname{div}\boldsymbol{v}=\dfrac{\partial u}{\partial x}+\dfrac{\partial v}{\partial y}=\rho(\xi,\eta)$ と与えても，それをみたす $u,v$ はものすごくたくさんあるでしょう．

**北**．ええ，上で作った $\boldsymbol{v}$ はその上 $\operatorname{rot}\boldsymbol{v}=0$ をみたすように作ったんです．なぜなら，(12) は中心力場で従ってポテンシャル場だからです．それでもまだ，そんな $\boldsymbol{v}$ はたくさんありますが，どの程度たくさんあるかはあとで調べることにして，(13) は，ポテンシャル場ですから，スカラーポテンシャルを求めましょう．

まず，$(x,y)$ が $\Omega$ の外部にある場合を考えます．スカラーポテンシャル $U(x,y)$ は

$$U(x,y)-U(a,b)=\int_{(a,b)}^{(x,y)}\boldsymbol{v}\cdot d\boldsymbol{r}$$

によって与えられますが，積分路を $(a,b)\to(a,y)\to(x,y)$ ととりますと（第9図），

$$2\pi\iint_{(a,b)}^{(x,y)}\boldsymbol{v}\cdot d\boldsymbol{r}=\int_a^x\left(\iint_{\Omega}\frac{x-\xi}{(x-\xi)^2+(y-\eta)^2}\rho(\xi,\eta)d\xi a\eta\right)dx$$

$$+\int_b^y\left(\iint_{\Omega}\frac{y-\eta}{(a-\xi)^2+(y-\eta)^2}\rho(\xi,\eta)d\xi d\eta\right)dy$$

$$=\iint_{\Omega}\left(\int_a^x\frac{x-\xi}{(x-\xi)^2+(y-\eta)^2}dx\right)\rho(\xi,\eta)d\xi d\eta$$

$$+\iint_\Omega\left(\int_b^y \frac{y-\eta}{(a-\xi)^2+(y-\eta)^2}dy\right)\rho(\xi,\eta)d\xi d\eta$$

$$=\iint_\Omega\{\log\sqrt{(x-\xi)^2+(y-\eta)^2}-\log\sqrt{(a-\xi)^2+(y-\eta)^2}$$

$$+\log\sqrt{(a-\xi)^2+(y-\eta)^2}-\log\sqrt{(a-\xi)^2+(b-\eta)^2}\}\rho(\xi,\eta)d\xi d\eta$$

$$=\iint_\Omega \log r\cdot\rho(\xi,\eta)d\xi d\eta+\text{定数}$$

従って，

(14)　$U(x,y)=\dfrac{-1}{2\pi}\iint_\Omega \log\dfrac{1}{r}\cdot\rho(\xi,\eta)d\xi d\eta+C,\qquad (r=\sqrt{(x-\xi)^2+(y-\eta)^2})$

です．ところで，今まで $(x,y)$ は $\Omega$ の外部にあるとして来たのですが，(14) は $\Omega$ の内部の点 $(x,y)$ についても意味をもち，そして，

$$\boldsymbol{v}(x,y)=\text{grad}\,U$$

が，$\Omega$ の内部でも成立します．この証明はそんなにむずかしくないから，省略しましょう．

**発**．面白い形の関数がでてくるんですねえ．何にもない所からいつのまにか対数関数がでて来たぞ．

**白**．どうして $\log r$ とせず $-\log\dfrac{1}{r}$ としたんですか．

**北**．どっちでもいいんですが，$\log\dfrac{1}{r}$ と書いてある本が多いですね．多分，クーロン力は引っぱる力，つまり $\rho(\xi,\eta)<0$ なので，それを正の値として扱うにはどこかでマイナスを一つ出しておく方が都合がいいんでしょう．(14) を $\rho(x,y)$に対する**対数ポテンシャル***といいます．

**発**．対数ポテンシャルというのは，すると，ええと，一般のスカラーポテンシャルとどうちがうのかなあ．

**中**．それは $\text{div}\,\boldsymbol{v}=\rho(x,y)$, $\text{rot}\,\boldsymbol{v}=0$ をみたす $\boldsymbol{v}$ のスカラーポテンシャルなのよ．それが $\rho$ から具体的に積分で書けるのよ．

## [6]　ベクトル場の決定

**北**．最後に，$\text{div}\,\boldsymbol{v}=\rho(x,y)$, $\text{rot}\,\boldsymbol{v}=\sigma(x,y)$ を与えて，$\boldsymbol{v}$ が決定できるかどうかを考えましょう．さっきの中山さんの疑問もこの中に含まれますね．

**中**．ええ．

**北**．まず，それは一意的ではありません．実際，$\text{div}\,\boldsymbol{v}=\rho$, $\text{rot}\,\boldsymbol{v}=\sigma$ をみたす $\boldsymbol{v}$ があったとすると，それに任意の調和関数 $\varphi$ の勾配場 $\text{grad}\,\varphi$ をつけ加えます．すると，

---

* logarithmic potential

$$\mathrm{div}(\boldsymbol{v}+\mathrm{grad}\varphi)=\mathrm{div}\boldsymbol{v}+\mathrm{div}(\mathrm{grad}\varphi)=\rho+\Delta\varphi=\rho^{*1},$$
$$\mathrm{rot}(\boldsymbol{v}+\mathrm{grad}\varphi)=\mathrm{rot}\boldsymbol{v}+\mathrm{rot}(\mathrm{grad}\varphi)=\sigma+0=\sigma^{**},$$

となって，$\boldsymbol{v}+\mathrm{grad}\varphi$ も同じ条件をみたしています．

**白**．なんや，言われて見たら，当り前のことや．

**北**．じゃ，その逆はどうですか．$\boldsymbol{v}_1, \boldsymbol{v}_2$ が同じ発散と同じ回転をもっていたらその差はある調和関数の勾配場に等しいか？　というのですよ．

**白**．ウヘッ，虚をつかれたなあ，うーん，どうもよくわかりません．

**中**．$\mathrm{div}(\boldsymbol{v}_1-\boldsymbol{v}_2)=0$, $\mathrm{rot}(\boldsymbol{v}_1-\boldsymbol{v}_2)=0$ でしょう．だから，$\boldsymbol{w}=\boldsymbol{v}_1-\boldsymbol{v}_2$ とおくと．$\boldsymbol{w}$ はポテンシャル場になっているから，ある $\varphi$ があって，$\boldsymbol{w}=\mathrm{grad}\varphi$ となるわ．$\mathrm{div}\boldsymbol{w}=0$ だから，$\mathrm{div}(\mathrm{grad}\varphi)=0$，つまり，$\Delta\varphi=0$ となって，$\varphi$ は調和であることがわかるわ．これでおしまい．

**発**．(パチパチと拍手) うまい，うまい．

**北**．では今度は，発散，回転を与えて，$\boldsymbol{v}$ を一つ構成しましょう．それには

(15)　$\mathrm{div}\,\boldsymbol{v}_1=\rho,\qquad \mathrm{rot}\,\boldsymbol{v}_1=0$

(16)　$\mathrm{div}\,\boldsymbol{v}_2=0,\qquad \mathrm{rot}\,\boldsymbol{v}_2=\sigma$

となるように，$\boldsymbol{v}_1, \boldsymbol{v}_2$ を作ってやることができたら，$\boldsymbol{v}_1+\boldsymbol{v}_2$ は求めるものです．ところが (16) の方は，$\mathrm{div}\,\boldsymbol{v}_2=\mathrm{rot}\,\boldsymbol{v}_2^*$, $\mathrm{rot}\,\boldsymbol{v}_2=-\mathrm{div}\,\boldsymbol{v}_2^*$ ですから，$\boldsymbol{v}_2^*$ に関して (15) の問題がとければいいことになります．(15) の方はすでに前節でとけているのでして，その解は

$$U(x, y)=-\frac{1}{2\pi}\iint_{\Omega}\log\frac{1}{r}\cdot\rho(\xi, \eta)\,d\xi d\eta$$

の勾配場として与えられるんでしたね．これで，ベクトル場は完全に決定できたわけです．と同時に，次のヘルムホルツ*** の定理も証明できたことになっています．

「任意のベクトル場は発散が 0 のベクトル場と，回転が 0 のベクトル場の和として表わすことができる．」

**発**．先生，まだ調和関数の勾配場だけの自由度が残っているのですが，それを決定するにはどんな条件がいるのですか．

**北**．それらの議論がいわゆるポテンシャル論の始まりなのです．

**白**．あれ，もうポテンシャルはようくわかってしもたんとちがうのか．

**北**．調和関数をある領域 $\Omega$ で決定するには，$\Omega$ の境界 $\partial\Omega$ での値を指定してやればよいか (ディリクレ問題)とか，$\partial\Omega$ での法線微分の値を与えてやればよいか(ノイマン問題)****とかいろいろ問題が生じて来ます．それこそがポテンシャル論なんですよ．

---

*　$\Delta=\dfrac{\partial^2}{\partial x^2}+\dfrac{\partial^2}{\partial y^2}$ と略記する．

**　$\mathrm{rot}(\mathrm{grad}\,f)=0$ は任意のスカラー場につき成立する．

***　H. Helmholtz　1821-1894.　　****　C. Neumann　1832-1925.

## 練　習　問　題

1. 次のベクトル場は管状ポテンシャル場かどうかを判定し，もしそうならスカラーポテンシャルと流れの関数を求め，等高線，流線を図示せよ．

　(i)　$\boldsymbol{v}=\left(\dfrac{y}{2}\left(1-\dfrac{1}{x^2+y^2}\right),\ \dfrac{x}{2}\left(1+\dfrac{1}{x^2+y^2}\right)\right)$

　(ii)　$\boldsymbol{v}=(e^x\sin y,\ e^x\cos y)$

2. $\varphi(x,\ y)$をスカラー場，$\boldsymbol{a}\in R^2$を一定ベクトルとすると，次の式が成立することを示せ．

　(i)　$\mathrm{rot}(\varphi\boldsymbol{a})=\boldsymbol{a}\cdot(\mathrm{grad}\ \varphi)^*$,　　(ii)　$\mathrm{div}(\varphi\boldsymbol{a})=\boldsymbol{a}\ \mathrm{grad}\ \varphi$

3. $\boldsymbol{v}$が管状ポテンシャル場なら，そのスカラーポテンシャルを$\varphi(x,\ y)$とするとき，

$$\iint_D |\boldsymbol{v}|^2\,dx\,dy=\iint_{\partial D}\varphi\boldsymbol{v}\cdot d\boldsymbol{n}$$

が成立することを示せ．

4. 原点を中心とする半径$a$の円上に一様に面密度$\rho$(一定) の発散があるとき，対数ポテンシャルを計算せよ．

5. 原点を中心とする半径$a$の円周上に一様に線密度$\rho$(一定) の発散が与えられているとき，そのポテンシャル場を求めよ．

# 第 18 章　ベクトル解析 III

## [1] 面積分

**北井**．今日は，3次元のベクトル場の話をしましょう．

**白井**．3次元のベクトル場というと，$R^3$ から $R^3$ へのベクトル値関数

$$\boldsymbol{v}=\boldsymbol{v}(x,y,z)=(u(x,y,z),v(x,y,z),w(x,y,z))$$

を考えているということですね．

**北**．そう，2次元の場合と同じように，それを $(x,y,z)$-空間の中にベクトル $\boldsymbol{v}(x,y,z)$ が分布していると考えて，それをベクトル場と呼ぶだけで実質はベクトル値関数です．

**発田**．すると，スカラー場もスカラー値関数 $f(x,y,z)$ のことですね．

**北**．ええ，そうです．今度は $f(x,y,z)=c$ は等高線でなく等高面（等位面ともいいます）になります．たとえば一次関数 $f=ax+by+cz+d$ の等位面は平行平面群です．

**中山**．今度もスカラー場の勾配が考えられるのでしょう．

**北**．そう，2次元の場合と全く同じですよ．

(1) $$\mathrm{grad}f=\left(\frac{\partial f}{\partial x},\frac{\partial f}{\partial y},\frac{\partial f}{\partial z}\right)$$

を $f$ の勾配ベクトル場と呼びます．このベクトルの方向がその点での等位面の法線方向に一致し，その長さはその方向への方向微分係数の値に等しいことなどすべて2次元と同じです．

**白**．何や，みんなおんなじか．座標が一つふえるだけやな．

**北**．何から何まで同じというわけにはいきません．2次元のときに考えた流量積分は全くちがって来ます．

**発**．ちょっとまって下さい．2次元のときには2種類の線積分 $\int \boldsymbol{v}\cdot d\boldsymbol{r}$ と $\int \boldsymbol{v}\cdot d\boldsymbol{n}$ を考えたんだけれど，これは結局同じ形の線積分で表わされることになったんですね．つまり $\boldsymbol{v}$ を 90° だけ反時計廻りに回転させたベクトルを $\boldsymbol{v}^*$ とすると $\int \boldsymbol{v}\cdot d\boldsymbol{n}=\int \boldsymbol{v}^*\cdot d\boldsymbol{r}$ になったんだが，……，3次元の場合には 90° だけぐるっと……，

**北**．まわそうと思っても，第一，反時計廻りという方向がきまらないでしょう．3次元の場

合には $\boldsymbol{v}^*$ は考えられないのです．そして，流量積分は面積分になります．

**白**．面積分て何ですか．

**北**．それを説明しましょう．今，ベクトル場 $\boldsymbol{v}(x,y,z)$ が3次元空間のある領域 $\Omega$ で与えられているとします．$\Omega$ 内に一つの曲面 $S$ があるとし，$S$ 上での $\boldsymbol{v}$ の面積分を考えましょう．$S$ は各点で接平面があるような滑らかな面，またはそのような面を有限個つなぎ合わせた面とします．そのとき，$S$ の一点 $\mathrm{P}=(x,y,z)$ で $S$ への法線を立てますと，それは二つの方向をもっていますね．そこでそのどちらかを表ときめます．ここで問題になるのは，ある一点の近傍では表と裏の区別がはっきりしても，$S$ 全体でその区別がつくかというと，そうはいかないような曲面があるのです．たとえば有名な例ですが，メービウス* の帯というやつですね．（第2図）．

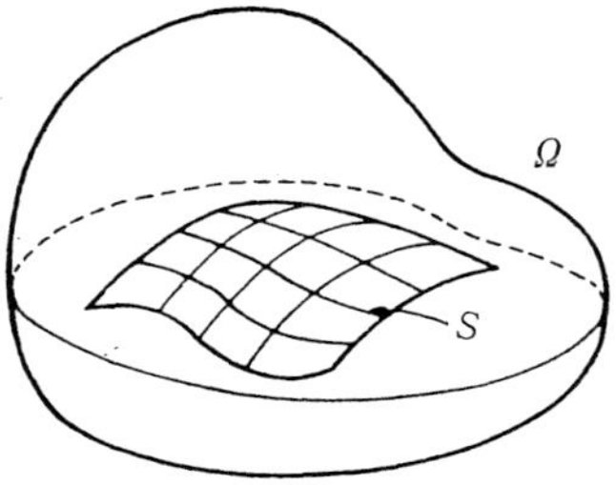

第 1 図

**発**．ああ，ソニービルの所にあった，あれですね．

**中**．あれ，大きかったわねえ．

**発**．あれを見ていると，表とか裏とかの概念がどんなにアヤフヤなものかよくわかるね．

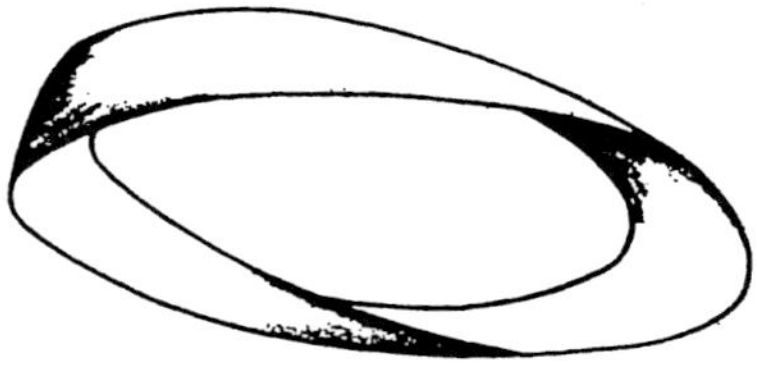
第 2 図

**北**．そこで，面積分を考えるときの曲面 $S$ は，全体で表と裏の区別がつくような曲面に限ります．そのような面のどちらか片側を表ときめてやります．

**中**．（発田に向って）オモテとウラの区別がつくっていくけど，私，わからなくなっちゃった．

**発**．何が？

**中**．だって，一点である一方の法線方向をオモテときめても，少しずらした点でどちらをオモテにするのかわからなくなることがあるわよ．

**発**．どうして？　点をずらせるとき法線も連続的にずらせばいいじゃないか．

**中**．じゃあ，紙を折ったようなときはどう？　法線は連続的に変らないわよ．それどころか，正反対の方向の法線が「同じ側」ってこともあるわよ．（第3図）．

**発**．あっ，そうだね，「同じ側」というのをきちんというのはむずかしいなあ．直観的にはよくわかるけどね．

**中**．その直観的というのもあやしいんじゃない？　たとえば今の例でも，折った紙をぺたんとくっつけちゃったら，

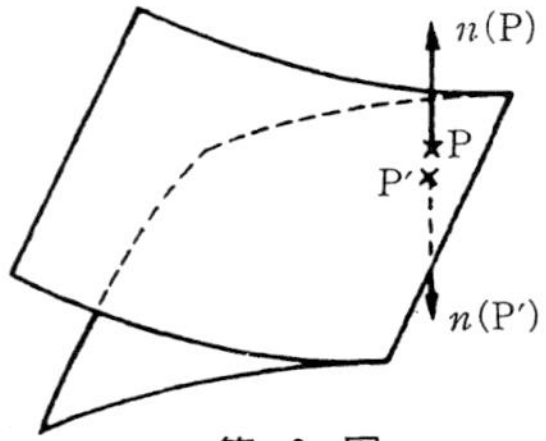

第 3 図

* A. F. Mõbius, 1790-1868.

外側にある二つの面はちがう側，少しスカしてやると「同じ側」になるでしょう．直観的にはね．

**発**．先生，法線が連続的に変らない所では表と裏をどうきめればよいのかわかりませんが….

**北**．ああ，そのことですか．それはね，むしろ紙の内側と外側の区別がつけばいいので，つまり，曲面 $S$ 上のある一点Pを中心とする十分小さい球を考えると，$S$ はその球を2つの部分に分けますから，その一方を内側，他方を外側としてやるのです．そうすると，その点の近傍では $S$ の内側向けの法線と外側向けの法線というのは区別がつくでしょう．

**中**．なるほど，それなら，紙の折れ目でも区別がつくわね．

**白**．折った紙をぺたんとくっつけたら，それは両方とも表なんかいな．

**中**．おほほ，あれは冗談よ．数学で曲面 $S$ が与えられるというのは，2変数のベクトル値関数 $\boldsymbol{x}(s,t)=(x(s,t),y(s,t),z(s,t))$．が与えられるってことで，紙をぺたんとしたものかどうかとカンケイないの．

**白**．ちえっ，あほくさ．

**北**．さて，$S$ 上の各点Pで表側の単位法線ベクトル $\boldsymbol{n}(\mathrm{P})$ と，すでに与えられているベクトル場のベクトル $\boldsymbol{v}(\mathrm{P})$ がきまりますが，その内積 $\boldsymbol{v}\cdot\boldsymbol{n}$ は $S$ 上のスカラー値関数となります．この関数を $S$ 上で積分した値

$$\text{(2)}\qquad \iint_S \boldsymbol{v}\cdot\boldsymbol{n}dS$$

のことを，$\boldsymbol{v}$ の $S$ 上の $\boldsymbol{n}$ 側での面積分といいます．

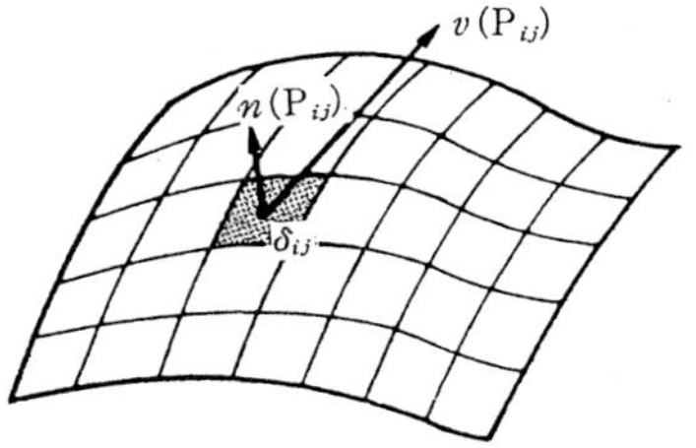

第 4 図

**白**．$S$ 上で積分するというのはどういうことですか．

**北**．$S$ を分割し各小曲面 $\sigma_{ij}$ の面積を $m(\sigma_{ij})$ として，$\sigma_{ij}$ 上の代表点 $\mathrm{P}_{ij}$ での $\boldsymbol{v}\cdot\boldsymbol{n}$ を求めてリーマン和 $\sum_{i,j}\boldsymbol{v}(\mathrm{P}_{ij})\cdot\boldsymbol{n}(\mathrm{P}_{ij})m(\sigma_{ij})$ を作り，分割を細かくした極限を求めればいいのですよ．

**白**．いや，まあそんなことやろうぐらいはわかるんですが，……，つまりどう計算するのかがわからんと，何となく落着きません．

**北**．なるほどねえ，じゃあ，$S$ の面積はどう計算するんでしたかね．

**白**．えーと，それは，……．何やらやったなあ．忘れたなあ，$\sqrt{\ }$ の中にややこしいものが入ってたことだけおぼえてるけどなあ…….

**中**．それはね，$S$ の方程式が $\boldsymbol{x}=\boldsymbol{x}(s,t)$，つまり

$$\text{(3)}\qquad \begin{aligned} x&=x(s,t),\\ y&=y(s,t), \qquad (s,t)\in S'.\\ z&=z(s,t), \end{aligned}$$

のとき，

(4) $$m(S)^{*}=\iint_{S'}\sqrt{\begin{vmatrix}x_s & x_t\\ y_s & y_t\end{vmatrix}^2+\begin{vmatrix}y_s & y_t\\ z_s & z_t\end{vmatrix}^2+\begin{vmatrix}z_s & z_t\\ x_s & x_t\end{vmatrix}^2}\,dsdt$$

だわ．

**白**．ようおぼえてるなあ，こんなややこしい式．

**中**．この式，おぼえるコツがあるの．(3) の接平面の方程式が

$$d\boldsymbol{x}=\frac{\partial \boldsymbol{x}}{\partial s}ds+\frac{\partial \boldsymbol{x}}{\partial t}dt$$

でしょう．つまり $d\boldsymbol{x}$ は接平面の流通座標なんだけど，それが $\dfrac{\partial \boldsymbol{x}}{\partial s}$ と $\dfrac{\partial \boldsymbol{x}}{\partial t}$ の線型結合で表わされてるわけよ．だから二辺の長さが $ds, dt$ の長方形は接平面上では $\dfrac{\partial \boldsymbol{x}}{\partial s}ds$ と $\dfrac{\partial \boldsymbol{x}}{\partial t}dt$ で張られる平行四辺形にうつるでしょう．その面積はこの二つのベクトルの外積

(5) $$\left(\begin{vmatrix}y_s & y_t\\ z_s & z_t\end{vmatrix},\ \begin{vmatrix}z_s & z_t\\ x_s & x_t\end{vmatrix},\ \begin{vmatrix}x_s & x_t\\ y_s & y_t\end{vmatrix}\right)dsdt$$

の長さ

$$\sqrt{\begin{vmatrix}y_s & y_t\\ z_s & z_t\end{vmatrix}^2+\begin{vmatrix}z_s & z_t\\ x_s & x_t\end{vmatrix}^2+\begin{vmatrix}x_s & x_t\\ y_s & y_t\end{vmatrix}^2}\ dsdt$$

に等しいでしょ．これを集めたのが $S$ の面積よ．

**北**．中々いい感じだね．ではついでに $\iint_S \boldsymbol{v}\cdot\boldsymbol{n}dS$ の計算法も考えてみてくれませんか．

**中**．ええと，$\boldsymbol{n}(\mathrm{P})$ というのは単位法線ベクトルだから，(5) のベクトルを正規化すればいいのよ．だから，

(6) $$\boldsymbol{n}(x, y, z)=\frac{1}{\sqrt{\begin{vmatrix}y_s & y_t\\ z_s & z_t\end{vmatrix}^2+\begin{vmatrix}z_s & z_t\\ x_s & x_t\end{vmatrix}^2+\begin{vmatrix}x_s & x_t\\ y_s & y_t\end{vmatrix}^2}}\left(\begin{vmatrix}y_s & y_t\\ z_s & z_t\end{vmatrix},\ \begin{vmatrix}z_s & z_t\\ x_s & x_t\end{vmatrix},\ \begin{vmatrix}x_s & x_t\\ y_s & y_t\end{vmatrix}\right)$$

となるわね．

**発**．だけど，その右辺のベクトルにマイナスをつけたものも単位法線ベクトルだろう．それをどう区別するの？

**中**．あ，そうか，オモテって心にきめた方向が (6) に等しいか反対向きか，それはわからないわね．まあいい，±を頭につけておいてあとできめましょうよ．すると，

(7) $$\iint_S \boldsymbol{v}\cdot\boldsymbol{n}dS=\pm\iint_{S'}\left\{u(x, y, z)\begin{vmatrix}y_s & y_t\\ z_s & z_t\end{vmatrix}+v(x, y, z)\begin{vmatrix}z_s & z_t\\ x_s & x_t\end{vmatrix}+w(x, y, z)\begin{vmatrix}x_s & x_t\\ y_s & y_t\end{vmatrix}\right\}dsdt$$

となるわ．

**白**．あれえ，$\sqrt{\cdots}$ というややこしいの，消えてしもうたの？

---

* $m(S)$ は $S$ の面積を表わす．

**発**. そうだよ．$dS=\sqrt{\cdots}\,dsdt$ と，$\boldsymbol{n}=\frac{1}{\sqrt{\cdots}}(\qquad)$ の分母は同じだから．

**白**. うーん，うまいことといくなあ．

**中**. (7) の右辺は行列式でかけるわ．

$$\iint_S \boldsymbol{v}\cdot\boldsymbol{n}dS=\pm\iint_{S'}\begin{vmatrix} u & v & w \\ x_s & y_s & z_s \\ x_t & y_t & z_t \end{vmatrix} dsdt \tag{8}$$

**発**. その符号の問題が最後に残ったね．

**北**. それはね，$\frac{\partial \boldsymbol{x}}{\partial s}$，$\frac{\partial \boldsymbol{x}}{\partial t}$，$\boldsymbol{n}$ の順に右手系になっていれば＋，左手系になっていればーを採用することにすればいいんです．ベクトル $\boldsymbol{a}, \boldsymbol{b}$ の外積 $\boldsymbol{a}\times\boldsymbol{b}$ は，$\boldsymbol{a}, \boldsymbol{b}, \boldsymbol{a}\times\boldsymbol{b}$ の順に右手系を作りますからね．しかしいちいち±を気にしているとわずらわしいから $\boldsymbol{n}$ はつねにこの符号が正になるようにとると約束しましょう．

**中**. (不満そうに) ということはどんな曲面 $S$ もこちらが表ですというレッテルを貼っておこうというのですか？　裏側の面積分は考えないという……．

**北**. いや，そうはならないんです．もし $\boldsymbol{n}$ の代りに $-\boldsymbol{n}$ を採用したければ，(8) で $s$ と $t$ を入れかえればいいでしょう．つまり，$S$ での表裏の選択を，$(s, t)$ 座標系の符号のとり方にもち込んだだけですよ．

**発**. つまり，こちらが表だと指定した $S$ の片側 $\boldsymbol{n}$ について，(8) の符号が＋となるように $s$ と $t$ の順序を適当に入れかえろということなんだよ．

**中**. なーんだ，そんなことだったの．

**北**. そのように $s, t$ をえらんでおいて，

$$dy\wedge dz=\begin{vmatrix} y_s & y_t \\ z_s & z_t \end{vmatrix} dsdt,\quad dz\wedge dx=\begin{vmatrix} z_s & z_t \\ x_s & x_t \end{vmatrix} dsdt,\quad dx\wedge dy=\begin{vmatrix} x_s & x_t \\ y_s & y_t \end{vmatrix} dsdt \tag{9}$$

とおきます．すると面積分は，

$$\iint_S \boldsymbol{v}\cdot\boldsymbol{n}dS=\iint_S u\,dy\wedge dz+v\,dz\wedge dx+w\,dx\wedge dy$$

となります．(9) は $dydz, \cdots$, などと書くことの方が多いですが，普通の二重積分とは全くちがう概念なので，区別して間に∧を入れて書く人がふえました．

**白**. どうちがうんですか．

**北**. 主に符号に関してなのですが，$dy\wedge dz=-dz\wedge dy$ となります．また，$\boldsymbol{n}=(\cos\alpha, \cos\beta, \cos\gamma)$ とすると，

$$\iint_S \boldsymbol{v}\cdot\boldsymbol{n}dS=\iint_S (u\cos\alpha+v\cos\beta+w\cos\gamma)dS$$

だから，

$$dy\wedge dz=\cos\alpha dS,\quad dz\wedge dx=\cos\beta dS,\quad dx\wedge dy=\cos\gamma dS$$

と，$dS$ という $S$ 上の面積要素の各座標平面への正射影を表わしています．従って，

$$\int_S u(x,y,z)dy\wedge dz=\pm^*\iint_{\underline{S}} u(x(y,z),y,z)dydz.$$

（$\underline{S}$ は $S$ の $(y,z)$ 平面への正射影）

となるんです．

**発**．わかりました．あ，それから先生，面積分は流量積分だということでしたが，…….

**北**．2次元の場合と同じですよ．$dS$ を通過して $\boldsymbol{n}$ 側に向って流速 $\boldsymbol{v}$ で流れる流体が単位時間内に通過した流量は $\boldsymbol{v}\cdot\boldsymbol{n}dS=|\boldsymbol{v}|\cdot\cos\theta\cdot dS$（$\theta$ は $\boldsymbol{v}$ と $\boldsymbol{n}$ のなす角）だから，それを集めると，曲面 $S$ を通過して単位時間内に流れた流量を表わすことになります．

## ［2］　ガウスの定理

**白**．3次元の場合のストークスの定理とガウスの定理はどうなりますか．

**北**．今度は2次元の場合とちがって，ストークスの定理は線積分と面積分の関係，ガウスの定理は面積分と体積積分との関係を表わす定理になります．まず，ガウスの定理から説明しましょう．$\Omega$ の中に3次元の領域 $A$ が与えられ，その境界 $\partial A$ は滑らかな曲面またはその有限個のつなぎ合わせであるとします．そのとき，

$$(10)\qquad \iint_{\partial A}\boldsymbol{v}\cdot\boldsymbol{n}ds=\iiint_A\left(\frac{\partial u}{\partial x}+\frac{\partial v}{\partial y}+\frac{\partial w}{\partial z}\right)dxdydz$$

が成立します．ここで右辺は $\partial A$ の外部への法線方向についての面積分です．

**白**．ははあ，2次元のガウスの定理とそっくりですね．

**北**．実は証明も2次元の場合とそっくりで，

$$\iiint_A\frac{\partial u}{\partial x}dxdydz=\iint\left(\int\frac{\partial u}{\partial x}dx\right)dydz=\iint_{\partial A}udy\wedge dz$$

という風に，くり返し積分に直してやればすぐわかります．ていねいにやってごらん．

**中**．$z$ についての積分の方が図が見やすいから $\iiint\dfrac{\partial w}{\partial z}dxdydz$ について考えようっと．ええと，$\partial A$ の方程式を下半分は $z=\varphi_1(x,y)$，上半分を $z=\varphi_2(x,y)$ とすると，

$$(11)\quad \iiint_A\frac{\partial w}{\partial z}dxdydz$$
$$=\iint_{A'}\left(\int_{\varphi_1(x,y)}^{\varphi_2(x,y)}\frac{\partial w}{\partial z}dz\right)dxdy$$
$$=\iint_{A'}(w(x,y,\varphi_2)-w(x,y,\varphi_1))dxdy$$
$$=\iint_{\partial A_2}wdx\wedge dy+\iint_{\partial A_1}wdx\wedge dy$$

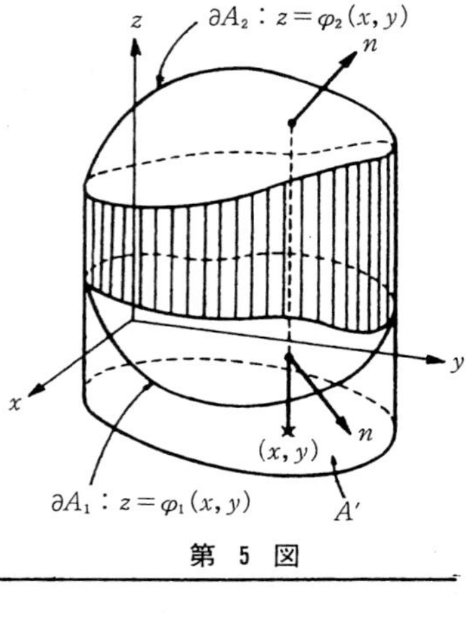


第 5 図

* ±は，$\cos\alpha>0$ なら＋，$\cos\alpha<0$ なら－．

白．どうして第２項は＋になるの？

中．えーと，えーと，上の曲面と下の曲面じゃ，$\boldsymbol{n}$ の方向が反対に近くなるから符号も反対になるでしょう？　ちょっと直観的すぎるかな．（とペロリと舌を出す.）

白．なんや，君かって結構直観的やないか．

発．直観はこの際ちょっとご遠慮ねがって，さっきの符号の処理法のいい練習問題だからきちんとやろうよ．

中．ええ，マジメにやります．曲面の方程式は今，$x=s, y=t, z=\varphi_i(s,t)\ (i=1,2)$ です．だから，$dx\wedge dy=\pm\begin{vmatrix}1&0\\0&1\end{vmatrix}dsdt$ この±の符号は $\dfrac{\partial \boldsymbol{x}}{\partial s}={}^t\left(1,0,\dfrac{\partial\varphi_i}{\partial s}\right), \dfrac{\partial \boldsymbol{x}}{\partial t}={}^t\left(0,1,\dfrac{\partial\varphi_i}{\partial t}\right)$, $\boldsymbol{n}$ の順に右手系なら＋，左手系ならーです．どう？　いいでしょう？

白．今度はえらい教条主義的やな．

中．何言ってんの．

発．右手系かどうかを見ればいいんだから，行列式だな．

$$
(12)\qquad \begin{vmatrix}1&0&\cos\alpha\\0&1&\cos\beta\\\dfrac{\partial\varphi_i}{\partial s}&\dfrac{\partial\varphi_i}{\partial t}&\cos\gamma\end{vmatrix}=-\frac{\partial\varphi_i}{\partial s}\cos\alpha-\frac{\partial\varphi_i}{\partial t}\cos\beta+\cos\gamma
$$

うーん，これ，正か負か全然わからないじゃないか．

中．そうねえ．（と３人とも考えこんでしまう）

北．助け舟を出しましょうか．この値は $\boldsymbol{n}={}^t(\cos\alpha,\cos\beta,\cos\gamma)$ と，${}^t\left(-\dfrac{\partial\varphi_i}{\partial s},-\dfrac{\partial\varphi_i}{\partial t},1\right)$ の内積でしょう．そして，$\partial A_i$ の接平面の方程式は $dz=\dfrac{\partial\varphi_i}{\partial s}ds+\dfrac{\partial\varphi_i}{\partial t}dt$ だからその法線方向が ${}^t\left(-\dfrac{\partial\varphi_i}{\partial s},-\dfrac{\partial\varphi_i}{\partial t},1\right)$ なんですね，そしてその $z$ 成分はたしかに正だから，このベクトルはすべて“上向き”なんですよ．

中．あっ，わかりました．だから $\partial A_2$ の上では $\boldsymbol{n}$ も“上向き”だからこの２つのベクトルは方向が同じになり (12) は正なのですね．

白．なるほど．$\partial A_1$ 上では $\boldsymbol{n}$ の $z$ 成分は負のはずやから，２つのベクトルは方向反対で，(12) は負になるんか，わかった！

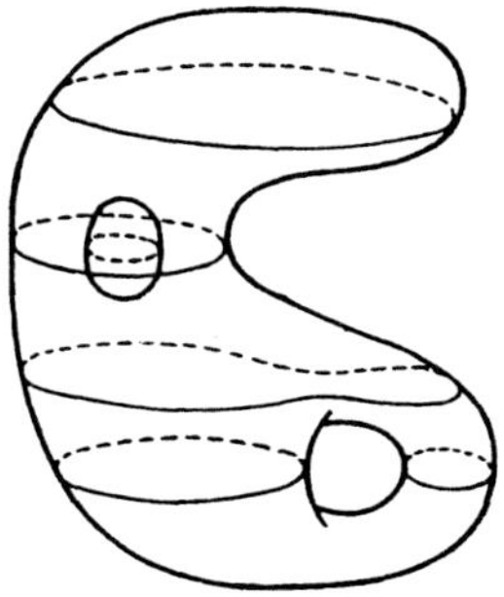

第 6 図

発．すると $\partial A_1$ 上では左手系となるから，$dx\wedge dy=-dsdt$ としなけりゃならないのか．ははあ，これで (11) はたしかに成立しますね．

北．そうです．$\dfrac{\partial u}{\partial x}$, $\dfrac{\partial v}{\partial y}$ についても同じで，結局第５図のような場合には (10) が成立します．$A$ が第５図のようでなく，穴があいていたり“気泡”が入っていたりする場合（第

6図）でも，2次元の場合と同じように十分細かく分割してやりますと，その一つ一つは(10)をみたすからそれを集めて，やはり(10)が成立します．

**中**．そのとき，人為的につけ加えた面上の面積分は消えるんですね．

**北**．そう，一つの面を片側から見て外側なら，反対側から見ると内側になりますからね．

**発**．(10)の右辺の量 $\dfrac{\partial u}{\partial x}+\dfrac{\partial v}{\partial y}+\dfrac{\partial w}{\partial z}$ はまた発散というんですか．

**北**．ええ．

$$\mathrm{div}\,\boldsymbol{v}=\frac{\partial u}{\partial x}+\frac{\partial v}{\partial y}+\frac{\partial w}{\partial z}$$

を $\boldsymbol{v}(x, y, z)$ の発散といいます．$\mathrm{div}\,\boldsymbol{v}=0$ を連続の方程式，$\mathrm{div}\,\boldsymbol{v}=0$ となるベクトル場を管状場というのも2次元と同じです．$\mathrm{div}\,\boldsymbol{v}$ は今度は流体の湧出し量の体積密度になっているんです．なぜなら，

$$\mathrm{div}\,\boldsymbol{v}(\mathrm{P})=\lim_{\varepsilon\to 0}\frac{\iiint_B \mathrm{div}\,\boldsymbol{v}\cdot dxdydz}{\iiint_B dxdydz}\qquad (B\text{ はPを中心とする半径 }\varepsilon\text{ の球})$$

$$=\lim_{\varepsilon\to 0}\frac{\iint_{\partial B}\boldsymbol{v}\cdot\boldsymbol{n}\cdot dS}{\frac{4}{3}\pi\varepsilon^3}$$

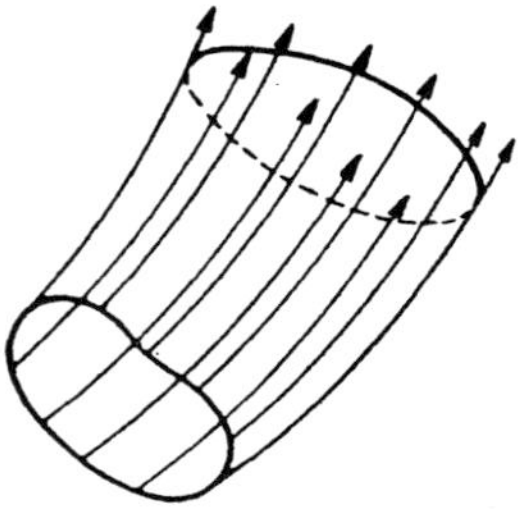

第 7 図

で，この分子は $\partial B$ を通過して内側から外側へ単位時間に流れ出る流量を表わしているからです．管状というのはベクトル線を母線とする筒を考えると（第7図），筒の一方から入った流体はそっくりそのまま他の口から出て行って，その間に湧出しも吸い込み（これは $\mathrm{div}\,\boldsymbol{v}<0$ のことですね）もないことを表わすためについた名称です．

## ［3］ ストークスの定理

**発**．今度はストークスの定理について説明して下さい．

**北**．今，滑らかな曲面，またはそれらの有限個のつなぎ合わせ $S$ を考えましょう．$S$ の縁(へり) $\partial S=C$ は滑らかな曲線，またはその有限個のつなぎ合わせとします．すると，

(13)
$$\int_C \boldsymbol{v}\cdot d\boldsymbol{r}=\iint_S\left(\frac{\partial w}{\partial y}-\frac{\partial v}{\partial z}\right)dy\wedge dz+\left(\frac{\partial u}{\partial z}-\frac{\partial w}{\partial x}\right)dz\wedge dx+\left(\frac{\partial v}{\partial x}-\frac{\partial u}{\partial y}\right)dx\wedge dy$$

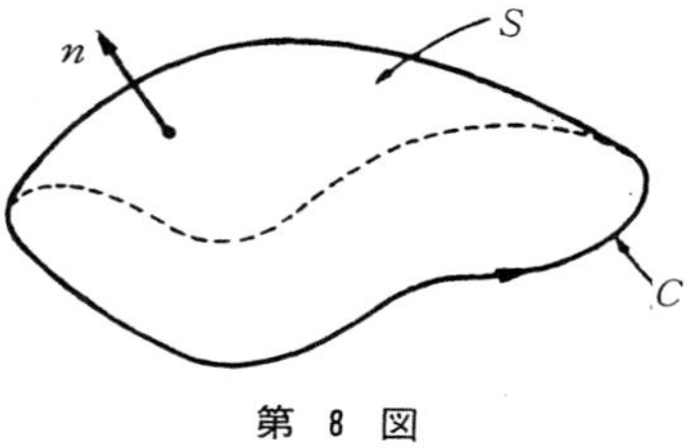


第 8 図

が成立します．これをストークスの定理といいます．

**白**．先生，この左辺の線積分は2次元のときと同じものですか．

**北**. 座標が1つふえるだけで概念としては全く同じものです．つまり，曲線 $C$ 上に分割 $X_0, X_1, \cdots, X_n$ をとって，リーマン和

$$\sum_{i=1}^{n} \boldsymbol{v}(\mathrm{P}_i)\cdot(X_i - X_{i-1})$$

を作り，分割を細かくして行った極限値のことです．$\int_C u dx + v dy + w dz$ ともかきます．

**中**. (13) の曲線 $C$ の向きと曲面 $S$ の向きはどんな関係にあるのですか．

**北**. それは，曲面の方程式を $\boldsymbol{x}=\boldsymbol{x}(s, t)$, $(s, t)\in S'$, $\partial S'=C'$ として，$\dfrac{\partial \boldsymbol{x}}{\partial s}$, $\dfrac{\partial \boldsymbol{x}}{\partial t}$, $\boldsymbol{n}$ が右手系を作るように $S$ の表法線 $\boldsymbol{n}$ をきめます．また，$C$ の方向は，対応する $C'$ の進行方向が $S'$ を左に見て進む方向となるようにきめます．このきめ方は曲面の方程式のえらび方に関係しません．実際もし $\dfrac{\partial \boldsymbol{x}}{\partial s'}$, $\dfrac{\partial \boldsymbol{x}}{\partial t'}$, $\boldsymbol{n}$ が左手系なら，$s'$ と $t'$ の順序をかえると $C'$ の進行方向も逆まわりになるから $C$ の進行方向を反対にしなければならず，$\boldsymbol{n}$ と $C$ の方向の相対関係は不変なのです．

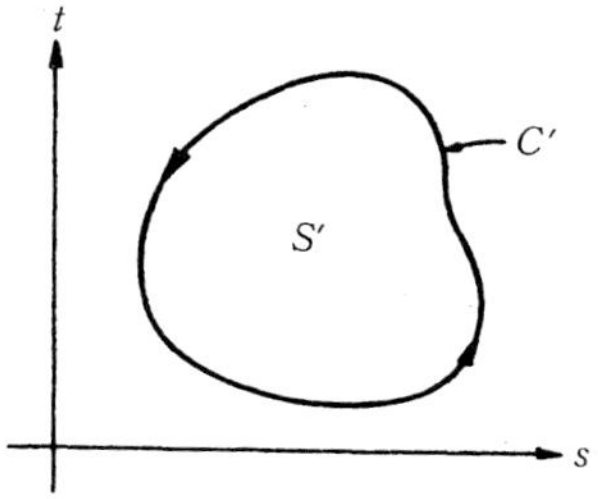


第 9 図

では，(13) の証明を考えましょう．

$$\int_C \boldsymbol{v}\cdot d\boldsymbol{r} = \int_C u dx + v dy + w dz$$

$$= \int_{C'} u\left(\frac{\partial x}{\partial s} ds + \frac{\partial x}{\partial t} dt\right) + v\left(\frac{\partial y}{\partial s} ds + \frac{\partial y}{\partial t} dt\right) + w\left(\frac{\partial z}{\partial s} ds + \frac{\partial z}{\partial t} dt\right)$$

$$= \int_{C'} \left(u\frac{\partial x}{\partial s} + v\frac{\partial y}{\partial s} + w\frac{\partial z}{\partial s}\right) ds + \left(u\frac{\partial x}{\partial t} + v\frac{\partial y}{\partial t} + w\frac{\partial z}{\partial t}\right) dt$$

これは2次元の線積分で $C'=\partial S'$ だから2次元のストークスの定理によって

$$= \iint_{S'} \left\{\frac{\partial}{\partial s}\left(u\frac{\partial x}{\partial t} + v\frac{\partial y}{\partial t} + w\frac{\partial z}{\partial t}\right) - \frac{\partial}{\partial t}\left(u\frac{\partial x}{\partial s} + v\frac{\partial y}{\partial s} + w\frac{\partial z}{\partial s}\right)\right\} ds dt$$

さて，こう長くちゃ書くのも面倒だしまちがいも多くなるから，ベクトル記号でなるべく簡潔に表わす方が得策ですね．

**白**. そうですよ，さっきからぼくのノートには

$$\int_C \boldsymbol{v}\cdot d\boldsymbol{x} = \int_{C'} \boldsymbol{v}\cdot\frac{\partial \boldsymbol{x}}{\partial s} ds + \boldsymbol{v}\cdot\frac{\partial \boldsymbol{x}}{\partial t} dt = \iint_{S'} \left\{\frac{\partial}{\partial s}\left(\boldsymbol{v}\cdot\frac{\partial \boldsymbol{x}}{\partial t}\right) - \frac{\partial}{\partial t}\left(\boldsymbol{v}\cdot\frac{\partial \boldsymbol{x}}{\partial s}\right)\right\} ds dt$$

と一行しかかいてないんです．この方がずっと見やすいわ．

**北**. その調子でやりましょう．この二重積分の記号の中をうまく変形したいんですが，…….

**白**. こんなん，まかしといて下さい．

$$(14) \quad \frac{\partial}{\partial s}\left(\boldsymbol{v}\cdot\frac{\partial \boldsymbol{x}}{\partial t}\right) - \frac{\partial}{\partial t}\left(\boldsymbol{v}\cdot\frac{\partial \boldsymbol{x}}{\partial s}\right) = \frac{\partial \boldsymbol{v}}{\partial s}\cdot\frac{\partial \boldsymbol{x}}{\partial t} + \boldsymbol{v}\cdot\frac{\partial^2 \boldsymbol{x}}{\partial s\partial t} - \frac{\partial \boldsymbol{v}}{\partial t}\cdot\frac{\partial \boldsymbol{x}}{\partial s} - \boldsymbol{v}\cdot\frac{\partial^2 \boldsymbol{x}}{\partial s\partial t}$$

$$= \frac{\partial \boldsymbol{v}}{\partial s}\cdot\frac{\partial \boldsymbol{x}}{\partial t} - \frac{\partial \boldsymbol{v}}{\partial t}\cdot\frac{\partial \boldsymbol{x}}{\partial s}$$

です.*

**北**. もっと変形してほしいんですが…….

**白**. これ以上, どうしようもないでえ(と投げ出す.)

**北**. さらに,

$$\frac{\partial \boldsymbol{v}}{\partial s}=\frac{\partial \boldsymbol{v}}{\partial \boldsymbol{x}}\cdot\frac{\partial \boldsymbol{x}}{\partial s}, \qquad \frac{\partial \boldsymbol{v}}{\partial t}=\frac{\partial \boldsymbol{v}}{\partial \boldsymbol{x}}\cdot\frac{\partial \boldsymbol{x}}{\partial t}^{**}$$

でしょう.

**白**. あっ, そうか. すると, (14) は

$$=\frac{\partial \boldsymbol{v}}{\partial \boldsymbol{x}}\cdot\frac{\partial \boldsymbol{x}}{\partial s}\cdot\frac{\partial \boldsymbol{x}}{\partial t}-\frac{\partial \boldsymbol{v}}{\partial \boldsymbol{x}}\cdot\frac{\partial \boldsymbol{x}}{\partial t}\cdot\frac{\partial \boldsymbol{x}}{\partial s}=0$$

あれえ, これ, 何のことや.

**中**. あなたのその計算おかしいわよ. (14) の $\frac{\partial \boldsymbol{v}}{\partial s}\cdot\frac{\partial \boldsymbol{x}}{\partial t}$ というのは 2 つのベクトルの内積でしょう.

**白**. そうや, それがどうおかしいの？

**中**. それに $\frac{\partial \boldsymbol{v}}{\partial s}=\frac{\partial \boldsymbol{v}}{\partial \boldsymbol{x}}\cdot\frac{\partial \boldsymbol{x}}{\partial s}$ を代入するんでしょう. $\frac{\partial \boldsymbol{v}}{\partial \boldsymbol{x}}$ は行列だからこの内積も行列算の形に書いておかなくちゃだめよ.

**白**. へえっ, 行列算て, ……, どうするの？　さっぱりわからん.

**中**. つまりね, $\boldsymbol{v}$ も $\boldsymbol{x}$ も縦ベクトルと考えてるでしょう. そのときは $\boldsymbol{v}$ と $\boldsymbol{x}$ の内積を行列算で表わすと ${}^t\boldsymbol{v}\cdot\boldsymbol{x}$ となるでしょう. だからあなたの (14) の式も, 行列算としては

$${}^t\!\left(\frac{\partial \boldsymbol{v}}{\partial s}\right)\cdot\frac{\partial \boldsymbol{x}}{\partial t}-{}^t\!\left(\frac{\partial \boldsymbol{v}}{\partial t}\right)\cdot\frac{\partial \boldsymbol{x}}{\partial s}$$

なのよ.

**白**. あ, そらその通りや, $\frac{\partial \boldsymbol{v}}{\partial s}$ をヨコにねかして $\frac{\partial \boldsymbol{x}}{\partial t}$ はタテにしといて行列算でかけたらちょうど内積になりよるわけや.

**中**. でしょう？　だから $\frac{\partial \boldsymbol{v}}{\partial \boldsymbol{x}}\cdot\frac{\partial \boldsymbol{x}}{\partial s}$ を代入するのなら転置行列をとってから代入しないとだめなのよ.

---

* 厳密にいうと, ここで $\boldsymbol{x}(s, t)$ が $C^2$-級の関数であることを使っている. しかしこの仮定は取り除ける.

** $$\frac{\partial \boldsymbol{v}}{\partial \boldsymbol{x}}=\begin{bmatrix}\frac{\partial u}{\partial x} & \frac{\partial u}{\partial y} & \frac{\partial u}{\partial z}\\ \frac{\partial v}{\partial x} & \frac{\partial v}{\partial y} & \frac{\partial v}{\partial z}\\ \frac{\partial w}{\partial x} & \frac{\partial w}{\partial y} & \frac{\partial w}{\partial z}\end{bmatrix}$$

**白**. ああ，そうか．それはそうやな．普通の数のかけ算みたいにベクトルを3つも4つもかけ算できへんからな．そうすると(14)は

$$= {}^t\left(\frac{\partial \boldsymbol{x}}{\partial s}\right) {}^t\left(\frac{\partial \boldsymbol{v}}{\partial \boldsymbol{x}}\right)\left(\frac{\partial \boldsymbol{x}}{\partial t}\right) - {}^t\left(\frac{\partial \boldsymbol{x}}{\partial t}\right) {}^t\left(\frac{\partial \boldsymbol{v}}{\partial \boldsymbol{x}}\right)\left(\frac{\partial \boldsymbol{x}}{\partial s}\right)$$

うーん，これで何か消えるかなあ．

**北**. なかなかいい線まで来ました．もう一押しですよ．これは全体としてはスカラーで，転置行列をとっても変りません．だからそのうちの一方の転置行列をとって順序を入れかえてごらん．

**白**. あ，そうですか，なるほど．すると

$$= {}^t\left(\frac{\partial \boldsymbol{x}}{\partial t}\right)\left(\frac{\partial \boldsymbol{v}}{\partial \boldsymbol{x}}\right)\left(\frac{\partial \boldsymbol{x}}{\partial s}\right) - {}^t\left(\frac{\partial \boldsymbol{x}}{\partial t}\right) {}^t\left(\frac{\partial \boldsymbol{v}}{\partial \boldsymbol{x}}\right)\left(\frac{\partial \boldsymbol{x}}{\partial s}\right)$$

$$= {}^t\left(\frac{\partial \boldsymbol{x}}{\partial t}\right)\left\{\frac{\partial \boldsymbol{v}}{\partial \boldsymbol{x}} - {}^t\left(\frac{\partial \boldsymbol{v}}{\partial \boldsymbol{x}}\right)\right\}\left(\frac{\partial \boldsymbol{x}}{\partial s}\right)$$

ははん，さっき0になったのはこの｛　｝の中を0とカンちがいしたからやな．

**北**. 一度これを全部かいて見ますと，

$$(15) \qquad = \left(\frac{\partial x}{\partial t}\ \ \frac{\partial y}{\partial t}\ \ \frac{\partial z}{\partial t}\right)\begin{bmatrix} 0 & \frac{\partial u}{\partial y}-\frac{\partial v}{\partial x} & \frac{\partial u}{\partial z}-\frac{\partial w}{\partial x} \\ \frac{\partial v}{\partial x}-\frac{\partial u}{\partial y} & 0 & \frac{\partial v}{\partial z}-\frac{\partial w}{\partial y} \\ \frac{\partial w}{\partial x}-\frac{\partial u}{\partial z} & \frac{\partial w}{\partial y}-\frac{\partial v}{\partial z} & 0 \end{bmatrix}\begin{bmatrix} \frac{\partial x}{\partial s} \\ \frac{\partial y}{\partial s} \\ \frac{\partial z}{\partial s} \end{bmatrix}$$

ところで一般に ${}^tA=-A$ をみたす行列を**反対称***といいます．$\frac{\partial \boldsymbol{v}}{\partial \boldsymbol{x}} - {}^t\left(\frac{\partial \boldsymbol{v}}{\partial \boldsymbol{x}}\right)$はまさに反対称ですね．3次元の反対称行列は（これは全く3次元の特殊性ですが）3つの要素できまります．つまり

$$A = \begin{bmatrix} 0 & -r & q \\ r & 0 & -p \\ -q & p & 0 \end{bmatrix}$$

で $(p, q, r)$ は自由にとれます．ところが

$$(\alpha\ \beta\ \gamma)A\begin{bmatrix} l \\ m \\ n \end{bmatrix} = \begin{vmatrix} p & q & r \\ l & m & n \\ \alpha & \beta & \gamma \end{vmatrix}$$

がつねに成立するんです．これはまあ，実際にかけ算したらわかります．だから(15)は，

---

* skew-symmetric

$$=\begin{vmatrix} \dfrac{\partial w}{\partial y}-\dfrac{\partial v}{\partial z} & \dfrac{\partial u}{\partial z}-\dfrac{\partial w}{\partial x} & \dfrac{\partial v}{\partial x}-\dfrac{\partial u}{\partial y} \\ \dfrac{\partial x}{\partial s} & \dfrac{\partial y}{\partial s} & \dfrac{\partial z}{\partial s} \\ \dfrac{\partial x}{\partial t} & \dfrac{\partial y}{\partial t} & \dfrac{\partial z}{\partial t} \end{vmatrix}$$

となるんです.

**発**. へえー，おっどろいたなあ，ベクトルが行列となったと思いきや，たちまちまたベクトルへ逆もどり，それがハナノアタマヲヒトナデスレバ，……，ぱっとたちまち行列式か，ふーん.

**北**. 従って

$$(16)\qquad \int_C \boldsymbol{v}\cdot d\boldsymbol{r}=\iint_{S'}\begin{vmatrix} \dfrac{\partial w}{\partial y}-\dfrac{\partial v}{\partial z} & \dfrac{\partial u}{\partial z}-\dfrac{\partial w}{\partial x} & \dfrac{\partial v}{\partial x}-\dfrac{\partial u}{\partial y} \\ \dfrac{\partial x}{\partial s} & \dfrac{\partial y}{\partial s} & \dfrac{\partial z}{\partial s} \\ \dfrac{\partial x}{\partial t} & \dfrac{\partial y}{\partial t} & \dfrac{\partial z}{\partial t} \end{vmatrix} dsdt$$

$$=\iint_S\left(\frac{\partial w}{\partial y}-\frac{\partial v}{\partial z}\right)dy\wedge dz+\left(\frac{\partial u}{\partial z}-\frac{\partial w}{\partial x}\right)dz\wedge dx+\left(\frac{\partial v}{\partial x}-\frac{\partial u}{\partial y}\right)dx\wedge dy$$

**発**. $\dfrac{\partial \boldsymbol{x}}{\partial s}$, $\dfrac{\partial \boldsymbol{x}}{\partial t}$, $\boldsymbol{n}$ の順に右手系だから (8) の±は＋でいいんだなあ，なるほど.

**北**. (16) の行列式の第1行目のベクトルは $\boldsymbol{v}$ から直接きまるものですからこれを $\mathrm{rot}\,\boldsymbol{v}$ と表わし，$\boldsymbol{v}$ の回転といいます.

$$(17)\qquad \mathrm{rot}\,\boldsymbol{v}=\left(\frac{\partial w}{\partial y}-\frac{\partial v}{\partial z},\ \frac{\partial u}{\partial z}-\frac{\partial w}{\partial x},\ \frac{\partial v}{\partial x}-\frac{\partial u}{\partial y}\right)$$

**白**. この物理的な意味は2次元のときと同じですか.

**北**. ええ，同じですよ．ただ3次元なので回転角速度も立体的に考えねばなりません．今，一点Pで一つの平面とその法線ベクトル $\boldsymbol{n}$ を考えましょう．この平面上でPを中心とする半径 $\varepsilon$ の円周を $C_\varepsilon$，その内部を $S_\varepsilon$ としますと，ストークスの定理によって

$$\int_{C_\varepsilon}\boldsymbol{v}\cdot d\boldsymbol{r}=\iint_{S_\varepsilon}\mathrm{rot}\,\boldsymbol{v}\cdot\boldsymbol{n}dS$$

ここで $C_\varepsilon$ の方向はいわゆる“右ねじ”の方向，つまり $\boldsymbol{n}$ の矢頭の方から見て反時計廻りの方向です（第10図）．ところで $\boldsymbol{v}$ を流速のベクトル場とするとき，$C_\varepsilon$ 上のベクトル $\boldsymbol{v}$ が $C_\varepsilon$ を右ねじの方向に回転させるのに寄与しているのはどれだけかというと，それは $\boldsymbol{v}\cdot\boldsymbol{r}$ です．それを $\dfrac{1}{\varepsilon}$ でわるとPのまわりの角速度となります．この角速度の $C_\varepsilon$ 上での平均値は $\dfrac{1}{2\pi\varepsilon}\displaystyle\int_{C_\varepsilon}\frac{\boldsymbol{v}\cdot d\boldsymbol{r}}{\varepsilon}$ ですから，$\varepsilon\to 0$ としたとき点P上での軸 $\boldsymbol{n}$ のまわりの回転角速度が得まれます．ところが，

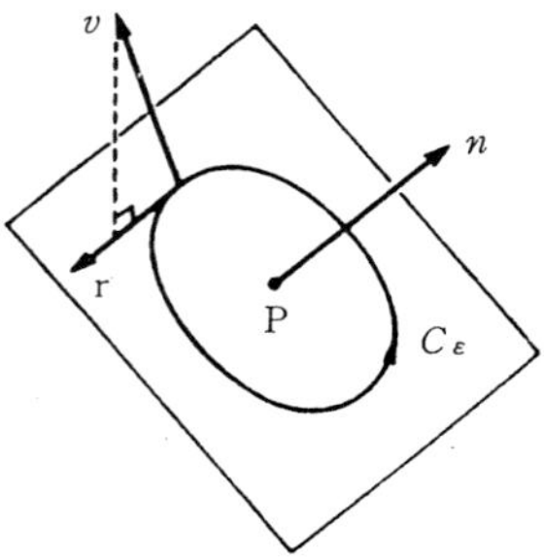

第 10 図

$$\frac{1}{2\pi\varepsilon^2}\int_{C_\varepsilon}\boldsymbol{v}\cdot d\boldsymbol{r}=\frac{1}{2}\cdot\frac{1}{m(S_\varepsilon)}\iint_{S_\varepsilon}\mathrm{rot}\,\boldsymbol{v}\cdot\boldsymbol{n}\cdot dS\longrightarrow\frac{1}{2}\mathrm{rot}\,\boldsymbol{v}(\mathrm{P})\cdot\boldsymbol{n}\qquad(\varepsilon\to 0)$$

となるんです．$\boldsymbol{n}$ をいろいろかえて，この値が最大になる方向を求めると，それは正に $\mathrm{rot}\,\boldsymbol{v}(\mathrm{P})$ の方向で，その最大値は $\frac{1}{2}|\mathrm{rot}\,\boldsymbol{v}|$ に等しいわけです．つまり $\mathrm{rot}\,\boldsymbol{v}$ というのはそれを軸とする回転角速度が他の軸にくらべて最大で，$|\mathrm{rot}\,\boldsymbol{v}|$ の値がその最大回転角速度の 2 倍を与える，というベクトルなのですよ．rot という記号が適切だということがわかりますね．

**中**．先生，(17) は何だか変ですよ．$x$ と $y$ を入れかえると全体が変ってしまいます．

**白**．それがどうして変なんや？

**中**．だって，$\mathrm{rot}\,\boldsymbol{v}$ は座標変換で不変のはずでしょう．$x$ と $y$ を入れかえる座標変換で変ってしまうんだから変だわよ．

**北**．そう，$\mathrm{rot}\,\boldsymbol{v}$ は右手系から左手系への座標変換については不変でなく－がつきます．しかし，それは実は 2 次元の $\mathrm{rot}\,\boldsymbol{v}$ でも起っていた現象なんです．2 次元だと，

$$\mathrm{rot}\,\boldsymbol{v}=\frac{\partial v}{\partial x}-\frac{\partial u}{\partial y}$$

で $x$ と $y$，$u$ と $v$ を入れかえると，$\dfrac{\partial u}{\partial y}-\dfrac{\partial v}{\partial x}=-\mathrm{rot}\,\boldsymbol{v}$ となるんです．これと同じで 3 次元でも (17) において $x$ 座標と $y$ 座標にあるすべての文字を入れかえると，

$$\left(\frac{\partial v}{\partial z}-\frac{\partial w}{\partial y},\ \frac{\partial w}{\partial x}-\frac{\partial u}{\partial z},\ \frac{\partial u}{\partial y}-\frac{\partial v}{\partial x}\right)=-\mathrm{rot}\,\boldsymbol{v}$$

となります．

**中**．どうしてですか．

**北**．3 次元の場合より 2 次元で考えた方がわかりやすいでしょう．$(x, y)$-座標系を $(y, x)$ 座標系にかえるということは，$(x, y)$ 平面をエイヤッとひっくり返して裏面から見ていることになりますね．そのとき，$S$ の境界 $C$ がもともと $S$ を左に見て進む方向をもっていたとすると，このウラ返しによって，その方向は $S$ を右に見て進む方向になってしまいますね．だから，ストークスの定理にはそのどちらか一方に－をつけないと合わなくなります．3 次元だと，エイヤッと，卵焼きをフライパンの上でひっくり返すようにはできませんが，物理の本にはうまいことが書いてありますよ．「鏡の中の世界を見よ．」というんです．

**白**．あっ，そうか．中々直観的やなあ．それが“ひっくり返した世界”か．

**北**．そうなんですよ．こちら側の世界での普通のストークスの定理を，鏡の中の世界で考えると，$S$ の表裏のきめ方と $C$ の方向のきめ方の関係がちょうど逆になっているでしょう．(第 11 図)．だから，どちらかに－をつけないと成立しなくなります．

**中**．すると (13) での $S$ と $C$ の方向づけは右手系の座標に関するものなのですね．

**北**．そう，左手系だと，$\dfrac{\partial \boldsymbol{x}}{\partial s}$，$\dfrac{\partial \boldsymbol{x}}{\partial t}$，$\boldsymbol{n}$ が左手系になるように $\boldsymbol{n}$ をきめないといけないんです．

**発**．先生，さっき，$\mathrm{rot}\,\boldsymbol{v}$ が 3 次元の特殊性によってベクトルになるとおっしゃったのですが，2 次元だとスカラーだし，一体どうなっているんですか．

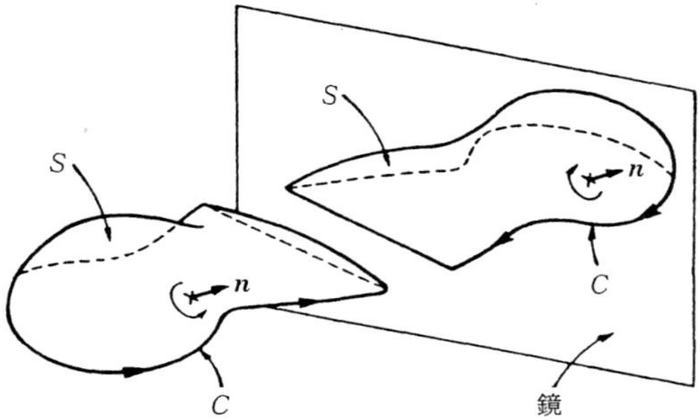


第 11 図

**北**．さっきの行列表示(15)を思い出して下さい．もしこれが2次正方行列なら，反対称行列は

$$A=\begin{pmatrix} 0 & -\alpha \\ \alpha & 0 \end{pmatrix}$$

と，一つの数つまりスカラーできまってしまうでしょう．つまり $\mathrm{rot}\,\boldsymbol{v}$ の次元は $n$ 次反対称行列の自由度 $\dfrac{n(n-1)}{2}$ に等しいのです．もともと，$\mathrm{rot}\,\boldsymbol{v}$ はベクトルというより，反対称行列 $\dfrac{\partial\boldsymbol{v}}{\partial\boldsymbol{x}}-{}^t\left(\dfrac{\partial\boldsymbol{v}}{\partial\boldsymbol{x}}\right)$ そのものだと考えた方が自然なのです．

**白**．3次元になると右手系や左手系，右ねじ・左ねじ，＋と－，表と裏，いろいろからみ合って，よっぽど注意してないとわからんようになってしまうなあ．

**北**．この次は，このガウスの定理やストークスの定理をどう使うのかをお話ししましょう．

## 練　習　問　題

1. 4次元の rot はどんな行列か？

2. $D$ を3次元有界閉領域とし，$\partial D$ は滑らかとする．$x\in\partial D$ での単位外法線を $\boldsymbol{n}(\boldsymbol{x})$ とすると

$$\iint_{\partial D}\boldsymbol{n}(\boldsymbol{x})\cdot\boldsymbol{x}\,dS=3m(D)\qquad (m(D)\text{ は }D\text{ の体積})$$

であることを示せ．

3. 滑らかな閉曲線 $C\subset R^3$ に対し，$\int_C \boldsymbol{x}\cdot d\boldsymbol{x}=0$ が成立することを示せ．

4. ガウスの定理から次の公式を導け．$C^2$-クラスの関数 $f(\boldsymbol{x})$, $g(\boldsymbol{x})$ について，

$$\iiint_D(f\Delta g+\mathrm{grad}\,f\cdot\mathrm{grad}\,g)dx\,dy\,dz=\iint_{\partial D}f\frac{\partial g}{\partial n}dS$$

（これをグリーンの公式という．）

5. 4．を用いて次の公式を導け．$C^2$-クラスの関数 $f(\boldsymbol{x})$, $g(\boldsymbol{x})$について，

$$\iiint_D(f\Delta g-g\Delta f)dx\,dy\,dz=\iint_{\partial D}\left(f\frac{\partial g}{\partial n}-g\frac{\partial f}{\partial n}\right)dS$$

# 第 19 章　ベクトル解析 IV

## [1]　3次元のポテンシャル場

**白川，発田，中山．** 先生こんにちわ．

**北井．** やあ，今日はそろって出て来たね．

**白．** 実は今日は，われわれ3名でベクトル解析の理論を展開しようというわけで，みんな一しょうけんめい勉強して来たんです．

**北．** ほほう．

**発．** すでに2次元の理論のすじ道は習ったし，3次元のガウスの定理とストークスの定理は知っているし，というのだから3次元のベクトル解析をわれわれだけで展開できるはずだと思ったんですよ．

**北．** なるほど，結構なことですね．数学の勉強はそうこなくちゃウソですよ．じゃ，今日はぼくは質問者にまわりましょう．

**中．** では，まずわたしがやります．最初は次の定理です．

「$\Omega$ を3次元の単連結領域とするとき，次の条件は同値である．

(i)　任意の閉曲線 $C$ につき，

$$\int_C \boldsymbol{v}\cdot d\boldsymbol{r}=0$$

(ii)　あるスカラー場 $f(x, y, z)$ があって

$$\boldsymbol{v}=\mathrm{grad}\, f$$

(iii)　$\mathrm{rot}\,\boldsymbol{v}=\boldsymbol{0}$.　」

まず (i) から (ii) を出します．(i) が成立するベクトル場

$$\boldsymbol{v}=(u(x, y, z),\ v(x, y, z),\ w(x, y, z))$$

に対し，

$$f(x, y, z)=\int_{(x_0, y_0, z_0)}^{(x, y, z)} udx+vdy+wdz.$$

とおきます．この積分は $(x_0, y_0, z_0)$ から $(x, y, z)$ に至る積分路に関係しない値をもちます．

なぜなら，二通りの路 $C_1, C_2$ にそって積分したとしますと，

$$\int_{C_1\nearrow}+\int_{C_2\searrow}=0$$

となるはずですから，

$$\int_{C_1\nearrow}=\int_{C_2\nearrow}$$

です．そこでこの $f(x, y, z)$ の勾配場がもとの $\boldsymbol{v}$ に等しいことを示します．えーと，…….

**北．** そこの所は2次元と全く同じだからとばしても結構ですよ．

**中．** は，はい．ここをとばしちゃうとやること半分になっちゃうなあ．

**発．** いいよ，気にしない，気にしない．

**中．** じゃあ，次やります．(ii) が成立するベクトル場 $\boldsymbol{v}$ については，

$$\begin{aligned}\mathrm{rot}\,\boldsymbol{v}&=\mathrm{rot}(\mathrm{grad}\,f)=\mathrm{rot}\left(\frac{\partial f}{\partial x},\ \frac{\partial f}{\partial y},\ \frac{\partial f}{\partial z}\right)\\&=\left(\frac{\partial}{\partial y}\left(\frac{\partial f}{\partial z}\right)-\frac{\partial}{\partial z}\left(\frac{\partial f}{\partial y}\right),\ \frac{\partial}{\partial z}\left(\frac{\partial f}{\partial x}\right)-\frac{\partial}{\partial x}\left(\frac{\partial f}{\partial z}\right),\ \frac{\partial}{\partial x}\left(\frac{\partial f}{\partial y}\right)-\frac{\partial}{\partial y}\left(\frac{\partial f}{\partial x}\right)\right)\\&=(0,0,0)=\boldsymbol{0}\end{aligned}$$

つまり (iii) が成立します．

**北．** 今考えているベクトル場 $\boldsymbol{v}$ は $C^1$ 級だとすれば $f$ は $C^2$ 級になるから，今の推論はいいですね．

**中．** では次に行きます．(iii) が成立するようなベクトル場は (i) をみたすことをいいたいのですが，$\mathrm{rot}\,\boldsymbol{v}=\boldsymbol{0}$ なら，ストークスの定理によって

$$\int_C \boldsymbol{v}\cdot d\boldsymbol{r}=\iint_S \mathrm{rot}\,\boldsymbol{v}\cdot\boldsymbol{n}dS=0$$

となって任意の閉曲線 $C$ にそっての線積分は0になります．

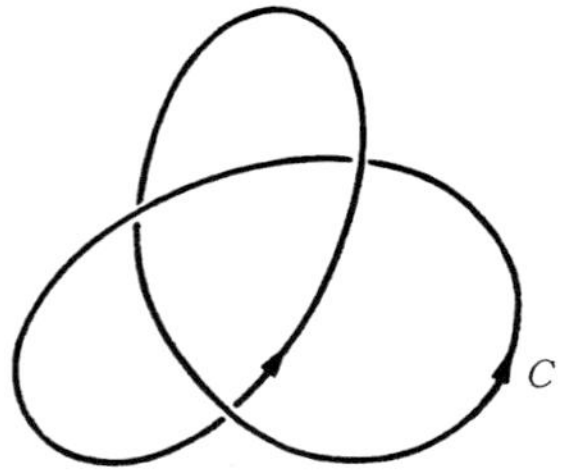

第 1 図

**北．** それはちょっとランボーですねえ．任意の閉曲線を周とする曲面 $S$ はいつでも存在しますか？　たとえば第1図のようなのはどう？

**中．** うーん(とつまる．)

**発．** そりゃ，だめだよ．ストークスの定理はまず曲面 $S$ があって，その縁を $C$ としたんだから，$C$ を勝手に与えるわけにいかないよ．

**白．** そやけどな，もともと (i) は，「二つの路 $C_1, C_2$ によって点 A から B まで行くとき，$\int_{C_1}\boldsymbol{v}\cdot d\boldsymbol{r}$ と $\int_{C_2}\boldsymbol{v}\cdot d\boldsymbol{r}$ が同じ値になる」ということやろ．それやったら，始めから，$C_1, C_2$ を縁とする $S$ が存在するようなものだけ考えといたらええのとちがうか？

**発．** そりゃいけないよ．$S$ が存在するような $C_1, C_2$ については二つの線積分は同じでも，$S$ が存在しないようなものについては異なるかも知れないだろう．

**白**. うーん，そうか．それでも，そんな $C_1, C_2$ についても線積分は同じように思うけどなあ．

**発**. どうして？

**白**. どうして，と聞かれても困るけど，2次元で成立したことが3次元であかんとは考えられへんからな．

**中**. 第1図のような場合はよさそうよ．

**発**. へえ，どうして？

**中**. あなた，どうしてばかり言ってないで少し考えなさいよ．第1図のような場合だと，このからみ合いを解けばいいでしょ．だから第2図のようなバイパスを作ってやればうまく行くのよ．

**白**. ははあ，この2つの新しい閉曲線を縁とする曲面はたしかにあるなあ．

**中**. でしょう？ だから，この2つについてストークスの定理を適用しておいて，あとでたし算してやればバイパスの部分の線積分は消えて，もとの$C$にそう線積分イコール0という式になるわ．

**白**. なるほど，そのデンで行ったらどんなにからみ合っている曲線でも全部ほどけるでえ．

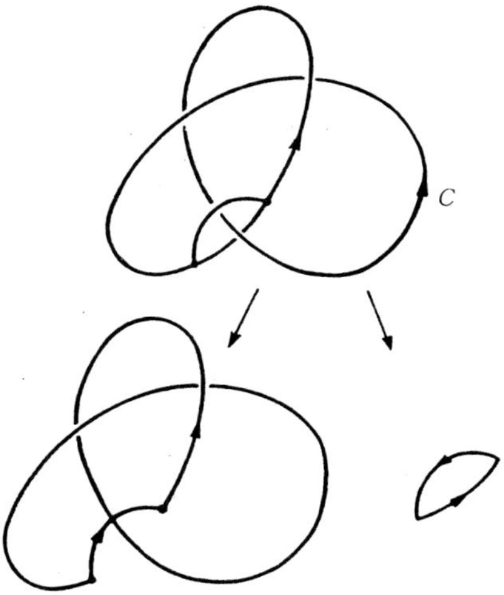


第 2 図

**発**. そうだなあ．一回バイパスを作るたびに一つだけからみ合いが解けるんだからね．

**中**. 先生，これでいいでしょうか．

**北**. 中々うまく切り抜けましたね．ところで，$\Omega$が単連結だという仮定はどこで使ったんですか．

**中**. そうですね．どこでも使わなかったわ．

**白**. 3次元の領域が単連結とはどういうことや？

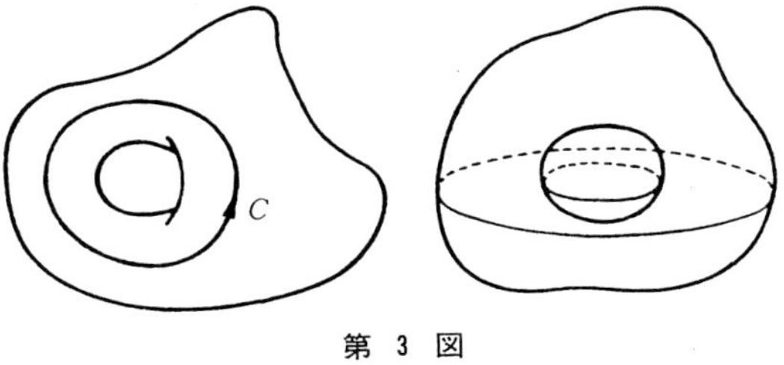


第 3 図

**発**．穴があいてないということだろ．

**白**．穴というても，今度は2通りあるでえ．一つはドーナツの穴や，ちくわの穴のようなもの，もう一つは水あめやガラスの中の気泡みたいな穴…….

**発**．どっちもないのが単連結だよ．

**白**．そうかなあ．

**北**．あのね，(iii) から (i) を出すのに，ドーナツのような穴があったらうまく行くだろうか．

**白**．あっ，あかんわ．穴をまわるような路を縁とする曲面はないもの．

**中**．なるほど，そこで単連結という仮定が必要なのですね．あらあ，だったら，気泡ならあってもいいんじゃないかしら．だって，閉曲線$C$を縁とする曲面はいつでもあるじゃないの．

**発**．あ，そうか．すると単連結というのはドーナツ型の穴がないということかな．

**北**．でもね．気泡がまたドーナツ型をしていたらどうかな？

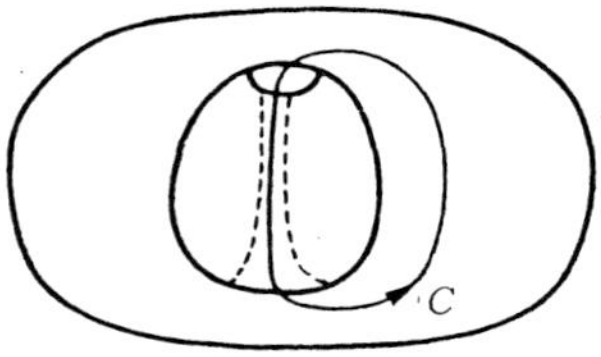


第 4 図

**発**．うーん，また困ってしまうなあ．結局単連結ってどんなことなのかわからなくなってしまいました．

**北**．いや，穴の形などにこだわるからいけないのですよ．もともと単一閉曲線を $\Omega$ の中に画いたとき，それを連続的に変化させて，十分小さい円周に等しく出来ればいいわけでしょう．そのようにできるような領域を単連結と定義するんですよ．だから，(iii) から (i) を出すのに単連結の仮定を使うわけですね．

**中**．わかりました．私の分担はこれでおしまい，ああつかれた．(と汗びっしょり．)

**北**．よくできましたよ．この条件をみたすベクトル場をポテンシャル場といい，(ii) のスカラー$f$を$\boldsymbol{v}$のスカラーポテンシャルというのも2次元と同じです．

**発**．ポテンシャル場とは渦なし場だってことだな．

**北**．3つの関数 $u(x, y, z)$, $v(x, y, z)$, $w(x, y, z)$ に対し，$udx+vdy+wdz$ が全微分になる* ための必要十分条件は

$$\frac{\partial w}{\partial y}-\frac{\partial v}{\partial z}=0,\quad \frac{\partial u}{\partial z}-\frac{\partial w}{\partial x}=0,\quad \frac{\partial v}{\partial x}-\frac{\partial u}{\partial y}=0$$

であるという定理は，ちょうど今の定理の一部なんです．

## [2]　管　状　場

**白**．今度はぼくの番です．ぼくの分担は管状ベクトル場です．管状というのは

$$\operatorname{div}\boldsymbol{v}=0$$

---

* $df=udx+vdy+wdz$ となるような $f(x, y, z)$ が存在すること．

をみたすベクトル場です．2次元のときには共役ベクトル場を考えるとポテンシャル場になって，中山さんの分担した部分に全面的にオンブできるんやけど，3次元ではそうもいかんし，2次元のときのように流れの関数みたいなものは何に当るのかちょっと見当つかんし，困ってるんですわ．

**北**．じゃあね．さっきの定理で(iii)に当るのをdivについて書くと，

(iii)　　　$\mathrm{div}\,\boldsymbol{v}=0$

だね．(i)に当るのは？

**白**．それは……，まあ，湧出しがないというのやから，任意の閉曲面 $S$ について，

(i)　　　$\iint_S \boldsymbol{v}\cdot\boldsymbol{n}dS=0$

ではないでしょうか．

**北**．そう，それでいいですよ．では残る(ii)に当るのは？

**白**．それがわからんのですわ．

**北**．ポテンシャル場のときは「$\mathrm{rot}(\mathrm{grad}\,f)=0$ が任意の $f$ について成立する」という命題の逆として，「$\mathrm{rot}\,\boldsymbol{v}=0$ なら $\boldsymbol{v}=\mathrm{grad}\,f$」となったのです．管状場でも，$\mathrm{div}(\mathrm{rot}\,\boldsymbol{p})=0$ はどんなベクトル場 $\boldsymbol{p}$ についても成立しますから，予想される命題は

(ii)　あるベクトル場 $\boldsymbol{p}$ があって，　$\boldsymbol{v}=\mathrm{rot}\,\boldsymbol{p}$.

でしょう．

**白**．あっ，そうか．

**北**．この $\boldsymbol{p}$ を $\boldsymbol{v}$ のベクトルポテンシャル* といいます．じゃあ，この3つの命題はたがいに同値であることを証明してごらん．

**白**．さあ，何にも準備してないので証明できるかどうか……．まあやってみます．(iii)と(i)が同値やというのはガウスの定理そのものですね．

$$\iint_{\partial A}\boldsymbol{v}\cdot\boldsymbol{n}dS=\iiint_A \mathrm{div}\,\boldsymbol{v}dxdydz$$

で，$\mathrm{div}\boldsymbol{v}=0$ なら左辺は0になるし，左辺どんな $\boldsymbol{S}=\partial\boldsymbol{A}$ についても0なら

$$\mathrm{div}\boldsymbol{v}(P)=\lim_{A\to P}\frac{\iiint_A \mathrm{dsv}\,\boldsymbol{v}dxdydz}{\iiint_A dxdydz}=0$$

**中**．その $A\to P$ というのは何のこと？

**白**．$P$ を中心とする半径 $\varepsilon$ の球を $A$ として，$\varepsilon\to 0$ とした極限を考えるんや．

**中**．前に先生が示されたテクニックの応用ね．

**発**．今度は気泡型の穴がないという条件の下に言ってるんだね．

---

*　vector potential

**白**．そうや．気泡型の穴があったら，それを包むような閉曲面 $S$ をとると $S$ の内部 $A$ の領域は $S$ 自身にもどらへんからガウスの定理はうまく行かんのや．

**中**．じゃあ，次の (ii) との関係は？

**白**．うん，それが難問や．(ii) から (iii) が出ることは，$\boldsymbol{p}=(p, q, r)$ とすると，形式的計算で

$$\mathrm{div}(\mathrm{rot}\,\boldsymbol{p})=\frac{\partial}{\partial x}\left(\frac{\partial r}{\partial y}-\frac{\partial q}{\partial z}\right)+\frac{\partial}{\partial y}\left(\frac{\partial p}{\partial z}-\frac{\partial r}{\partial x}\right)+\frac{\partial}{\partial z}\left(\frac{\partial q}{\partial x}-\frac{\partial p}{\partial y}\right)=0$$

とみんな消えて，すぐわかるんやけどその逆がむずかしいわ．

**中**．$\boldsymbol{p}$ は $\boldsymbol{v}$ を積分したようなものでしょう，どうせ．

**白**．そらまあ，微分の逆は積分やからな．そやけど，rot の逆算やでえ，ややこしいでえ．

**発**．あっ，今面白いことを見つけたぞ．$\boldsymbol{v}=\mathrm{rot}\,\boldsymbol{p}$ をみたす $\boldsymbol{p}$ は，あるとすれば無数にたくさんあるんだ．

**白**．へえ，それを説明してえな．

**発**．$\boldsymbol{v}=\mathrm{rot}\,\boldsymbol{p}_1=\mathrm{rot}\,\boldsymbol{p}_2$ となったとすれば $\mathrm{rot}(\boldsymbol{p}_1-\boldsymbol{p}_2)=\boldsymbol{0}$．従って，さっきの定理から $\boldsymbol{p}_1-\boldsymbol{p}_2=\mathrm{grad}\,f$ となる $f$ が見つかるだろう．つまり $\boldsymbol{p}_1$ と $\boldsymbol{p}_2$ の差は勾配場になるんだよ．逆に任意の $\boldsymbol{p}_1$ に対し，$\boldsymbol{p}_1+\mathrm{grad}\,f=\boldsymbol{p}_2$ とおくと，$\mathrm{rot}\,\boldsymbol{p}_2=\mathrm{rot}\,\boldsymbol{p}_1+\mathrm{rot}(\mathrm{grad}\,f)=\mathrm{rot}\,\boldsymbol{p}_1$ と，$\boldsymbol{p}_1$ と $\boldsymbol{p}_2$ は同じ回転をもつだろう．だから，$\boldsymbol{v}=\mathrm{rot}\,\boldsymbol{p}$ をみたす $\boldsymbol{p}$ はもしあるとすれば任意の勾配場だけの自由度をもつってわけさ．

**白**．なるほど．そやけど，$\boldsymbol{p}$ が見つからんとどうにもならんやないか．

**発**．うん，だけど，$\boldsymbol{p}$ としてごく特殊なものを見つければいいことがわかったのさ．たとえば $\boldsymbol{p}=(p, q, 0)$ という形のベクトル場で $\boldsymbol{v}=\mathrm{rot}\,\boldsymbol{p}$ をみたすものがみつかれば，もっと一般な形のものはそれに $\mathrm{grad}\,f$ をつけ加えればいいことになるだろ．

**白**．あっ，これはええ考えや．それでいこう．$\boldsymbol{p}=(p, q, 0)$ とすると $\mathrm{rot}\,\boldsymbol{p}=\left(-\dfrac{\partial q}{\partial z},\ \dfrac{\partial p}{\partial z},\ \dfrac{\partial q}{\partial x}-\dfrac{\partial p}{\partial y}\right)=(u, v, w)$ やから，

$$(1)\qquad u=-\frac{\partial q}{\partial z},\quad v=\frac{\partial p}{\partial z},\quad w=\frac{\partial q}{\partial x}-\frac{\partial p}{\partial y}$$

となるなあ．これから

$$(2)\qquad q=-\int_{z_0}^{z}u(x, y, z)dz,\qquad p=\int_{z_0}^{z}v(x, y, z)dz,$$

となる．これでええのかいな．

**中**．これを(1)の第3の式へ代入して，$w$ が出て来たらいいのよ．$\mathrm{div}\,\boldsymbol{v}=\dfrac{\partial u}{\partial x}+\dfrac{\partial v}{\partial y}+\dfrac{\partial w}{\partial z}=0$ だから

$$\frac{\partial q}{\partial x}-\frac{\partial p}{\partial y}=\int_{z_0}^{z}\left(-\frac{\partial u}{\partial x}-\frac{\partial v}{\partial y}\right)dz=\int_{z_0}^{z}\frac{\partial w}{\partial z}dz=w(x, y, z)-w(x, y, z_0)$$

あらあ，$-w(x, y, z_0)$ だけ余分になっちゃった．これどうするのかしら．

**発**．あ，わかった．(2) の積分には任意定数がつくだろう．それがちょうど $w(x, y, z_0)$ と

打ち消すようにしておけばよかったんだ．たとえば

$$p=\int_{z_0}^{z} v(x,y,z)dz+\alpha(x,y)$$

としておくと，

$$\frac{\partial q}{\partial x}-\frac{\partial p}{\partial y}=\int_{z_0}^{z}\frac{\partial w}{\partial z}dz-\frac{\partial \alpha}{\partial y}=w(x,y,z)-w(x,y,z_0)-\frac{\partial \alpha}{\partial y}(x,y)$$

だから，$\alpha$ として，

$$\alpha=-\int_{y_0}^{y} w(x,y,z_0)dy$$

とおけばいいんだよ．結局，

$$\boldsymbol{p}=\left(\int_{z_0}^{z} v(x,y,z)dz-\int_{y_0}^{y} w(x,y,z_0)dy,\ -\int_{z_0}^{z} u(x,y,z)dz,\ 0\right)$$

が一つの解となるわけだ．

## [3] ニュートン・ポテンシャル

**北**．これで渦なしと湧出しなしという2つの代表的な性質を特徴づけることができましたから，ベクトル場についてはだいぶわかったことになりますね．では今度は，渦なしかつ湧出しなしというベクトル場については如何ですか．

**発**．それはぼくの分担です．これは簡単で，$\mathrm{rot}\,\boldsymbol{v}=\boldsymbol{0}$，$\mathrm{div}\,\boldsymbol{v}=0$ だったら，$\boldsymbol{v}=\mathrm{grad}\,f$，$\mathrm{div}(\mathrm{grad}\,f)=\frac{\partial^2 f}{\partial x^2}+\frac{\partial^2 f}{\partial y^2}+\frac{\partial^2 f}{\partial z^2}=0$ だから $f$ はラプラスの方程式

(3) $$\left(\frac{\partial^2}{\partial x^2}+\frac{\partial^2}{\partial y^2}+\frac{\partial^2}{\partial z^2}\right)f=0$$

をみたします．逆に，$f$ が(3)をみたすなら，$\boldsymbol{v}=\mathrm{grad}\,f$ というベクトル場は $\mathrm{rot}\,\boldsymbol{v}=\boldsymbol{0}$，$\mathrm{div}\,\boldsymbol{v}=0$ をみたします．(3)をみたす関数を調和関数ということにすると，$\boldsymbol{v}$ が管状ポテンシャル場であるための必要十分条件は，$\boldsymbol{v}$ が調和関数の勾配場になっていることです．この辺は2次元と全く同じで何もむずかしいことはありません．

**中**．もっと先まで，ニュートン・ポテンシャルまで調べてくる約束だったでしょう．

**発**．うん，そこまでやります．2次元のときのマネをして，中心力場

$$\boldsymbol{v}=f(r)(x-x_0,\ y-y_0,\ z-z_0),\quad \left(r=\sqrt{(x-x_0)^2+(y-y_0)^2+(z-z_0)^2}\right)$$

を考えると，これはいつも渦なしなんです．実際，$\mathrm{rot}\,\boldsymbol{v}=(\alpha,\beta,\gamma)$ とでもおくと，

(4) $$\begin{aligned}\alpha&=\frac{\partial}{\partial y}(f(r)(z-z_0))-\frac{\partial}{\partial z}(f(r)(y-y_0))\\&=f'(r)\frac{y-y_0}{r}\cdot(z-z_0)-f'(r)\frac{z-z_0}{r}\cdot(y-y_0)\\&=0\end{aligned}$$

$\beta,\gamma$ についても同じで，0になります．この $\boldsymbol{v}$ が $\boldsymbol{x}_0$ を除いて湧出しなしであるための必要十分条件を求めると，

$$(5)\quad \operatorname{div} \boldsymbol{v}=\frac{\partial}{\partial x}(f(r)(x-x_0))+\frac{\partial}{\partial y}(f(r)(y-y_0))+\frac{\partial}{\partial z}(f(r)(z-z_0))$$
$$=f'(r)\cdot\frac{x-x_0}{r}\cdot(x-x_0)+f'(r)\cdot\frac{y-y_0}{r}\cdot(y-y_0)$$
$$+f'(r)\cdot\frac{z-z_0}{r}\cdot(z-z_0)+3f(r)$$
$$=rf'(r)+3f(r)=0$$

となり，関数 $f(r)$ のみたすべき条件は，微分方程式

$$rf'+3f=0$$

なんです．これはすぐとけて，

$$f(r)=\frac{C}{r^3}$$

となります．だから，中心力場が中心 $\boldsymbol{x}_0=(x_0, y_0, z_0)$ を除いて湧出しなしであるための必要十分条件は，

$$(6)\qquad \boldsymbol{v}=\frac{C}{r^2}\left(\frac{x-x_0}{r}, \frac{y-y_0}{r}, \frac{z-z_0}{r}\right)$$

です．$r$ を一つだけベクトルの中へ入れたのは，単位ベクトルにするためです．これは，$\boldsymbol{v}$ の大きさが中心点 $\boldsymbol{x}_0$ からの距離の 2 乗に反比例することを表わしますから，まさに万有引力の法則，またはクーロンの法則です．

**中**．調子いいわねえ．

**発**．ひやかすなよ．$C$ の値をきめるため，$\boldsymbol{x}_0$ を中心とする小さい球面 $S$ 上で流量積分を求めると，

$$\iint_S \boldsymbol{v}\cdot\boldsymbol{n}dS=\iint_S \frac{C}{r^2}\boldsymbol{n}\cdot\boldsymbol{n}dS=\frac{C}{r^2}\iint_S dS=\frac{C}{r^2}\cdot 4\pi r^2=4\pi\cdot C$$

となります．今 $\boldsymbol{x}_0$ での湧出しを $\rho$ としますと，

$$C=\frac{\rho}{4\pi}$$

であることがわかります．

そこでこんどは，各点での発散の体積密度 $\rho(x, y, z)$ が与えられたとき，$\rho(\xi, \eta, \zeta)d\xi d\eta d\zeta$ を発散量とする管状中心力場を集めます．すると，各点では

$$\boldsymbol{v}(x, y, z)=\frac{\rho(\xi, \eta, \zeta)d\xi d\eta d\zeta}{4\pi}\cdot\frac{1}{r^3}(x-\xi, y-\eta, z-\zeta)$$

だから，これを集めると，

$$(7)\qquad \boldsymbol{v}(x, y, z)=\frac{1}{4\pi}\iiint_\Omega \frac{\boldsymbol{x}-\boldsymbol{\xi}}{r^3}\cdot\rho(\boldsymbol{\xi})d\xi d\eta d\zeta.$$

これは $\Omega$ の外部では $\operatorname{rot}\boldsymbol{v}=\boldsymbol{0}$, $\operatorname{div}\boldsymbol{v}=0$ をみたします．これは，$\boldsymbol{x}$ が $\Omega$ から離れていると $r\geqq\varepsilon>0$ とできるから，微分を中に入れることができて，(4) や (5) の計算が積分記号の中でできるからです．そこで，$\Omega$ の外部ではスカラーポテンシャル $U$ を求めることができます．

それは，線積分で求めると，結局

(8) $U(x, y, z)=-\frac{1}{4\pi}\iiint_{\Omega}\frac{\rho(\boldsymbol{\xi})}{r}d\xi d\eta d\zeta \qquad (r=\sqrt{(x-\xi)^2+(y-\eta)^2+(z-\zeta)^2})$

ところがこの $\boldsymbol{v}$ とか $U$ とかは $\Omega$ の内部でも意味をもっていて，しかも

$$\boldsymbol{v}=\mathrm{grad}\,U, \qquad \mathrm{div}\,\boldsymbol{v}=\rho$$

が $\Omega$ の内部で成立します．この $U(x, y, z)$ をニュートン・ポテンシャルというのだそうです．

ところでわからないのは，この $U$ が

$$\Delta U=\rho$$

をみたすということの証明なのです．どの本を見ても $U$ の1階偏導関数は積分記号の中で微分しているのに，2階偏導関数になると申し合わせたようにハギレがわるくなるんです．

その理由がどうもよくわかりません．

**北**．それは要するに(7)の各項を偏微分するのでしょう．つまり

(9) $$\Delta U=\mathrm{div}\,\boldsymbol{v}=\frac{\partial u}{\partial x}+\frac{\partial v}{\partial y}+\frac{\partial w}{\partial z}$$
$$=\frac{1}{4\pi}\Big[\frac{\partial}{\partial x}\iiint_{\Omega}\frac{x-\xi}{r^3}\rho\,d\xi d\eta d\zeta+\frac{\partial}{\partial y}\iiint_{\Omega}\frac{y-\eta}{r^3}\rho\,d\xi d\eta d\zeta$$
$$+\frac{\partial}{\partial z}\iiint_{\Omega}\frac{z-\zeta}{r^3}\rho\,d\xi d\eta d\zeta\Big]$$

を計算するのですね．

**発**．ええ，この計算，単純に $\frac{\partial}{\partial x}$ などを積分記号の中へ入れてやりますと，

$$\frac{\partial}{\partial x}\left(\frac{x-\xi}{r^3}\right)=\frac{-3(x-\xi)^2+r^2}{r^5}$$

などとなりますので，$\frac{\partial}{\partial y}$，$\frac{\partial}{\partial z}$ についても計算して加えると結局

(10) $$\mathrm{div}\frac{\boldsymbol{x}-\boldsymbol{\xi}}{r^3}=0$$

となっちゃうんです．考えてみるとこれはつまり(6)の形のベクトル場が中心を除いて $\mathrm{div}\,\boldsymbol{v}=0$ であるという計算なんだから当然の話なんですね．だから(9)で微分記号を交換すると $\Delta U=0$ となってだめだということがわかるんですが，……，答が合わないから交換できないのだというのではナンセンスですよね．

**北**．それより，(9)の3つの積分の一つ一つがすべて存在しなければ，たし算もできないでしょう．

**発**．といいますと，……？

**北**．(9)の各項の微分と積分を入れかえた積分は

$$\iiint_{\Omega}\frac{r^2-3(x-\xi)^2}{r^5}\rho\,d\xi d\eta d\zeta$$

などの形をしていて，分母に $r$ が入っているから，$\boldsymbol{\xi}=\boldsymbol{x}$ という点で広義積分になっている

んです．そしてこの広義積分は収束しないんです．実際 order による判定をしようとしても

$$\left|\frac{r^2-3(x-\xi)^2}{r^5}\right|\leqq\frac{C}{r^3}$$

となって，$r\to 0$ のときの絶対収束の(十分)条件 $\frac{1}{r^{3-\alpha}}$ $(\alpha>0)$ となりませんね．それで，発散する積分を3つ加えて0になるというのはそれこそナンセンスです．

**発**．ははあ，そんな所に落し穴があったんですか．じゃあ，(9) はどう計算すればいいんですか．

**北**．もし $\frac{1}{r^2}$ で押えられるようなら広義積分は収束しますから，そうなるように積分をうまく変形しておくんですよ．

**白**．しかし先生，$\frac{x-\xi}{r^3}=O\left(\frac{1}{r^2}\right)$ やからこれを微分したら，$O\left(\frac{1}{r^3}\right)$ となるのを防ぐことはできへんのとちがいますか．

**北**．いや，部分積分で微分を $\rho$ の方におしつけたらいいんです．

**白**．へえっ，何です？

**北**．$\rho(\xi,\eta,\zeta)$ は $(x,y,z)$ の関数ではありませんが，$r$ が $(x,y,z)$ と $(\xi,\eta,\zeta)$ とを入れかえても変らない関数ですから

$$\frac{\partial r}{\partial x}=-\frac{\partial r}{\partial \xi},\quad \frac{\partial r}{\partial y}=-\frac{\partial r}{\partial \eta},\quad \frac{\partial r}{\partial z}=-\frac{\partial r}{\partial \zeta}$$

となり，このことから部分積分ができるんです．つまり，今微分しようとしている点を $(x_0,y_0,z_0)$ としますね．この点を中心とする半径 $\varepsilon$ の球 $B(\varepsilon)$ を考え，$\Omega$ を $B(\varepsilon)$ と $\Omega-B(\varepsilon)$* に分けて考えます．

$$(11)\qquad \iiint_\Omega \frac{x-\xi}{r^3}\rho\, d\xi d\eta d\zeta=\iiint_{B(\varepsilon)}+\iiint_{\Omega-B(\varepsilon)}$$

すると，この第2項にとって $(x_0,y_0,z_0)$ での微分はいわば「外部」での微分ですから，微分と積分を交換してもかまいません．$|r|\geqq\varepsilon$ だから，これは広義積分ではないのです．

**中**．するとその値は発田さんの計算 (10) から0になりますわね．

**北**．ええ，そうなんです．そこで第1項が問題となりますが，これを

$$(12)\qquad \begin{aligned}\iiint_{B(\varepsilon)}\frac{x-\xi}{r^3}\rho\, d\xi d\eta d\zeta&=\iiint_{B(\varepsilon)}\frac{\partial}{\partial\xi}\left(\frac{1}{r}\right)\rho\, d\xi d\eta d\zeta\\&=\iiint_{B(\varepsilon)}\left[\frac{\partial}{\partial\xi}\left(\frac{\rho}{r}\right)-\frac{1}{r}\frac{\partial\rho}{\partial\xi}\right]d\xi d\eta d\zeta\\&=\iint_{\partial B(\varepsilon)}\frac{\rho}{r}d\eta d\zeta-\iiint_{B(\varepsilon)}\frac{1}{r}\frac{\partial\rho}{\partial\xi}d\xi d\eta d\zeta\end{aligned}$$

と変形しましょう．ここで $\rho$ は $\Omega$ での $C^1$ クラスの関数と仮定するのですよ．

---

*　$\Omega-B(\varepsilon)$ は $\Omega$ から $B(\varepsilon)$ を除いた残りの領域．

**白**. その $\partial B(\varepsilon)$ での積分というのは面積分ですか.

**北**. ええ，ガウスの定理そのものですよ．今 $\boldsymbol{w}=\left(\frac{\rho}{r},0,0\right)$ というベクトル場についてガウスの定理「$\iiint_A \operatorname{div}\boldsymbol{w}\,d\xi d\eta d\zeta=\iint_{\partial A}\boldsymbol{w}\cdot\boldsymbol{n}dS$」を適用すると

$$\iiint_{B(\varepsilon)}\left\{\frac{\partial}{\partial\xi}\left(\frac{\rho}{r}\right)+\frac{\partial}{\partial\eta}\Big(0\Big)+\frac{\partial}{\partial\zeta}\Big(0\Big)\right\}d\xi d\eta d\zeta=\iint_{\partial B(\varepsilon)}\frac{\rho}{r}d\eta d\zeta+0d\zeta d\xi+0d\xi d\eta$$

ですが，この左辺の中味はちょうど $\frac{x-\xi}{r^3}\rho+\frac{1}{r}\frac{\partial\rho}{\partial\xi}$ となって (12) と一致するでしょう.

**中**. もともとガウスの定理は「部分積分」だったのよ.

**北**. さて，(12) のように変形しておくと $\frac{\partial}{\partial x}$ を積分記号の中へ入れるのは問題がないんです．というのは，(12) の最下辺の第1項の面積分については，今微分しようとしている点 $(x_0, y_0, z_0)$ は $\partial B(\varepsilon)$ から $\varepsilon$ だけ離れた点ですから，やはり「外の世界」での微分です．また，第2項は，$\frac{1}{r}$ を $x$ で微分するのだから $\frac{\partial}{\partial x}\left(\frac{1}{r}\right)=O\left(\frac{1}{r^2}\right)$ でこれは広義積分になりますが，この order なら O.K. です．だから，偏微分の記号を積分の中へ入れていいんです.

**白**. ちょっとまって下さい．すると，ええと，次のような定理があるのですか.

「$f(x,\boldsymbol{\xi})$ が $x$ を固定する毎に，$\boldsymbol{\xi}$ について広義積分可能なとき，$\frac{\partial f}{\partial x}(x,\boldsymbol{\xi})$ の $\boldsymbol{\xi}$ についての広義積分が絶対収束すれば，

$$\frac{\partial}{\partial x}\int_\Omega f(x,\boldsymbol{\xi})d\boldsymbol{\xi}=\int_\Omega\frac{\partial f}{\partial x}(x,\boldsymbol{\xi})d\boldsymbol{\xi}$$

が成立する.」

**北**. いや，$\frac{\partial f}{\partial x}(x,\boldsymbol{\xi})$ についての広義積分の収束の**一様性**が要求されるんです．つまり広義積分だからあるパラメータ $\delta$ が0になるときの極限値でその積分がきまっているとして，

$$\text{(13)}\qquad \sup_x\left|\int_{\Omega(\delta)}\frac{\partial f}{\partial x}(x,\boldsymbol{\xi})d\boldsymbol{\xi}-\int_\Omega\frac{\partial f}{\partial x}(x,\boldsymbol{\xi})d\boldsymbol{\xi}\right|\longrightarrow 0\qquad(\delta\to 0)$$

が成立するなら，微分と積分は交換できます．その証明は普通の関数列の一様収束の場合と同じようにできますから皆さん考えて下さい.

**白**. 今の場合は(13)が成立しているのですか.

**北**. それは，

$$\iiint_{B(\varepsilon)}\frac{\partial}{\partial x}\left(\frac{1}{r}\right)\frac{\partial f}{\partial\xi}d\xi d\eta d\zeta=\iiint_{B(\varepsilon)}\frac{x-\xi}{r^3}\frac{\partial f}{\partial\xi}d\xi d\eta d\zeta$$

で，積分の特異性は $\boldsymbol{\xi}=\boldsymbol{x}_0$ という点にあるのだから $B(\delta)$ という球をくり抜いておいて $\delta\to 0$ とすればいいのですが，そのとき

$$\text{(14)}\qquad \left|\iiint_{B(\delta)}\frac{x_0-\xi}{r^3}\frac{\partial\rho}{\partial\xi}d\xi d\eta d\zeta\right|\leqslant C\cdot\iiint_{B(\delta)}\frac{1}{r^2}d\xi d\eta d\zeta=4\pi\delta\cdot C^*$$

---

* $C=\sup\left|\frac{\partial\rho}{\partial\xi}\right|$

となって $x_0$ の場所に無関係に，$\delta \to 0$ のとき 0 に収束することがわかります．

**発**．あっ，すると，order で上から押えようとしていたのは絶対収束のためではなく，一様収束のためだったんですね．

**北**．ええ，一様収束を証明しようとすると，どうしても部分積分で収束性をよくしておかないとうまく行かないのです．この辺の事情は，アーベルの級数変化法で級数の収束性をよくするのと全く同じ考えなのですよ．

**発**．それでやっと (12) の意味がわかりました．そのあとは，ボクがやります．(12) に $\dfrac{\partial}{\partial x}$ をほどこして，

$$(15)\quad \frac{\partial}{\partial x}\iiint_{B(\varepsilon)}\frac{x-\xi}{r^3}\rho\, d\xi d\eta d\zeta\Big|_{x=x_0}=\iint_{\partial B(\varepsilon)}\left(-\frac{x_0-\xi}{r^3}\right)\rho\, d\eta d\zeta+\iiint_{B(\varepsilon)}\frac{x_0-\xi}{r^3}\frac{\partial\rho}{\partial\xi}d\xi d\eta d\zeta$$

ここで $\varepsilon \to 0$ とすると，第 2 項は (14) と同じことで，0 になります．

**白**．どうして $\varepsilon \to 0$ とできるんや．

**発**．(11) からわかるように，もともとこの積分全体は $\varepsilon$ に無関係な値をもっているのさ．だから $\varepsilon$ を動かして，なるべくその値が見やすいようにしてやればいいんだよ．

**白**．あ，そうか．

**発**．それで (15) の形の式を $\dfrac{\partial}{\partial y}$，$\dfrac{\partial}{\partial z}$ についても同じように作ってやって加えますと，(9) は

$$\operatorname{div}\boldsymbol{v}\Big|_{\boldsymbol{x}=\boldsymbol{x}_0}=-\frac{1}{4\pi}\iint_{\partial B(\varepsilon)}\rho\cdot\frac{\boldsymbol{x}_0-\boldsymbol{\xi}}{r^3}\cdot\boldsymbol{n}dS+o(1)$$

となりますが，$\partial B(\varepsilon)$ という球面上では $\boldsymbol{n}=\dfrac{\boldsymbol{\xi}-\boldsymbol{x}_0}{r}$，また $r=\varepsilon$ となるから，第 1 項は

$$=\frac{1}{4\pi}\iint_{\partial B(\varepsilon)}\frac{\rho}{r^2}|\boldsymbol{n}|^2dS=\frac{1}{4\pi\varepsilon^2}\iint_{\partial B(\varepsilon)}\rho\, dS$$

ところが $B(\varepsilon)$ の表面積は $4\pi\varepsilon^2$ ですから，これは $\rho$ という関数の値の $B(\varepsilon)$ 上での平均値を表わしています．従って，$\varepsilon \to 0$ とするとこれは中心点 $\boldsymbol{x}_0$ での $\rho$ の値に収束します．つまり

$$\operatorname{div}\boldsymbol{v}\Big|_{\boldsymbol{x}=\boldsymbol{x}_0}=\rho(\boldsymbol{x}_0)$$

が成立します．やれやれ，やっとすんだ！

**白**．先生，微分と積分の交換なんか大したことないと思ってましたけど，実際にはややこしい場合もあるんですね．

**北**．ええ，かなり面倒ですね．これでわかったことは，発散 $\rho(\boldsymbol{x})$ を与えてポテンシャル場 $\boldsymbol{v}=\operatorname{grad}U$ を作り，$\operatorname{div}\boldsymbol{v}=\Delta U=\rho$ となるようにするという問題の一つの解が得られたということです．ここで面白いことに，その答 (8) を見ますと，それが

$$-\frac{1}{4\pi}\cdot\frac{1}{r}\qquad (r=\sqrt{x^2+y^2+z^2})$$

という関数と $\rho$ との合成積の形をしているんです．$f(\boldsymbol{x})$ と $g(\boldsymbol{x})$ の合成積とは，

$$f*g(\boldsymbol{x})=\int_{R^3}f(\boldsymbol{x}-\boldsymbol{\xi})g(\boldsymbol{\xi})d\xi d\eta d\zeta$$

です．この合成積というかけ算は面白い性質がありましてね，たとえば $f$ が $C^1$-クラス関数で $\frac{\partial f}{\partial x}*g$ という積分が収束したとすると，

$$\frac{\partial}{\partial x}(f*g)=\frac{\partial f}{\partial x}*g$$

となるんです．これは微分と積分が交換できるということで，大体わかりますね．

**中**．でも，さっきの場合だと交換できなかったんでしょう．

**北**．ええ，さっきの場合は，

$$-\frac{1}{4\pi}\Delta\left(\frac{1}{r}*\rho\right)=\rho$$

を示したわけです．$\Delta\frac{1}{r}=0$ $(\boldsymbol{x}\neq\boldsymbol{0})$ だから $\left(\Delta\frac{1}{r}\right)*\rho=0$ だというのが最初の発田君のつまずきだったのですよ．

**発**．あっ，そうすると，$-\frac{1}{4\pi}\cdot\frac{1}{r}$ は $\Delta$ の逆算ですか．

**北**．まあ，合成積に関するある意味の逆算です．ある意味といったのは，その他にも $\Delta$ の逆算は無数にたくさんあるからです．実際 $\Delta h=0$ となる滑らかな関数 $h$ をつけ加えても，$-\frac{1}{4\pi}\cdot\frac{1}{r}+h$ は同じ性質をもつでしょう．

**白**．そうすると $-\frac{1}{4\pi r}$ はたった一点で $\Delta F=0$ をみたさへんだけで，$\Delta$ の逆算になるんですか．

**北**．ええ，そうなんです．一般に合成積に関する単位元，つまり

$$\mathbf{1}*\rho=\rho$$

となるような $\mathbf{1}$ という関数はありません．しかしかりにそんなものを想定するとしたら，それは $-\frac{\mathbf{1}}{4\pi}\Delta\frac{1}{r}$ のようなものを考えざるを得ないでしょう．つまり，$\boldsymbol{x}=\boldsymbol{0}$ を除いて恒等的に 0 で $\boldsymbol{x}=\boldsymbol{0}$ では何かわからないが，点質量のようなものがあるという形の関数です．

**中**．どうして点質量がでてくるのですか．

**北**．$-\frac{1}{4\pi}\Delta\frac{1}{r}=-\frac{1}{4\pi}\mathrm{div}\left(\mathrm{grad}\frac{1}{r}\right)$ は $-\frac{1}{4\pi}\mathrm{grad}\frac{1}{r}$ の発散で，$\boldsymbol{x}=\boldsymbol{0}$ にだけ体積 0 なのに発散量 1 がのっているでしょう．つまり質量 1 の質点が $\boldsymbol{x}=\boldsymbol{0}$ にあって周囲に引力を及ぼしているってわけですよ．そういう“関数”をディラック* は $\delta$-関数と名づけました．そして，$\mathbf{1}$ とかかず $\delta(\boldsymbol{x})$ とかいたんです．つまり

$$\delta*\rho=\rho$$

また $\Delta$ をほどこすのもこの $\delta$ をつかう限り“カタいこと言わず”に微分を中に入れて

$$-\frac{1}{4\pi}\Delta\left(\frac{1}{r}*\rho\right)=-\frac{1}{4\pi}\left(\Delta\frac{1}{r}\right)*\rho=\delta*\rho=\rho$$

**発**．あっ，インチキもいいとこだなあ．だけど 2 回インチキをやると正しい答がでるなんて

---

* P. Dirac　1902-1984.

一体これどうなってるの．

**白**．何が2回インチキや？

**発**．まず $\Delta$ を $*$ の演算の中へ入れる所で1回，$\delta(\boldsymbol{x})$ なんて関数じゃないものとの合成積を作る所で1回，……．

**北**．これがインチキでないような数学が20年ほど前にできましてね．これ，全部正しいのです．それまではディラックを始め物理学者はちょっとばかり気まずい思いをしながら $\delta(\boldsymbol{x})$ を使っていたんですが，数学が物理学に追いついたのです．

**中**．何という理論ですか．

**北**．「超関数論」と呼ばれています．それまで断片的に出ていた数多くの人々のアイデアを総合して，L. シュヴァルツ*が“distribution”の概念を作ったのが1945年頃で，それ以後の全数学に及ぼした影響は非常に大きいものでした．ポテンシャルの話もこの観点から見るとすっきりした見通しが得られるんです．

## 練　習　問　題

1. $\mathrm{rot}\,(\mathrm{rot}\,\boldsymbol{v})=\mathrm{grad}\,(\mathrm{div}\,\boldsymbol{v})-\Delta\boldsymbol{v}$ を示せ．

2. $f(\boldsymbol{x})$ をスカラー場，$\boldsymbol{v}(\boldsymbol{x})$ をベクトル場とし，共に $C^1$-クラスとする．また $f(\boldsymbol{x})$ は決して0にならないとする．そのとき，もし $\mathrm{rot}(f\boldsymbol{v})=0$ なら $\boldsymbol{v}\cdot\mathrm{rot}\,\boldsymbol{v}=0$ であることを示せ．

3. $f(t)$ を $-\infty<t<+\infty$ で定義された $C^1$-クラスの関数とする．$\boldsymbol{a},\boldsymbol{n}\in R^3$ を一定ベクトルとし，$\boldsymbol{a}\neq\boldsymbol{n}$，$\boldsymbol{a}\neq 0$，$\boldsymbol{n}\neq 0$ とすれば，$\boldsymbol{g}(\boldsymbol{x})=f(\boldsymbol{n}\cdot\boldsymbol{x})\boldsymbol{a}$ というベクトル場の回転は $\boldsymbol{a}$ と $\boldsymbol{n}$ に直交することを示せ．

4. 原点を中心とする半径 $a$ の球の内部で一様に体積密度 $\rho$(一定) の発散が与えられているとき，ニュートンポテンシャルを計算せよ．

5. 原点を中心とする半径 $a$ の球面上一様に面密度 $\rho$(一定) の発散が与えられえいるとき，そのベクトル場を求めよ．

---

*　L. Schwartz　1915-2002.

# 第 20 章　正則関数 I

## [1]　複素変数関数の微分可能性

**北井**．今日からしばらく複素変数の関数についてお話ししましょう．

**発田**．あ，いよいよ関数論ですね．マッテマシタ．

**北**．うん，まあ，……，関数論ですがね，関数論というとむしろリーマン面とか等角写像とかいった分野についての体系を指すのであって，ここではやはり微分積分学の中での解析関数の位置づけといった観点から見て行こうというのです．だから大げさに関数論といいたくはないんですがねえ……．

**白川**．大げさかどうか，そんなことはどっちでもよろしいわ．今までちょいちょい変数を複素数にしたら面白いことがいっぱいあると聞かされて来たんで，期待してますねん．

**中山**．前に解析接続のことをちょっと習いましたけど，ああいう話の続きですか．

**北**．ええ，まあ，……，続きにはちがいないけれど，あまり整級数展開だけに頼らないで解析関数の特性といったものをいろいろな側面から見て行くつもりなんですよ．

**白**．(ひとりごと) 今日の先生は何となく歯切れが悪いなあ．

**中**．整級数展開に頼らないといっても，もともとある関数 $f(x)$ が $x=x_0$ で解析的だというのは，$x_0$ のまわりのある整級数 $\sum_{n=0}^{\infty} a_n(x-x_0)^n$ と $f(x)$ とが $x_0$ のある近傍で一致することだったんですから，頼らざるを得ないんじゃないでしょうか．

**北**．ところが，実は複素変数の関数では，この整級数展開可能という条件と同値な条件として非常に単純なものがあるのです．

**発**．ああ，前にやったあれですか，$f(x)$ の $n$ 階導関数が $n!K^n$ で押えられるとかいう……．

**北**．いや，そんなややこしい条件じゃありません．「$x_0$ の近傍の各点で微分可能」，これだけでいいんです．

**白**．へえっ，ちょっとまって下さい，解析関数というたら，無限回微分可能でもまだあかんので，もっと強い条件やなかったんですか？

**北**．実変数で考えている限りはその通りですが，複素変数の関数については開集合上での微分可能性と解析性とは同意語になってしまうのですよ．

**中.** 1点での微分可能性と，その点での解析性とは同値な概念にならないんですか？

**北.** それはならないんです．簡単な反例があります*．では今日は，上の同値性について議論しましょう．複素変数 $z=x+iy$ の関数 $f(z)$ が $z=z_0=x_0+iy_0$ で微分可能であるとは，実変数のときと同じ形で，

$$f(z)=f(z_0)+\alpha\cdot(z-z_0)+g(z), \quad \lim_{z\to z_0}\frac{g(z)}{z-z_0}=0 \tag{1}$$

が成立すること，と定義します．$\alpha$ は複素数の微分係数で

$$\alpha=\lim_{z\to z_0}\frac{f(z)-f(z_0)}{z-z_0}=f'(z_0)=\frac{df}{dz}(z_0)$$

となることは (1) を移項して見るとすぐわかりますね．

**発.** つまり，複素1次式 $\alpha(z-z_0)+\beta$ によって $f(z)$ を近似しようというのですね．

**北.** そうです．ただ，実変数のときとちがうのは独立変数 $z$ が2次元的に動けるから，(1) は思いがけない強い条件なのです．実際，$f(z)$ の実部と虚部を $u(x,y)$, $v(x,y)$ としますと，これらは実の2変数 $x,y$ の実数値関数で

$$f(z)=u(x,y)+iv(x,y)$$

となりますが，(1) を $u,v$ で書き直すと，

$$\begin{aligned}u(x,y)+iv(x,y)&=u(x_0,y_0)+iv(x_0,y_0)+(a+ib)(x-x_0+i(y-y_0))+g(z)^{**}\\&=u(x_0,y_0)+a(x-x_0)-b(y-y_0)+g_1(x,y)\\&\quad+i\{v(x_0,y_0)+b(x-x_0)+a(y-y_0)+g_2(x,y)\}\end{aligned}$$

実部と虚部に分けて

$$\begin{aligned}u(x,y)&=u(x_0,y_0)+a(x-x_0)-b(y-y_0)+g_1(x,y)\\v(x,y)&=v(x_0,y_0)+b(x-x_0)+a(y-y_0)+g_2(x,y)\end{aligned}$$

ところで $\lim_{z\to z_0}\frac{g_1(z)}{|z-z_0|}=\lim_{z\to z_0}\frac{g_2(z)}{|z-z_0|}=0$ だから上の式は $u(x,y)$, $v(x,y)$ が $(x,y)=(x_0,y_0)$ で微分可能であることを示しています．従って偏微分係数は

$$a=\frac{\partial u}{\partial x}(x_0,y_0)=\frac{\partial v}{\partial y}(x_0,y_0), \quad b=-\frac{\partial u}{\partial y}(x_0,y_0)=\frac{\partial v}{\partial x}(x_0,y_0) \tag{2}$$

となり，$u$ と $v$ の偏微分係数は独立にとれるのではなく，コーシー・リーマンの方程式が成立するようになっていなければならないわけです．これは強い条件でしょう．

---

* たとえば $z=x+iy$ に対し $f(z)=x^2+y^2=|z|^2$ は $z=0$ で微分可能だが解析的ではない．

** $\alpha=a+ib$, $g(z)=g_1(z)+ig_2(z)$ とおく．

**白**. あ，そうか．勝手に微分可能な関数 $u(x, y)$, $v(x, y)$ をとって来て

$$f(z)=u(x, y)+iv(x, y)$$

とおいたんでは，$f(z)$ は微分可能にならんのですね．

**中**. あら，そうすると，多項式

$$f(z)=a_0z^n+a_1z^{n-1}+\cdots+a_n$$

とか，有理関数

$$f(z)=\frac{a_0z^n+a_1z^{n-1}+\cdots+a_n}{b_0z^m+b_1z^{m-1}+\cdots+b_m}\ {}^*$$

なんかも微分可能かどうか調べなおさなくちゃ，…….

**北**. いや，$z^n$ は微分可能で，

$$\frac{d(z^n)}{dz}=nz^{n-1} \qquad (n=0, 1, 2, \cdots)$$

が成立することはすぐわかりますから，多項式はこれらの線型結合で微分可能です．また，$\dfrac{1}{z}$ も $z=0$ を除いては微分可能で，合成関数 $f(g(z))$ の微分可能性も実変数のときと同じように証明できますから，$\dfrac{1}{P(z)}$ は $P(z)=0$ となる $z$ を除いて微分可能なんですよ．

**白**. （発田に向って）合成関数の微分可能性て何や？

**発**. 実変数のときだと，$w=f(y)$, $y=g(x)$ があって，$y_0=g(x_0)$ とするとき，$x_0$ で $g(x)$ が微分可能，$y_0$ で $f(y)$ が微分可能なら $f(g(x))$ は $x_0$ で微分可能でその微分係数は $f'(y_0)\cdot g'(x_0)$ に等しい，ということだろう．同じことが，$x, y$ を複素変数と思っても成立するっていうのさ．

**白**. ほんとに成立するか？

**発**. さあ，先生がそういうんだから，成立するんだろうよ．何だったら証明してみたら？

**白**. どうするんやったかいなあ，忘れてしもたわ．

**発**. 何でもないさ．微分可能の定義を並べて書いておいて，片方をもう片方に代入すりゃあいいのさ．

$$f(y)=f(y_0)+f'(y_0)\cdot(y-y_0)+h(y), \qquad \frac{h(y)}{y-y_0}\longrightarrow 0 \quad (y\to y_0)$$

$$g(x)=g(x_0)+g'(x_0)\cdot(x-x_0)+k(x), \qquad \frac{k(x)}{x-x_0}\longrightarrow 0 \quad (x\to x_0)$$

で $y-y_0$ の所へ $g(x)-g(x_0)$ を代入したら，

$$f(g(x))=f(y_0)+f'(y_0)\cdot g'(x_0)\cdot(x-x_0)+h(g(x)),$$
$$h(g(x))=o(g(x)-g(x_0))=o(x-x_0)^{**} \quad (x\to x_0)$$

---

* 係数 $a_0, \cdots, a_n, b_0, \cdots, b_m$ も複素数．

** $o$ は無視できる無限小を表わす．

これは $x, y, f, g$ が複素数でも成立するから O.K. じゃないか．

**白**．何や，スカみたいな証明やな．

## [2] コーシーの積分定理

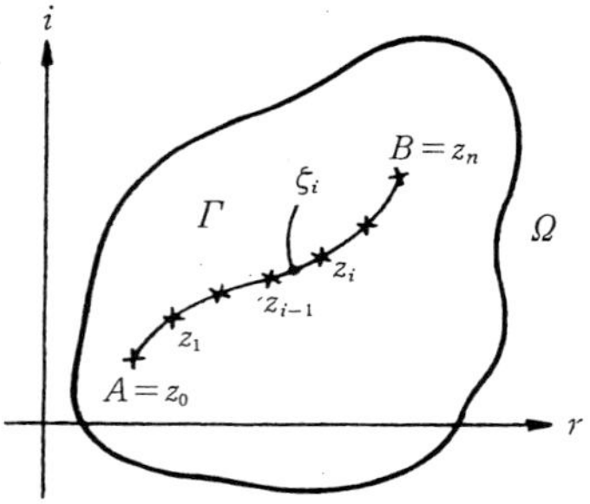


第 1 図

**北**．微分はこの位にして，今度は積分を考えましょう．複素平面上の領域 $\Omega$ で与えられた連続関数 $f(z)$ に関する線積分を，次のように定義します．$\Omega$ の中に一つの曲線 $\Gamma$ をとり，その上での積分として，リーマン和

$$\sum_{i=1}^{n} f(\zeta_i)(z_i - z_{i-1})$$

の極限を考えます．これは $f(z)$ が $\Gamma$ 上で連続で，$\Gamma$ が長さのある曲線なら必ず存在します．この極限値を

$$\int_{A:\Gamma}^{B} f(z)dz$$

とかいて，$A$ から $B$ まで $\Gamma$ にそう $f(z)$ の線積分といいます．ベクトル場の線積分とよく似ていますね．

**中**．ベクトル場だと，内積の積分だったのが，今度は複素数としてのかけ算になる所がちがうのですね．

**北**．ところが，この線積分は前に定義したベクトル場のそれと同じものと考えていいんです．実際 $dz=dx+idy$ ですから，$f(z)=u(x, y)+iv(x, y)$ とすると

$$(3) \qquad \int_{\Gamma} f(z)dz = \int_{\Gamma}(u+iv)(dx+idy) = \int_{\Gamma} udx - vdy + i\int_{\Gamma} vdx + udy$$

で，この最右辺は普通の線積分です．

**白**．ちょっと，その $dz=dx+idy$ というのはどうしてですか？

**北**．つまり，$\Gamma$ の方程式を $z=\varphi(t)=\mu(t)+i\nu(t)$ $(t_0 \leqslant t \leqslant T)$ とすると，$dz=\dfrac{d\varphi}{dt}\cdot dt = \left(\dfrac{d\mu}{dt}+i\dfrac{d\nu}{dt}\right)dt$，だから，

$$\int_{\Gamma} f(z)dz = \int_{t_0}^{T}\left(u\frac{d\mu}{dt} - v\frac{d\nu}{dt}\right)dt + i\int_{t_0}^{T}\left(v\frac{d\mu}{dt} + u\frac{d\nu}{dt}\right)dt$$

で，この右辺は普通の線積分に等しいでしょう．

**白**．なるほど．

**発**．先生，すると，この積分について ガウスの定理 や ストークスの定理 が成立するのですね．

**北**．そう，いい所に気がつきましたね．実はコーシーもそれに気がついたんです．もっとも，一番早く気がついたのはガウス自身らしいのですがね．

**白**. なーんや，ガウスは何でもわかってしまうんやな．

**北**. 今，$\Gamma$ が境域 $A$ の境界であるとき，(3) の右辺は，ストークスの定理から

$$(4)\qquad = -\iint_A \left(\frac{\partial v}{\partial x}+\frac{\partial u}{\partial y}\right)dxdy + i\iint_A \left(\frac{\partial u}{\partial x}-\frac{\partial v}{\partial y}\right)dxdy$$

となります．もっともこれは $\dfrac{\partial u}{\partial x}$ などが $A$ で連続だとしての話ですがね．

**中**. あっ，すると先生，$f(z)$ が $C^1$-クラスなら

$$(5)\qquad \int_\Gamma f(z)dz=0$$

ですわね．

**北**. そうです．それがコーシーの積分定理ですよ．

**発**. どれどれ，どうしてそれ，0 になるの？

**中**. だって，$f(z)$ が $C^1$-クラスならその実部と虚部はコーシー・リーマンの方程式

$$\frac{\partial u}{\partial x}-\frac{\partial v}{\partial y}=0, \qquad \frac{\partial u}{\partial y}+\frac{\partial v}{\partial x}=0$$

をみたすでしょう．そうしたら (4) の積分の中は全部 0 になってしまうわ．

**白**. きゃっ，これはきれいな定理やなあ．

**発**. 先生，だけど「$\Omega$ 上到る所で微分可能」というのと「$\Omega$ 上で $C^1$-クラス」というのとでは少しちがいますね．

**北**. ええ，実は「$\Omega$ 上到る所で微分可能」という仮定だけから，(5) が出てくるのですが，その証明に成功したのはコーシーよりずっとおそく 19 世紀末グルサ*なんです．複素変数関数のいろいろ良い性質はほとんどみなこの (5) から出てくるんでして，$f(z)$ の導関数の連続性を仮定しなくても (5) が出るというのはありがたい定理にはちがいないが，厳密に証明しようとすると多少ごたごたするので関数論を勉強し始めた学生諸君にとっては何となくすっきりしない印象を与えるらしいのです．で，ここではガウスやコーシーの昔に返って大らかな証明をお見せして，グルサの大らかでない方の証明は関数論の本にまかせようというわけです．

**白**. 先生，$f(z)$ が微分できない点が 1 点でもあればもう (5) は成立しませんか？

**北**. 1 点でもあればだめです．たとえば，$C$ を $z_0$ を中心とする半径 $a$ の円とするとき

$$(6)\qquad \int_C \frac{1}{z-z_0}\,dz=2\pi i$$

となります．実際，$C$ 上では $z-z_0=ae^{i\theta}$ $(0\leqq\theta\leqq 2\pi)$ とパラメータ表示できますから，$dz=aie^{i\theta}d\theta$ を代入すると，

---

* E. Goursat, 1858–1936.

$$\int_C \frac{1}{z-z_0}dz=\int_0^{2\pi}\frac{aie^{i\theta}}{ae^{i\theta}}d\theta=i\int_0^{2\pi}d\theta=2\pi i$$

**白**．あ，半径 $a$ の値には関係しないんですか？

**北**．それはコーシーの積分定理から見れば当然ですよ．もう一つ別の半径 $a'$ の円 $C'$ をとっても，$C$ と $C'$ の間に第２図のように橋わたしの路 $\Gamma$ を考えますと，矢印の向きに進む線積分の値は，それが囲む領域 $A$ 内で $\dfrac{1}{z-z_0}$ が $C^1$-クラスだから，0 になります．$\Gamma$ 上の積分は往復しますから合計 0 です．従って $\int_{C\uparrow}+\int_{C'\searrow}=0$，つまり $\int_{C\uparrow}=\int_{C'\uparrow}$ となります．

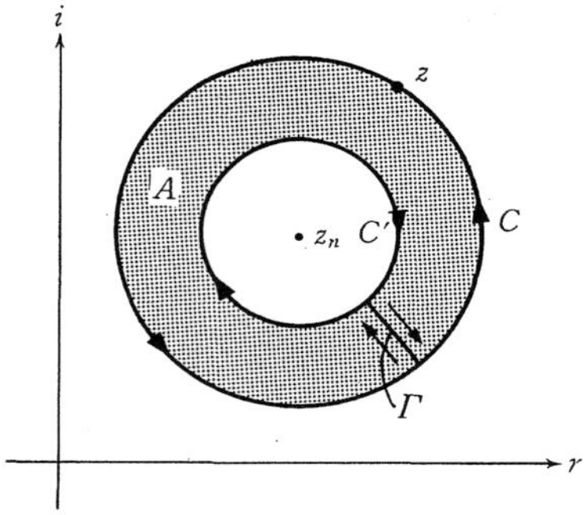


第 2 図

円周上の積分は特にことわらない限り反時計廻りの向きをとることにする．これを正の向きという．

**中**．今の論法は，$C'$ が円でなくてもよいから，結局 $z_0$ を正の向きに１回ぐるりと廻る閉曲線にそう積分はみんな $2\pi i$ となるんですね．

**北**．あ，良いことをいいますね，その通りですよ．

**発**．すると，$\dfrac{1}{(z-z_0)^2}$，$\dfrac{1}{(z-z_0)^3}$，… などについても同じように $z_0$ を囲む閉曲線上の積分は 0 にならないのですね．

**北**．ところが，微分できない点があっても (5) の成立することがあります．発田君の取り出した例がそれで，

$$(7)\qquad \int_C \frac{dz}{(z-z_0)^n}=0 \qquad (n=2, 3, \cdots)$$

です．計算してごらん．

**発**．先生のマネをしよう．$z-z_0=ae^{i\theta}$ $(0\leqq\theta\leqq 2\pi)$ とおくと，

$$\int_C \frac{dz}{(z-z_0)^n}=\int_0^{2\pi}\frac{aie^{i\theta}}{a^n e^{in\theta}}d\theta=a^{1-n}i\int_0^{2\pi}e^{(1-n)i\theta}d\theta=\frac{a^{1-n}}{1-n}\left[e^{(1-n)i\theta}\right]_0^{2\pi}$$

$$=\frac{a^{1-n}}{1-n}(e^{(1-n)2\pi i}-e^0)=\frac{a^{1-n}}{1-n}(1-1)=0$$

なるほどね．

## [3]　整級数展開

**白**．先生，(5) はまあいうたら $f$ の実部と虚部が共役調和関数やから，その勾配場が管状ポテンシャル場になって，閉曲線についての線積分が 0 になるというだけのことでしょう．

**北**．そうですよ，なかなかいいカンだね．

**白.** へへ，（テレる）いやそのう，大して立派な定理やとは思えんようになって来て…….

**北.** それはね，この定理がカナメになってすごくきれいな話が続々出て来たら立派だということがすぐわかりますよ．手始めに，コーシーの積分公式からやりましょうか．

**発.** 積分定理と積分公式とはちがうのですか．

**北.** ええ，一応区別しているようですね．次の命題をコーシーの積分公式といいます．単一閉曲線*$C$ の内部と $C$ 自身を含む開集合 $\Omega$ の上で $f(z)$ が微分可能で $z_0$ を内部の1点とすると

$$f(z_0)=\frac{1}{2\pi i}\int_C \frac{f(\zeta)}{\zeta-z_0}\,d\zeta. \tag{8}$$

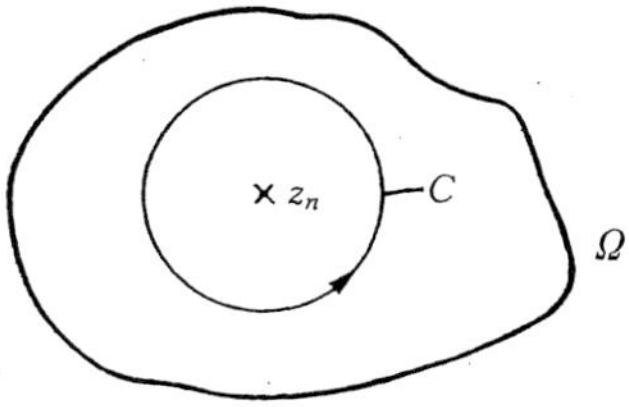

第 3 図

**発.** $z_0$ での $f$ の値を，そこから離れた閉曲線上の $f$ の値で表わせるというんですか．ちょっと信じられないような話ですね．

**北.** これも前にお話ししたように解析関数のもつ剛体のような性質，つまりあるせまい領域で関数をきめてやるとあとは解析接続で自動的にもっと広い領域での値がきまってしまうという性質の一つの現われですよ．この証明は簡単で，$\dfrac{f(z)}{z-z_0}$ という関数は $z=z_0$ を除いては微分可能だから，(8) の右辺の値は $C$ が $z_0$ を1回囲んでいる限りどんな $C$ をとっても変りません．従って $C$ として $z_0$ を中心とする半径 $a$ の円周をとりますと，

$$\int_C \frac{f(\zeta)}{\zeta-z_0}\,d\zeta=f(z_0)\int_C \frac{1}{\zeta-z_0}\,d\zeta+\int_C \frac{f(\zeta)-f(z_0)}{\zeta-z_0}\,d\zeta. \tag{9}$$

この右辺の第1項は(6)により $2\pi i f(z_0)$ に等しいから，第2項が0であることをいえばいいのですが，それには次のように考えればすぐできます．どんな $\varepsilon\,(>0)$ に対しても半径 $a$ を十分小さくとれば $|f(\zeta)-f(z_0)|<\varepsilon$ $(\zeta\in C)$ とできますね，$f(z)$ は $z_0$ で連続ですからね．そこで上の第2項の積分の絶対値を評価するのです．$|\zeta-z_0|=a$ だから，

$$\left|\frac{f(\zeta)-f(z_0)}{\zeta-z_0}\right|=\frac{|f(\zeta)-f(z_0)|}{a}<\frac{\varepsilon}{a}, \qquad (\zeta\in C)$$

従って

$$\left|\int_C \frac{f(\zeta)-f(z_0)}{\zeta-z_0}\,d\zeta\right|<\frac{\varepsilon}{a}\int_C |d\zeta|=\frac{\varepsilon}{a}\cdot 2\pi a=2\pi\varepsilon$$

この積分の値はもともと $a$ には関係しない値をもっているはずだから，もし0でないとすると $\varepsilon\to 0$ のとき矛盾が起ります．従って (9) の第2項は0でなければなりません．

**白.** $\int |d\zeta|$ て何のことや？

---

* 自分自身と交わらない閉曲線を単一閉曲線という．

**中**．リーマン和 $\sum|z_i-z_{i-1}|$ の極限のことよ．上の場合だと $C$ の曲線長になるでしょ．だから $2\pi a$ なのよ．

**白**．ああ，そうか．

**発**．(8) の右辺が $C$ の半径 $a$ に関係しない量だから $a\to 0$ として見ると $f(z_0)$ が出て来たってわけですね．

**北**．この定理をもとにして，「領域 $\Omega$ の各点で微分可能」と「領域 $\Omega$ の各点で整級数展開可能」とは同値な条件であることを示しましょう．

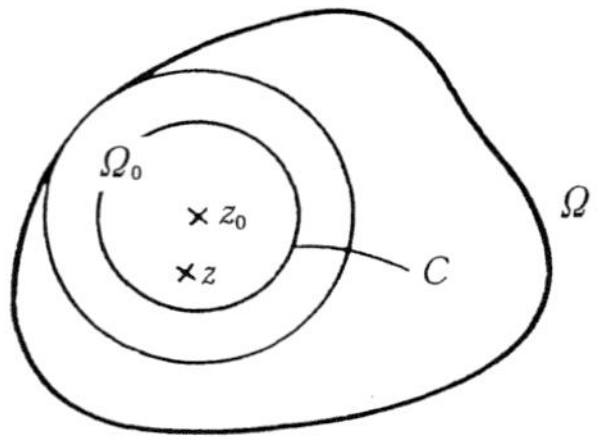


第 4 図

今，$\Omega$ 内に任意の 1 点 $z_0$ をとり $z_0$ を中心として $\Omega$ に含まれる最大の円を $\Omega_0$ としましょう．$\Omega_0$ の内部で $f(z)$ がある整級数 $\sum_{n=0}^{\infty} a_n(z-z_0)^n$ に恒等的に等しいことを示そうというのです．結論的にいいますと，

$$(10)\qquad a_n=\frac{1}{2\pi i}\int_C \frac{f(\zeta)}{(\zeta-z_0)^{n+1}}d\zeta \qquad (n=0,\ 1,\ \cdots)$$

によってきまる整級数に等しいのです．ここで $C$ は $z_0$ を 1 回囲む閉曲線です．$a_n$ の値は $C$ のとり方に関係しないことは明らかですね．では証明しましょう．$\Omega_0$ の任意の点 $z$ において，

$$(11)\qquad f(z)=\frac{1}{2\pi i}\int_C \frac{f(\zeta)}{\zeta-z}d\zeta,$$

ここで $C$ として $z$ を中心とする円でなく，$z_0$ を中心として $z$ を囲むような円をとります．そのような円は $z$ が $\Omega_0$ に含まれる限り必ずとれます．さて，ここで，$\dfrac{1}{\zeta-z}$ を $\dfrac{1}{\zeta-z_0}$ の整級数でかきかえましょう．

$$\frac{1}{\zeta-z}=\frac{1}{(\zeta-z_0)-(z-z_0)}=\frac{1}{\zeta-z_0}\cdot\frac{1}{1-\dfrac{z-z_0}{\zeta-z_0}}=\frac{1}{\zeta-z_0}\left\{1+\left(\frac{z-z_0}{\zeta-z_0}\right)+\left(\frac{z-z_0}{\zeta-z_0}\right)^2+\cdots\right\}$$

もっとも，このように変形できるためには，$\left|\dfrac{z-z_0}{\zeta-z_0}\right|<1$ でなければなりませんが，$C$ のえらび方から $|z-z_0|<|\zeta-z_0|$ $(\zeta\in C)$ が成立していますからだいじょうぶです．これを (11) へ代入すると，

$$\begin{aligned}f(z)&=\frac{1}{2\pi i}\int_C\left\{\frac{f(\zeta)}{\zeta-z_0}+\frac{f(\zeta)}{(\zeta-z_0)^2}\cdot(z-z_0)+\frac{f(\zeta)}{(\zeta-z_0)^3}\cdot(z-z_0)^2+\cdots\right\}d\zeta\\&=\frac{1}{2\pi i}\int_C\frac{f(\zeta)}{\zeta-z_0}d\zeta+\frac{1}{2\pi i}\int_C\frac{f(\zeta)}{(\zeta-z_0)^2}d\zeta\cdot(z-z_0)+\frac{1}{2\pi i}\int_C\frac{f(\zeta)}{(\zeta-z_0)^3}d\zeta\cdot(z-z_0)^2+\cdots\\&=a_0+a_1(z-z_0)+a_2(z-z_0)^2+\cdots\end{aligned}$$

これでおしまいです．

**発**．その無限級数は項別積分していいのかなあ．

**中**. $C$ の上でその無限級数が一様収束していたらいいのよ.

**北**. そう, 一様収束していることをたしかめてごらん.

**中**. はい. 各項が $\zeta$ に無関係な数 $C_n$ で押えられて, $\sum_{n=0}^{\infty} C_n < +\infty$ となればいいんだから*,

$$\left|\frac{f(\zeta)}{(\zeta-z_0)^{n+1}}(z-z_0)^n\right|$$

を上から押えるのね.

**白**. あ, そうか. ええと, $\zeta \in C$ なら $|\zeta-z_0|$ は一定やから

$$\left|\frac{z-z_0}{\zeta-z_0}\right|=\rho$$

とおいたら $\rho$ は $\zeta$ に無関係な定数で

$$\left|\frac{f(\zeta)}{(\zeta-z_0)^{n+1}}(z-z_0)^n\right| \leqslant \max_{\zeta \in C}\left|\frac{f(\zeta)}{\zeta-z_0}\right| \cdot \rho^n = M \cdot \rho^n$$

となるでえ. $\dfrac{f(\zeta)}{\zeta-z_0}$ は $C$ 上で連続やから最大値があるはずや.

**中**. そう, それでいいのよ. $C$ のえらび方から $\rho<1$ なんだから, $\sum_{n=0}^{\infty} M\rho^n$ は収束するわ.

**北**. これで「$\Omega$ で微分可能」と「$\Omega$ で整級数展開可能」とが同じ条件であることがわかったわけです. そこで, ある点 $z_0$ の近傍の各点で微分可能であるときその関数は $z_0$ で**正則****であるといいます. 「$z_0$ だけで微分可能」ではないのですよ, 注意して下さい.

**中**. 正則という言葉の感じとしては "「整級数展開できる」ほどきちっとしている" というニュアンスの方が強いのではないでしょうか.

**北**. そう, そんな感じですね. 上の定理で, "正則" という言葉の意味をそう受け取ってもよろしいという保証が得られたんです. それから,

$$f(z)=\sum_{n=0}^{\infty} a_n(z-z_0)^n$$

の両辺を次々に微分して $z=z_0$ とおくと (右辺は整級数だからもちろん項別微分できます)

$$f^{(n)}(z_0)=n!\cdot a_n=\frac{n!}{2\pi i}\int_C \frac{f(\zeta)}{(\zeta-z_0)^{n+1}}\,d\zeta, \qquad (n=0, 1, 2, \cdots). \tag{12}$$

これはコーシーの積分公式の一般化になっています. これらは, 逆に複素積分を計算するのによく使われるんです. 一つ簡単な例を出しましょうか. 原点を中心とする半径 $R(>1)$ の円周 $C$ に関する積分

$$\int_C \frac{dz}{2z^2+3z+1} \tag{13}$$

---

*　ワイヤストラスの優級数定理.

**　holomorphic

を求めよ，というのはどうでしょう．

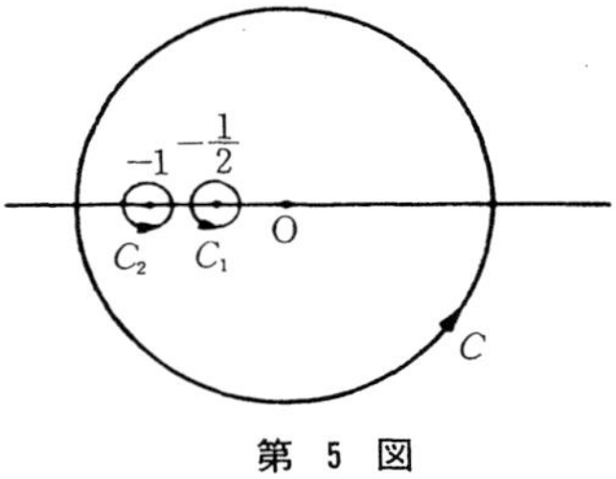


第 5 図

**白．** 原点を中心とする円周やったら

$$z=Re^{i\theta} \qquad (0\leqslant\theta\leqslant 2\pi)$$

とおいて変数変換するんやろうなあ．そやけど，そうすると分母はえらいややこしなるでえ．

**北．** いや，そんなことはしなくていいのですよ．こんな場合だと，

$$=\int_C \frac{dz}{(2z+1)(z+1)}$$

として見ると，この関数が正則でないのは $z=-\frac{1}{2}$，$-1$ の 2 点だけですから，この 2 点をそれぞれ囲む小さい円をそれぞれ $C_1, C_2$ とすると，$\int_C=\int_{C_1}+\int_{C_2}$ となることは“橋わたしの原理”で考えたらすぐわかります．ところが $C_1$ 上の積分は，コーシーの積分公式で

$$\int_{C_1}\frac{dz}{(2z+1)(z+1)}=\int_{C_1}\frac{\frac{1}{2(z+1)}}{z+\frac{1}{2}}\,dz=2\pi i\left.\frac{1}{2(z+1)}\right|_{z=-\frac{1}{2}}=2\pi i$$

**発．** あっ，そうか！　(8) で $z_0=-\frac{1}{2}$，$f(z)=\frac{1}{2(z+1)}$ と考えるのですね．ふーん，積分といってもうるさい計算は一切なしで，正則でない点をさがせば O. K. ってわけか．

**中．** そうすると，$C_2$ 上の積分は

$$\int_{C_2}\frac{dz}{(2z+1)(z+1)}=\int_{C_2}\frac{\frac{1}{(2z+1)}}{z+1}\,dz=2\pi i\left.\frac{1}{2z+1}\right|_{z=-1}=-2\pi i$$

となるのね．結局 (13) の値は 0 なのね．

**白．** なんやしらんけど，目を二，三べんまばたいたら答が出よるなあ．

**北．** では今度は皆さんがやって下さい．虚軸上を $-i\infty$ から $+i\infty$ までにわたって積分

$$\int_{-i\infty}^{+i\infty}\frac{dz}{(1-z^3)^2}$$

を求めよ．

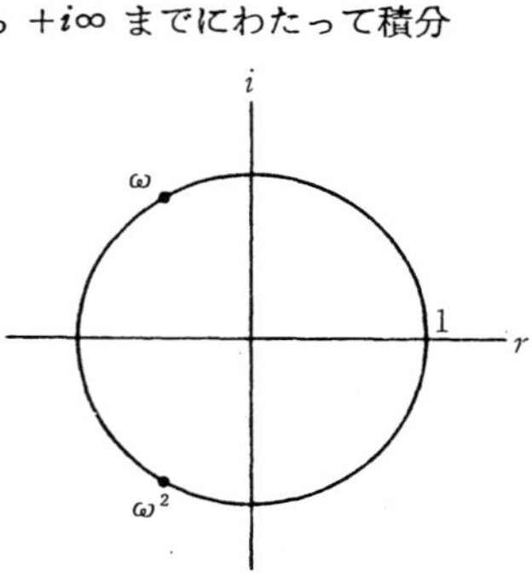


第 6 図

**白．** うへっ，いきなり広義積分か．うーん，しかも，分母が 0 になる点は 1, $\omega$, $\omega^2$（第 6 図）で，これを囲んでくれてたらうまいことといくけど，虚軸は何も囲んでないしなあ．

**発．** 広義積分だから何かの極限なんだろうな．

**白．** そらそうや．分母は $|z|^6$ の order で増大するから，$+i\infty$ も $-i\infty$ も積分が収束することはすぐわかる．そ

やから，$\lim_{R\to+\infty}\int_{-iR}^{iR}\frac{dz}{(1-z^3)^2}$ を求めたらええのやけどこんなタテの棒みたいなもん，何も囲まへん．

**中**．$+iR$ と $-iR$ を別の曲線で結んだらどう？

**白**．別の曲線で結んだらその上の積分を計算せんならんようになるでえ．かえってもっとむずかしなるのとちがうか．

**中**．でも，遠くの方では $|z|^6$ の order で小さいんでしょう．そんな小さなものいくら集めたって知れてるわよ．

**発**．なるほど，遠くを通る曲線で $+iR$ と $-iR$ を結んだらいいかも知れないよ．簡単のために，半径 $R$ の右半円で結んだらどうだろう．そのときは $|z|=R$ だろう．(第7図)

**中**．そうね，そう結んだ閉曲線 $C$ は，$\frac{1}{(1-z^3)^2}$ の分母が0になる点を1点だけ，$z=1$ だけ囲むから，(12) を使うと

$$\int_C\frac{dz}{(1-z^3)^2}=\int_C\frac{\frac{1}{(1+z+z^2)^2}}{(1-z)^2}dz=\frac{2\pi i}{1!}\frac{d}{dz}\left(\frac{1}{(1+z+z^2)^2}\right)\Bigg|_{z=1}=2\pi i\frac{-2(1+2z)}{(1+z+z^2)^3}\Bigg|_{z=1}=-\frac{4}{9}\pi i$$

となるわね．

**白**．この $C$ を虚軸上の区間 $[-iR, +iR]$ と右半円周 $C_R$ とに分けると

$$\int_C=\int_{+iR}^{-iR}+\int_{C_R}$$

もし $R\to+\infty$ のとき $\int_{C_R}\to 0$ となれば

$$\int_{-i\infty}^{+i\infty}=-\int_C=\frac{4}{9}\pi i$$

で，できたことになるけど，……．さっきの order の話が本当ならこうなるはずや．

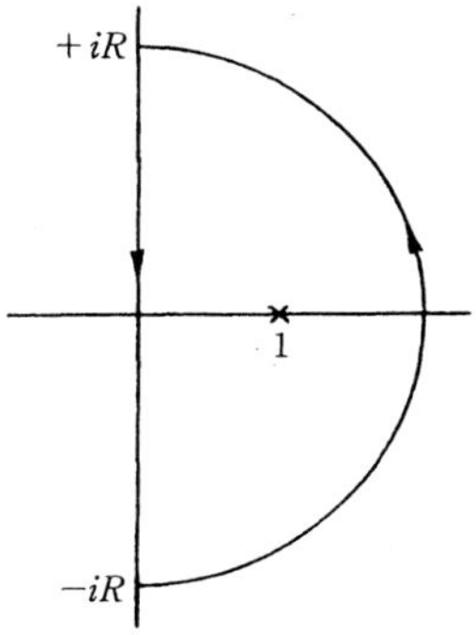

第 7 図

**中**．それならだいじょうぶよ．

$|(1-z^3)^2|\geqq(|z|^3-1)^2=(R^3-1)^2$ でしょう．だから

$$\left|\int_{C_R}\frac{1}{(1-z^3)^2}dz\right|\leqq\frac{1}{(R^3-1)^2}\int_{C_R}|dz|=\frac{\pi R}{(R^3-1)^2}\longrightarrow 0\qquad(R\to\infty)$$

**発**．先生，できました．答は $\frac{4}{9}\pi i$ です．

## [4]　孤立特異点，ローラン展開

**白**．こんな計算を見てると，正則関数は正則な所よりむしろ正則でない点の方が大切なような気がしますねえ．

**北**．いい所に気がつきました．正則関数にとって正則でない点はいわばヘソみたいなもので，

それによって正則関数の性質が規制されるのです．$f(z)$ が $z=z_0$ を除いて，$z_0$ の近傍で正則であるとき，もし $z_0$ で正則でないなら，$z_0$ を $f(z)$ の**孤立特異点***といいます．そして，その特異性が $z-z_0$ をかけたら消えてしまうとき，$z_0$ を1位の**極****といいます．同様に $(z-z_0)^n$ をかけて始めて正則になるとき，$z_0$ を $n$ 位の極といいます．

**発．** ちょっとまって下さい，先生．その $z-z_0$ をかけたら特異性がなくなるというのはどういうことですか．

**北．** つまり $(z-z_0)f(z)=g(z)$ とおくと $\lim_{z\to z_0} g(z)$ が存在し，それを $g(z_0)$ と定義してやると，$g(z)$ は $z_0$ を含めて $z_0$ の近傍で正則になっている，ということですよ．たとえば

$$f(z)=\frac{1}{2z^2+3z+1}$$

だと，

$$(z+1)f(z)=\frac{1}{2z+1} \qquad (z \neq -1)$$

ですが，これは $z\to -1$ としてもその極限値はちゃんと存在し，$\frac{1}{2z+1}$ は $-1$ の近傍で正則でしょう．だから，$f(z)$ の $z=-1$ の近傍での構造は，

$$f(z)=\frac{g(z)}{z+1}$$

となっていて，$g(z)$ は $z=-1$ ではもはや何の特異性ももたない正則関数ですから，$f(z)$ の特異性はもっぱら $\frac{1}{z+1}$ の部分にあるわけですよ．つまり，$z=z_0$ の近傍で

$$f(z)=\frac{1}{z-z_0}\times(\text{正則関数})$$

の形に書けるとき $f(z)$ は $z=z_0$ で1位の極をもつというのです．同様に

$$f(z)=\frac{1}{(z-z_0)^n}\times(\text{正則関数})$$

と書けるとき $n$ 位の極をもつといいます．もちろん右辺の分子の正則関数は $z=z_0$ での値は0でないとするんですよ．もし0なら，$z=z_0$ での無限小がキャンセルされて分母のべき数 $n$ がもっとへるでしょうから $n$ 位とはいえなくなります．

**白．** 孤立特異点は何位かの極だけなんですか．

**北．** いや，いくら高い $(z-z_0)^n$ をかけてやっても特異性が少しもなくならない特異点もあります．そのような特異点を**真性特異点*****といいます．たとえば $e^{\frac{1}{z}}$ は $z=0$ を除いて正則ですがどんな高いべき数の $z^n$ をかけても $z^n e^{\frac{1}{z}}$ は依然として $z=0$ で正則でないのです．そ

---

* isolated singular point

** pole

*** essentially singular point

こで，特異性を区別するため，特異点を中心とする級数展開を考えます．

**発**．そんなことができるんですか．

**北**．ええ，第4図で今度は $z_0$ が特異点で，その他の点では正則とします．すると $\Omega_0$ の任意の点 $z$ での $f(z)$ の値は $z$ を囲む閉曲線 $C$ 上の積分で

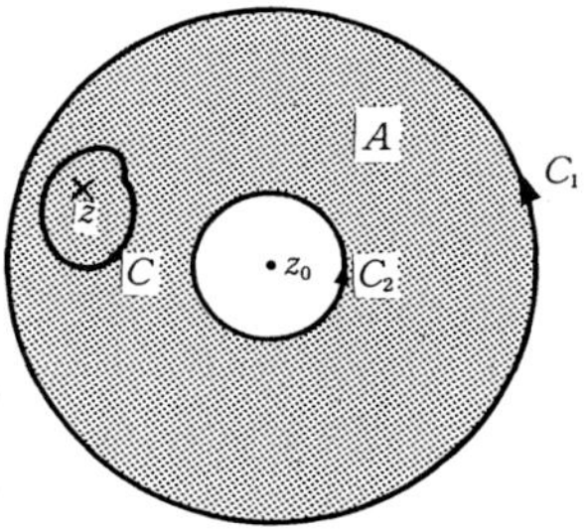


第 8 図

$$f(z)=\frac{1}{2\pi i}\int_C \frac{f(\zeta)}{\zeta-z}d\zeta$$

とかけますが，今度は $C$ を $z_0$ を中心とする円周でおきかえるわけにはいきません．そこで $z$ を含む円環 $A$ を考え（第8図），その境界 $C_1, C_2$ に関する積分でおきかえると，橋わたしの原理で

$$\int_C=\int_{C_1}-\int_{C_2}$$

となります．$C_1$ 上では $\left|\frac{z-z_0}{\zeta-z_0}\right|<1$ $(\zeta\in C_1)$ だから前と同じで

$$\frac{1}{\zeta-z}=\frac{1}{(\zeta-z_0)-(z-z_0)}=\frac{1}{\zeta-z_0}\cdot\frac{1}{1-\dfrac{z-z_0}{\zeta-z_0}}=\frac{1}{\zeta-z_0}\left\{1+\frac{z-z_0}{\zeta-z_0}+\left(\frac{z-z_0}{\zeta-z_0}\right)^2+\cdots\right\}$$

となり，

$$\frac{1}{2\pi i}\int_{C_1}\frac{f(\zeta)}{\zeta-z}d\zeta=a_0+a_1(z-z_0)+a_2(z-z_0)^2+\cdots,\quad \left(a_n=\frac{1}{2\pi i}\int_{C_1}\frac{f(\zeta)}{(\zeta-z_0)^{n+1}}d\zeta\right)$$

さて，$C_2$ 上では $\left|\frac{\zeta-z_0}{z-z_0}\right|<1$ $(\zeta\in C_2)$ となるので，

$$-\frac{1}{\zeta-z}=\frac{1}{(z-z_0)}\cdot\frac{1}{1-\dfrac{\zeta-z_0}{z-z_0}}=\frac{1}{z-z_0}\left\{1+\frac{\zeta-z_0}{z-z_0}+\left(\frac{\zeta-z_0}{z-z_0}\right)^2+\cdots\right\}$$

従って，　$-\frac{1}{2\pi i}\int_{C_2}\frac{f(\zeta)}{\zeta-z}d\zeta$

$$=\frac{1}{2\pi i}\int_{C_2}\left\{f(\zeta)\cdot\frac{1}{z-z_0}+f(\zeta)\cdot(\zeta-z_0)\cdot\frac{1}{(z-z_0)^2}+f(\zeta)(\zeta-z_0)^2\frac{1}{(z-z_0)^3}+\cdots\right\}d\zeta$$

$$=\frac{1}{2\pi i}\int_{C_2}f(\zeta)d\zeta\cdot\frac{1}{z-z_0}+\frac{1}{2\pi i}\int_{C_2}f(\zeta)(\zeta-z_0)d\zeta\cdot\frac{1}{(z-z_0)^2}$$
$$+\frac{1}{2\pi i}\int_{C_2}f(\zeta)(\zeta-z_0)^2d\zeta\cdot\frac{1}{(z-z_0)^3}+\cdots$$

$$=a_{-1}\frac{1}{(z-z_0)}+a_{-2}\frac{1}{(z-z_0)^2}+a_{-3}\frac{1}{(z-z_0)^3}+\cdots,$$

$$a_{-n}=\frac{1}{2\pi i}\int_{C_2}f(\zeta)(\zeta-z_0)^{n-1}d\zeta,\qquad (n=1, 2, \cdots)$$

結局,

$$f(z)=\sum_{n=-\infty}^{+\infty}a_n(z-z_0)^n,\qquad a_n=\frac{1}{2\pi i}\int_C\frac{f(\zeta)}{(\zeta-z_0)^{n+1}}d\zeta\qquad(n=0,\ \pm1,\ \pm2,\ \cdots)$$

の形の展開が得られます．この形の展開をローラン*展開といいます．特に $z-z_0$ の負のべきの項が有限個で切れてしまう場合には

$$f(z)=\frac{a_{-n}}{(z-z_0)^n}+\frac{a_{-n+1}}{(z-z_0)^{n-1}}+\cdots$$
$$\cdots+\frac{a_{-1}}{(z-z_0)}+a_0+a_1(z-z_0)+a_2(z-z_0)^2+\cdots,\quad(a_{-n}\neq0)$$

$(z-z_0)^nf(z)=g(z)=a_{-n}+a_{-n+1}(z-z_0)+\cdots$ は $z=z_0$ も含め, $z_0$ の近傍で正則ですから $z_0$ は $f(z)$ の $n$ 位の極です．また，無限個の $a_{-n}$ が0でないとき $z_0$ は真性特異点です．

**中．** 負のべきが全然現れないときは $f(z)$ は初めから $z_0$ で正則なんですね．

**北．** ええ，ただ，もともと $z_0$ で正則であった関数の値を人工的に1点 $z_0$ 上だけで変えてやると，見かけ上正則でない関数ができることになります．たとえば $f(z)=z^2$ という正則関数で $z=1$ という点でだけその値を $f(1)=3$ とでも定義し直しますと新らしい関数は $z=1$ では正則でなくなります．そのような関数を $z=1$ のまわりでローラン展開しても $(z-z_0)$ の負のべきの項は現れて来ません．そんな場合には $f(z)=a_0+a_1(z-z_0)+\cdots$ と普通の整級数展開となりますから, $f(z_0)=a_0$ と, $z_0$ での値を修正してやると立派な正則関数になってしまいます．そこでそのような特異点**(特異点といえない位のものです)を“除き得る特異点”といいます．このような特異性は，たとえば $f(z)=\dfrac{z^2-1}{z-1}$ のように, $z=1$ でだけ関数が定義されていないような場合に，うまく関数値をきめてやって，そこでの正則性が成立するようにできる場合にも現れる現象です．

**発．** 今気がついたんですが「$n$ 位の極」というとき $n$ は整数以外にはあり得ないんですね．

**北．** ええ, $f(z)$ が $z_0$ のまわりで1価関数のときはローラン展開から, $n$ は整数です．

**白．** でも $f(z)=\dfrac{1}{\sqrt{z}}$ は $z=0$ で正則でないのに $z-0$ の負の整数べきでないでしょう．これ，おかしいですよ．

**北．** いや, $\dfrac{1}{\sqrt{z}}$ は $z=0$ のまわりで1価でないのですよ．

**白．** というと……？

**北．** $z=0$ をとりまく円 $C=\{z:|z|=r\}$ 上を $z$ が正の向きにぐるりと1回まわると, $z=re^{i\theta}$ だから, $\dfrac{1}{\sqrt{z}}=r^{-\frac{1}{2}}e^{-\frac{i}{2}\theta}$ は $\theta$ が0から $2\pi$ まで動く間に $r^{-\frac{1}{2}}$ から $r^{-\frac{1}{2}}e^{-i\pi}=-r^{-\frac{1}{2}}$

---

* A. Laurent, 1813–1854.

** removable singular point

まで動き $\theta=2\pi$ のとき $z$ はもとの点 $r$ にもどって来ても $f(z)$ はもとの $r^{-\frac{1}{2}}$ へもどらず $-r^{-\frac{1}{2}}$ となっているでしょう．つまり $f(z)$ が $C$ 上連続的に変って行くとき，1回転したらもとの値にもどらないんですよ．そのまま $\theta$ をさらに $2\pi\to 4\pi$ と動かすと今度は $r^{-\frac{1}{2}}e^{-\frac{i}{2}4\pi}=r^{-\frac{1}{2}}$ ともとへもどりますから，$f(z)$ は必然的に2価と考えざるを得ないんです．

**中．** 今日のお話では関数を1価なものに限っているから，極の位数は整数なのですね．

**北．** ええ，そうです．分数べきによる展開（多価関数について）も考えられています．それをピュイズー*展開といいますが，これは多価関数についての多少の知識を必要とするので，今日はやりません．

## 練　習　問　題

1. ある領域 $D$ でつねに実数値をとる正則関数は定数関数に限ることを示せ．
2. 次の積分値を求めよ．

$$\text{(i)}\quad \int_0^\infty \frac{\sqrt{x}}{1+x^2}dx, \qquad \text{(ii)}\quad \int_0^\infty \frac{\sin^3 x}{x}dx$$

3. 全平面で有界な正則関数は定数関数に限ることを示せ．(これをリウヴィルの定理という．)
4. $f(z)$, $g(z)$ は $z=a$ で正則とする．もし $f(a)=0$, $f'(a)\neq 0$ ならば

$$\frac{1}{2\pi i}\int_C \frac{g(z)}{f(z)}dz=\frac{g(a)}{f'(a)} \qquad (C\text{ は } a \text{ を囲む十分小さい円周})$$

であることを示せ．

---

* V.A. Puiseux, 1820-1883.

# 第21章　正則関数 II

## [1]　$a^b$ の定義

**北井．** $a, b$ を複素数とするとき，$a^b$ の定義を知っていますか？

**白川．** $a$ を $b$ 回かけるというんではあかんのやろなあ．

**発田．** そりゃ，だめだよ．$\pi$ を $i$ 回かけるなんてできないじゃないか．

**中山．** そんなの，$a, b$ が正数のときだってだめよ．3 を $\sqrt{2}$ 回かけるってどうするの？

**白．** そやから，あかんのやろなあていうてるやないか．実数でも $(-3)^\pi$ なんかどうするんやろなあ．

**発．** こんなときは，一般に $(x+yi)^{\alpha+\beta i}$ を考えた方がいいよ．$(x+yi)^{\alpha+\beta i}$ は $(x+yi)^\alpha$ と $(x+yi)^{\beta i}=((x+yi)^i)^\beta$ の積と考えて，結局実数べきと $i$ のべきを考えればいいのじゃないかな．

**中．** それより極表示してみたらどう？　$x+yi=re^{i\theta}$ とすると

$$(x+yi)^{\alpha+\beta i}=(re^{i\theta})^{\alpha+\beta i}=r^\alpha e^{-\beta\theta}(r^\beta e^{\alpha\theta})^i$$

で，$r^\alpha e^{-\beta\theta}$ と $r^\beta e^{\alpha\theta}$ はたしかに正の実数としてきまるから，あとは正の実数 $a$ に対して $a^i$ をきめればいいことになるじゃない．

**白．** それでええみたいやでえ．$a>0$ やったら $a=e^s$ の形にかけるから

$$a^i=e^{is}$$

とおいたらしまいや．つまり，長さ1，偏角 $s$ の複素数や．

**発．** それは正数 $a$ の $i$ 乗を，きまった正の数 $e$ の $i$ 乗の問題に帰着させただけじゃないか．$e^i$ はどうきめるの？

**中．** あら，そうじゃないわよ．

$$e^{i\theta}=\cos\theta+i\sin\theta$$

ときめるのよ．これは $e$ の $i\theta$ 乗じゃないのよ，三角関数を並べたものよ．

**発．** じゃ，その三角関数はどうきめるの？

**中．** それは直角三角形の底辺と高さの……．

**白**．あ，図形で数学の概念を定義したらひどい目にあうでえ．

**中**．そうねえ．じゃ，

$$e^z=1+\frac{z}{1!}+\frac{z^2}{2!}+\cdots+\frac{z^n}{n!}+\cdots \tag{1}$$

で $e^z$ を定義したらどう？　そして，

$$\cos z=\frac{e^{iz}+e^{-iz}}{2},\qquad \sin z=\frac{e^{iz}-e^{-iz}}{2i}$$

とおくのよ．

**発**．そうか，ずっと前に，「火星人がもし $\frac{1}{1-x}$ を知らなくても，$1+x+x^2+\cdots$ の解析接続を知っていれば実は同じものを理解していることになる」*というのを聞いたことがあるけれど，$e^z$ は実はもともとはわからないものなんだね．それを (1) で定義すればいいのか．

**白**．先生，これでよろしいですか．

**北**．ええ，大体それでいいんですが，$x+yi=re^{i\theta}$ とするより，一度に $x+yi=e^{s+\theta i}$ とすると，

$$(x+yi)^{\alpha+\beta i}=e^{(s+\theta i)(\alpha+\beta i)}$$

と，一ぺんにすむでしょう．

**発**．なんだ，そうか．バカバカシイ．（3人ともガッカリする．）

**北**．ここで問題なのは，$z=e^{s+\theta i}$ と表わすとき，$\theta$ が $z$ から一意的にきまらないことです．$\theta$ は $z$ の偏角ですから，$\theta, \theta\pm2\pi, \theta\pm4\pi, \cdots$ としても同じ $z$ を表わします．

$$\arg z=\theta+2n\pi\qquad(n=0,\ \pm1,\ \pm2,\ \cdots)$$

とおきましょう．また $s$ の方は $s=\log|z|$ ですから結局，

$$z=e^{\log|z|+i\arg z}$$

となります．そこで，複素数 $z$ についても

$$\log z=\log|z|+i\arg z$$

と定義しましょう．すると $\arg z$ の値のとり方に無限の方法がありますから，これは無限多価関数です．そして，

$$a^b=e^{b\log a}$$

が $a^b$ の定義となります．右辺は (1) で定義する“関数”によってきまっていることに注意しなければならないのはさっき中山さんが指摘した通りです．

**白**．すると，たとえば $(-3)^\pi=e^{\pi\log(-3)}=e^{\pi(\log3+i\pi)}=3^\pi\cdot e^{i\pi^2}$ となるのか．

**発**．そうじゃないよ．$e^{\pi(\log3+i(\pi+2n\pi))}=3^\pi e^{(2n+1)\pi^2 i}$ と，やっぱり無限多価だよ．

---

*　第10章参照

## [2]　一致の定理

**中**．先生，$\log z$ の定義は

$$\log z = \int_1^z \frac{d\zeta}{\zeta}$$

とするのだと，どこかの本で読みましたが，これと上の定義とが一致することはどうしてわかるんでしょうか．

**北**．それは簡単です．今 $z=re^{i\theta}$ としますと，$\int_1^z \frac{d\xi}{\xi}$ という積分の路としてまず1から実軸上を $r$ まで行き，それから原点0を中心とする半径 $r$ の円周上を正の向きに偏角が $\theta$ になるまで動きますとちょうど $z$ に達します．もし $\theta$ が $2\pi$ より大きい時は1回ぐるりとまわって来てから $z$ で止ることになるし，$\theta<0$ なら負の向きにまわることと約束するのです．すると，

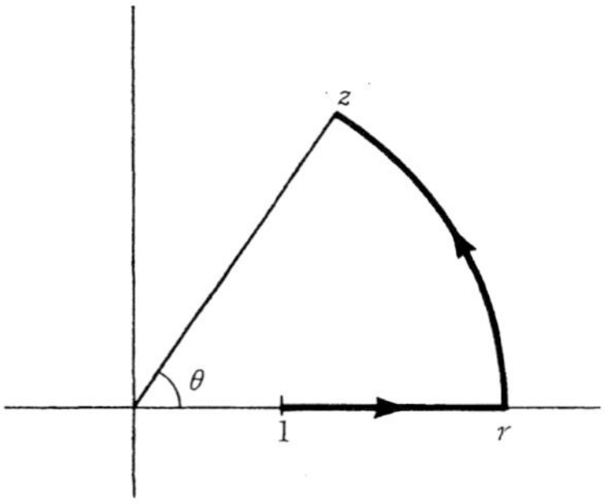


第 1 図

$$\int_1^z \frac{d\xi}{\xi} = \int_1^r \frac{dt}{t} + \int_0^\theta \frac{d(re^{is})}{re^{is}} = \log r + \int_0^\theta \frac{ire^{is}ds}{re^{is}}$$
$$= \log r + i\theta$$
$$= \log|z| + i \arg z.$$

**中**．わかりました．

**発**．先生，一般に $f(z)$ がある領域 $\Omega$ で正則なら，$\int_{z_0}^z f(\xi)\,d\xi$ は $z$ の正則関数でしょうか．つまり，原始関数は不定積分によって求められるんでしょうか．

**北**．ええ，それ正しいですよ．簡単だから自分で答を出してごらん．

**発**．ええと，正則だということをいうには $\Omega$ の各点で微分可能であることをいえばいいんだなあ．$F(z)=\int_{z_0}^z f(\zeta)d\zeta$ の導関数は $F'(z)=f(z)$ だろうなあ．

**白**．まず，$F(z)=\int_{z_0}^z f(\zeta)d\zeta$ が積分路にカンケイない関数やということをいわなあかんで．

**発**．あ，そうか．そりゃ，かんたんだよ．$\Omega$ を単連結としておけば，2つのちがった路 $C_1$, $C_2$ を通って $z_0$ から $z$ へ行くとして，

$$\int_{C_1} f(\zeta)d\zeta - \int_{C_2} f(\zeta)d\zeta = \int_{C_1\cup C_2} f(\zeta)d\zeta = 0$$

となることはコーシーの定理からわかるから，

$$\int_{C_1} f(\zeta)d\zeta = \int_{C_2} f(\zeta)d\zeta$$

となって，カンケイないよ．

**白**．そうやな，そんなら微分しよか．

$$F(z+h)-F(z)=\int_z^{z+h} f(\zeta)d\zeta$$

この積分路は直線にとってもええから,

$$=\int_0^1 f(z+th)d(z+th)=h\int_0^1 f(z+th)dt$$

$$=hf(z)+h\int_0^1 \{f(z+th)-f(z)\}dt$$

で, $g(z,h)=\int_0^1\{f(z+th)-f(z)\}dt$ は $h\to 0$ のとき 0 に収束するから, $F'(z)=f(z)$ や. これベクトル値関数の微分と同じことで初等的や. 先生できました.

**北**. ついでにモレラ*の定理も注意しておきましょう. この定理はコーシーの定理の逆で, $f(z)$ が単連結領域 $\Omega$ で連続, かつ任意の閉曲線 $C$ について

$$\int_C f(z)dz=0$$

なら, $f(z)$ は $\Omega$ で正則である, というのです. 証明は今君たちがやったことですんでいるのです. 実際, $F(z)=\int_{z_0}^z f(\zeta)d\zeta$ とおくと $F'(z)=f(z)$ となるから $F(z)$ は $C^1$-クラスで, 従って正則です. だからその導関数 $f(z)$ も正則です.

たとえば, これを使ってガンマ関数

$$\Gamma(s)=\int_0^\infty x^{s-1}e^{-x}dx$$

は $s$ を複素数と考えても $\mathrm{Re}\, s>0$ である限り意味をもち, しかも $s$ の正則関数であることがわかります.

**白**. へえ, $x^{s-1}=e^{(s-1)\log x}$ だから積分の中の関数が $s$ の正則関数やということはすぐわかるけど, それを $x$ で積分したものはどうかなあ.

**北**. モレラを使って, 任意の閉曲線 $C$ を半平面 $\mathrm{Re}\, s>0$ の中に画くとき,

$$\int_C\left(\int_0^\infty x^{s-1}e^{-x}dx\right)ds=0$$

をいえばいいんですが, もしこの 2 つの積分の順序が変えられたら

$$=\int_0^\infty\left(\int_C x^{s-1}ds\right)e^{-x}dx$$

となり, $x^{s-1}$ は $s$ の正則関数だからもちろん (　) の中は 0 で, 証明が終ります. で, 積分の順序が交換できることをいうには, 閉曲線 $C$ が有界閉集合であることを利用して, $s\in C$ のとり方に関し一様に, 広義積分 $\int_0^\infty x^{s-1}e^{-x}dx$ が収束することを示せばよいことになります. つまり,

---

* G. Morera　1859-1909.

$$\sup_{s\in C}\left|\int_M^\infty x^{s-1}e^{-x}dx\right| \longrightarrow 0 \qquad (M\to+\infty)$$

および，$0<\mathrm{Re}\,s<1$ のときのことも考えて

$$\sup_{s\in C}\left|\int_0^\varepsilon x^{s-1}e^{-x}dx\right| \longrightarrow 0 \qquad (\varepsilon\to+0)$$

を示せばよいことになります．

**中**．あ，これはやさしいわよ．$\max_{s\in C}\mathrm{Re}\,s=s_0$ とすると

$$\left|\int_M^\infty x^{s-1}e^{-x}dx\right|\leqslant\int_M^\infty x^{\mathrm{Re}\,s-1}e^{-x}dx\leqslant\int_M^\infty x^{s_0-1}e^{-x}dx \longrightarrow 0 \qquad (M\to+\infty)$$

**発**．なるほど，そうだね．もう一つの方も同じかな．

$$\left|\int_0^\varepsilon x^{s-1}e^{-x}dx\right|\leqslant\int_0^\varepsilon x^{\mathrm{Re}\,s-1}e^{-x}dx\leqslant\int_0^\varepsilon x^{s_1-1}dx \longrightarrow 0 \qquad (\varepsilon\to+0)$$

ははあ，$s_1=\min_{s\in C}\mathrm{Re}\,s$ とおくことになるんだね．だから $C$ が $\mathrm{Re}\,s>0$ という半平面の境界（虚軸）にふれなかったら $s_1>0$ だからいいわけだ．

**白**．うーん，それで証明できたなあ．つまり，$\Gamma(s)$ は $\mathrm{Re}\,s>0$ で正則や．あれえ，そうすると，$\mathrm{Re}\,s\leqslant0$ の方へは解析接続できへんかなあ．

**北**．それができるんですよ．

**白**．そやけど，こんな積分の中に $s$ が入っているのを整級数展開して接続して行くとなるとわけがわからんようになりますけど…….

**北**．いや，ここでは整級数展開によって接続せず，むしろ一致の定理によって関数を延長するのです．

**白**．「一致の定理」て何ですか？

**北**．２つの正則関数が同じ関数であるための必要十分条件は，複素平面上の収束する無限列上でその２つの関数が一致することだというのが一致の定理です．ちょっとスゴイ定理でしょう．こんなことは実変数関数では連続関数はおろか，無限回可微分関数でも成立しないことですからね．

**白**．あれえ，変ですよ．$z_1, z_2, \cdots, z_n\to z_0$ という点列上で $f(z_n)=g(z_n)$ としますね．すると極限へ行って $f(z_0)=g(z_0)$ となるのはアタリマエとちがうんですか？

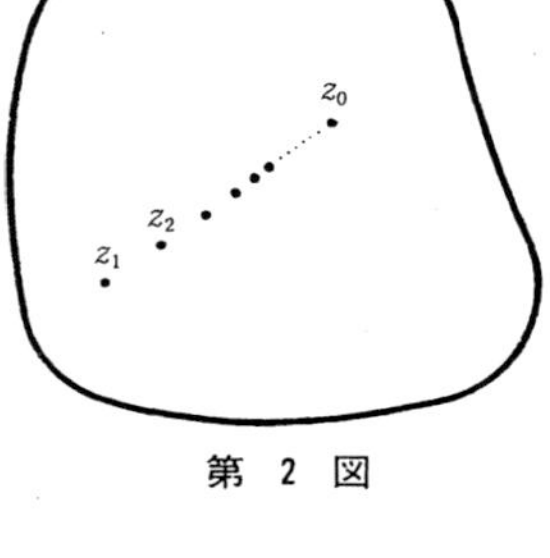

第 2 図

**白**．いや，$z_0$という点で値が一致することはアタリマエですが，定理の主張は，他のあらゆる（正則な）点 $z$ ででも $f(z)=g(z)$ が成立する，というのです．

**発**．$z_1, \cdots, z_n, \cdots, z_0$ と何の関係もない点ででもですか．

**北**．ええ，もっとも $f(z)$ も $g(z)$ もある開領域 $\Omega$ で正則であって，その $\Omega$ の中に $z_1, \cdots, z_n, \cdots, z_0$ があるとしての

話ですがね．

**中**．すると，ある小さい線分か何かの上で一致すれば $\Omega$ 全体で一致してしまうんですか．

**北**．そうなんです．たとえば，実軸上で一致すれば複素平面へふくらませても一致するんです．

**白**．そんなスゴイこと，どうして証明できるんですか．

**北**．まず，$z_0$ を中心とするある円内で $f(z)\equiv g(z)$ であることを示しましょう．すると解析接続の考え方で，$\Omega$ の中のどこででも $f(z)=g(z)$ であることがわかります．で，今 $h(z)=f(z)-g(z)$ とおきますと，$h(z)$ も $\Omega$ で正則ですから，$z_0$ を中心とする整級数展開

(6) $$h(z)=\sum_{n=0}^{\infty}a_n(z-z_0)^n$$

は正の収束半径をもち，そこで $h(z)$ に等しくなります．もしその収束円内で $h(z)\equiv 0$ でないとしますと，ある $a_{n_0}$ が 0 ではありません．その番号の最も若いのを $n_0$ としますと，

$$\begin{aligned}h(z)&=a_{n_0}(z-z_0)^{n_0}+a_{n_0+1}(z-z_0)^{n_0+1}+\cdots\\&=(z-z_0)^{n_0}\{a_{n_0}+a_{n_0+1}(z-z_0)+\cdots\}\end{aligned}$$

ところが $z\neq z_0$ である限り $(z-z_0)^{n_0}\neq 0$ で，{ } の中は $z-z_0$ を十分小さくすると第 2 項以下は $a_{n_0}$ にくらべていくらでも小さくできますから，やはり 0 ではありません．これは，$z_1, z_2, \cdots, z_n, \cdots \to z_0$ という点列上で $h(z_n)=0$ だという仮定に反します．従って (6) の収束円内で $h(z)\equiv 0$ でなければなりません．これで証明ができましたね．

**中**．あっ，つまり先生は今，恒等的に 0 でない正則関数の零点は有限の点に集積しないということを示されたのですね．それが一致の定理なのですね．

**発**．それはわかったけれど，さっきのガンマ関数の解析接続はどうなるんだろう．

**北**．$\Gamma(s)$ は $s>0$ のとき

(7) $$\Gamma(s+1)=s\Gamma(s)$$

をみたしますが，両辺とも $\mathrm{Re}\,s>0$ で正則関数だから，$\mathrm{Re}\,s>0$ という半平面上全体でこの関係式をみたしますね．

**白**．なるほど，一致の定理を使えばえらい簡単に (7) を複素変数まで拡張できるなあ．

**北**．この (7) を

(8) $$\Gamma(s)=\frac{\Gamma(s+1)}{s}$$

とかいてみましょう．この右辺は別に $\mathrm{Re}\,s>0$ でなくても $\mathrm{Re}\,s>-1$, $s\neq 0$ ならちゃんと関数としてきまっていて，しかもそこで正則です．そして $\mathrm{Re}\,s>0$ の所では $\Gamma(s)$ にべたーっと等しいのです．だから，もし $\Gamma(s)$ が $\mathrm{Re}\,s<0$ まで解析接続できたとすればその値はまた一致の定理で $\dfrac{\Gamma(s+1)}{s}$ に等しくなければならないでしょう．従って，(8) は $\Gamma(s)$ の $-1<\mathrm{Re}\,s<0$ での値を示していることになります．たとえば $\Gamma\left(-\frac{1}{2}\right)=-2\Gamma\left(\frac{1}{2}\right)=-2\sqrt{\pi}$

です．

**発**．ちょっとまって下さい，先生．しかし $\int_0^\infty x^{-\frac{1}{2}-1}e^{-x}dx$ は積分としては発散するんでしょう．それがどうして $-2\sqrt{\pi}$ となるんですか．

**北**．いや，積分はもちろん発散してしまいますよ．$\Gamma\left(-\frac{1}{2}\right)$ はだから積分として定義するのではないんです．

**発**．もともと積分で定義したものがいつのまにか一人立ちしてどんどん勝手に増殖していくんですか．まるでガン細胞みたいなものだな…….

**北**．いや，ガン細胞は本家本元の健康な細胞までこわしてしまう悪いやつですが，この解析接続は逆もどりすればもとの関数になるのだから，別に悪くないんです．それに，もともと $\Gamma(s)$ の定義を積分 $\int_0^\infty x^{s-1}e^{-x}dx$ にしたのだって多分に技巧的ともいえるのでして，ガウスやワイヤストラスは別の定義を考えていますよ．たとえばガウスはガンマ関数の定義として

$$\text{(9)}\qquad \Gamma(s)=\lim_{n\to+\infty}\frac{n!\,n^s}{s(s+1)\cdots(s+n)}\qquad (s\neq 0,\ -1,\ -2,\ \cdots)$$

とおいています．これだと最初から $s$ は負の数でも複素数でもよいことになります．そしてやおら，$s>0$ のときこれが例の積分に等しいことを示して行こうというのです．積分から出発して関数を拡張していこうとすると，発田君のような疑問も出るかもしれないけれど，初めにガウスのようにばっさり広い範囲で $\Gamma(s)$ を定義しておけば，その一部の $s$ の値について，$\Gamma(s)$ が何かある積分に等しいということは別におかしくも何ともない，よくあることでしょう．

**発**．はあ，まあ理屈はよくわかるのですが，(9) のようなものスゴイ式を定義にすればいいなどといわれると，そっちの方で抵抗を感じちゃって….

**白**．ちょっとまって下さいよ．(8) の段階ではまだ $-1<\mathrm{Re}\,s\leqq 0$ $(s\neq 0)$ までしか $\Gamma(s)$ は拡がってないんやでえ．(9) をいきなり出されてこれが $\Gamma(s)$ やなんていわれても何のことやらわからんわ．

**中**．だけど (8) は何度も使えるのよ．

$$\text{(10)}\qquad \Gamma(s)=\frac{\Gamma(s+1)}{s}=\frac{\Gamma(s+2)}{s(s+1)}=\cdots=\frac{\Gamma(s+n+1)}{s(s+1)\cdots(s+n)}$$

でしょう．だから実はこれでどんなに $s$ の実数部分が負になっても $\Gamma(s)$ は拡げられるのよ．

**白**　あっ，そうか．なるほど，$s$ という複素数が1つ与えられたとき，$-n-1<\mathrm{Re}\,s\leqq -n$ となるような整数 $n$ をとって，その $n$ まで (10) をくり返せばええわけか．ははん，この (10) を見てたら，ガウスの式 (9) も何となくそれらしい感じがして来たわ．

**北**．(9) はしばらくさておき，(10) は大切な式で，これによって $\Gamma(s)$ は $s=0,\ -1,\ -2,\ \cdots,\ -n,\ \cdots$ に極をもつということ，その極はすべて1位であることがわかります．

## ［3］　整関数，有理型関数

**北**．ガンマ関数のように，複素平面上のある領域 $\Omega$ で孤立特異点しかなく，しかもその特異点がすべて極であるような正則関数を $\Omega$ で**有理型**であるといいます．$\Omega$ が全平面であるとき，その関数を単に「有理型である」ということにしますと，ガンマ関数はその１例です．

**発**．特異点が全くないような有理型関数もあるのですか？

**白**．そらあるわ．多項式や $e^z$ なんかそうやろ．

**北**．そうですね．有限の $z$ では特異点をもたないような正則関数を**整関数**といいます．有理型関数や整関数のもつ性質を一般的に調べるのも近代関数論の重要なテーマなのですが，ここではそれをお話しするのが目的ではなく，われわれが今まで微分積分学の中でお目にかかって来たいろいろな関数を複素変数関数の実数上の“切り口”だと考えて，その複素数上でのふるまいはどうなっているかを見ていこうというつもりです．

たとえば，

$$\sin z=\frac{e^{iz}-e^{-iz}}{2i}=z-\frac{z^3}{3!}+\frac{z^5}{5!}-\frac{z^7}{7!}+\cdots$$

の収束半径は無限大だから $\sin z$ は整関数ですが，これだけ眺めていては $\sin z$ について何かわかったような気がしませんね．$z$ が実数のときだと，$\sin x$ が周期関数で，波の形をしたグラフをもち，……，などなどの性質をぱっと頭の中にうかべることができますが，$\sin z$ について同じことをしようと思っても上の式だけではどうにもなりません．19世紀に複素変数の関数の研究をしていた人々もそんな感じをもったのではないでしょうか．それで，与えられた有理型関数や整関数をその極や零点がよくわかる形に表示できないかと考え，いろいろな関数についてそれを調べて，一つは部分分数展開，もう一つは因数分解の形にもっていけることを見つけたのです．

**中**．因数分解というと多項式だし，部分分数展開というと有理関数じゃないのですか．

**北**．ええ，多項式だと，その零点を $a_1,\cdots,a_n$ とすると

$$P(z)=C(z-a_1)\cdots(z-a_n)$$

と因数分解できますし，有理関数だと，その分母に来る多項式の零点を $a_1,\cdots,a_n$ として

$$f(z)=\frac{Q(z)}{P(z)}=\frac{C_1}{z-a_1}+\frac{C_2}{z-a_2}+\cdots+\frac{C_n}{z-a_n}+R(z)$$

と部分分数展開できます．もっともこれは $a_1,\cdots,a_n$ が単根のときの形でして，$m$ 重根なら $\dfrac{C_1}{z-a_1}$ の所が $\dfrac{C_1(z)}{(z-a_1)^m}$ となります．$C_1(z)$ は $z$ の高々 $m-1$ 次の多項式です．そこで，

多 項 式 ⟶ 整 関 数

有理関数 ⟶ 有理型関数

という拡張になっていると考えて，整関数は無限因数分解 $C(z-a_1)(z-a_2)\cdots(z-a_n)\cdots$，また有理型関数は無限部分分数展開 $R(z)+\dfrac{C_1}{z-a_1}+\dfrac{C_2}{z-a_2}+\cdots+\dfrac{C_n}{z-a_n}+\cdots$ ができないだろうかと考えたのです．

**白**．へえ，そんなことが一般の整関数や有理型関数についてもいえるんですか．

**北**．そうです．一般にできることがわかったのは19世紀後半のことですが，個々の実例については，それよりずっと前から知られていたんです．

たとえば，$\sin z$ は整関数でその零点は $z=n\pi$ $(n=0, \pm 1, \pm 2, \cdots)$ ですが，

$$\sin z=z\left(1-\frac{z^2}{\pi^2}\right)\left(1-\frac{z^2}{(2\pi)^2}\right)\left(1-\frac{z^2}{(3\pi)^2}\right)\cdots\left(1-\frac{z^2}{(n\pi)^2}\right)\cdots\cdots \tag{11}$$

と表わせます．

**発**．あ，$(z^2-(n\pi)^2)$ の積ではないのですね．

**北**．ええ，無限積では収束の問題がありますので，多項式のときのように $(z-a_i)$ の積の形をとらず，$\left(1-\dfrac{z}{a_i}\right)$ の積となります．多項式のときだって，$C(z-a_1)\cdots(z-a_n)=C'\left(1-\dfrac{z}{a_1}\right)\cdots\left(1-\dfrac{z}{a_n}\right)$ とかいて，これが因数分解だといえばいえないことはありませんから，どっちがいいという問題ではないでしょう．

**中**．先生，こんな式，どうしてでてくるのですか．何かずいぶん神秘的な感じですが….

**北**．ではこの式だけ証明してみましょうか．これは両辺の対数をとって微分をランボーに行なうと，$\dfrac{d}{dz}(\log\sin z)=\dfrac{\cos z}{\sin z}=\cot z$　だから，

$$\cot z=\frac{1}{z}+2z\sum_{n=1}^{\infty}\frac{1}{z^2-n^2\pi^2} \tag{12}$$

となります．そこで逆に，この式を証明しておいてから両辺を積分して(11)を出せばよろしい．この式はこれ自身で $\cot z$ という有理型関数が無限部分分数展開されているということを表わしていますね．

**白**．あっ，そうか．なるほど，うまいことになっとるなあ．

**北**．(12)は簡単にでますよ．今，$z$ を $z\fallingdotseq n\pi\,(n=0,\pm1,\pm2,\cdots)$ として $z$ を囲む十分小さい円 $C$ を考えると

$$\cot z=\frac{1}{2\pi i}\int_C\frac{\cos\zeta}{\zeta-z}d\zeta \tag{13}$$

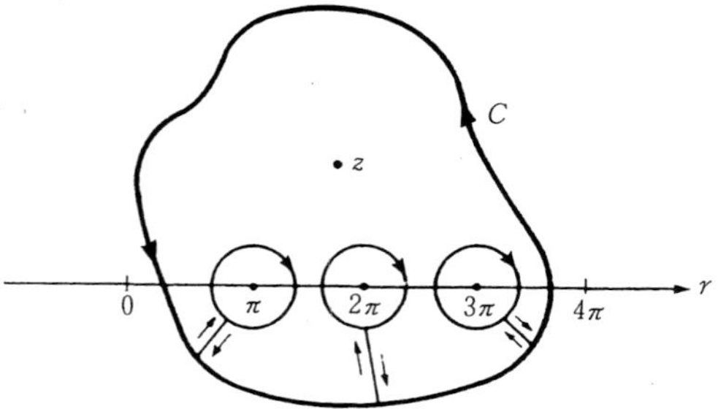


第 3 図

となりますが，この $C$ をだんだん大きくして行くと次々に $n\pi$ の形の点を内側にとり込んで行きます．そのとき第3図のように $n\pi$ を中心とする小さい円にそう積分だけ残してやれば全体としては(13)は変りません．そこで外側の閉曲線を改めて $C$，$n\pi$ を囲む円を $C_n$ とすると，この図だと

$$\cot z=\frac{1}{2\pi i}\int_{C\nearrow}\frac{\cot\zeta}{\zeta-z}d\zeta-\frac{1}{2\pi i}\left(\int_{C_1\nearrow}+\int_{C_2\nearrow}+\int_{C_3\nearrow}\right)$$

となります．$C_1, C_2, C_3$ はもはや $z$ を囲んではいませんからむしろ

$$\frac{1}{2\pi i}\int_{C_n}\frac{\cot\zeta}{\zeta-z}d\zeta=\frac{1}{2\pi i}\int_{C_n}\frac{1}{\zeta-n\pi}\left\{\frac{(\zeta-n\pi)\cot\zeta}{\zeta-z}\right\}d\zeta$$

と考えると，{ }の中は $\zeta=n\pi$ も含めて $C_n$ の内部で正則な関数となり*，この積分の値は，

$$=\left.\frac{(\zeta-n\pi)\cot\zeta}{\zeta-z}\right|_{\zeta=n\pi}=\left.\frac{\cos\zeta}{\zeta-z}\cdot\left(\frac{\zeta-n\pi}{\sin\zeta}\right)\right|_{\zeta=n\pi}=\frac{1}{n\pi-z}.$$

$C$ をどんどん大きくして行くと，結局 $\sum_{n=-\infty}^{\infty}\frac{1}{z-n\pi}$ という項がついてきます．ところでやっかいなことに，これは収束しない無限級数なのです．そこで，$C$ の形を，原点を中心とする一辺 $2R$ の正方形 $\Gamma_R$ にとってやって $R\to+\infty$ とすることにしますと，この無限級数は

$$\lim_{N\to+\infty}\sum_{n=-N}^{N}\frac{1}{z-n\pi}^{**}$$
$$=\lim_{N\to+\infty}\left\{\frac{1}{z}+\sum_{n=1}^{N}\left(\frac{1}{z-n\pi}+\frac{1}{z+n\pi}\right)\right\}$$
$$=\lim_{N\to+\infty}\left\{\frac{1}{z}+\sum_{n=1}^{N}\frac{2z}{z^2-n^2\pi^2}\right\}$$
$$=\frac{1}{z}+\sum_{n=1}^{\infty}\frac{2z}{z^2-n^2\pi^2}$$

となり，これは絶対収束します．ですから残るのは，

$$\lim_{R\to+\infty}\frac{1}{2\pi i}\int_{\Gamma_R}\frac{\cot\zeta}{\zeta-z}d\zeta=0$$

の証明だけですが，

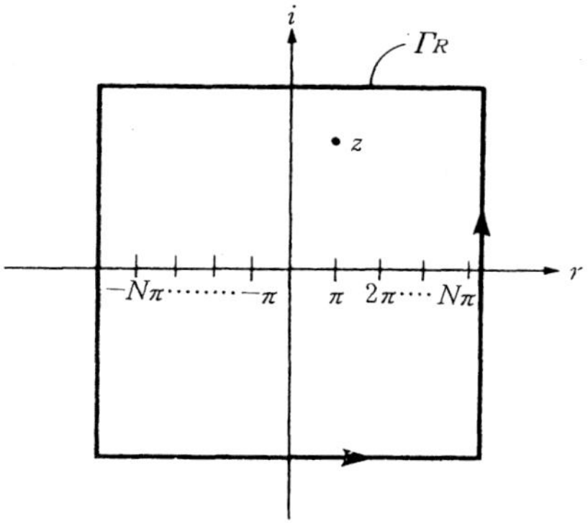

第 4 図

$$\int_{\Gamma_R}\frac{\cot\zeta}{\zeta-z}d\zeta=\int_{\Gamma_R}\frac{\cot\zeta}{\zeta}d\zeta+z\int_{\Gamma_R}\frac{\cot\zeta}{\zeta(\zeta-z)}d\zeta$$

としてみると，$\frac{\cot\zeta}{\zeta}$ は $\zeta\to-\zeta$ とおきかえても変りませんから正方形の上下辺および左右辺で積分の値は $d\zeta\to-d\zeta$ となって互いに打ち消し合い 0 となります．また第 2 項は $\Gamma_R$ 上で $\cot\zeta$ が $R$ につき有界なら，$|\cot\zeta|\leqq K$ として，

$$\left|\int_{\Gamma_R}\frac{\cot\zeta}{\zeta(\zeta-z)}d\zeta\right|\leqq\frac{K}{R(R-|z|)}\int_{\Gamma_R}|dz|=\frac{8K}{R-|z|}\to 0\ (R\to+\infty)$$

でおしまいになるのですが，残念ながら $\cot\zeta$ は $R$ のとりようによって有界でないのです．

---

* つまり $\zeta=n\pi$ は除きうる特異点である．従って $\zeta=n\pi$ での値は $\lim_{\zeta\to n\pi}\frac{(\zeta-n\pi)\cot\zeta}{\zeta-z}$ と定義する．これが留数の定理である．

** $n\pi<R$ となる $n$ を $-N,\cdots,-1,0,1,\cdots,N$ とする．

実際，$\Gamma_R$ の上下辺では

$$|\cot\zeta|=\left|\frac{e^{i\zeta}+e^{-i\zeta}}{e^{i\zeta}-e^{-i\zeta}}\right|\leqq\frac{e^R+e^{-R}}{e^R-e^{-R}}\longrightarrow 1\qquad(R\to+\infty)$$

となっていいのですが，たて線の上では $R\to+\infty$ のとき $\cot\zeta$ の特異点が次々にひっかかってくるのでだめです．そこでもう一工夫して，$R=N\pi+\dfrac{\pi}{2}$ $(N=1,2,\cdots)$ とおいて $N\to+\infty$ としてやりましょう．するとこのときは，$\Gamma_R$ のたて線上では

$$\zeta=\pm\left(N\pi+\frac{\pi}{2}\right)+i\eta\qquad(-R\leqq\eta\leqq R)$$

の形をしているので，$\cot\zeta=-\tan i\eta=-i\tanh\eta$ となり，

$$|\cot\zeta|=\left|\frac{e^{\eta}-e^{-\eta}}{e^{\eta}+e^{-\eta}}\right|<1$$

です．これで (12) が証明できました．

(11) の方は，実軸上だけで考えて，

$$\cot x-\frac{1}{x}=\frac{d}{dx}\left(\log\frac{\sin x}{x}\right)^{*}\qquad(0\leqq x<\pi)$$

から，(12) を 0 から $x$ まで項別積分すると，

$$\log\frac{\sin x}{x}=\sum_{n=1}^{\infty}\left\{\log\left(1-\frac{x}{n\pi}\right)+\log\left(1+\frac{x}{n\pi}\right)\right\}=\log\prod_{n=1}^{\infty}\left(1-\frac{x^2}{n^2\pi^2}\right)$$

従って，

$$\sin x=x\prod_{n=1}^{\infty}\left(1-\frac{x^2}{n^2\pi^2}\right)\qquad(0\leqq x<\pi)$$

が成立します．両辺ともに正則関数ですから一致の定理から 2 つの関数はあらゆる $z$ についても一致しなければなりません．これで(11)が示されました．

**発**．うーん，$\sin z$ でもこれだけややこしいんなら，一般の整関数についてだったらもっとむずかしいんでしょうね．

**北**．一般の整関数 $f(z)$ だと，その零点を $a_1,\cdots,a_n,\cdots$ とすると，これはさっき中山さんが注意したように有限の所へは集積しません．そこで，

$$\frac{f(z)}{z^m\prod_{i=1}^{\infty}\left(1-\frac{z}{a_i}\right)}=g(z)$$

とおけば，これはもう零点をもたない整関数です**．ところがそれは $g(z)=e^{h(z)}$ ($h(z)$ はま

---

* $x=0$ では $x\downarrow 0$ での極限値を考える．

** $a_i=0$ のときは例外でそのときは $1-\dfrac{z}{a_i}$ の所を $z$ でおきかえることにする．

た整関数）の形にかけるんです．実際，$g(z)$ が零点をもたない整関数なら $\dfrac{g'(z)}{g(z)}$ もまた整関数となり，その原始関数を $h(z)$ とおくと，

$$(g(z)e^{-h(z)})'=g'(z)e^{-h(z)}-g(z)h'(z)e^{-h(z)}=\left(\frac{g'(z)}{g(z)}-h'(z)\right)g(z)e^{-h(z)}=0$$

だから $g(z)e^{-h(z)}=$一定 で，$g(z)=Ce^{h(z)}$ となります．$g(z)\neq 0$ だから $C\neq 0$ です．従って，

$$f(z)=z^m e^{h(z)}\prod_{i=1}^{\infty}\left(1-\frac{z}{a_i}\right)$$

となります．これが一般の無限積分解のように見えます．

ところが，以上の議論には致命的な欠陥があります．$\prod_{i=1}^{\infty}\left(1-\dfrac{z}{a_i}\right)$ は一般に収束しないのです．たとえば (11) だと，$\prod_{n=1}^{\infty}\left(1-\dfrac{z}{n\pi}\right)$ や $\prod_{n=1}^{\infty}\left(1+\dfrac{z}{n\pi}\right)$ は収束しません．(11) の場合は幸いうまくペヤーを作って $\prod_{n=1}^{\infty}\left(1-\dfrac{z^2}{n^2\pi^2}\right)$ が収束するようにできたけれど，一般にはそうはいきません．

ワイヤストラス*は，さらに収束をよくする整関数 $e^{p_i(z)}$ $(i=1, 2, \cdots)$ をうまく作って，$\prod_{i=1}^{\infty}\left(1-\dfrac{z}{a_i}\right)e^{p_i(z)}$ が収束するようにできることを示し，それによって一般無限積分解

$$f(z)=z^m e^{h(z)}\prod_{i=1}^{\infty}\left(1-\frac{z}{a_i}\right)e^{p_i(z)} \tag{14}$$

を示すことに成功したのです．これはまた，「零点の列 $a_i$ $(i=1, 2, \cdots)$ を与えて，それらをちょうど零点とする整関数を作れ．」という問題の解答にもなっています．

**発**．なるほど，あざやかな定理ですね．

**北**．その応用を一つ．有理関数$=\dfrac{\text{多項式}}{\text{多項式}}$ ですが，これを一般にして，

$$\text{有理型関数}=\frac{\text{整関数}}{\text{整関数}}$$

ということが一般に言えるんです．実際，有理型関数 $f(z)$ の極を $a_1, \cdots, a_n, \cdots$ とするとき，それらをちょうどその位数を重複度とする零点にもつような整関数を $g(z)$ としますと $f(z)\cdot g(z)$ は極がない正則関数，つまり整関数となり，それを $h(z)$ とおけば，$f(z)=\dfrac{h(z)}{g(z)}$ とかけます．

## [4]　例

---

* K. Weierstrass　1815-1897.

**北**. ガンマ関数のガウスの表示式(9)から $\dfrac{1}{\Gamma(s)}$ の無限積展開がすぐ導けるのでそれをお話しておしまいにしましょう．(9)から，

$$\frac{1}{\Gamma(s)}=\lim_{n\to+\infty}\frac{s(s+1)\cdots(s+n)}{n!\,n^s}=\lim_{n\to+\infty}s\cdot n^{-s}\prod_{k=1}^{n}\left(1+\frac{s}{k}\right)$$

ところで $\prod_{k=1}^{\infty}\left(1+\frac{s}{k}\right)$ は収束しないんですが*,

$$n^{-s}=e^{-s\log n}=e^{-s\left(1+\frac{1}{2}+\cdots+\frac{1}{n}-\gamma+o(1)\right)}\qquad (o(1)\longrightarrow 0\ (n\to+\infty))$$

を各項に分配すれば,

$$(15)\qquad \frac{1}{\Gamma(s)}=\lim_{n\to+\infty}se^{\gamma s}\cdot e^{o(1)}\prod_{k=1}^{n}\left(1+\frac{s}{k}\right)e^{-\frac{s}{k}}$$

$$=se^{\gamma s}\prod_{n=1}^{\infty}\left(1+\frac{s}{n}\right)e^{-\frac{s}{n}}$$

これが有名なガンマ関数のワイヤストラスの公式です．

**白**. うわー，(14)とそっくりの式ですねえ．

**北**. ええ，$\dfrac{1}{\Gamma(s)}$ が整関数だということもよくわかりますね．(15)から次の公式

$$(16)\qquad \Gamma(s)\Gamma(1-s)=\frac{\pi}{\sin\pi s}$$

がでるんですが，これ証明できますか．

**中**. (15)の $s$ の所へ $1-s$ なんか代入すると大へんなことになるわよ．

**発**. $\Gamma(1-s)=-s\Gamma(-s)$ だから，

$$\frac{1}{\Gamma(s)\Gamma(1-s)}=\frac{1}{-s}\cdot se^{\gamma s}\prod_{n=1}^{\infty}\left(1+\frac{s}{n}\right)e^{-\frac{s}{n}}\cdot(-s)e^{-\gamma s}\prod_{n=1}^{\infty}\left(1-\frac{s}{n}\right)e^{\frac{s}{n}}$$

$$=s\prod_{n=1}^{\infty}\left(1-\frac{s^2}{n^2}\right)=\frac{1}{\pi}(\pi s)\prod_{n=1}^{\infty}\left(1-\frac{(\pi s)^2}{n^2\pi^2}\right)=\frac{\sin\pi s}{\pi}$$

と，これでいいんだよ．

**白**. 先生，カンジンの(9)はどうやって示されるんですか．

**北**. そうですね．それは，$1-\dfrac{x}{n}=t$ で次の積分を変換するんです．

$$\int_0^n\left(1-\frac{x}{n}\right)^n x^{s-1}dx=n^s\int_0^1 t^n(1-t)^{s-1}dt=n^sB(n+1,s)$$

$$=\frac{n^s\Gamma(n+1)\Gamma(s)}{\Gamma(n+1+s)}$$

---

* $\gamma=\lim_{n\to\infty}\left(1+\frac{1}{2}+\cdots+\frac{1}{n}-\log n\right)$ をオイラーの定数という．$\gamma=0.5772\cdots$.

$$= \frac{n^s n!\,\Gamma(s)}{(s+n)(s+n-1)\cdots(s+1)s\Gamma(s)}$$

$$= \frac{n^s n!}{s(s+1)\cdots(s+n)} \qquad (s>0)$$

ここで $n\to+\infty$ とすると，$[0,n]$ で $\left(1-\frac{x}{n}\right)^n x^{s-1}$ に等しく $[n,\infty)$ で 0 に等しいという関数 $\Phi_n(x)$ は単調に増大して $e^{-x}x^{s-1}$ に収束します．そこで

$$\lim_{n\to\infty}\int_0^\infty \Phi_n(x)\,dx = \int_0^\infty \lim_{n\to\infty}\Phi_n(x)\,dx = \int_0^\infty e^{-x}x^{s-1}dx = \Gamma(s)$$

です．$s>0$ としましたが，一致の定理で，$s=-n$ を除く全平面で(9)は成立します．

## 練　習　問　題

1．$i^i$ のすべての値を求めよ．

2．$\frac{1}{z^2}$ はどんな閉曲線にそう積分も 0 であるが原点で正則でない．これはモレラの定理に反しないか？

3．複素積分を使って　$\Gamma(s)\Gamma(1-s)=\frac{\pi}{\sin \pi s}$ を証明せよ．

4．$$-\frac{\Gamma'(s)}{\Gamma(s)} = \frac{1}{s} + \sum_{n=1}^{\infty}\left(\frac{1}{s+n}-\frac{1}{n}\right)+\gamma \qquad (\gamma \text{ はオイラーの定数})$$

を示せ．（$\frac{\Gamma'(s)}{\Gamma(s)}$ はディガンマ関数またはプサイ関数と呼ばれる．）

5．4. から

（i）$\int_0^\infty e^{-t}\log t\,dt=-\gamma$　　（ii）$\int_0^\infty e^{-t}t\log t\,dt=1-\gamma$　　を示せ．

# 第22章 フーリエ級数

## [1] 絃の振動

**北井**．今日はフーリエ級数の話をしましょう．区間 $[-\pi, \pi]$ で与えられた関数 $f(x)$ はあまり不規則でない限り，

$$f(x) = a_0 + a_1\cos x + b_1\sin x + a_2\cos 2x + b_2\sin 2x + \cdots = a_0 + \sum_{n=1}^{\infty}(a_n\cos nx + b_n\sin nx) \tag{1}$$

という形に展開できる，というのです．

**白川**．これ，物理の振動論の所ででて来ました．音の波形を単振動の合成で表わそうというのでしょう．

**発田**．これは物理学の立場からみると何となくそんなものかなあと思えるんですが，数学的にみると何か不思議な気がします．だって三角関数と何の関係もない関数が(1)のようにかけるなんて，ちょっと考えられないなあ．

**中山**．私，それよりどうして他の関数列でなく $\sin nx$ や $\cos nx$ がでて来たのか，昔これを考えた人達に聞いてみたいような気がするんです．だって，あまり話がうますぎるんですもの．やっぱり正弦波という波動の合成ということから考えついたんでしょうか．

**北**．まあ，最初の人がどう考えたかは結局わからないというより他ありませんが，問題の発生が振動論にあることはたしかです．では，18世紀にもどって，フーリエ級数誕生の模様をかいつまんでお話ししましょうか．

**中**．フーリエ* というと19世紀の人じゃなかったんですか．

**北**．まあ18世紀から19世紀にかけてフランス革命期をうまく泳ぎまわった，政治的節操から言うとあまりかんばしくないように言われている人ですが，フーリエより少し前ベルヌイ** が弦の振動の偏微分方程式をとくとき，変数分離を考えつき，これによって自然に三角関数系に到達したのです．このベルヌイの考察をお話しします．

---

* J. Fourier 1768-1830

** D. Bernoulli 1700-1782

弦の振動の模様は次のように考えられます．まず弦の端を原点にとり，弦の長さが $\pi$ になるように単位をえらびましょう．別に単位はどうでもいいのですが，あとで変な係数がつくのをさけるためこうするのです．弦の静止状態を $[0,\pi]$ と思って，弦が動いているとき各瞬間 $t$ における点 $x$ での変位を $u(t,x)$ とすると，高位の無限小を除いて単純化した法則として，$u$ は偏微分方程式

(2) $$\frac{\partial^2 u}{\partial t^2}=\frac{\partial^2 u}{\partial x^2}$$

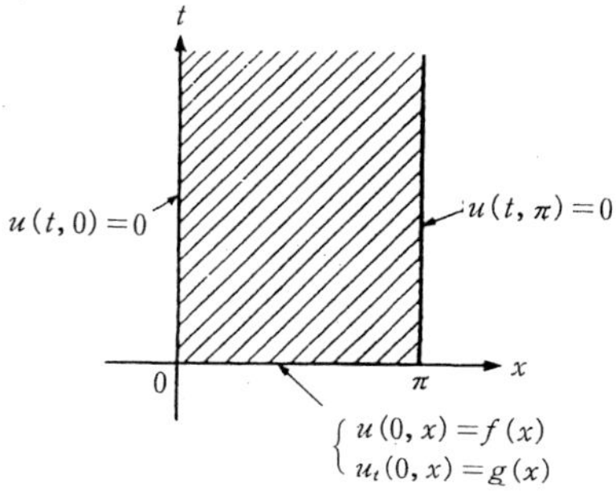

第 1 図

をみたします．本当は係数がつくのですが，時間のスケールを適当にとり直して，その係数も 1 ととることができます．弦は両端で止めるとしましょう．すると

(3) $$u(t,0)=u(t,\pi)=0$$

これは境界条件と呼ばれる $u$ に関する拘束条件です．また，ある時刻，たとえば $t=0$ での弦の状態を指定してやることが必要です．弦ははじいてやらねば鳴りませんからね．つまり

(4) $$u(0,x)=f(x),\quad \frac{\partial u}{\partial t}(0,x)=g(x)$$

を与えてやります．これを初期条件といいます．ベルヌイの頃は微分可能も何も考えていなかった時代だから，$f(x)$, $g(x)$ の滑らかさなど気にしないでやっていたわけです．

**中**．そんなにたくさん条件をつけて (2) をみたす関数がみつかるんですか．

**白**．そら，物理的には無理のない条件やろ．みつかるのとちがうか．

**北**．ええ，みつかりますよ．そのみつけ方として，変数分離の方法というのは，

(5) $$u(t,x)=T(t)\cdot X(x)$$

という形の (2) の解をなるべくたくさんみつけるのです．それらの和

$$u(t,x)=\sum_{n=1}^{\infty}a_nT_n(t)X_n(x)$$

もまた (2) の解となることは微分演算が線型であることから明らかですね．

**発**．項別微分のことを気にしなければね．

**北**．そこでその係数 $a_n$ をうまくとって，境界条件と初期条件に合うようにすることができればいいわけですね．

**中**．なるほど．

**北**．(5) を (2) に代入すると

$$T''(t)X(x)=T(t)X''(x)$$

となるから，

$$\frac{T''(t)}{T(t)}=\frac{X''(x)}{X(x)}$$

は左辺が $x$ に無関係，右辺は $t$ に無関係だから，結局どちらにも無関係，つまり定数となります．これを $\lambda$ とおきましょう．すると

$$T''(t)-\lambda T(t)=0, \qquad X''(x)-\lambda X(x)=0$$

と，同じ常微分方程式となります．ただ，境界条件は $x$ に関してしか置かれていませんから，$X(x)$ の方から考えることにしましょう．この方程式の一般解は

$$X(x)=d_1 e^{\sqrt{\lambda}\cdot x}+d_2 e^{-\sqrt{\lambda}\cdot x}$$

ですが，$X(0)=X(\pi)=0$ をみたすには

$$\text{(6)} \qquad \begin{aligned} d_1+d_2&=0,\\ d_1 e^{\sqrt{\lambda}\cdot\pi}+d_2 e^{-\sqrt{\lambda}\cdot\pi}&=0\end{aligned}$$

でなければならず，$X(x)\fallingdotseq 0$ となるには $(d_1, d_2)\fallingdotseq(0, 0)$ でなければなりませんから

$$\begin{vmatrix} 1 & 1 \\ e^{\sqrt{\lambda}\cdot\pi} & e^{-\sqrt{\lambda}\cdot\pi} \end{vmatrix}=e^{-\sqrt{\lambda}\cdot\pi}-e^{\sqrt{\lambda}\cdot\pi}=0,$$

つまり，$e^{2\sqrt{\lambda}\cdot\pi}=1$ でなければなりません．従って $2\sqrt{\lambda}\cdot\pi=2n\pi i$ $(n=0,\pm1,+2,\cdots)$，だから

$$\lambda=-n^2 \qquad (n=0, 1, 2, \cdots)$$

が $\lambda$ のみたすべき必要条件です．

一方これを代入して $X(x)$ を求めると，(6) の第1式を用いて

$$\begin{aligned} X(x)&=d_1 e^{inx}+d_2 e^{-inx}=(d_1+d_2)\cos nx+i(d_1-d_2)\sin nx\\ &=2id_1\sin nx \qquad (n=1, 2, \cdots)^{*}\end{aligned}$$

と，ほらね，三角関数がでて来ましたね．

**発．** ほんとうだ，微分方程式をチョロチョロといたらでて来たなあ．

**北．** $T(t)$ の方もこの $\lambda=-n^2$ を代入してとくと，

$$\begin{aligned} T(t)&=c_1 e^{int}+c_2 e^{-int}=(c_1+c_2)\cos nt+i(c_1-c_2)\sin nt\\ &=a_n\cos nt+b_n\sin nt\end{aligned}$$

となりますから，

$$u(t, x)=\sum_{n=1}^{\infty}(a_n\cos nt+b_n\sin nt)\sin nx,$$

ここで，初期条件(3)に合わせると，

---

* $n=0$ のときは $X(x)\equiv 0$ となってしまう．

$$u(0, x)=\sum_{n=1}^{\infty} a_n \sin nx = f(x),$$

$$u_t(0, x)=\sum_{n=1}^{\infty} nb_n \sin nx = g(x)$$

から，$f(x)$, $g(x)$ に対応してうまく $a_n$, $b_n$ をきめて，

$$f(x)=\sum_{n=1}^{\infty} a_n \sin nx,$$

$$g(x)=\sum_{n=1}^{\infty} nb_n \sin nx$$

とできればよいことになります．さっきと同じように積分と $\Sigma$ の順序交換など気にしなければ，両辺に $\sin kx$ をかけて0から $\pi$ まで積分すると

$$\int_0^{\pi} f(x) \sin kx dx = \sum_{n=1}^{\infty} a_n \int_0^{\pi} \sin nx \sin kx dx = a_k \frac{\pi}{2} \qquad (k=1, 2, \cdots)$$

これでともかく係数はきまります．$b_n$ も同様です．まあ，こんな具合にしてフーリエ級数がこの世にでて来たんです．

**中．** 先生，それだと，数学的に考えたのと，物理的に考えたのとはよく似た形ででてきたのですね．

**白．** どうして？

**中．** だって，振動しているものの両端が止めてあれば，弦を $n$ 等分する固有振動ができるというのが $\lambda=-n^2$ の意味でしょう．これ，物理的にも数学的にももっともらしい結果だと思うわ．

## [2] フーリエ級数と固有値問題

**北．** 数学的に見ますと，三角関数は固有値問題の固有関数列なのですよ．

**白．** へえ，よくわかりませんが，固有値問題というたら，行列の話とちがいますか．

**北．** ええ，有限次元の線型空間だと行列の話になります．$n$ 次正方行列 $M$ があるとき，$M$ の写像としての構造をよく知ろうとするには，固有値と固有ベクトルを調べればいいのです．固有ベクトルというのは，

(7) $$M\boldsymbol{x}=\lambda \boldsymbol{x}$$

と，$M$ を作用させても，同じ $\boldsymbol{x}$ の方向に $\lambda$ 倍にしかならないというベクトル ($\neq \boldsymbol{0}$) のことです．またそのときの比例定数 $\lambda$ を $\boldsymbol{x}$ に対応する $M$ の固有値といいます．もしこんなベクトルばかりから成る**基底** $\boldsymbol{e}_1, \cdots, \boldsymbol{e}_n$ が作れたとすると，

$$M\boldsymbol{e}_1=\lambda_1 \boldsymbol{e}_1, \ \cdots, \ M\boldsymbol{e}_n=\lambda_n \boldsymbol{e}_n$$

となりますから，$\boldsymbol{e}_1, \cdots, \boldsymbol{e}_n$ の線型結合であるところの任意のベクトル $\boldsymbol{x}$ は

$$\boldsymbol{x}=x_1\boldsymbol{e}_1+\cdots+x_n\boldsymbol{e}_n$$

に対し，

$$Mx=\lambda_1 x_1 e_1+\cdots+\lambda_n x_n e_n$$

と，比例拡大の合成で表わされてしまいます．

このように $M$ がいくつかの方向への比例拡大（$|\lambda_i|<1$ のときは縮少，$\lambda_i<0$ のときは反転となりますが，これらもみなひっくるめて比例拡大ということにしましょう）の合成となっているとき，$M$ の固有値問題はとけるといいます．

**発.** あっ，固有値問題ってそんなことだったんですか．比例拡大の合成とは気がつかなかったなあ．

**中.** どんな行列の固有値問題もとけるというわけじゃないんでしょう？

**北.** もちろん，一般には固有ベクトルばかりで基底を作ることはできません．しかし，たとえば，対称行列というような応用範囲の広い行列の固有値問題はとけるんです．しかも，対称行列の場合は異なる固有値に対応する固有ベクトルは必ず直交するという性質があります．このことから，固有ベクトルから成る正規直交基底が作れるんです．

**発.** ええ，そのことは線型代数の講義で習いましたが，そのときは対称行列を対角行列に変換する手段のように教わりました．つまり直交行列 $L$, ${}^tL=L^{-1}$, があって

$$L^{-1}ML=D=\begin{bmatrix}\lambda_1 & & \\ & \ddots & \\ & & \lambda_n\end{bmatrix} \tag{8}$$

となることを証明するために，正規直交基底を作ったのだと思います．

**北.** いや，(8) が成立することと，正規直交基底がとれるということは同じことをいっているのですよ．

**発.** どうしてですか？

**北.** $L$ が ${}^tL=L^{-1}$ をみたすということは，${}^tL\cdot L=I$ と同じでしょう．$L$ のたてベクトルを $e_1, \cdots, e_n$ とすると，これは $(e_i, e_j)=\delta_{ij}$* $(i, j=1, \cdots, n)$ ということを表わしています．つまり $e_1, \cdots, e_n$ は正規直交基底です．そして，(8) を

$$ML=LD$$

とかき直して，この両辺の行列（かけ算してしまったもの）の第1列，第2列，…，第 $n$ 列ベクトルを調べてみると，それは，

$$Me_1=\lambda_1 e_1,\ \cdots,\ Me_n=\lambda_n e_n$$

となっているでしょう．つまり $e_1, \cdots, e_n$ は $M$ の固有ベクトルで，$D$ の対角線上の数はそれらに対応する固有値です．

**発.** そうか，わかりました．ぼくは固有値問題というのは $M$ を対角行列にすることだとば

---

* $\delta_{ij}$ はクロネッカのデルタ

かり思い込んでいたもので，そんな趣味みたいなことはヒマ人がやっておればいいぐらいにしか考えていませんでしたが，そうじゃないんですね．$M$ の構造を明らかにすることなのですね．

**北**．その通りですよ．

**中**．それで，もとへもどって，$\sin nx, \cos nx\,(n=1,2,\cdots)$ が固有関数系だというのは…？

**北**．これは，$\dfrac{d^2}{dx^2}$ という「微分作用素」に対する固有ベクトルなのです．このことを説明しましょう．簡単のため，考える区間を今度は $[-\pi, \pi]$ とし，この上で定義された $C^2$-クラスの関数で，両端での値が一致し，しかも導関数の値も一致するような関数の全体を $V$ としましょう．集合の記号でかくと，

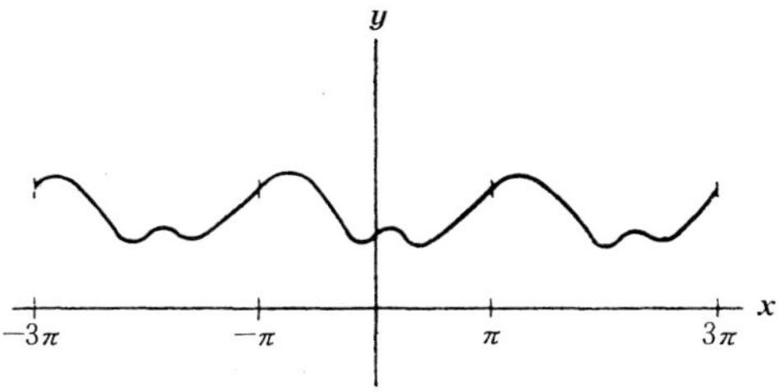


第 2 図

$$V=\{f(x) : f(x)\in C^2[-\pi, \pi],\ f(-\pi)=f(\pi),\ f'(-\pi)=f'(\pi)\} \tag{9}$$

となります．

**中**．つまり $f\in V$ とは，$[-\pi, \pi]$ の外へも滑らかな周期関数として拡張できるということね．

**白**．え，どうして？

**中**．$[-\pi, \pi]$ の上での関数のグラフをイモ判か何かに彫って $[\pi, 3\pi]$ や $[-3\pi, -\pi]$ の上にぺたんと押しても，つなぎ目の所は接線まで一致してしまうでしょう．つまり，そうやって $[-\pi, \pi]$ の外へ滑らかな周期関数として拡張できるのよ．

**白**．なるほど，両端での条件というのはそういうことか．

**北**．この $V$ が普通の加法と数乗法で線形空間になっていることはすぐわかりますね．そこでこの $V$ の中に内積を，

$$(f, g)=\int_{-\pi}^{\pi} f(x)g(x)\,dx \tag{10}$$

によって導入します．これが内積の条件，

1° 線型性： $(f_1+f_2, g)=(f_1, g)+(f_2, g)$，$(\alpha f, g)=\alpha(f, g)$　（$\alpha$：定数）．

2° 対称性： $(f, g)=(g, f)$．

3° 正定値性： $(f, f)\geqq 0$．等号が成立するのは $f=0$ のときに限る．

をみたすことは簡単にわかります．

さて，$\dfrac{d^2}{dx^2}$ は“対称”な作用素です．

**発**．対称って，${}^t\!\left(\dfrac{d^2}{dx^2}\right)=\dfrac{d^2}{dx^2}$ のことですか．${}^t\!\left(\dfrac{d^2}{dx^2}\right)$ とはどういうものですか．

**北**．いや，行列の場合でも，$M$ が対称行列というのは，任意のベクトル $\boldsymbol{x}, \boldsymbol{y}$ について，

$$(M\boldsymbol{x}, \boldsymbol{y})=(\boldsymbol{x}, M\boldsymbol{y})$$

が成立することなのですよ．これと同じで，$\dfrac{d^2}{dx^2}$ が対称というのは，任意の $f, g \in V$ について，

$$(11) \qquad \left(\frac{d^2}{dx^2}f, g\right)=\left(f, \frac{d^2}{dx^2}g\right)$$

が成立することです．これを証明しましょう．左辺を部分積分して行くと，

$$\begin{aligned}\text{左辺}=\int_{-\pi}^{\pi}f''(x)g(x)dx &= [f'(x)g(x)]_{-\pi}^{\pi}-\int_{-\pi}^{\pi}f'(x)g'(x)dx \\ &= [f'(x)g(x)-f(x)g'(x)]_{-\pi}^{\pi}+\int_{-\pi}^{\pi}f(x)g''(x)dx\end{aligned}$$

ここで，積分された項は $V$ の条件 $f(-\pi)=f(\pi), f'(-\pi)=f'(\pi), g(-\pi)=g(\pi), g'(-\pi)=g'(\pi)$ によって0であることがわかりますから，これは $(f, g'')$ に等しくなり，(11)が証明されました．

**白**．こんな式，何か役に立ちますか？

**北**．いろいろいいことがこれからでて来ますよ．$\dfrac{d^2}{dx^2}$ の固有ベクトルに相当するものは固有関数で，それは

$$(12) \qquad \frac{d^2}{dx^2}f=\lambda f$$

と，2回微分しても $\lambda$ 倍にしかならないような $V$ の関数 $(\neq 0)$ のことで，この比例定数 $\lambda$ を $f$ に対応する $\dfrac{d^2}{dx^2}$ の固有値というわけですが，(11) からこの固有値はあったとしても実数でなければならないことがでて来ます．

**白**．へえ，$\lambda$ を具体的に求めなくてもわかるんですか？

**北**．ええ，その証明は対称行列の固有値が実数であることの証明と全く同じ論理構造をもっているんです．今 $\lambda$ が（一般に）複素数の固有値だとすると，それに対応する固有関数 $f$ も複素数値関数となります．そこで $\lambda(f, \bar{f})=\lambda\int_{-\pi}^{\pi}|f(x)|^2dx$ を考えます．すると，

$$\lambda(f, \bar{f})=(\lambda f, \bar{f})=(f'', \bar{f})=(f, \bar{f}'')=(f, \overline{\lambda f})=\bar{\lambda}(f, \bar{f})$$

従って，$(\lambda-\bar{\lambda})\int_{-\pi}^{\pi}|f(x)|^2dx=0$．ところが $f(x)\neq 0$ だから $\int_{-\pi}^{\pi}|f(x)|^2dx\neq 0$ となり $\lambda=\bar{\lambda}$ でなければなりません．つまり $\lambda$ は実数であることがわかったのです*．

**白**．あっ，そうか，簡単やなあ．

**北**．異なる固有値に対応する固有関数がたがいに「直交」することも簡単にでて来ますよ．

---

＊　これから固有関数 $f$ も実数値関数にとれることがわかる．

今 $\lambda_1, \lambda_2$ に対応する固有関数をそれぞれ $f_1, f_2$ とすると，

$$\lambda_1(f_1, f_2)=(\lambda_1 f_1, f_2)=(f_1'', f_2)=(f_1, f_2'')=(f_1, \lambda_2 f_2)=\lambda_2(f_1, f_2)$$

となります．だから $\lambda_1 \neq \lambda_2$ なら $(f_1, f_2)=0$ でなければならないから，$f_1$ と $f_2$ は直交することがわかりました．

**発**．関数が直交するというのは，内積が0になるということで定義するのか，なるほど．

**北**．そこで具体的に $V$ の中での固有関数と固有値をすべて求めてごらん．

**白**．うーん，どうするんかなあ．

**発**．要するに

$$\frac{d^2f}{dx^2}-\lambda f=0, \quad f\in V$$

をとけばいいんだろう．

**白**．ああ，そういうことか，微分方程式をとくのか．あ，これ，さっきやったのと同じ微分方程式やないかいな．一般解は

$$f=c_1 e^{\sqrt{\lambda}\cdot x}+c_2 e^{-\sqrt{\lambda}\cdot x}$$

とすぐでるでえ．これ，全部固有関数か？

**中**．まだ $f\in V$ かどうかチェックしなくちゃ．

**白**．あっ，そうやった．$f(-\pi)=f(\pi)$, $f'(-\pi)=f'(\pi)$ をみたさんとあかんのやな．ええと，

$$c_1 e^{-\sqrt{\lambda}\cdot\pi}+c_2 e^{\sqrt{\lambda}\cdot\pi}=c_1 e^{\sqrt{\lambda}\cdot\pi}+c_2 e^{-\sqrt{\lambda}\cdot\pi},$$

$$\sqrt{\lambda}c_1 e^{-\sqrt{\lambda}\cdot\pi}-\sqrt{\lambda}c_2 e^{\sqrt{\lambda}\cdot\pi}=\sqrt{\lambda}c_1 e^{\sqrt{\lambda}\cdot\pi}-\sqrt{\lambda}c_2 e^{-\sqrt{\lambda}\cdot\pi}$$

となるなあ．これからどうするの？

**発**．$(c_1, c_2)\neq(0,0)$ となるように $\sqrt{-\lambda}$ をきめるんだよ．さっきやったじゃないか．

**白**．そうそう，そうやったな．うーん．すると，

$$\begin{vmatrix} e^{-\sqrt{\lambda}\cdot\pi}-e^{\sqrt{\lambda}\cdot\pi} & e^{\sqrt{\lambda}\cdot\pi}-e^{-\sqrt{\lambda}\cdot\pi} \\ e^{-\sqrt{\lambda}\cdot\pi}-e^{\sqrt{\lambda}\cdot\pi} & e^{-\sqrt{\lambda}\cdot\pi}-e^{\sqrt{\lambda}\cdot\pi} \end{vmatrix}=0$$

と，これでええか．

**発**．うん，これでいいよ．$e^{-\sqrt{\lambda}\cdot\pi}-e^{\sqrt{\lambda}\cdot\pi}$ をくくり出すと，左辺は

$$=(e^{-\sqrt{\lambda}\cdot\pi}-e^{\sqrt{\lambda}\cdot\pi})^2\begin{vmatrix} 1 & -1 \\ 1 & 1 \end{vmatrix}=2(e^{-\sqrt{\lambda}\cdot\pi}-e^{\sqrt{\lambda}\cdot\pi})^2$$

となるから，結局 $e^{-\sqrt{\lambda}\cdot\pi}=e^{\sqrt{\lambda}\cdot\pi}$，つまり $e^{2\sqrt{\lambda}\cdot\pi}=1$ がでるね．

**白**．何や，さっきとちょっとも変らへんやないか．やっぱり $2\sqrt{\lambda}\cdot\pi=2n\pi i\,(n=0,1,2,\cdots)$ で，

$$\lambda=-n^2 \qquad (n=0, 1, 2, \cdots)$$

となるでえ．

**中**．でも，その後がちがってくるはずよ．今度は両端を固定してないんですもの．

**発**．そう，そのはずだ．やってみよう．

$$f=c_1e^{inx}+c_2e^{-inx}=c_1(\cos nx+i\sin nx)+c_2(\cos nx-i\sin nx)$$
$$=(c_1+c_2)\cos nx+i(c_1-c_2)\sin nx$$
$$=a\cos nx+b\sin nx$$

あ，この形の関数はもちろん $V$ に入るよ．

**北**．つまり今度は $\lambda=-n^2$ に対応する固有関数は $\cos nx$ と $\sin nx$ の2つがあって，一般の固有関数はこの2つの線型結合でかけているんですよ．ただ $n=0$ のときだけは

$$f=一定$$

となって，本質的に1つの関数しかでて来ません．どうです，これでフーリエ展開の各項

(13)　　$a_0,\ a_1\cos x,\ b_1\sin x,\ a_2\cos 2x,\ b_2\sin 2x,\ \cdots\cdots$

はすべて $\dfrac{d^2}{dx^2}$ の固有関数であり，逆に $\dfrac{d^2}{dx^2}$ の固有関数はこれで尽されていることがわかったでしょう．

**白**．ふーん，うまいこと説明がつきますねえ．これで(1)が証明できたわけか．

**北**．いやいや，(1)はまだ何も証明されていませんよ．ただ，(1)が成立するからくりを垣間見ただけです．

つまり，$V$ の中に座標軸として(13)をえらぶと $\dfrac{d^2}{dx^2}$ という作用はその軸にそっては $-n^2$ 倍することになり，その様子がよくわかるということと，固有値と固有関数を全部数え上げたのだから，有限次元の場合のアナロジーからいえば，(1)が成立するのではないかという希望をもたせてくれること，この2つが，今，明らかになったのです．

## [3]　最良近似

**北**．今度は，フーリエ係数の最小性についてお話ししましょう．これは別に三角関数でなくても，一般に正規直交関数系，$\varphi_1, \varphi_2, \cdots, \varphi_n, \cdots$，$(\varphi_i, \varphi_j)=\delta_{ij}$，があれば，任意の $f$ に対して，

(14)　　$a_n=(f, \varphi_n)\qquad(n=1, 2, \cdots)$*

とおくと，

(15)　　$\|f-\sum_{n=1}^{N}a_n\varphi_n\|\leqq\|f-\sum_{n=1}^{N}\alpha_n\varphi_n\|$

という不等式が，任意の番号 $N$ と，任意の係数 $\alpha_n$ について成立する，というのです．

**発**．その $\|\ \ \|$ は一様収束のノルムですか？

---

*　これを $\{\varphi_n\}_{n1,2\cdots}$ に関する $f$ のフーリエ係数という．

**北**．いや，この場合はそうではなく，

$$\|f\|=\sqrt{(f,f)}=\left(\int_{-\pi}^{\pi}f(x)^2dx\right)^{\frac{1}{2}}$$

とおくのです．これも有限次元のベクトルの長さの自然なアナロジーですね．

**中**．そうすると，(15) は $\varphi_1,\cdots,\varphi_N$ の張る線型部分空間への $f$ からの最短距離は，係数をちょうど (14) にえらんだときの $\sum_{n=1}^{N}a_n\varphi_n$ と $f$ との距離によって実現されるというんですね．

**北**．そうです．第 3 図のような状況を思い浮べてもらえればいいんです．

**白**．へえ，数学者は関数でも点みたいに思うてしまうのか．

**北**．それどころか無限次元でも 3 次元みたいなイメージを思い浮べていますよ．

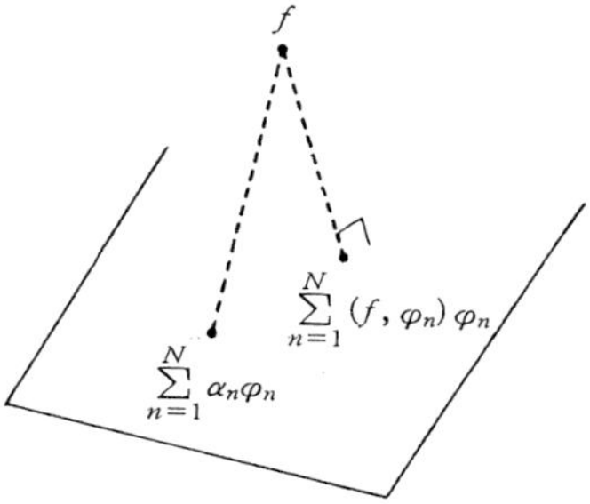


**第 3 図**

では (15) を証明しましょう．これは右辺の 2 乗を内積の規則によって分解して行くのです．

$$\|f-\sum_{n=1}^{N}\alpha_n\varphi_n\|^2=\left(f-\sum_{n=1}^{N}\alpha_n\varphi_n,\ f-\sum_{m=1}^{N}\alpha_m\varphi_m\right)$$

$$=(f,f)-2\left(f,\sum_{n=1}^{N}\alpha_n\varphi_n\right)+\left(\sum_{n=1}^{N}\alpha_n\varphi_n,\ \sum_{m=1}^{N}\alpha_m\varphi_m\right)^*$$

$$=\|f\|^2-2\sum_{n=1}^{N}\alpha_na_n+\sum_{m,n=1}^{N}\alpha_n\alpha_m(\varphi_n,\varphi_m)$$

$$=\|f\|^2-2\sum_{n=1}^{N}\alpha_na_n+\sum_{n=1}^{N}\alpha_n^2$$

ここで $\alpha_n^2-2a_n\alpha_n$ を $\alpha_n$ の完全平方式にしようとすると，$\alpha_n^2-2\alpha_na_n=(\alpha_n-a_n)^2-a_n^2$ となりますから，上の式は

$$\|f\|^2-\sum_{n=1}^{N}a_n^2+\sum_{n=1}^{N}(\alpha_n-a_n)^2$$

と変形できます．ここで，この値をなるべく小さくするように $\alpha_1,\cdots,\alpha_N$ をきめるにはどうすればいいか，と考えると，いうまでもなく，最後の項を 0 にする以外にありませんから，

$$\alpha_n=a_n\qquad(n=1,\cdots,N)$$

がその答になります．これで (15) が証明されましたね．と同時に，$\alpha_n=a_n$ $(n=1,\cdots,N)$ のとき，

---

* $(\varphi_n,\varphi_m)=\delta_{nm}$ を使う．

(16) $$\|f-\sum_{n=1}^{N} a_n\varphi_n\|^2=\|f\|^2-\sum_{n=1}^{N} a_n{}^2$$

という等式が成立することもわかったわけです．つまり一般の係数だと，

(17) $$\|f-\sum_{n=1}^{N} \alpha_n\varphi_n\|^2=\|f-\sum_{n=1}^{N} a_n\varphi_n\|^2+\sum_{n=1}^{N}(\alpha_n-a_n)^2$$

となっています．

**発**．フーリエ係数は，$\sum \alpha_n\varphi_n$ で $f$ を近似するとき，最も近似度がいい係数なんですねえ．

**中**．今のことを，三角関数列にあてはめたらどうなるかしら．

**白**．やってみようか．まず，(13) はたがいに直交するかどうかたしかめとかんとあかんでえ．

**中**．$n$ がちがえば固有値がちがうから，$\cos nx$, $\sin nx$ と $\cos mx$, $\sin mx$ とが直交することはもうわかっているのよ．だから，あとは同じ $n$ の中で $\cos nx$ と $\sin nx$ が直交するかどうかを見ればいいわ．

**白**．そうやね．

$$\int_{-\pi}^{\pi}\cos nx\sin nxdx=\frac{1}{2}\int_{-\pi}^{\pi}\sin 2nxdx=\left[\frac{-\cos 2nx}{4n}\right]_{-\pi}^{\pi}=-\frac{1}{4n}(\cos 2n\pi-\cos 2n\pi)=0$$

あ，ちょうど直交しとるわ．

**発**．じゃあ，今度は長さを1に正規化しなくちゃ．

**白**．うん，

$$\int_{-\pi}^{\pi}\cos^2 nxdx=\int_{-\pi}^{\pi}\frac{\cos 2nx+1}{2}dx=\left[\frac{1}{4n}\sin 2nx+\frac{x}{2}\right]_{-\pi}^{\pi}=\pi,$$

$$\int_{-\pi}^{\pi}\sin^2 nxdx=\int_{-\pi}^{\pi}\frac{1-\cos 2nx}{2}dx=\left[\frac{x}{2}-\frac{1}{4n}\sin 2nx\right]_{-\pi}^{\pi}=\pi$$

あ，どっちも $n$ に無関係に $\pi$ になったわ．そやから，

$$\frac{1}{\sqrt{\pi}}\cos nx,\quad \frac{1}{\sqrt{\pi}}\sin nx \qquad (n=1, 2, \cdots)$$

が正規直交系や．

**中**．まだ定数関数が残ってるわよ．

$$\int_{-\pi}^{\pi}1dx=2\pi$$

だから，これだけは $\dfrac{1}{\sqrt{2\pi}}$ が正規化された関数よ．

**発**．すると，$f$ の最良近似三角級数は，

$$\left(f,\frac{1}{\sqrt{2\pi}}\right)\frac{1}{\sqrt{2\pi}}+\sum\left\{\left(f,\frac{1}{\sqrt{\pi}}\cos nx\right)\frac{1}{\sqrt{\pi}}\cos nx+\left(f,\frac{1}{\sqrt{\pi}}\sin nx\right)\frac{1}{\sqrt{\pi}}\sin nx\right\}$$

$$=\frac{1}{2\pi}(f,1)+\frac{1}{\pi}\sum\{(f,\cos nx)\cos nx+(f,\sin nx)\sin nx\}$$

だということになるね．何だか(1)はますますもっともらしく見えて来たなあ．

## [4]　平均収束と一様収束

**白**．ちょっとまてよ，(16)で $N\to+\infty$ としたとき，両辺が0に収束したら

$$\|f-\sum_{n=1}^{\infty}a_n\varphi_n\|^2=0 \tag{18}$$

となって

$$f=\sum_{n=1}^{\infty}a_n\varphi_n$$

がでるのとちがうか．つまり，

$$\|f\|^2=\sum_{n=1}^{\infty}a_n^2\,{}^{*}$$

が成立するかどうかがフーリエ展開できるかどうかのカギや．

**北**．あのね，その辺が少し微妙なのです．第一，(18)は

$$\lim_{N\to+\infty}\|f-\sum_{n=1}^{N}a_n\varphi_n\|^2=\|f-\lim_{N\to+\infty}\sum_{n=1}^{N}a_n\varphi_n\|^2$$

と，積分と lim との交換をしていますが，それは一般には成立しなかったでしょう．

**白**．あ，そうか，あかんか(とショげる)．

**北**．といって，それほどしょげかえるほどでもないんです．いい線いってるんですよ．というのは

$$\lim_{N\to+\infty}\|f-\sum_{n=1}^{N}a_n\varphi_n\|=0 \tag{19}$$

が成立するとき，$\sum_{n=1}^{\infty}a_n\varphi_n$ はこの距離の意味では $f$ にどんどん近づいて行く級数ですから，この距離の意味で $f$ に収束しているわけです．だから，このとき，$\sum_{n=1}^{\infty}a_n\varphi_n$ は $f$ に平均収束するといい，

$$f(x)=\underset{N\to+\infty}{\mathrm{l.i.m.}}\sum_{n=1}^{N}a_n\varphi_n\,{}^{**}$$

と表わします．

**発**．lim と積分など入れかえないで，それ自身を一つの収束現象と見るんですね．

---

*　これを Parseval の等式という．

**　limit in the mean，略して l. i. m. としゃれたわけ．

**北**．そう，その通りです．

**白**．見るというても，ほんまのところは $\sum_{n=1}^{\infty} a_n\varphi_n(x)$ はどういう関数なんですか．つまり各点的にきちんと和がきまるんですか．それがはっきりせんと，(19)も一つの収束現象やいわれたかて，はっきりしません．

**北**．うん，(19)の意味の収束はそんな常識はずれの収束じゃないんですよ．たとえば，関数列 $f_n(x)$ が $f(x)$ に $[-\pi, \pi]$ 上で一様収束すれば，それは平均収束でもあるんです．実際

$$\int_{-\pi}^{\pi} |f_n(x)-f(x)|^2 dx \leqq \sup_{-\pi\leqq x\leqq\pi} |f_n(x)-f(x)|^2 \cdot \int_{-\pi}^{\pi} dx \longrightarrow 0 \quad (n\to+\infty)$$

だからです．

**中**．先生，すると，$V$ の関数については平均収束の意味で(1)が成立する，というのが正しい命題でしょうか．

**北**．それは正しいですが，平均収束の意味で(1)が成立するような関数は $V$ よりずっと範囲が広く，ルベーグ積分の意味で，

$$\int_{-\pi}^{\pi} f(x)^2 dx < +\infty$$

となるような可測関数*，というのがその答です．まあ，ここではこんなことを証明しようとは思いませんが，とにかくこういった話に「必要十分」の形で決着をつけようとすると，どうしてもルベーグ積分のお世話にならざるを得なくなることはおぼえておいていいでしょうね．

**発**．じゃあ，$V$ の関数については一様収束ぐらいが言えるのかな．

**北**．そう，$V$ の関数が滑らかだという性質から，一様収束性がでます．これを証明しましょう．まず連続関数については当然(16)が成立しますから，任意の $N$ につき

$$\sum_{n=1}^{N} a_n^2 \leqq \|f\|^2 < +\infty$$

となります．$N\to+\infty$ として，

$$\sum_{n=1}^{\infty} a_n^2 \leqq \|f\|^2 \quad **$$

が得られます．つまり連続関数のフーリエ係数 $a_n$ から作った正項級数 $\sum_{n=1}^{\infty} a_n^2$ は収束することを表わしています．

さて，ここから先きは，一般の正規直交関数列ではなく，具体的な

---

*　このような関数の全体を $L^2$ とかくことが多い．

**　これを Bessel の不等式という．

$$\frac{1}{\sqrt{2\pi}},\ \frac{1}{\sqrt{\pi}}\cos x,\ \frac{1}{\sqrt{\pi}}\sin x,\ \frac{1}{\sqrt{\pi}}\cos 2x,\ \frac{1}{\sqrt{\pi}}\sin 2x,\ \cdots$$

について考えましょう．この関数列に関する $f$ のフーリエ係数を

$$a_n=\left(f,\ \frac{1}{\sqrt{\pi}}\cos nx\right)=\frac{1}{\sqrt{\pi}}\int_{-\pi}^{\pi}f(t)\cos nt dt$$

$$b_n=\left(f,\ \frac{1}{\sqrt{\pi}}\sin nx\right)=\frac{1}{\sqrt{\pi}}\int_{-\pi}^{\pi}f(t)\sin nt dt \qquad (n=1,\ 2,\ \cdots)$$

$$a_0=\frac{1}{\sqrt{2\pi}}\int_{-\pi}^{\pi}f(t)dt$$

としますと

(20)
$$a_0^2+\sum_{n=1}^{\infty}(a_n^2+b_n^2)\leqq\|f\|^2$$

であり，これから，リーマン・ルベーグの定理

(21)
$$\lim_{n\to+\infty}\frac{a_n}{b_n}=\lim_{n\to\infty}\int_{-\pi}^{\pi}f(t)\frac{\cos nt}{\sin nt}dt=0,^{*}\quad 又は\quad \lim_{n\to\infty}\int_{-\pi}^{\pi}f(t)e^{int}dt=0$$

がでてきます．さて，$\frac{a_0}{\sqrt{2\pi}}+\sum_{n=1}^{\infty}\left(\frac{a_n}{\sqrt{\pi}}\cos nx+\frac{b_n}{\sqrt{\pi}}\sin nx\right)$ の一様収束性を示すには，$\sum_{n=1}^{\infty}(|a_n|+|b_n|)$ の収束性を示せばいいのです**が，$V$ の関数 $f$ は滑らかですから

$$a_n=\frac{1}{\sqrt{\pi}}\int_{-\pi}^{\pi}f(t)\cos nt dt=\frac{1}{\sqrt{\pi}}\left[f(t)\frac{\sin nt}{n}\right]_{-\pi}^{\pi}-\frac{1}{n\sqrt{\pi}}\int_{-\pi}^{\pi}f'(t)\sin nt dt=-\frac{b_n'}{n},$$

$$b_n=\frac{1}{\sqrt{\pi}}\int_{-\pi}^{\pi}f(t)\sin nt dt=\frac{1}{\sqrt{\pi}}\left[-f(t)\frac{\cos nt}{n}\right]_{-\pi}^{\pi}+\frac{1}{n\sqrt{\pi}}\int_{-\pi}^{\pi}f'(t)\cos nt dt=\frac{a_n'}{n}$$

ここで $a_n'$, $b_n'$ は $f'(x)$ のフーリエ係数です．従って，

$$|a_n|+|b_n|=\left|\frac{-b_n'}{n}\right|+\left|\frac{a_n'}{n}\right|\leqq\frac{1}{2}\left\{b_n'^2+\frac{1}{n^2}+a_n'^2+\frac{1}{n^2}\right\}=\frac{1}{2}(a_n'^2+b_n'^2)+\frac{1}{n^2}$$

ところが $\sum_{n=1}^{\infty}(a_n'^2+b_n'^2)$ は (20) からたしかに収束し，$\sum_{n=1}^{\infty}\frac{1}{n^2}$ も収束級数です．だから $V$ の関数 $f$ のフーリエ級数は一様収束します．

**発**．まだ，その収束する先が $f(x)$ 自身であることは証明されてないんですね．

**北**．そう，これからそれを示しましょう．$N$ 項までのフーリエ級数の部分和を $s_N(x)$ とすると，

---

* $\frac{\cos nt}{\sin nt}$ とかいたのは上下いずれをとってもよいというつもり．

** Weierstrass の優級数定理．

$$
\begin{aligned}
s_N(x)&=\frac{1}{2\pi}\int_{-\pi}^{\pi}f(t)dt+\sum_{n=1}^{N}\left\{\frac{1}{\pi}\int_{-\pi}^{\pi}f(t)\cos ntdt\cdot\cos nx+\frac{1}{\pi}\int_{-\pi}^{\pi}f(t)\sin ntdt\cdot\sin nx\right\}\\
&=\frac{1}{\pi}\int_{-\pi}^{\pi}f(t)\left\{\frac{1}{2}+\sum_{n=1}^{N}(\cos nt\cos nx+\sin nt\sin nx)\right\}dt\\
&=\frac{1}{\pi}\int_{-\pi}^{\pi}f(t)\left\{\frac{1}{2}+\sum_{n=1}^{N}\cos n(t-x)\right\}dt=\frac{1}{2\pi}\int_{-\pi}^{\pi}f(t)\left\{1+\sum_{n=1}^{N}(e^{in(t-x)}+e^{-in(t-x)})\right\}dt\\
&=\frac{1}{2\pi}\int_{-\pi}^{\pi}f(t)\sum_{n=-N}^{N}e^{in(t-x)}dt=\frac{1}{2\pi}\int_{-\pi}^{\pi}f(t+x)\sum_{n=-N}^{N}e^{int}dt
\end{aligned}
$$

この $\sum_{n=-N}^{N}e^{int}$ は等比級数ですから，和は $\dfrac{e^{i(N+1)t}-e^{-iNt}}{e^{it}-1}$ となります．今 $f(x)\equiv1$ という関数（固有値 0 に対応する固有関数）について以上のことを行ないますと，$s_N(x)\equiv1$ のはずですから，特に $1=\dfrac{1}{2\pi}\displaystyle\int_{-\pi}^{\pi}\frac{e^{i(N+1)t}-e^{-iNt}}{e^{it}-1}dt$ という等式が得られます．この両辺に $f(x)$ をかけて $s_N(x)$ から引きますと，

$$
s_N(x)-f(x)=\frac{1}{2\pi}\int_{-\pi}^{\pi}\{f(t+x)-f(x)\}\frac{e^{i(N+1)t}-e^{-iNt}}{e^{it}-1}dt
$$

そこで $x$ を固定して $t$ の関数 $\dfrac{f(t+x)-f(x)}{e^{it}-1}$ にリーマン・ルベーグの定理を適用しますと $N\to+\infty$ のとき右辺は 0 に収束し，各点的に

$$
\lim_{N\to+\infty}\left\{\frac{a_0}{\sqrt{2\pi}}+\sum_{n=1}^{N}\left(a_n\frac{1}{\sqrt{\pi}}\cos nx+b_n\frac{1}{\sqrt{\pi}}\sin nx\right)\right\}=f(x)
$$

が示されたことになります．ただ，ここで困るのは $\dfrac{f(t+x)-f(x)}{e^{it}-1}$ は $t=0$ で分母が 0 となり，不連続となるようにみえるので果してリーマン・ルベーグが適用できるかどうか危ぶまれるのですが，幸いにして分子の $f(t+x)-f(x)$ も 0 となるので，もし $f'(x)$ が存在するならド・ロピタルの定理で

$$
\lim_{t\to0}\frac{f(t+x)-f(x)}{e^{it}-1}=\frac{f'(x)}{i}
$$

となり，$t=0$ でも連続な関数にすることができますから，たしかにリーマン・ルベーグが適用できるのです．これで，$f\in V$ についてはそのフーリエ級数がもとの $f(x)$ に一様収束することがわかりました．

**中**．一様収束は $V$ の関数だけの特性なのですか？

**北**．ところがそうではなく，区分的に滑らかな連続関数ならつねに一様収束です．$f(x)$ に不連続点が現れると，一様収束性はなくなりますが，それでも $f(x)$ が区分的に滑らかなら，$s_N(x)$ は各点的に $\dfrac{f(x+0)+f(x-0)}{2}$ に収束します．もっとも $f$ の不連続点はすべて第 1

種としての話ですがね．

これらのことについては多少技巧的な計算を必要とするので省略します．そのような詳しい性質と同時に，$\dfrac{d^2}{dx^2}$ の固有値問題という枠組の方の理解も深めてほしいと思って今日はこのようなことをお話ししたのです．

## 練　習　問　題

**1.** $\|f\|=\left(\int_a^b|f(x)|^2dx\right)^{\frac{1}{2}}$ についてピタゴラスの定理；「$f$ と $g$ が直交すれば $\|f+g\|^2=\|f\|^2+\|g\|^2$」を証明せよ．

**2.** 次の関数を $[-\pi, \pi]$ でフーリエ級数に展開せよ．

(i)　$x(x^2-\pi^2)$　　(ii)　$|x|$　　(iii)　$x$

**3.** 上の三つの関数のフーリエ係数の減少の order の間にはどんな差異が見られるか．

**4.** リーマン・ルベーグの定理は $(-\infty, \infty)$ でも成立する．すなわち，$\int_{-\infty}^{\infty}|f(x)|dx<+\infty$ なら，$\lim_{n\to+\infty}\int_{-\infty}^{\infty}f(x)\begin{matrix}\cos nx\\ \sin nx\end{matrix}dx=0$ である．これを示せ．

# 第 23 章　直交関数系

## [1]　スツルム・リウヴィル型境界値問題

**北井**. 前回で三角関数による一般関数の展開，いわゆるフーリエ展開というもののカラクリをお話ししたのですが，今日は三角関数ばかりじゃなく，いろいろな直交関数系が現われるその様相といったことについて議論しようと思うんです．

**白川**. そんなにたくさん直交関数系があるんですか．

**北**. ええ，ただ，“直交”の意味をいろいろ変えることはありますがね．

**発田**. といいますと？

**北**. つまり，内積をいろいろ変えるのですよ．

**発**. へえ，そんなにいろいろ内積が考えられるんですか．混乱しちゃうなあ．

**白**. 内積いうたら，

$$(1)\qquad (f,g)=\int_{x_0}^{x_1} f(x)\overline{g(x)}dx$$

の形の式だけとちがうんですか．

**北**. 任意に正値連続関数 $\rho(x)$ をとって，

$$(f,g)_\rho=\int_{x_0}^{x_1} f(x)\overline{g(x)}\rho(x)dx$$

を考えれば，これも内積の性質をすべて備えているんですよ．たしかめてごらん*．

**中山**. はい，やってみます．えーと，まず，線型性

$$(f_1+f_2,g)_\rho=(f_1,g)_\rho+(f_2,g)_\rho,\qquad (\alpha f,g)_\rho=\alpha(f,g)_\rho$$

は明らかね．共役対称性，

$$(f,g)_\rho=\overline{(g,f)}_\rho$$

---

* $x_0=-\infty$ や $x_1=+\infty$ の場合も考える．

はどうかしら．

**発**．ああ，それは $\rho(x)$ が実数値なら O. K. だ．

**中**．じゃあ，最後は正定値性，

$$(f,f)_\rho \geqq 0, \qquad (\text{等号は } f=0 \text{ のときだけ成立})$$

だけね．えーと，あ，これも $\rho(x)>0$ から，

$$(f,f)_\rho=\int_{x_0}^{x_1}|f(x)|^2\rho(x)dx \geqq 0$$

となるわね．等号成立も $\rho(x)$ が連続で正値なら $f(x)\equiv 0$ のときに限るわ．なるほど，先生，たしかに内積ですわ．

**北**．この内積を便宜上 $\rho$-内積 ということにしましょう．

**白**．それなら，この $\rho$-内積 の意味で直交すること，つまり $(f,g)_\rho=0$ が成立することを，$\rho$-直交というたらどうですか．

**北**．うん，それはいい考えですね．そうしましょう．そこでわれわれの当面の問題は，$\rho$-直交な関数系としてどんなものがあるかということです．といっても，$\rho(x)$ が何でもいいのなら，考える関数系も無限定になってしまいますが，そうではなく，三角関数系が対称作用素 $\dfrac{d^2}{dx^2}$ の固有関数系だったからこそいろいろいい性質をもっていたように，ある2階微分作用素に対応して，固有関数系としての直交関数を考えていこうというのですよ．

一般の線型2階微分作用素は，

(2) $$L=a(x)\frac{d^2}{dx^2}+b(x)\frac{d}{dx}+c(x)^{*}$$

とかけますね．この作用素が適当な条件の下で対称作用素になるようにできるかどうかを考えましょう．

**発**．どうもよくわかりませんが……．対称かどうか，それは $a, b, c$ の間の関係できまるんでしょう．

**北**．いや，うまく $\rho(x)(>0)$ をえらんで，$L$ が $\rho$-対称

(3) $$(Lf,g)_\rho=(f,Lg)_\rho$$

となるようにしようというのですよ．

**白**．あっ，対称の意味まで変えてしまうんか！

**北**．だって，直交の意味をかえたんだから，対称だっていろいろ変えられますよ．

**中**．どうして，$\rho$-対称 などを考えるんですか．

**北**．それはね，$L$ の固有値問題を考えるとき，調子のいいことがたくさんあるからです．た

---

* $a, b, c$ は実数値関数とする．

とえば，$L$ が $\rho$-対称 なら，$L$ の固有値は実数で，異なる固有値に対応する固有関数どうしは $\rho$-直交 するでしょう．

**白**．へえ，どうしてですか．

**北**．対称行列の固有値問題のときと全く同じですよ．$\lambda$ が $L$ の固有値で，$f(x)$ が $\lambda$ に対応する固有関数なら，$Lf=\lambda f$ だから，

$$\lambda=\lambda\frac{(f,f)_\rho}{(f,f)_\rho}=\frac{(\lambda f,f)_\rho}{(f,f)_\rho}=\frac{(Lf,f)_\rho}{(f,f)_\rho}=\frac{(f,Lf)_\rho}{(f,f)_\rho}=\frac{(f,\lambda f)_\rho}{(f,f)_\rho}$$
$$=\frac{\bar{\lambda}(f,f)_\rho}{(f,f)_\rho}=\bar{\lambda}$$

となって，$\lambda$ は実数でなければならないでしょう．また，

$$Lf_1=\lambda_1 f_1,\quad Lf_2=\lambda_2 f_2,\quad (\lambda_1\neq\lambda_2)$$

とすると，

$$(\lambda_1-\lambda_2)(f_1,f_2)_\rho=(\lambda_1 f_1,f_2)_\rho-(f_1,\lambda_2 f_2)_\rho=(Lf_1,f_2)_\rho-(f_1,Lf_2)_\rho=0$$

だから，$(f_1,f_2)_\rho=0$ でなければならず，$f_1$ と $f_2$ は $\rho$-直交します．

**発**．あっそうか．$L=\dfrac{d^2}{dx^2}$，$\rho\equiv1$ のときがフーリエの三角関数系だったんですね．

**北**．ええ，論理構造というとむづかしく聞こえるけれど，つまり証明の“中味”は全く同じパターンでしょう．

**中**．なるほど，そうすると，何だかわくわくして来たわ．(2) でも同じことができるのかしら．

**北**．ええ，やってみましょう．(3) の式が任意の $f,g$ について成立するように条件をつけて行けばいいのです．そこで，

$$(Lf,g)_\rho-(f,Lg)_\rho=\int_{x_0}^{x_1}\{(af''+bf'+cf)\bar{g}\rho-f(a\bar{g}''+b\bar{g}'+c\bar{g})\rho\}\,dx$$

を変形しましょう．部分積分して，

$$=[af'\bar{g}\rho+bf\bar{g}\rho-af\bar{g}'\rho-bf\bar{g}\rho]_{x_0}^{x_1}-\int_{x_0}^{x_1}\{f'(a\bar{g}\rho)'+f(b\bar{g}\rho)'-(af\rho)'\bar{g}'-(bf\rho)'\bar{g}\}\,dx$$

$$=[a\rho(f'\bar{g}-f\bar{g}')]_{x_0}^{x_1}-\int_{x_0}^{x_1}\{(a\rho)'-b\rho\}(f'\bar{g}-f\bar{g}')\,dx$$

と整頓できます．これが任意の $f,g$ に対して0になるようにしようというのです．まず，第1項は，考えている区間の両端 $x_0,x_1$ での関数値できまりますから，これは $f,g$ に対する境界条件によって0にするより他ありません．つまり，フーリエ級数の場合と同じように，境界である種の条件(周期性のような)をみたすような関数空間を作ってその中で $L$ の $\rho$-対称性を議論することになります．で，その境界条件の設定の仕方はちょっとあとまわしにして，第1項は0にできたものとしましょう．すると，第2項を0にするには，

(4) $$(a\rho)'-b\rho=0$$

をみたすように $\rho$ を作ればよいことになります.

**中**. $L$ の係数から $\rho$ を作るのですね.

**北**. そうです. これは $\rho$ に関する1階の微分方程式だから簡単にとけます.

**白**. こんなもん, すぐとけるわ. $a\rho=y$ とおくやろ, そしたら $y'=\dfrac{b}{a}y$ となるから, $y=C\cdot e^{\int\frac{b}{a}dx}$ や. つまり,

(5) $$\rho(x)=\frac{C}{a(x)}e^{\int^x\frac{b(t)}{a(t)}dt}$$

となるわ.

**北**. そうですね. ここで $a(x)$ でわることになるので, $a(x)$ は $(x_0, x_1)$ では0にならないと仮定しましょう. ただ, 両端では0になってもいいとします. すると一般性を失なうことなしに $a(x)>0$ としていいでしょう. そして定数 $C$ も正の値にとればいいということになります. 簡単のために $C=1$ としておきましょう.

**発**. 先生, そうすると, まあ, 境界条件のつけ方を別にすれば, どんな2階の線型微分作用素も, うまく $\rho(x)>0$ をえらんで $\rho$-対称にできるのですね.

**北**. そう, その通りです. うまくできているでしょう. これは, 2階の微分ということの特徴です. もっとも偶数階微分ならある程度似た議論ができますが.

**白**. そこで $L$ の固有値問題へと行くわけか.

**北**. ここで, ちょっと注意しておきたいんですが, $L$ の固有値問題 $Lf=\lambda f$ を考えるとき, この両辺に $\rho(x)$ をかけてやりますと,

$$a\rho\frac{d^2f}{dx^2}+b\rho\frac{df}{dx}+c\rho f-\lambda\rho f=0$$

となりますが, (4) から, $b\rho=(a\rho)'$ なので, この式は

(6) $$\frac{d}{dx}\left(a\rho\frac{df}{dx}\right)+c\rho f-\lambda\rho f=0$$

とかけます. つまり重み $\rho(x)$ の内積で $Lf=\lambda f$ を考えることは, (6) という形の微分作用素の固有値問題を重み1で考えるのと同じことになります. そこで $a\rho=p$, $c\rho=q$ とおきますと, (6) は

(7) $$\frac{d}{dx}\left(p(x)\frac{dy}{dx}\right)+q(x)y-\lambda\rho(x)y=0 \qquad (p(x)>0,\ \rho(x)>0)$$

の形の固有値問題となります. これを, スツルム・リウヴィル* 型の境界値問題といいます.

---

* J. Sturm 1803-1855. J. Liouville 1809-1882.

**中**．すると，(7) をみたす $\lambda$ (実数) と関数 $y=f(x)$ ($\neq 0$) がみつかれば，調子のいいことがたくさんあるってことね．

**発**．$f(x)$ は境界条件もみたさなくっちゃね．

**北**．ところで，実用上よくでてくる方程式では $p(x)$ が区間の端の一方または両方で 0 になっていることがしばしばあるんです．そんなとき，$f(x)$ に対する境界条件としては，ただ単に値があるという条件だけでよいことになります．実際，境界条件は

(8)
$$[p(x)(f'g-fg')]_{x_0}^{x_1}=0$$

だから，もし $p(x_0)=0$ なら，$f$ や $g$ については単に $f'(x_0)g(x_0)-f(x_0)g'(x_0)$ が存在するだけでいいことになります．

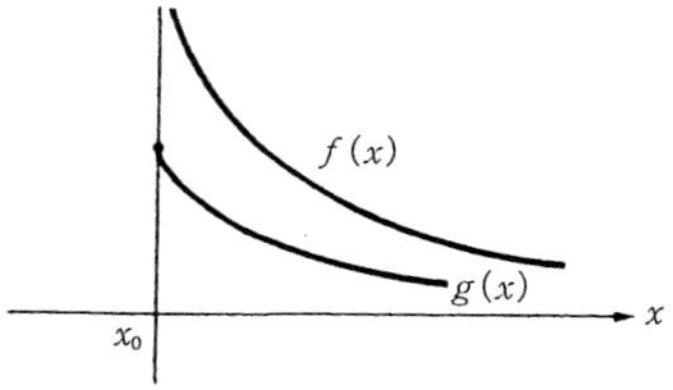


第 1 図

**白**．存在するて，……，いつでも存在するのとちがいますか．

**北**．いや，意地悪く，$\lim_{x\to x_0} f(x)=+\infty$ となるような関数や，$\lim_{x\to x_0} g'(x)=+\infty$ となるようなものを採用しては困るでしょう．

**白**．(一人ごと)数学ちゅうヤツはコンジョワルやな．

**北**．このように，微分作用素の最高次部分(2階微分)が消えてしまうような境界点のことを<u>特異境界点</u>といいます．そこでの境界条件の置き方は普通の場合（たとえば三角関数のときのような）とは少しちがった形をとることに注意して下さい．

## [2]　ルジャンドルの多項式

**北**．では，いくつかの例，それも重要な例について，スツルム・リウヴィル型境界値問題を考えてみましょう．まず，最初は区間 $[-1,1]$ の上で微分作用素

$$Ly=\frac{d}{dx}\left((1-x^2)\frac{dy}{dx}\right)=(1-x^2)\frac{d^2y}{dx^2}-2x\frac{dy}{dx}$$

の固有値問題を取り上げましょう．これは初めから(7)の形になっているので $\rho(x)\equiv 1$ ととればよいのです．つまり境界条件を別にして $L$ は対称です．このようなとき，$L$ は「形式的対称である」といいます．次に，$x=\pm 1$ で $1-x^2=0$ となるから，境界点は両方とも特異境界点です．そこで境界条件として，「$f(\pm 1)$, $f'(\pm 1)$ は共に有限」という条件をおきましょう．つまり，関数空間として，

(9)　　$V=\{f(x) : f(x)\in C^2(-1,1), f(\pm 1), f'(\pm 1)$ が存在する$\}$

を採用し，この中で固有関数をさがそうというのです．

**白**．つまり境界条件を置くということは，固有値問題の土俵をきちんときめるということなんですね．

**北**. そうです．では，固有関数を求めてごらん．

**発**. えーと，

(10)　　$((1-x^2)y')'-\lambda y=0, \quad y\in V$

をとくんだとよ．うーん，こんなの，どうするの？

**白, 中**. さあ，……．(と三人ともわからない.)

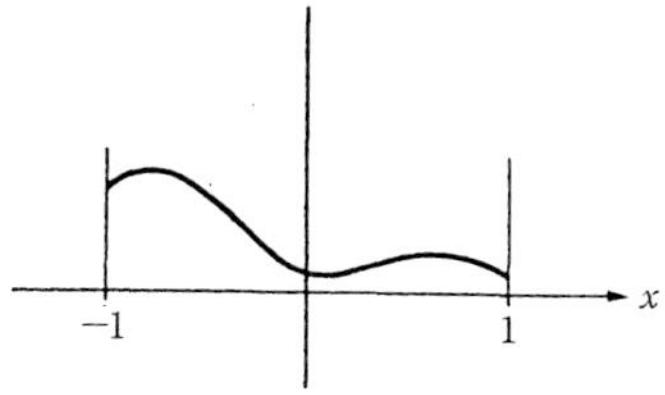


第 2 図

**北**. (10) の係数は $x$ の解析関数だから，解があるとすれば，たとえば $x=0$ のまわりで整級数展開できるはずです．だから，その係数をきめて行けばいいのですよ．

**発**. あっ，そうか．未定係数法だな．$y=\sum_{n=0}^{\infty}a_nx^n$ とおいて $a_0, a_1, a_2, \cdots$ と順に求めて行けばいいんだ．

**中**. すると，(10) へ代入して，

$$\left((1-x^2)\sum_{n=0}^{\infty}na_nx^{n-1}\right)'-\lambda\sum_{n=0}^{\infty}a_nx^n$$
$$=\sum_{n=0}^{\infty}n(n-1)a_nx^{n-2}-\sum_{n=0}^{\infty}n(n+1)a_nx^n-\sum_{n=0}^{\infty}\lambda a_nx^n$$
$$=\sum_{n=0}^{\infty}\{(n+2)(n+1)a_{n+2}-n(n+1)a_n-\lambda a_n\}x^n=0$$

となるわよ．だから，

(11)　　$$a_{n+2}=\frac{n(n+1)+\lambda}{(n+1)(n+2)}a_n \qquad (n=0, 1, 2, \cdots)$$

が成立するわ．これから順に $a_n$ をきめればいいのね．あら，これ，一つ置きにきまるわよ．

**発**. うん．だから，偶関数と奇関数が別々に一つずつきまるんだね．

**白**. あれえ，おかしいでえ．三角関数のときやったら，ちゃんと特定の $\lambda$ のときだけ解があって，その他の $\lambda$ については解は恒等的に 0 に限るんやったけど，今度はどんな $\lambda$ についても解があるんか．そしたら，任意の数は固有値ということになるでえ．

**発**. あっ，そうか．変だなあ．

**中**. そうじゃないわよ．まだ境界条件をチェックしてないじゃない．境界条件をみたすようにしようとすると，特定の $\lambda$ がでてくるんだったんでしょう．

**白**. あ，そうか．すると，(11) で係数をきめた整級数 $y=\sum_{n=0}^{\infty}a_nx^n$ が $x=\pm1$ でちゃんと収束するためには $\lambda$ はどんな値でなかったらあかんか，という問題をとかんといかんわけやな．うーん，これもえらいむづかしいわ，いやになってきたな，もう．ワカラン．(とサジをなげる.)

**発**. 偶関数と奇関数だから，　$y_1=\sum_{m=0}^{\infty}a_{2m}x^{2m}, \qquad y_2=\sum_{m=0}^{\infty}a_{2m+1}x^{2m+1}$

を考えればいいわけだ．$a_0=1$，$a_1=1$ としておいた方がわかりやすいよな．ここで $x=1$ とおいてみると，要するに，

$$\sum_{m=0}^{\infty} a_{2m}, \qquad \sum_{m=0}^{\infty} a_{2m+1}$$

の収束性が問題だ．

**白**．（また少し元気がでる）あ，級数の収束性．それやったら，何とかの判定法というやつ使うたらどうや．

**発**．「やみくもに，ロボットのように」使っちゃだめだっていわれたじゃないか*．

**中**．たいていの $\lambda$ については発散することをいわなくちゃいけないのよ．これ，むずかしいわよ．だいいち，絶対値もとれないわ．

**白**．どうして？

**中**．だって，$\sum|a_{2m}|$ が発散しても $\sum a_{2m}$ は収束するかもよ．

**白**．あ，そうか．それやったら，正項級数の判定法は使えへんやないか．やっぱりアカン．

**発**．まてまて，(11)をみてるとね，$n(n+1)>-\lambda$ となる位に $n$ が大きくなれば，$a_{n+2}$ の符号は $a_n$ の符号と同じだろう．つまり，$\sum a_{2m}, \sum a_{2m+1}$ は共にある番号から先きは定符号なんだよ．だから正項級数と思っていいんだ．

**中**．あら，そうねえ．調子いいわよ．白川さん，何とかの判定法をどうぞお使い下さいませ．

**白**．ちえっ，もうケチがついたからヤンペや．（とむくれる．）

**発**．
$$\frac{a_{2(m+1)}}{a_{2m}}=\frac{2m(2m+1)+\lambda}{(2m+1)(2m+2)}=\frac{1+\dfrac{\lambda}{2m(2m+1)}}{1+\dfrac{1}{m}}=1-\frac{1}{m}+O\left(\frac{1}{m^2}\right) \quad (m\to+\infty)$$

だから，ガウスの判定法で $\sum a_{2m}$ は発散だ．**

**白**．（ついつり込まれて）あっ，うまいことといけるやないか．そしたらもう一つの方も，

$$\frac{a_{2(m+1)+1}}{a_{2m+1}}=\frac{(2m+1)(2m+2)+\lambda}{(2m+2)(2m+3)}=\frac{1+\dfrac{1}{2m}+\dfrac{\lambda}{2m(2m+2)}}{1+\dfrac{3}{2m}}$$

$$=\left(1-\frac{3}{2m}+O\left(\frac{1}{m^2}\right)\right)\left(1+\frac{1}{2m}+O\left(\frac{1}{m^2}\right)\right)=1-\frac{1}{m}+O\left(\frac{1}{m^2}\right) \quad (m\to+\infty)$$

でこれもガウスでチョンや．

**北**．白川君もなかなかうまいもんですねえ．ただちょっと補足しますとね，この判定比を計

---

* 第9章参照．

** 正項級数に関するガウスの判定法：$\dfrac{a_m}{a_{m-1}}=1-\dfrac{\alpha}{m}+O\left(\dfrac{1}{m^2}\right)$ $(m\to+\infty)$ なら，$\alpha>1$ のとき $\sum a_m$ は収束，$\alpha\leqq 1$ のとき発散．

算して $m\to+\infty$ のとき1に収束することから $\sum a_{2m}x^{2m}$, $\sum a_{2m+1}x^{2m+1}$ の収束半径がちょうど1であることがわかり，次にガウスの判定法によって，その端でこの級数が発散することがわかり，最後に，定符号級数だということから，

$$\lim_{x\to1-0}\left(\lim_{N\to+\infty}\sum_{m=0}^{N}a_{2m}x^{2m}\right)=\lim_{N\to+\infty}\left(\lim_{x\to1-0}\sum_{m=0}^{N}a_{2m}x^{2m}\right)=\infty$$

と，lim の交換ができてこの関数が $x=1-0$ で有限の値をとらないことがわかるんです．

**中**．先生，そうすると，どんな $\lambda$ をとっても境界条件をみたす解はみつからないことになりますけど…….

**北**．いや，(11) をよくみて下さい．$\lambda$ が

(12) $$\lambda=-N(N+1)$$

の形の自然数である場合だけは例外で，そのときは $a_{N+2}=0$ となり，そこから先きは全部 $a_n=0$ となってしまいます．

**白，発，中**．あっ，なるほど．

**中**．すると，$\lambda$ が (12) の形の自然数，つまり，

$$0,\ -2,\ -6,\ -12,\ -20,\ -30,\ \cdots\cdots$$

のときだけ，解は多項式となって，もちろん $V$ に入るんですね．これで固有値も固有関数もいっぺんにわかっちゃったのね，カンゲキ．

**発**．固有値はうまくみつかったけど，固有関数の方はまだ具体的にわかったような気がしないなあ．

**北**．実はこの固有関数がルジャンドル多項式なのです．ルジャンドル*多項式は

(13) $$P_n(x)=\frac{1}{2^n n!}\frac{d^n}{dx^n}(x^2-1)^n \qquad (n=0,1,2,\cdots)$$

によって与えられる多項式系なのですが，この $P_n(x)$ が $\lambda=-n(n+1)$ に対応する (10) の固有関数であることを証明しましょう．

すでに，$\lambda=-n(n+1)$ に対応する (10) の固有関数 $y_n(x)$ は $n$ 次の多項式で，$n$ が偶数または奇数であるに従って，偶関数または奇関数となっているということはわかっているのですね．

**中**．はい，それはもう，係数のきまり方 (11) からわかっています．

**北**．さらに，一般論から，$n\neq m$ なら $(y_n, y_m)=0$ と直交することもわかりますね．従って，$n+1$ 個の多項式 $y_0, y_1, \cdots, y_n$ は（$n$ がいくらであっても）線型独立です．

**白**．線型独立て何のことやった？

**発**．線型結合が0になるのはその係数が全部0のときだけ，ということさ．

---

* A.M. Legendre 1752-1833.

**白**．あ，一次独立のことか．えーと，直交したら一次独立か？

**発**．うん．$c_0y_0+\cdots+c_ny_n=0$ となったとするとき，$y_k$ をかけて内積をとると，番号が $k$ 以外の所は直交性から全部消えて，$c_k(y_k, y_k)=0$ となるだろ．だから $c_k=0$ なのさ．すべての $k$ についてこのことをやれば $c_0=\cdots=c_n=0$ となっちゃうよ．

**白**．そうやったな．これ線型代数そのものやないか．

**北**．さて，単項式 $1, x, x^2, \cdots, x^n$ も線型独立だから，ある $n+1$ 次正則行列 $M$ があって，

$$(1, x, x^2, \cdots, x^n)=(y_0, y_1, y_2, \cdots, y_n)\cdot M$$

ところが，任意の $n$ 次多項式は $1, x, \cdots, x^n$ の線型結合だから，それはまた $y_0, y_1, \cdots, y_n$ の線型結合で一意的にかき表わされます．

$$Q(x)=(1\ x\cdots x^n)\begin{pmatrix} a_0 \\ \vdots \\ a_n \end{pmatrix}=(y_0\ y_1\cdots y_n)M\begin{pmatrix} a_0 \\ \vdots \\ a_n \end{pmatrix}$$

これだけのことがわかりますと，今度は，

「$y_n(x)$ は任意の $n-1$ 次多項式と直交する」

ことがでてきます．実際，任意の $n-1$ 次多項式 $Q(x)$ を $y_0, y_1, \cdots, y_{n-1}$ の線型結合で

$$Q(x)=\sum_{k=0}^{n-1} c_k y_k(x)$$

と表わしておきますと，

$$(Q, y_n)=\sum_{k=0}^{n-1} c_k(y_k, y_n)=0$$

でおしまいです．ところで，この逆も成立します．つまり，任意の $n-1$ 次多項式と直交する $n$ 次多項式は定数倍を除いて $y_n(x)$ に一致するのです．なぜなら，別に $P(x)$ という $n$ 次多項式がすべての $n-1$ 次多項式と直交したとしますと，$Q(x)=y_n(x)-cP(x)$ が $n-1$ 次になるように（つまり $y_n$ の $n$ 次の項と $cP$ の $n$ 次の項とが同じ係数になるように）定数 $c$ がえらべるから，

$$(Q, Q)=(y_n-cP, Q)=(y_n, Q)-c(P, Q)=0-0=0$$

従って $Q(x)\equiv 0$．つまり，$y_n(x)=cP(x)$ となって，$P$ は定数倍を除いて $y_n$ と一致します．

**白**．何や，えらいスマートに何でもでてくるけど，手品みてるみたいやな．

**北**．では $y_n$ が(13)に等しいことを示しましょう．今 $2n$ 次多項式を一つとって来て，それを $R(x)$ とします．その $n$ 階導関数 $\dfrac{d^n}{dx^n}R(x)$（これは $n$ 次多項式）が任意の $n-1$ 次多項式 $Q(x)$ と直交するように $R(x)$ をきめましょう．次々に部分積分して，

$$\begin{aligned} 0&=\left(Q, \frac{d^n}{dx^n}R\right)=\int_{-1}^{1} Q(x)\frac{d^n}{dx^n}R(x)dx \\ &=[QR^{(n-1)}-Q'R^{(n-2)}+\cdots+(-1)^{n-1}Q^{(n-1)}R]_{-1}^{1}+(-1)^n\int_{-1}^{1} Q^{(n)}Rdx \end{aligned}$$

となりますが，最後の項は $Q^{(n)}(x)\equiv 0$ だから，消えてしまいます．従って，$[\quad]_{-1}^{1}$ の所が 0 になるような $R(x)$ が作れたらそれで O. K. です．ところで，$Q(x)$ は任意なのですから

0にするためのアテにはできません．だから $R(\pm1)=R'(\pm1)=\cdots=R^{(n-1)}(\pm1)=0$ となるようにしなければならないわけです．これは $R(x)$ が $x=1, x=-1$ をそれぞれ $n$ 重根としてもっていることを示しています．そのような $2n$ 次多項式というのは

$$R(x)=(x-1)^n(x+1)^n=(x^2-1)^n$$

に限ります．逆に $R(x)$ としてこの多項式を採用しますと，たしかに $\dfrac{d^n}{dx^n}(x^2-1)^n$ は任意の $n-1$ 次多項式と直交するから，これは定数倍を除いて $y_n$ に等しくなければなりません．つまり，

$$y_n(x)=c_n\cdot\frac{d^n}{dx^n}(x^2-1)^n$$

でなければならないのです．

**発**．カックイイ！

**中**．先生，(13) の係数を $\dfrac{1}{2^n\cdot n!}$ ととったのはどういう理由からですか？

**北**．まあ，いろいろ実用的な利点からですが，たとえばこうえらんでおくと，

$$P_n(1)=1$$

となります．なぜなら，$\dfrac{d^n}{dx^n}(x-1)^n(x+1)^n$ をライプニッツの法則で導関数の積の和に分解すると

$$\frac{d^n}{dx^n}(x-1)^n(x+1)^n=\{(x-1)^n\}^{(n)}(x+1)^n+\binom{n}{1}\{(x-1)^n\}^{(n-1)}\{(x+1)^n\}'+\cdots$$
$$\cdots+(x-1)^n\{(x+1)^n\}^{(n)}$$

となり，両はしを除いて必らず $(x-1)(x+1)$ という因子をもちます．だから，

$$\frac{d^n}{dx^n}(x^2-1)^n=n!(x+1)^n+(x-1)(x+1)G(x)+n!(x-1)^n \qquad (G \text{ は多項式})$$

の形をしています．従って，

$$\left.\frac{d^n}{dx^n}(x^2-1)^n\right|_{x=\pm1}=(\pm1)^n2^nn!$$

**白**．先生，フーリエ展開と同じように，ルジャンドル展開というのもあるんでしょうか．

**北**．ええ，ありますよ．さっき作った $V$ という関数空間に属する関数はルジャンドル多項式 $P_n(x)$ の無限線型結合

$$f(x)=\sum_{n=0}^{\infty}c_nP_n(x), \qquad \left(c_n=\frac{(f, P_n)}{\|P_n\|^2},\ n=0, 1, 2, \cdots\right)$$

の形に一様収束の意味でかき表わされるのですが，その証明は多少メンドーで，ここではやりません．

## [3] エルミートの多項式

**北**．もう一つ，別の直交関数系を議論しましょう．今度は無限区間 $(-\infty, \infty)$ において，

$$\frac{d^2}{dx^2}-2x\frac{d}{dx} \tag{14}$$

の固有値問題を考えます．内積の重み $\rho(x)$ は，

$$\rho'+2x\rho=0$$

の解として，$\rho(x)=e^{-x^2}$ を採用すればいいはずですから，

$$\frac{d}{dx}\left(e^{-x^2}\frac{dy}{dx}\right)-\lambda e^{-x^2}y=0 \tag{15}$$

の形の微分方程式の解を考えることになります．境界条件は

$$[e^{-x^2}(f'g-fg')]_{-\infty}^{\infty}=0$$

だから，簡単のため，

$$f(x)=O(|x|^k) \qquad (|x|\to+\infty)$$

を境界条件に採用します．いいかえると，$|x|$ が増大するとき $|f(x)|$ も増加していいが，それは高々 $x$ の多項式の order であるとするのです．これも $x=\pm\infty$ での一種の拘束条件です．

**発**．今度は境界といっても目には見えないんですね．

**北**．ええ，そこで，固有値と固有関数をルジャンドルの場合と同じようにして求めますと，$y=\sum_{n=0}^{\infty}a_nx^n$ を

$$y''-2xy'-\lambda y=0$$

に代入して，

$$\sum_{n=0}^{\infty}n(n-1)a_nx^{n-2}-\sum_{n=0}^{\infty}2na_nx^n-\sum_{n=0}^{\infty}\lambda a_nx^n=0$$

すなわち，

$$\sum_{n=0}^{\infty}\{(n+2)(n+1)a_{n+2}-2na_n-\lambda a_n\}x^n=0$$

が得られますから，

$$a_{n+2}=\frac{2n+\lambda}{(n+1)(n+2)}a_n \qquad (n=0,1,2,\cdots) \tag{16}$$

によって次々に係数がきまります．これも一つとびだから偶関数と奇関数が別々にきまります．前とほとんど同じ議論で収束半径 $\infty$ の整級数が得られますが，$\lambda\neq-2N$ $(N=0,1,2,\cdots)$ の形なら解は $|x|\to+\infty$ のときの増大の order が多項式の order になりませんから，境界条件をみたしません．一方，$\lambda=-2N$ $(N=0,1,2,\cdots)$ なら，得られる解は多項式となります．

**中**．やはり，$N$ 次多項式で，$N$ が偶数なら偶関数，奇数なら奇関数ですね．

**北**．そうです．この多項式を(定数倍を適当に行なって)エルミート*の多項式といいます．そ

---

* C. Hermite　1822-1901.

して，実は，これは

$$(17)\qquad H_n(x)=(-1)^n e^{x^2}\frac{d^n}{dx^n}e^{-x^2}$$

に等しいのです．

**白**．へえー，こんな関数がでてくるのか，タマゲタ．

**北**．そのことをざっと証明しましょう．今 $\lambda=-2n$ ($n=0, 1, 2, \cdots$) に対応する固有関数を $y_n(x)$ ($n=0, 1, 2, \cdots$) とすると，[2] でやったのと全く同じ推論で，$n \neq m$ なら $y_n$ と $y_m$ は $e^{-x^2}$-直交します．

**白**．$e^{-x^2}$-直交というと，$\rho(x)=e^{-x^2}$ としたときの内積で

$$(y_n, y_m)_\rho=\int_{-\infty}^{\infty} y_n(x)y_m(x)e^{-x^2}dx=0$$

という意味ですね．

**北**．ええ，従って前と同じようにして $y_n$ は任意の $n-1$ 次多項式と $e^{-x^2}$-直交し，逆にそのような $n$ 次多項式は定数倍を除いて $y_n$ に等しいことも簡単に示せます．そこでこれらのことはあとで確かめてもらうことにして，$y_n(x)$ は (17) に等しいことを示しましょう．目標は任意の $n-1$ 次多項式 $Q(x)$ と $e^{-x^2}$-直交するような $n$ 次多項式を求めることです．そこで $n$ 次多項式 $R(x)$ を一つとり，$R(x)e^{-x^2}$ の $n$ 階原始関数を $S(x)$ とおきましょう．

$$(18)\qquad \frac{d^n}{dx^n}S(x)=R(x)e^{-x^2}.$$

すると，

$$(Q, R)_\rho=\int_{-\infty}^{\infty}Q(x)R(x)e^{-x^2}dx=\int_{-\infty}^{\infty}Q(x)\frac{d^n}{dx^n}S(x)\cdot dx$$
$$=[QS^{(n-1)}-Q'S^{(n-2)}+\cdots+(-1)^{n-1}Q^{(n-1)}S]_{-\infty}^{\infty}+(-1)^n\int_{-\infty}^{\infty}Q^{(n)}Sdx$$

前と同様 $n-1$ 次多項式 $Q(x)$ の $n$ 階導関数は 0 ですから最後の項は消えてしまいます．従って，$S$ としては

$$S(\pm\infty)=S'(\pm\infty)=\cdots=S^{(n-1)}(\pm\infty)=0$$

となるものを採用すれば十分です．そのような $S(x)$ はいくらでも考えられますが (18) をみたすことも要求されていますから，

$$S(x)=e^{-x^2}$$

とおくとちょうどよいことがわかります．従って，(18) を $R(x)$ についてといて，

$$R(x)=e^{x^2}\frac{d^n}{dx^n}e^{-x^2}$$

**発**．まるでパズルのなぞ解きをされてるみたいだなあ．

**中**．普通 (17) を出発点にしていろいろ説明してあるけど，こんな風に逆にもっていった方がかえってずっとわかりやすいのね．

**北**．(17) の係数 $(-1)^n$ は，これは本当にどうでもいいんですが，$H_n(x)$ の最高次係数が正

になるようにしてあるのです．

## [4]　母　関　数

**北**．直交関数系の話にはよく母関数というのがでて来ます．いい機会ですから説明しておきましょう．関数列 $\{f_n(x)\}_{n=0,1,2,\dots}$ があるとき，2変数 $(x, t)$ の関数

$$G(x, t)=\sum_{n=0}^{\infty} f_n(x)\cdot t^n$$

を $\{f_n(x)\}$ の母関数といいます．場合によっては $\sum_{n=0}^{\infty}\frac{f_n(x)}{n!}t^n$ としたり，その他いろいろです．ルジャンドル関数とエルミート関数の母関数を求めてみましょう．

(19)　$$\sum_{n=0}^{\infty} P_n(x)t^n=\frac{1}{\sqrt{1-2xt+t^2}},\quad \sum_{n=0}^{\infty}\frac{H_n(x)}{n!}t^n=e^{2xt-t^2}$$

が成立します．

**白**．うわあ，思いもよらん関数やなあ．

**北**．これは複素積分を使うとウソのように簡単にいくんです．ルジャンドルの方は，

$$\frac{1}{n!}\frac{d^n}{dx^n}(x^2-1)^n=\frac{1}{2\pi i}\int_C\frac{(\zeta^2-1)^n}{(\zeta-x)^{n+1}}d\zeta$$

だから，

(20)　$$\sum_{n=0}^{\infty} P_n(x)t^n=\frac{1}{2\pi i}\int_C\sum_{n=0}^{\infty}\left(\frac{(\zeta^2-1)t}{2(\zeta-x)}\right)^n\cdot\frac{d\zeta}{\zeta-x}$$

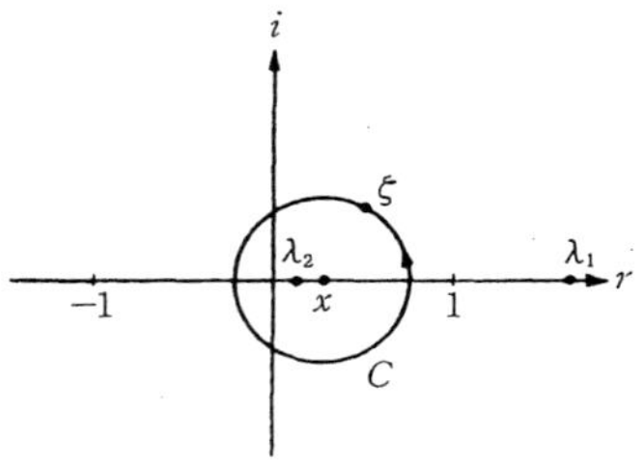


第 3 図

となります．ここで $\int_C$ と $\sum_{n=0}^{\infty}$ の交換がうまく行くのは，

$$\left|\frac{(\zeta^2-1)t}{2(\zeta-x)}\right|\leqq r<1$$

と一様に押えられる場合なのですが，$\zeta$ は $x$ を囲む単一閉曲線（たとえば $x$ を中心とする円周）上を動くから，$|t|$ さえ十分小にとればこれは実現します．さて

$$\sum_{n=0}^{\infty}\left(\frac{(\zeta^2-1)t}{2(\zeta-x)}\right)^n=\frac{1}{1-\dfrac{(\zeta^2-1)t}{2(\zeta-x)}}=\frac{2(\zeta-x)}{(t-2x)+2\zeta-t\zeta^2}$$

と変形されますから(20)は

(21)　$$=\frac{1}{2\pi i}\int_C\frac{2d\zeta}{(t-2x)+2\zeta-t\zeta^2}=\frac{1}{2\pi i}\int_C\frac{2d\zeta}{-t(\zeta-\lambda_1)(\zeta-\lambda_2)}$$

---

＊　$C$ は $x$ を囲む単一閉曲線

ここで，$\lambda_1=\dfrac{1}{t}(1+\sqrt{1-2xt+t^2})$，$\lambda_2=\dfrac{1}{t}(1-\sqrt{1-2xt+t^2})$ ですが，

$$(1-2xt+t^2)^{\frac{1}{2}}=1-xt+\frac{1}{2}(1-x^2)t^2+O(t^3) \qquad (t\to 0)$$

なので，$\lambda_1=\dfrac{2}{t}-x+\dfrac{1}{2}(1-x^2)t+O(t^2)$，$\lambda_2=x-\dfrac{1}{2}(1-x^2)t+O(t^2)$ と，$t\to 0$ のとき $|\lambda_1|\to+\infty$，$\lambda_2\to x$ となります．だから $t$ が十分小さいとき閉曲線 $C$ の内部には $\lambda_2$ しかありません．従って，(21) の値はコーシーの積分公式から

$$=-\frac{2}{t}\frac{1}{\lambda_2-\lambda_1}=\frac{1}{\sqrt{1-2xt+t^2}}.$$

すなわち，ルジャンドル関数 $\{P_n(x)\}_{n=0,1,2,\ldots}$ の母関数は

$$\sum_{n=0}^{\infty}P_n(x)t^n=\frac{1}{\sqrt{1-2xt+t^2}}$$

なのです．同じ調子でエルミート多項式 $\{H_n(x)\}_{n=0,1,2,\ldots}$ の母関数 $\displaystyle\sum_{n=0}^{\infty}\frac{H_n(x)}{n!}t^n$ を求めてごらん．

**発**． $$H_n(x)=(-1)^n e^{x^2}\frac{d^n}{dx^n}e^{-x^2}=(-1)^n e^{x^2}\frac{n!}{2\pi i}\int_C\frac{e^{-\zeta^2}}{(\zeta-x)^{n+1}}d\zeta$$

だから，

$$\sum_{n=0}^{\infty}\frac{H_n(x)}{n!}t^n=\frac{e^{x^2}}{2\pi i}\int_C e^{-\zeta^2}\sum_{n=0}^{\infty}\frac{(-t)^n}{(\zeta-x)^{n+1}}d\zeta$$

**白**．その $\Sigma$ と $\int$ の入れかえはできるか？

**発**．うん，$C$ は $x$ を囲む単一閉曲線だから $t$ を十分小さくとれば $\dfrac{|t|}{|\zeta-x|}\leqq r<1$ $(\zeta\in C)$ とできるよ．

**中**．この等比級数の和は $\displaystyle\sum_{n=0}^{\infty}\left(\frac{-t}{\zeta-x}\right)^n=\frac{1}{1+\dfrac{t}{\zeta-x}}=\frac{\zeta-x}{\zeta-(x-t)}$ となるわね．$t$ が小さいと $C$ は $x-t$ も囲むから，

$$=\frac{e^{x^2}}{2\pi i}\int_C\frac{e^{-\zeta^2}}{\zeta-(x-t)}d\zeta$$
$$=e^{x^2}\cdot e^{-(x-t)^2}=e^{2xt-t^2}.$$

だから，エルミート関数の母関数はたしかに

$$\sum_{n=0}^{\infty}\frac{H_n(x)}{n!}t^n=e^{2xt-t^2}$$

となるわ．

## 練　習　問　題

**1.** 微分作用素 $(1-x^2)\dfrac{d^2}{dx^2}-x\dfrac{d}{dx}$ について区間 $[-1, +1]$ で考える.

(i)　これを対称にする重み $p(x)$ を求めよ.

(ii)　$x=\cos\theta$ と変数変換して固有関数と固有値をすべて求めよ.

(iii)　固有関数 $T_n(x)$ はすべて $x$ の多項式であることを示せ.

(これをチェビシェフの多項式という.)

(vi)　母関数は, $\sum T_n(x)t^n=\dfrac{4-t^2}{4-4xt+t^2}$ であることを示せ.

**2.** 1. と同様のことを半直線 $I=[0, \infty)$ において微分作用素

$$x\frac{d^2}{dx^2}+(1-x)\frac{d}{dx}$$

について考えよ (ここからでてくる固有関数をラゲールの多項式という.)

# 第24章　積分変換

## [1] 合成積

**北井.** 今日でこの談話室もおしまいですので，今までいろいろな所で顔を出しながらまとまってはお話しできなかった積分変換にまつわる二，三の話題を，ごくかいつまんで，それもいくつかの例を出しながら，したいと思います．

**白川.** 積分変換といいますと……？

**北.** 多変数の関数でもいいんですが，簡単のため一変数の関数 $f(x)$ を考えましょう．これに何かある積分をほどこして，新らしい関数を作ることを積分変換といいます．最も多い形は，二変数の関数 $K(x, y)$ を一つきめて，

$$L : f \longmapsto (Lf)(x) = \int_\Omega K(x, y) f(y) dy^{*} \tag{1}$$

によって新しい関数 $(Lf)(x)$ を作る変換です．もちろん，積分領域 $\Omega$ も指定せねばなりませせん．

**発田.** 多変数でも，

$$(Lf)(x_1, x_2) = \iint_\Omega K(x_1, x_2; y_1, y_2) f(y_1, y_2) dy_1 dy_2$$

とすれば，やはり積分変換が考えられますね．

**北.** そう，$n$ 変数でも同じことです．

**中山.** 今までいろいろ顔を出していたといわれたんですけど，たとえばどんな……．

**北.** たとえば，$f(x)$ の原始関数

$$F(x) = \int_0^x f(y) dy$$

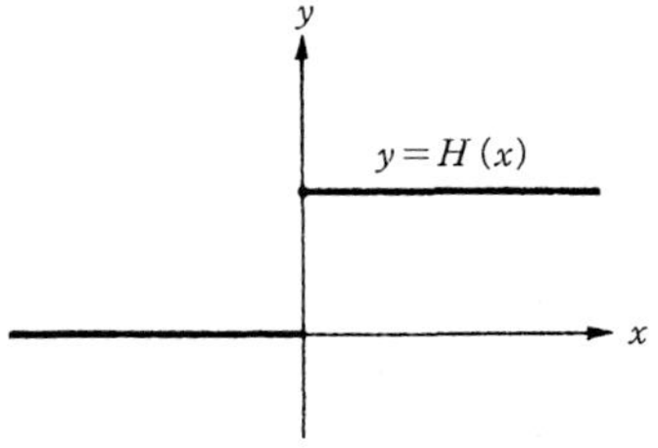


第 1 図

---

* $K(x, y)$ をこの変換の核 (kernel) という．

も積分変換と考えられるんですよ．実際，

$$(2)\qquad H(x)=\begin{cases}1 & (x\geqq 0)\\ 0 & (x<0)\end{cases}$$

とおきます．これをヘヴィサイド*関数といいますが，

$$(3)\qquad F(x)=\int_0^{\infty}H(x-y)f(y)dy$$

が成立していることはすぐわかりますね．つまり $\Omega=[0,\ \infty)$，$K(x,\ y)=H(x-y)$ とおけば (3) は (1) の特殊な場合になり，原始関数を求める操作はすべてヘヴィサイド関数による積分変換だと考えられます．

**白**．なるほど，そういわれればそうやなあ．

**北**．同じように，2 階の原始関数は

$$F_2(x)=\int_0^x\int_0^{x_2}f(x_1)dx_1dx_2=\int_0^x(x-y)f(y)dy$$

となり，もっと一般に $n$ 階の原始関数は

$$F_n(x)=\int_0^x\int_0^{x_n}\cdots\int_0^{x_2}f(x_1)dx_1\cdots dx_n=\int_0^x\frac{(x-y)^{n-1}}{(n-1)!}f(y)dy$$

となっていることがわかります．これは，コーシーの公式と呼ばれてよく知られていますが，これも積分変換で，(1) において

$$K(x,\ y)=\frac{(x-y)^{n-1}}{(n-1)!}H(x-y),\quad \Omega=[0,\ \infty)$$

とおけば得られることは明らかですね．

**発**．ふーん，言われてみると至極当然だけれど，うまくできてますねえ．原始関数は積分変換か．しかし，導関数は積分変換ではかけないでしょう．

**北**．そんなことはありませんよ．一般の関数ではだめですが，複素正則関数なら

$$f^{(n)}(z)=\frac{n!}{2\pi i}\int_C\frac{f(\zeta)}{(z-\zeta)^{n+1}}d\zeta$$

だったでしょう．これは $\Omega=C$，$K(z,\ \zeta)=\dfrac{n!}{2\pi i}\dfrac{1}{(z-\zeta)^{n+1}}$ という形の積分変換じゃありませんか．

**発**．あっ，そうか．複素平面まで侵入して考えればいいのかあ．

**白**．先生，今までの例は全部 $K(x,\ y)=G(x-y)$ と，一変数の関数 $G(t)$ の所へ $t=x-y$ を代入した形のものばかりですね．これは何か特別の意味でもあるんですか．

**北**．これはいい所に気がつきましたね．もちろん，そんな特殊な形でなく，ちがったタイプ

---

* O. Heaviside　1850-1925.

の変換の重要な例もありますが，それについてはちょっとあとまわしにして，今白川君が指摘したタイプの変換について考えてみましょう．

**中**．つまり，

$$\int_0^\infty G(x-y)f(y)dy$$

の形の変換ですね．

**北**．それでもいいですが，$\Omega=[0,\ \infty)$ というとり方も必然性がないようですから，それも全直線にして，次の形の積分を考えましょう．今，二つの関数 $f(x)$，$g(x)$ が $R=(-\infty,\ \infty)$ 上で与えられたとし，広義積分

$$(4)\qquad f*g(x)=\int_{-\infty}^\infty f(x-y)g(y)dy$$

が存在するものとします．このとき，これは $f$ と $g$ の一種のかけ算になっているので，これを $f$ と $g$ の合成積といいます．これは $K(x,\ y)=f(x-y)$ として，$g(x)$ に積分変換を行なったものと考えられます．

合成積は広義積分ですから，積分が存在するためには $f(x)$，$g(x)$ の $x\to\pm\infty$ としたときの状態には制限条件が必要なことはすぐわかりますね．ところが，合成積の中味が特殊な形をしているため，ちょっと面白いことが起こります．たとえば，$f(x)$，$g(x)$ が共にある点 $x_0$ から左側ではずっと 0 であったとしますと，$f(x-y)g(y)$ は $y$ の関数としては $y\leqslant x_0$ では 0 で，また $x-y\leqslant x_0$ つまり $y\geqslant x-x_0$ でもやはり 0 となります．いいかえると $f(x-y)g(y)$ が 0 でないのは $[x_0,\ x-x_0]$ の上だけなのです（第 2 図）．従って (4) は広義

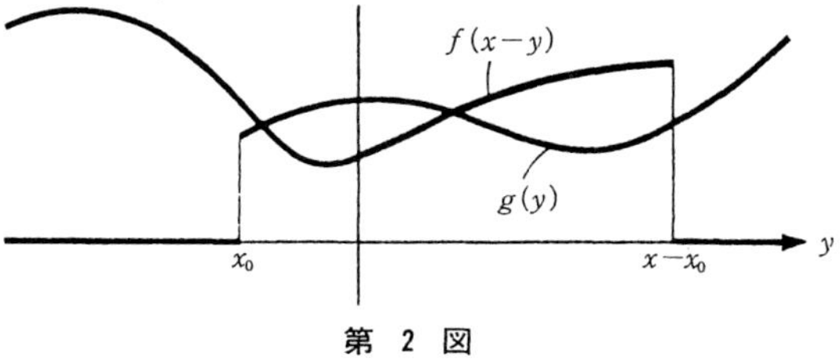


**第 2 図**

積分ではなく普通の積分

$$\int_{x_0}^{x-x_0} f(x-y)g(y)dy$$

になってしまいます．特に，$f(x)=0$ $(x<0)$ をみたす関数どうしの合成積は

$$f*g(x)=\int_0^x f(x-y)g(y)dy$$

となります．

**発**．あっ，するとそのときコーシーの公式は

(5)
$$F_n(x)=\left\{\frac{1}{(n-1)!}x^{n-1}H(x)\right\}*f(x)$$

とかけるんですね.

## [2]　ラプラス変換

**北.** さきほどのヘヴィサイド関数の所で名前がでたヘヴィサイドはいわゆる演算子法の発明者として有名です. 彼は微分演算をまるで代数式のように割り算したりして, "純粋" 数学者達のヒンシュクを買ったんですが, 答があまりにもうまく合いすぎるので, 電気工学者その他の応用科学の人々からは大へん便利がられ, 純粋数学者の中にもそれを合理化しようという動きがでてきました. 合理化の一つの方法はラプラス*変換という積分変換によって関数を変換する方法です. ラプラス変換というのは $\Omega=[0,\ \infty)$, $K(s,\ x)=e^{-sx}$ とおいたときの積分変換

(6)
$$(Lf)(s)=\int_0^{\infty}e^{-sx}f(x)dx$$

のことです. これは $f(x)=0$ $(x<0)$ として $\int_{-\infty}^{\infty}$ と考えてもよろしい. また $f(x)=O(e^{s_0x})$ $(x\to+\infty)$ であれば $(Lf)(s)$ は $s>s_0$ で広義積分が収束して意味をもちます. まあ, このような比較的ゆるい制限条件の下で $(Lf)(s)$ がきまります. そこで, いろいろな $f(x)$ のラプラス変換の具体例を作って表にしておきましょう. たとえば

(7)
$$\begin{aligned}
H(x) &\longleftrightarrow (LH)(s)=\frac{1}{s},\\
x &\longleftrightarrow (Lx)(s)=\frac{1}{s^2},\\
x^n &\longleftrightarrow (Lx^n)(s)=\frac{n!}{s^{n+1}}\\
e^x &\longleftrightarrow (Le^x)(s)=\frac{1}{s-1}\\
e^{\alpha x} &\longleftrightarrow (Le^{\alpha x})(s)=\frac{1}{s-\alpha}
\end{aligned}$$

という具合です. ところで, このとき $f(x)$ を $x$ で微分するということは, ラプラス変換した方では $s$ をかけることに対応するんです. 実際,

(8)
$$\begin{aligned}
\left(L\frac{df}{dx}\right)(x)&=\int_0^{\infty}e^{-sx}f'(x)dx=[e^{-sx}f(x)]_0^{\infty}+s\int_0^{\infty}e^{-sx}f(x)dx\\
&=s(Lf)(s)-f(0)
\end{aligned}$$

---

* Laplace transform

つまり，微分演算は，ラプラス変換の世界では代数的なかけ算になるんです．ちょうど鏡の向こうの世界があって，こちらで何かすると，それを映している向こうでも何かの動きがある．こちらで微分すると向こうで $s$ がかかる，ということです．それから，こちらの世界で合成積を作ると，ラプラス変換の世界ではかけ算が起こるんです．実際，

$$
\begin{aligned}
(9) \qquad (L(f*g))(x) &= \int_{-\infty}^{\infty} e^{-sx}\left(\int_{-\infty}^{\infty} f(x-y)g(y)dy\right)dx \\
&= \int_{-\infty}^{\infty} g(y)\left(\int_{-\infty}^{\infty} e^{-sx} f(x-y)dx\right)dy \\
&= \int_{-\infty}^{\infty} g(y)\left(\int_{-\infty}^{\infty} e^{-s(t+y)} f(t)dt\right)dy \\
&= \int_{-\infty}^{\infty} e^{-sy} g(y)dy \int_{-\infty}^{\infty} e^{-st} f(t)dt = (Lf)(s)\cdot(Lg)(s)
\end{aligned}
$$

**中**．つまり，対数をとってかけ算をたし算の世界でやってしまうように，ラプラス変換をすることで，微分や合成積を普通のかけ算にしてしまうんですね．

**白**．先生，その計算 $-\infty$ から $+\infty$ まで積分していますけど，定義は 0 から $+\infty$ までの積分とちがうんですか．

**発**．だから，$f(x)$ や $g(x)$ は $x<0$ では 0 と定義し直しておくんだよ．

**白**．あ，そうか．あれえ，そうすると，$f*g(x)$ が自動的に $x<0$ で 0 となることをいわんとあかんでえ．そうでないと，今の計算あかんようになるがな．

**発**．おっと，そうだったなあ．うーん，あ，それはいいんだ．$x<0$ だったら，実際の積分区間 $[0,\ x]$ は空集合になるから．

**白**．空集合か．なるほど，第 2 図を見てたらそうやなあ．わかった．

**発**．先生，それより，(8) であとに $f(0)$ がつきますね．微分することは $s$ をかけることにぴったりとは対応しなくて変な常数がつくんですか．

**北**．ええ，これもヘヴィサイドはちゃんと気がついていて，この“変なもの”こそ大事だといったんですよ．これは $x=0$ での $f$ の値，つまり初期値でしょう．このことをうまく使って微分方程式の初期値問題がとけるんです．たとえば

$$y'+y=0, \qquad y(0)=y_0$$

という微分方程式の初期値問題をといてみましょう．ラプラス変換すると，

$$s(Ly)-y_0+Ly=0$$

従って

$$Ly=\frac{y_0}{s+1}$$

ラプラス変換の対照表 (7) から，

$$y=y_0e^{-x}$$

どうです．アッという間にとけるでしょう．

**白**．うわあ，アホみたいやなあ．

**北**．ヘヴィサイドはこの $s+1$ でわる所をいきなり $\dfrac{d}{dx}+1$ でわる，などといったものですから，「これは何たることか」と袋だたきに会ったんですが，このようにラプラス変換によって名誉回復されたんです．

ただ，ラプラス変換の欠点は，変換できる関数は何でもよいというわけではなく $f(x)=O(e^{s_0x})$ $(x\to+\infty)$ という条件がないとだめなので理論が多少窮屈なのと，もう一つは，ヘヴィサイドの演算子法を全部は名誉回復してくれなかったことです．たとえばヘヴィサイドは $H(x)$ の導関数は $\delta(x)$ で，$x\neq0$ では 0，$x=0$ では無限大になる，これを衝撃関数という，などといっているんですが，ラプラス変換の理論では，このような，関数とはいえないようなものまでは取り扱えないんですね．

**中**．$\delta(x)$ というと，例のディラックのデルタ関数のことですか．

**北**．ええ，そうなんです．この関数の合理化については前にもちょっとお話ししましたが*，ここでも，関数とは呼べないものをどう取り扱うかが問題だったんですよね．ところで，(8)において，$f(0)$ は“変なもの”だったんですが，これはラプラス変換の世界での定数関数ですね．実は，定数関数1に対応するもとの世界の関数がちょうど $\delta(x)$ なのです．このことを説明するのにいろいろな人がいろいろ苦労をしていましてね．たとえば，次第に定数関数1に近づいて行く関数列をとって，そのラプラス逆変換（もとの世界へひきもどすこと）が次第に $x=0$ の所へ集中して行く関数列であることを示して，“極限をとればこれは $\delta(x)$ になる”といったりしています．これはまあ，極限の意味さえはっきりさせれば，正しい議論なのですが，普通の収束の意味では収束しませんから，やはり“純粋”数学者を満足させませんでした．

ところが，ここで大へんうまくこのことを解決した人がいるんです．ポーランドのミクシンスキー**という人なのですが，彼は，合成積の逆算として微分をとらえたらよかろうと思い立ったんです．その目でみると，お膳立ては全部そろっていましてね．たとえば，原始関数を求めることは合成積を作ることだったでしょう．だから，微分は合成積のわり算だと考えるのは大へん自然なんですよ．

---

*　第19章参照．

**　J. Mikusinski

## [3]　演算子法

**北**．実際には，合成積のわり算はできないことの方が多いですから，何らかの工夫がいります．わり算ができない体系があったとき，わり算ができるようにする方法というのは，これは代数学の初歩的な考えでできるんです．たとえば，整数の全体 $\boldsymbol{Z}$ の中では加減算と乗法は自由にできて，$\boldsymbol{Z}$ はこれらの算法について閉じています．このような集合を環といいます．環では除法（0 でわることはしない約束ですよ）だけはいつもできるとは限りませんね．こんなとき，いつも除法ができるように集合を拡げるのは自然な考え方です．

**白**．それは，有理数を考えるということですね．

**北**．そうです．有理部の全体 $\boldsymbol{Q}$ という集合は，その中で加減乗除が自由にできる．$\boldsymbol{Z}$ を含むような集合の最小のものです．これを $\boldsymbol{Z}$ と商体といいます．ミクシンスキーは，$x\geqq 0$ で連続であって，$x<0$ では 0 になる関数の全体を $C$ とおくとき，$C$ が加減算と合成積に関して可換な環を作っていることに注目し，$C$ の商体を考えればその中で自由に加減乗除ができるから，ヘヴィサイドの演算子法は全部名誉回復するにちがいないと考えたんです．

**白**．$C$ の商体というたかて……，ショウタイ不明やでえ．

**中**．へんなシャレだこと．だけど，合成積の逆算ってどんなことかしら．ちょっと見当がつかないわねえ．

**発**．もともと有理数だって，整数から考えれば正体不明のものだろう．それをまた数の仲間入りさせるのは，つまりそこで数の概念についての飛躍が必要なんだよ．

**白**．しかし，有理数やったら，長さ 1 のものを 3 等分したら $\dfrac{1}{3}$ となるというように目に見えるけど，合成積のわり算はそうはいかんで．

**発**．いや，1 は不可分の単位だという立場に立てば $\dfrac{1}{3}$ は正体不明だろう．$\dfrac{1}{3}$ とみとめるには要するに整数の世界からは一歩ふみ出すことを宣言しなきゃあ．だめだよ．

**白**．そうやな．どうしても理想元というか，$a$ を $b$ でわった結果というものを新しく考えて，そういうものの全体を作らなかったらあかんな．

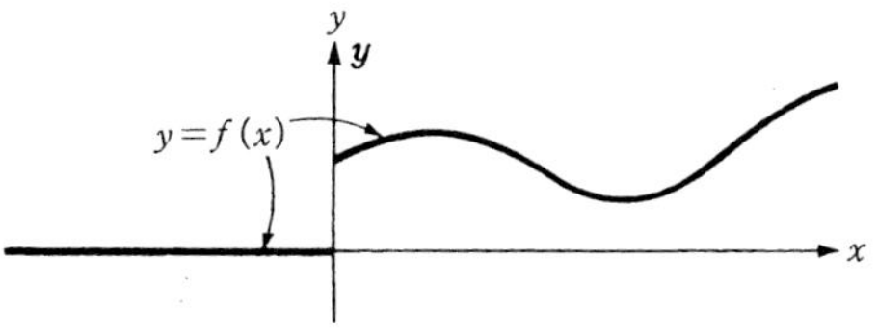

$C$ の関数
**第 3 図**

**北**．商体の作り方を知っていますか．

**中**．代数学の本に書いてあったとは思いますが……．

**発**．たしか形式的に $\dfrac{a}{b}(a,b\in C)$ の形のものを考えて，その間に加減法と乗除法を有理数のときと全く同じ様に定義するんでしたよ．

**白**．形式的に $\dfrac{a}{b}$ を考えるて，どういうこと？

**発**．うん，はっきりおぼえてはいないがね．つまり……，$(a,b)$ というペァを考えるんだ

よ．このペァの全体に加減法と乗除法を

$$(10)\quad \begin{aligned}&(a,\ b)\pm(c,\ d)=(ad\pm bc,\ bd)\\&(a,\ b)\times(c,\ d)=(ac,\ bd),\quad (a,\ b)\div(c,\ d)=(ad,\ bc)\end{aligned}$$

で定義するんだ．ね，$\dfrac{a}{b}=(a,\ b)$ と思えば，有理数の演算規則と同じだろ．

**中**．そうだったわね．思い出したわ．その他（$ka,\ kb$）の形の元は（$a,\ b$）と同一視するとか，（$a$, 1）の形の元は $a$ と同一視するとか，いろいろあったわね．

**北**．そう，皆さんなかなかよく知っていますね．ただ，可換環から商体が作れるためには，その可換環がちょっとした条件をみたす必要があるんです．おぼえていますか．

**発**．さあ，何だったかなあ．

**中**．ああ，零因子*とか何とかの問題じゃないでしょうか．

**白**．零因子て，何や？

**中**．あのね，$a(\neq 0)$ が零因子だというのは，何か別の $b(\neq 0)$ があって $ab=0$ となることなのよ．つまり $a$ は0になる原因をもっているってわけね．もし零因子**があると，商体は作れないんだったわよ，たしか．

**発**．そう，そうだったね．(10)の定義で“分母”の $b$, $d$ は0でなくても $bd=0$ となったりしちゃあ，どうしようもないもんな．

**北**．そう，それなんですよ．零因子のない可換環からはいつでも商体が作れます．$C$ が零因子をもたないことはちょっと面倒ですが，ティッチマーシュ***という人が証明しています．

「$f,\ g\in C,\ f*g=0$ ならば $f(x)\equiv 0$ または $g(x)\equiv 0$」

これをティッチマーシュの定理といいます．ミクシンスキーは，$C$ の商体の元のことを演算子と呼ぶことにすれば，ヘヴィサイド以来いささか意味がアイマイだった「演算子法」に一つの理論的根拠を与えることを発見したんです．考えてみるとティッチマーシュの定理は1926年に公表されているし，商体という考え方は古くから周知の事実ですから，すべてのお膳立てはそろっていたんですよ．それを組み合わせて，ヘヴィサイドの演算子法が救われるということに気がつくのは，いわばコロンブスの卵みたいなものですね．

**白**．言われて見ればああそうか，というようなものですね．

**北**．ただ，$C$ の商体 $Q$ の元には書き方の上で注意が必要です．何しろかけ算は合成積ですから，$f(x)\times g(x)$ とかいてしまうと普通の積と混同しやすいのです．そこで $f(x)$ を関数として，$C$ の元として扱うときは $\{f(x)\}$ ということにします．そして合成積は普通の積のように $\{f(x)\}\{g(x)\}$ とかきます．普通の積は $\{f(x)g(x)\}$ となるから今度は混同しません

---

*　zero divisor

**　たとえば行列環では零因子がある．$\begin{pmatrix}0&1\\0&0\end{pmatrix}\begin{pmatrix}1&0\\0&0\end{pmatrix}=\begin{pmatrix}0&0\\0&0\end{pmatrix}$ などである．

***　E. Titchmarsh　1898-1963.

ね．

中．するとわり算は $\dfrac{\{f(x)\}}{\{g(x)\}}$ とかくんですか．

北．ええ，そうです．たとえば，$\{1\}$ は $x\geqq 0$ で恒等的に 1，$x<0$ では恒等的に 0 となる関数，つまりヘヴィサイド関数です．ですから(3)をこの書き方でかくと，

$$\{F(x)\}=\{1\}\{f(x)\}$$

となります．これを $Q$ で考えるとわり算ができるから，

$$\frac{\{F(x)\}}{\{1\}}=\{f(x)\}$$

が成立しているわけです．たとえば，$\left\{\dfrac{x^2}{2}\right\}=\{1\}\{x\}$ だから，$\dfrac{\left\{\dfrac{x^2}{2}\right\}}{\{1\}}=\{x\}$ という具合です．

中．先生，スカラーは{　}の外へ出せるんでしょうね．

北．ああ，それは出せますよ．$\left\{\dfrac{x^2}{2}\right\}=\dfrac{1}{2}\{x^2\}$ という具合にね．しかしこれを $\left\{\dfrac{1}{2}\right\}\{x^2\}$ と混同してはいけません．$\left\{\dfrac{1}{2}\right\}\{x^2\}=\dfrac{1}{2}\{1\}\{x^2\}=\dfrac{1}{2}\left\{\dfrac{x^3}{3}\right\}=\left\{\dfrac{x^3}{3!}\right\}$ だから全く別物です．

発．先生，$Q$ は体だから乗法の単位元はあるんでしょう．

北．ええ，あります．それを 1 とかきます．

中．あら，そんなことをしたらそれこそスカラーと混同しちゃうんじゃないかしら．

北．ところが，今度は混同していいんです．だって単位元だから $1\{f(x)\}=\{f(x)\}$ のはずでしょう．ただ，1 と，ヘヴィサイド関数の $\{1\}$ とは別物だから区別しなければなりません．

発．こんなものを考えて，何かいいことがあるのかなあ．

北．ミクシンスキーの演算子法の基本公式は，

$$\frac{\{f(x)\}}{\{1\}}=\{f'(x)\}+f(0).$$

です．この証明もバカみたいに簡単で，$\{1\}\{f'(x)\}=\{\int_0^x f'(t)dt\}=\{f(x)-f(0)\}=\{f(x)\}-f(0)\{1\}$ の両辺を $\{1\}$ でわればいいんです．

発．なんだ，微分して積分したらもとへもどるということか．

北．今，$\dfrac{1}{\{1\}}=s$ とおくと，基本公式は

(11)
$$s\{f(x)\}=\{f'(x)\}+f(0)$$

となりますね．これをラプラス変換の基本公式 (8) と見くらべて下さい．

白．ああ，よう似てるなあ．

北．でしょう．ちがうのは，ラプラス変換が別の世界の関数に移して考えているのに対し，ミクシンスキーでは，同じ世界でただ合成積的世界を構築して住もうというんです．

中．先生，(11)の $f(0)$ は $\{f(0)\}$ ではないんですか．

北．$\{f(0)\}$ じゃありません．$f(0)\cdot 1$ なんです．

**白.** 1て何のことかわからんようになって来た．スカラーがわからんのはクヤシイなあ．

**北.** 商体の単位元というのは要するに $\dfrac{a}{a}$ の形のことでしょう．だから任意の関数 $\{f(x)\}$ をとって来て $\dfrac{\{f(x)\}}{\{f(x)\}}$ を作れば，これが単位元です．もっとも標準的には，具体的な関数，たとえば $\{1\}$ をもって来て $1=\dfrac{\{1\}}{\{1\}}$ と思えばいいんです．

**白.** といわれてもなあ……．

**北.** 実はこの1がヘヴィサイドの言っていた $\delta(x)$ なんですよ．だって，

$$s\{1\}=1$$

と，ヘヴィサイド関数に $s$ をかけると1がでるでしょう．

**中.** わり算を自由に認めることにすると，何だか急に物事がやさしくなってしまうのね．

**北.** その他，(7)に相当する公式も得られます．$\{1\}=\dfrac{1}{s}$ はもう定義そのものですね．その次の $\{x\}=\dfrac{1}{s^2}$ はつまり $\{x\}=\{1\}^2$ ということですが，これは $\{1\}^2=\{\int_0^x dx\}=\{x\}$ と証明されますね．$\left\{\dfrac{x^n}{n!}\right\}=\dfrac{1}{s^{n+1}}$ は帰納法でやればいいんです．$\{e^{\alpha x}\}=\dfrac{1}{s-\alpha}$ の証明は，$(s-\alpha)\{e^{\alpha x}\}=1$，つまり $(1-\alpha\{1\})\{e^{\alpha x}\}=\{1\}$ を示せばいいのですが，これは

$$\{1\}\{e^{\alpha x}\}=\{\int_0^x e^{\alpha t}\,dt\}=\left\{\frac{1}{\alpha}(e^{\alpha x}-1)\right\}=\frac{1}{\alpha}\{e^{\alpha x}\}-\frac{1}{\alpha}\{1\}$$

でおしまいです．

**白.** 何かだまされてるみたいやなあ．

**北.** だから，先ほどの微分方程式 $y'+y=0, y(0)=y_0$，の解はラプラス変換しないでも，基本公式を使うと

$$s\{y\}-y_0+\{y\}=0$$

となり，

$$\{y\}=\frac{y_0}{s+1}=\{y_0e^{-x}\}$$

ととけます．前のやり方と比較してごらん．全くよく似ていますが，こちらはわり算の世界へもぐり込んでまた出てくるといった感じですね*．

## [4]　フーリエ変換

**北.** さて，今まで取り扱って来たのは，$x<0$ では0になるような関数についての合成積とその逆算で，それはそれなりに大へん面白くまた実用的にも価値のある結果を生んだわけです

---

* なお，ミクシンスキーの演算子法についてはミクシンスキー著「演算子法」上・下（裳華房）を参照のこと．

が，このような理論は特に時間の経過につれて状態が変化して行くという現象の解明には有効です．時刻 $x=0$ から出発して $x>0$ の部分の状態を考えればいいんですからね．それに反し，空間的拡がりを問題にする場合は，上の $C$ という関数族から出発することは有用な結果を生みません．空間的拡がりが常に右にだけ拡がっていることを期待するのはもともと無理です．

そこで，$R=(-\infty,\ \infty)$ 上で与えられた関数についてラプラス変換のときと同じようなうまい性質をもつ積分変換が考えられています．それは，

$$f(x) \longmapsto (\mathcal{F}f)(\xi)=\frac{1}{\sqrt{2\pi}}\int_{-\infty}^{\infty}f(x)e^{-i\xi x}dx \tag{12}$$

によって定義される $\xi$ の関数です．もちろんこの積分は広義積分ですから，何らかの意味で収束しないといけませんが．この $\mathcal{F}$ という変換をフーリエ変換*といいます．

**中**．今度は $\Omega=(-\infty,\ \infty)$，$K(\xi,\ x)=\dfrac{1}{\sqrt{2\pi}}e^{-i\xi x}$ なのね．

**白**．0 から $\infty$ までの積分やったら $e^{-sx}$ でよかったけど，$-\infty$ から $\infty$ までとなると $e^{-i\xi x}$ と複素数の方へ逃げ出さんとあかんようになったんやな．

**北**．いくつかの例を挙げてみましょう．第 4 図のような関数のフーリエ変換を考えておくと，一般の段階関数はその一次結合で表わされますから，いろいろ便利です．この関数を $f(x)$ とおきますと，

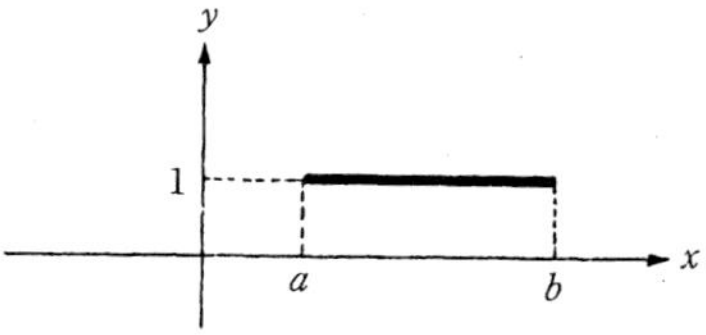


第 4 図

$$(\mathcal{F}f)(\xi)=\frac{1}{\sqrt{2\pi}}\int_a^b e^{-i\xi x}dx=\frac{1}{\sqrt{2\pi}}\cdot\frac{e^{-i\xi a}-e^{-i\xi b}}{i\xi} \tag{13}$$

この関数は $|\xi|\to+\infty$ のとき分子は有界ですから全体は $O\left(\dfrac{1}{|\xi|}\right)$ で 0 に収束します．それから $\xi=0$ で不連続のように見えますが，$\xi\to 0$ のとき分子も 0 になり，$\xi=0$ での値を $\dfrac{1}{\sqrt{2\pi}}(b-a)$ と定義してやれば $(\mathcal{F}f)(\xi)$ は滑らかな関数であることがわかります**．従ってもちろん有界関数です．そればかりじゃなく，$\xi$ を複素変換にとっても意味をもつ正則関数で，$\xi=0$ は除きうる特異点です．しかも，$(\mathcal{F}f)(\xi)$ は整関数にもなっているのです．

**中**．ちょっとまって下さい．先生，今言われた性質は，一般の関数 $f(x)$ のフーリエ変換についても成立する性質ですか．

**北**．いや，そういうわけではありません．しかし，これらの性質が第 4 図の関数のど

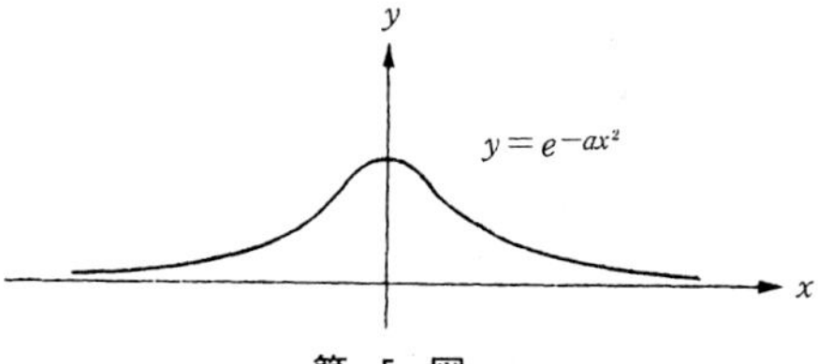


第 5 図

---

* Fourier transform

** ド・ロピタルの定理を使ってもよいし，$e^{-i\xi a}$ などを整級数展開してもよい．

んな特徴に対応してでて来ているのかを知ることは大切です．それは，フーリエ変換のいろいろな性質をみて行くうちにわかってきます．

もう一つ例を挙げましょう．

$$f(x)=e^{-ax^2} \qquad (a>0)$$

この場合，

$$(\mathscr{F}f)(\xi)=\frac{1}{\sqrt{2\pi}}\int_{-\infty}^{\infty}e^{-ax^2}e^{-i\xi x}dx$$
$$=\frac{1}{\sqrt{2\pi}}\int_{-\infty}^{\infty}e^{-a\left(x+\frac{i\xi}{2a}\right)^2-\frac{\xi^2}{4a}}dx$$
$$=\frac{e^{-\frac{\xi^2}{4a}}}{\sqrt{2\pi}}\int_{-\infty+\frac{i\xi}{2a}}^{\infty+i\frac{\xi}{2a}}e^{-at^2}dt=\frac{e^{-\frac{\xi^2}{4a}}}{\sqrt{2\pi}}\cdot\frac{\sqrt{\pi}}{\sqrt{a}}=\frac{1}{\sqrt{2a}}e^{-\frac{\xi^2}{4a}}$$

となります．特に $a=\dfrac{1}{2}$ とおくと，

$$\mathscr{F}\left(e^{-\frac{x^2}{2}}\right)=e^{-\frac{\xi^2}{2}}$$

と，同じ関数になります．

**中**．今度も，実軸上で有界，滑らか，$|\xi|\to+\infty$ のとき 0 に収束，は成立していますが，$0\left(\dfrac{1}{|\xi|}\right)$ どころか，どんな $\dfrac{1}{|\xi|^n}$ より速く 0 に近づきますね．

**発**．複素関数として整関数になるというのも O.K. だよ．

**北**．そこでですね，$(\mathscr{F}f)(\xi)$ の $|\xi|\to+\infty$ のときの減少の order は $f$ の滑らかさによってきまることを示しましょう．それには，$f(x)$, $f'(x)$ が絶対積分可能* なら

(14)　　　$$(\mathscr{F}f')(\xi)=i\xi(\mathscr{F}f)(\xi)$$

であることをまず示します．これは

$$(\mathscr{F}f')(\xi)=\frac{1}{\sqrt{2\pi}}\int_{-\infty}^{\infty}f'(x)e^{-i\xi x}dx=\frac{1}{\sqrt{2\pi}}\left\{[f(x)e^{-i\xi x}]_{-\infty}^{\infty}+i\xi\int_{-\infty}^{\infty}f(x)e^{-i\xi x}dx\right\}$$
$$=\frac{1}{\sqrt{2\pi}}[f(x)e^{-i\xi x}]_{-\infty}^{\infty}+i\xi(\mathscr{F}f)(\xi)$$

ですから，$\lim_{x\to\pm\infty}f(x)=0$ を示せばおしまいです．ところで

で，$\int_0^{\pm\infty}f'(t)\,dt$ は存在するから $\lim_{x\to\pm\infty}f(x)=f(\pm\infty)$ は存在します．これが 0 でないと $f(x)$ が絶対積分可能であることに反しますから，$\lim_{x\to\pm\infty}f(x)=0$ でなければなりません．

---

* $\int_{-\infty}^{\infty}|f(x)|\,dx$ が存在するとき，絶対積分可能という．

この(14)という式は，ラプラス変換のとき微分が変数の積に転化したのと同じ現象がフーリエ変換にも見られることを示すもので，それ自身大へん重要です．

**中**．ラプラス変換のときとちがって，$e^{-sx}$ のように積分の収束性を強めてくれる因子がないから，$f(x)$ 自身が相当しっかりしていないといけないんですね．

**発**．しっかりというのはどういうこと？

**中**．つまり，$\int_{-\infty}^{\infty}|f(x)|\,dx<+\infty$ となる位に「しっかり」しているのよ．

**白**．そうや，$e^{-i\xi x}$ なんか絶対値をとったら1になってしもて，何の役にも立たへん．

**北**．そうですね．そこで，(14)でもし $(\mathcal{F}f')(\xi)$ が有界なら

$$\mathcal{F}(f)(\xi)=\frac{(\mathcal{F}f')(\xi)}{i\xi}=O\left(\frac{1}{|\xi|}\right) \qquad (|\xi|\to+\infty)$$

となります．$(\mathcal{F}f')(\xi)$ の有界性はほとんど明らかで，

$$|(\mathcal{F}f')(\xi)|=\left|\frac{1}{\sqrt{2\pi}}\int_{-\infty}^{\infty}f'(x)\,e^{-i\xi x}dx\right|\leqq\frac{1}{\sqrt{2\pi}}\int_{-\infty}^{\infty}|f'(x)|\,dx<+\infty$$

でおしまいです．

さらに一般に，$k$ 階までの導関数の絶対積分可能性を仮定すれば

$$(\mathcal{F}f^{(k)})(\xi)=(i\xi)^k(\mathcal{F}f)(\xi)$$

が成立することは簡単にわかりますから，

$$(\mathcal{F}f)(\xi)=O\left(\frac{1}{|\xi|^k}\right) \qquad (|\xi|\to+\infty)$$

となります．実は order はもっとよくなるのですが，$f$ の滑らかさがフーリエ変換すると $|\xi|\to+\infty$ での減少度に反映するという事実を知ってもらうのが目的なので，これはこの位にしておきます．

**発**．先生，じゃあ，今度は $f(x)$ の $|x|\to+\infty$ で減少の order は $\mathcal{F}f$ の何に反映するんですか．

**北**．あ，それはね，フーリエ変換というのは双対性が成立するのでして，つまり，

$$F(\xi)=\frac{1}{\sqrt{2\pi}}\int_{-\infty}^{\infty}f(x)\,e^{-i\xi x}d\xi$$

とおくとき，$F(\xi)$ が絶対積分可能なら

$$\frac{1}{\sqrt{2\pi}}\int_{-\infty}^{\infty}F(\xi)\,e^{i\xi x}d\xi=f(x)$$

が成立するんです．これを反転公式といいます．ですから，$f(x)$ と $(\mathcal{F}f)(\xi)$ とはどちらがもとでどちらが変換したものかとはきめられない双対的なものなのですよ．従って，$f(x)$ の $|x|\to+\infty$ での減少の order は $(\mathcal{F}f)(\xi)$ の滑らかさに反映します．

**中**．ああ，それでわかったわ．第4図の関数はある所から先はずーっと0でしょう．だから減少の order は何よりも速いのよ．それで対応するフーリエ変換は滑らかどころか，正則関数，それも整関数になっちゃってるのね．

**北**．$(\mathcal{F}f)(\xi)$ の解析性についていいますと，もとの $f(x)$ について，$e^{\delta x}f(x)$ が絶対積分可能ならば，$(\mathcal{F}f)(\xi)$ は $\zeta=\xi+i\eta$, $|\eta|<\delta$ という帯状領域まで解析関数として延長できます．なぜなら，この領域で

$$\int_{-\infty}^{\infty} f(x)\,e^{-i\zeta x}dx=\int_{-\infty}^{\infty} f(x)\,e^{\eta x}\cdot e^{-i\xi x}dx$$

ここで $f(x)\,e^{\eta x}=f(x)\,e^{\delta|x|}\cdot e^{-\delta|x|+\eta x}$ は

$$x>0 \text{ のとき } -\delta|x|+\eta x=(-\delta+\eta)x<0$$

$$x<0 \text{ のとき } -\delta|x|+\eta x=(\delta+\eta)x<0$$

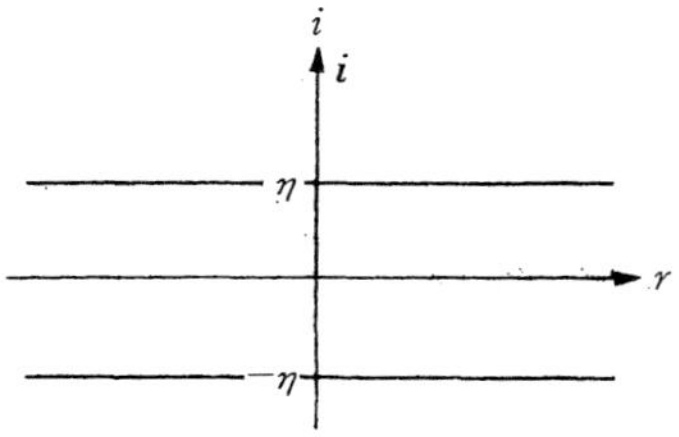


**第 6 図**

となって絶対積分可能となり，$\zeta$ の連続関数であることがわかります．そして複素変数の微分について $\dfrac{d}{d\zeta}\displaystyle\int_{-\infty}^{\infty}=\int_{-\infty}^{\infty}\dfrac{d}{d\zeta}$ が成立しますから $|\eta|<\delta$ で $\zeta$ の正則関数であることがわかります．

まあ，こんなに詳しく話すつもりはなかったのですが，フーリエ変換のもつ一般的な性質をよく理解してほしいのでつい口がすべりました．

**発**．こういう風にフーリエ変換を調べておくと前と同じように便利なことがあるんでしょうね．

**北**．ええ，フーリエ解析という数学の一大分野がありますが，この分野はそれ自身で発展していると同時に，隣接する数学の各方面や，物理学など自然科学のいろいろな分野にも大きな影響を与えています．というより，19世紀この方，数学の発展の一つの原動力だったのが，フーリエ級数論も含めたフーリエ解析の理論であるといって過言ではないでしょう．実際，あの最も抽象的だと思われている集合論だって，元はといえばカントルがフーリエ級数の収束点を分類しようとして考え始めたものですし，その他，微分方程式論や確率論はもちろんのこと，数学のあらゆる分野に深く関係して，その影響はちょっとはかり知れないものがあります．

フーリエ解析についてはもう少しまとめてお話しする方がよかったのかも知れませんが，何しろ膨大でかなり複雑な理論ですから，むしろ皆さんにとって，これからの勉強の課題とするのがよいと思います．

では，皆さん，お元気で．

**白．発・中**．先生，長い間ありがとうございました．

## 練　習　問　題

1．$\sin ax$ のラプラス変換を求めよ．

2．$\dfrac{1}{a^2+x^2}$ のフーリエ変換を求めよ．　$(a>0)$

3．フーリエ変換についてもラプラス変換とよく似た公式 $\mathcal{F}(f*g)=\sqrt{2\pi}\mathcal{F}(f)\cdot\mathcal{F}(g)$ が成立することを示せ．

4．(1)　次の性質をもつ関数 $\rho(x)$ を作れ．

(i)　$\rho(x)\in C^{\infty}(R^1)$

(ii)　$\rho(x)\geqq 0\ (x\in R^1)$,　　$\rho(x)=0\ (|x|\geqq 1)$

(iii)　$\int_{-\infty}^{\infty}\rho(x)dx=1$

(2)　$\rho_\varepsilon(x)=\frac{1}{\varepsilon}\rho\left(\frac{x}{\varepsilon}\right)$ とおくとき任意の連続関数 $f(x)$ に対し

$$f_\varepsilon(x)=f*\rho_\varepsilon(x)$$

は次の性質をもつことを示せ.

(i)　$f_\varepsilon(x)\in C^{\infty}(R^1)$

(ii)　任意の有界閉区間の上で一様に $f_\varepsilon(x)\rightrightarrows f(x)$　$(\varepsilon\to 0)$（$\rightrightarrows$は一様収束を表わす.）

(iii)　もし $f(x)=0$　$(x\in\Omega)$ なら，$f_\varepsilon(x)=0$　$(x\in\Omega_{-\varepsilon})$

ただし，$\Omega_{-\varepsilon}=\{x\,;\,d(x,\partial\Omega)>\varepsilon,\ x\in\Omega\}$.（$d(x,A)$は$x$と$A$との距離を表わす.）

(iv)　もし $f(x)=1$　$(x\in\Omega)$ なら $f_\varepsilon(x)=1$　$(x\in\Omega_{-\varepsilon})$

(3)　任意の閉区間 $I=[a,\,b]$ が与えられたとき $I$ の上で恒等的に 1，$I$ の $\varepsilon$-近傍の外側で恒等的に 0 となる $C^{\infty}$-クラスの関数を作れ.

5. 4. の結果を$R^n$の場合に拡張せよ.

# 練 習 問 題 略 解

**第 1 章**

1. $\frac{1}{a}=1+h$ $(h>0)$ とかける．これから $0<a^n<\frac{1}{1+nh}\to 0$ $(n\to+\infty)$． 2. $|a_n+b_n-(a+b)|\leqq|a_n-a|+|b_n-b|<2\varepsilon$． $a_n=(-1)^n$，$b_n=(-1)^{n-1}$ とおくと $a_n+b_n=0$ $(n=1, 2, \cdots\cdots)$ だが $\lim(-1)^n$，$\lim(-1)^{n-1}$ は存在しない．$0=\lim(-1)^n+\lim(-1)^{n-1}$ は無意味． 3. $-\varepsilon<a_n-a\leqq b_n-a\leqq c_n-a<\varepsilon$． 4. $\lim_{n\to+\infty}\sum_{k=1}^{n}\frac{9}{10^k}=1$． 5. "最大の自然数" の存在証明がない．

**第 2 章**

1. 微分可能なら $f(x,y)=f(a,b)+\alpha(x-a)+\beta(y-b)+g(x,y)$，$\lim_{\boldsymbol{x}\to\boldsymbol{a}}\frac{g(x,y)}{|\boldsymbol{x}-\boldsymbol{a}|}=0$ が成立する．$\varphi(x,y)=\alpha+\frac{(x-a)g(x,y)}{|\boldsymbol{x}-\boldsymbol{a}|^2}$，$\psi(x,y)=\beta+\frac{(y-b)g(x,y)}{|\boldsymbol{x}-\boldsymbol{a}|^2}$ とおけばよい．逆：$g(x,y)=(\varphi(\boldsymbol{x})-\varphi(\boldsymbol{a}))(x-a)+(\psi(\boldsymbol{x})-\psi(\boldsymbol{a}))(y-b)$ とおけばよい． 2. $d\boldsymbol{x}=a^t(\cos\theta\cos\varphi,\ \cos\theta\sin\varphi,\ -\sin\theta)d\theta+a^t(-\sin\theta\sin\varphi,\ \sin\theta\cos\varphi, 0)d\varphi$．$x$-$z$ 平面に平行にするには $y$ 座標を 0 にすればよい．すなわち，$\cos\theta\sin\varphi\,d\theta+\sin\theta\cos\varphi\,d\varphi=0$．

3. $\frac{\partial z}{\partial x}=g(y)\,f(x)^{g(y)-1}\cdot f'(x)$, $\frac{\partial z}{\partial y}=f(x)^{g(y)}g'(y)\log f(x)$． 4. 一点 $a$ を固定し $f(x,a)=g(x)$ とおくと $f(x,y)-g(x)=\int_0^1 f_y(x,a+t(y-a))dt\cdot(y-a)=0$． 5. $y=x^2$ $(x>0)$ の上では $f(x,y)=1$，その他では 0 という関数 $f(x,y)$ は原点でどんな方向微分も存在して 0 だが，原点では不連続．

**第 3 章**

1. $f(x)=x^2\sin\frac{1}{x^2}$ は $[-1,+1]$ でその導関数が有界でない． 2. $g(x)=f(x)-L(x)-c(x-a)(x-b)$ とおいて $g(x_0)=0$ となるように $c$ をきめる．すなわち $c=\frac{f(x_0)-L(x_0)}{(x_0-a)(x_0-b)}$．$g(x_0)=g(a)=g(b)=0$ だから $a<x_1<x_0<x_2<b$ なる $x_1$, $x_2$ をうまくとって $g'(x_1)=g'(x_2)=0$ とできる．もう一度 Rolle の定理により $x_1<\xi<x_2$ をうまくとって $g''(\xi)=0$ とできる．$g''(x)=f''(x)-2c$ だから $\frac{1}{2}f''(\xi)=c$．従って $f(x_0)-L(x_0)=\frac{1}{2}f''(\xi)(x_0-a)(x_0-b)$．

3. テイラーの公式によって $f(x\pm h)=f(x)\pm hf'(x)+\frac{h^2}{2}f''(\xi)$．これから，$\{f(x+h)-2f(x)+f(x-h)\}/h^2=\frac{1}{2}\{f''(\xi_1)+f''(\xi_2)\}$．$h\to 0$ とすると，右辺は $f''$ の連続性によって $f''(x)$ に収束する． 4. $f(x)=\frac{x}{2}+x^2\sin\frac{1}{x}$ は原点での微分係数が $\frac{1}{2}\neq 0$ だが 1 対 1 ではない． 5. 積分公式で $f(\boldsymbol{x})-f(\boldsymbol{y})=\int_0^1\frac{\partial f}{\partial\boldsymbol{x}}(\boldsymbol{y}+t(\boldsymbol{x}-\boldsymbol{y}))dt\cdot(\boldsymbol{x}-\boldsymbol{y})$，$\boldsymbol{y}=0$ とおくと， $f(\boldsymbol{x})=\int_0^1\frac{\partial f}{\partial\boldsymbol{x}}(t\boldsymbol{x})dt\cdot\boldsymbol{x}$． $h_i(\boldsymbol{x})=\int_0^1\frac{\partial f}{\partial x_i}(t\boldsymbol{x})dt$ とおけばよい．

**第 4 章**

1. (i) $\frac{1}{3}$ (ii) $-2a$ 2. $x^{x^{\frac{1}{x}}}=x+(\log x)^2+\frac{(\log x)^4}{2x}+\frac{(\log x)^3}{2x}+\frac{(\log x)^6}{6x^2}+\frac{(\log x)^5}{2x^2}+o\left(\frac{(\log x)^5}{x^2}\right)$．

3. $\int_x^\infty e^{-\frac{t^2}{2}}dt=\frac{e^{-\frac{x^2}{2}}}{x}-\frac{e^{-\frac{x^2}{2}}}{x^3}+\frac{3e^{-\frac{x^2}{2}}}{x^5}-\frac{3\cdot 5e^{-\frac{x^2}{2}}}{x^7}+o\left(\frac{e^{-\frac{x^2}{2}}}{x^7}\right)$

5. (i) $|f(x)|\leqq M|g(x)|$ $(x\geqq c)$ だから $\left|\int_c^x f(t)dt\right|\leqq M\int_c^x g(t)dt$．$\left|\int_a^c f(t)dt\right|/\int_a^c g(t)dt=K$ とおき，$K$，$M$ より大きい数 $G$ をとると，$\left|\int_a^x f(t)dt\right|\leqq G\int_a^x g(t)dt$．(ii)，(iii) も同様．

**第 5 章**

1. $\frac{-1}{x-1}$ は $x=1$ で不連続． 2. $y=x$ の不定積分は $\int_a^x t\,dt=\frac{x^2}{2}-\frac{a^2}{2}$ で定数 $-\frac{a^2}{2}<0$ となって，$\frac{x^2}{2}+1$ という原始関数は不定積分では表わせない． 3. $f(x,y)=\int_a^x\varphi(x,y)dx+\int_b^y\psi(a,y)dy$． 4. $y'^2=f(y)y'$ を $x_1$ から $x_2$ まで積分すると $\int_{x_1}^{x_2}y'^2(x)dx=\int_{y(x_1)}^{y(x_2)}f(y)dy$．もし $y(x_1)=y(x_2)$ なら $y'(x)=0$ $(x\in[x_1,x_2])$ となる．

**第 6 章**

1. $g_n(x)=\left(1+\frac{x^2}{n}\right)^{-n}-e^{-x^2}\geqq 0$ は $\to 0$ $(x\to+\infty)$ だから有界関数．従って最大，最小値は $g'_n(x)=0$ となる点でとる．$g'_n(x)=2x\left(e^{-x^2}-\left(1+\frac{x^2}{n}\right)^{-n-1}\right)=0$ の正根を $x_n$ とすると $g_n(x_n)=\left(1+\frac{x_n^2}{n}\right)^{-n-1}\cdot\frac{x_n^2}{n}$．ところが $\varphi(x)=x^2\left(1+\frac{x^2}{n}\right)^{-n-1}$ の最大点は $x=1$ で $\max\varphi(x)=\left(1+\frac{1}{n}\right)^{-n-1}$，従って $g_n(x_n)\leqq\frac{1}{n}\left(1+\frac{1}{n}\right)^{-n-1}\to 0$ $(n\to\infty)$ (ii) $\max f_n(x)=e^{-1}\not\to 0$ $(n\to+\infty)$ だから一様収束しない． 2. $f_n(x)=\frac{1}{n}$ $(0\leqq x\leqq n)$，$f_n(x)=0$ $(x>n)$ とおくと $f_n(x)\rightrightarrows 0$ ($I=[0,\infty)$ 上で) だが $\int_0^\infty f_n(x)dx=1\neq\int_0^\infty 0\,dx=0$． 3. $\|u_{n+1}(x)+\cdots\cdots+u_m(x)\|\leqq\|u_{n+1}\|$

$+\cdots\cdots+\|u_m\|$.　4. たとえば $f_n(x)$ がすべて連続なら $f(x)$ も連続である．実際，連続という概念は局所的な性質（一点の近傍での関数の状態によってきまる性質）だからである．

**第 7 章**

1. $y_1=1-\dfrac{x^2}{2}$, $y_2=1-\dfrac{x^2}{2}-\dfrac{x^4}{8}$, …….　2. (i) $y'=-\left(\dfrac{x}{y}\right)^{a-1}$　(ii) $y'=\dfrac{yx^{y-1}-1}{1-x^y\log x}$　3. $f(\boldsymbol{x})=c$ の法線ベクトル $\dfrac{\partial f}{\partial \boldsymbol{x}}$ と $\varphi(\boldsymbol{x})=0$ の法線ベクトル $\dfrac{\partial \varphi}{\partial \boldsymbol{x}}$ は極値点では同じ方向をとる．従って $\dfrac{\partial f}{\partial \boldsymbol{x}}=\lambda\dfrac{\partial \varphi}{\partial \boldsymbol{x}}$.　4. 三辺を $a, b, c$, それらへの垂線を $x, y, z$, 面積を $S$ とすると $2S=ax+by+cz$, $f(x)=xyz$ の条件付極値問題である．$x=\dfrac{S}{3a}$,　$y=\dfrac{S}{3b}$, $z=\dfrac{S}{3c}$.　5. $F(x,y)=f(x)-y$ とおいて陰関数の定理を $F$ に適用すればよい．

**第 8 章**

1. $x_n(t)=x_0\sum_{k=0}^{n}(-1)^k\dfrac{t^k}{k!}$.　$\lim_{n\to\infty}x_n(t)=x_0e^{-t}$.　2. $x=-|x_0|^{e^{-(t-t_0)}}$ が $(t_0, x_0)$ を通る唯一の解 $(x_0\neq 0)$ でこれは $x=0$ とならない．　3. $f(0)=0$ を示せばよい．もし $f(0)\neq 0$ ならある $\delta>0$ があって $|f(x)|>\dfrac{1}{2}|f(0)|$ $(|x|<\delta)$. 従って $-\delta<x<\delta$ という領域に入って来た解は有限時間内に出て行く．ところがこれは $\lim_{t\to\infty}x(t)=0$ となる解の存在と矛盾する．　4. $x_1<x_2$, $f(t,x_1)>0$, $f(t,x_2)<0$ と仮定してよい．ある $t_0$ を固定し，$[t_0, t_0+T]$ において，初期条件 $x(t_0)=a\in[x_1, x_2]$ をみたす解を考えると，$x(t_0+T)\in[x_1, x_2]$ でなければならない．解は $a$ の連続関数だから $x(t_0)\to x(t_0+T)$ という対応は $[x_1, x_2]\to[x_1, x_2]$ という連続関数である．これを $F(x)$ とおくと，$F(x_1)-x_1\geqq 0$, $F(x_2)-x_2\leqq 0$. 従って中間値の定理により $F(\xi)=\xi$ となる点 $\xi\in[x_1, x_2]$ がある．従って $x(t_0)=x(t_0+T)$ となる解がある．$f(t,x)$ の周期性からこの解の延長は $(t_0, t_0+T)$ での解の周期的延長に等しいことがわかる．

**第 9 章**

1. $\dfrac{1}{1-x}=\sum_{n=0}^{\infty}x^n$ が成立するのは $|x|<1$ のときだけ．$\dfrac{1}{x-1}=\sum_{n=1}^{\infty}\dfrac{1}{x^n}$ が成立するのは $|x|>1$ のときだけ．従って両方成立するような $x$ はない．　2. $|u_n/n^s|\leqq\dfrac{1}{2}\left(u_n{}^2+\dfrac{1}{n^2}\right)$.　3. $a_n\geqq 0$ なら $a_n<na_n$ でやさしい．そうでないときはアーベルの変化法を使う．$na_n=b_n$ とおくと $a_n=\dfrac{b_n}{n}$ で $\sum b_n$ は収束，$\dfrac{1}{n}\downarrow 0$　だから $\sum a_n$ は収束する．　4. $c_n=\sum_{k=1}^{n}\dfrac{1}{k}-\log n$ が単調減少して $\geqq 0$ であることを示せばよい．$\log n=\int_1^n\dfrac{dx}{x}=\sum_{k=2}^{n}\int_{k-1}^{k}\dfrac{dx}{x}<\sum_{k=1}^{n-1}\dfrac{1}{k}$,　$c_n-c_{n+1}=\log\dfrac{n+1}{n}-\dfrac{1}{n+1}=\int_n^{n+1}\dfrac{dx}{x}-\dfrac{1}{n+1}>0$.　5. $a_n=1+\dfrac{1}{3}+\cdots\cdots+\dfrac{1}{2n-1}$, $b_n=\dfrac{1}{2}+\dfrac{1}{4}+\cdots\cdots+\dfrac{1}{2n}$ とおくとき，$\lim_{n\to\infty}(a_{pn}-b_{qn})=\log 2+\dfrac{1}{2}\log\dfrac{p}{q}$ を示せばよい．$a_n+b_n=\log 2n+\gamma+o(1)$, $2b_n=\log n+\gamma+o(1)$, $(n\to+\infty)$ から $a_n, b_n$ をとくと，$a_{pn}-b_{qn}=\log 2+\dfrac{1}{2}\log\dfrac{p}{q}+o(1)$　$(n\to+\infty)$ を得る．

**第 10 章**

1. 最後の不等式だけ示す．$a=\overline{\lim}\dfrac{a_n}{a_{n-1}}$ とおくと，どんな $\varepsilon>0$ に対してもある $n_0$ があって，$\dfrac{a_n}{a_{n-1}}<a+\varepsilon$ $(n<n_0)$ だから $\dfrac{a_n}{a_{n_0}}=\dfrac{a_{n_0+1}}{a_{n_0}}\cdots\cdots\dfrac{a_n}{a_{n-1}}<(a+\varepsilon)^{n-n_0}$. 従って，$\sqrt[n]{a_n}<(a+\varepsilon)(a_{n_0}(a+\varepsilon)^{-n_0})^{\frac{1}{n}}$, すなわち $\overline{\lim}\sqrt[n]{a_n}\leqq(a+\varepsilon)\lim(a_{n_0}(a+\varepsilon)^{-n_0})^{\frac{1}{n}}=a+\varepsilon$.　$\varepsilon$ は任意だから $\overline{\lim}\sqrt[n]{a_n}\leqq\overline{\lim}\dfrac{a_n}{a_{n-1}}$.　2. $\mathrm{Arctan}\,x=\sum_{n=0}^{\infty}\dfrac{(-1)^n}{2n+1}x^{2n+1}$, $\rho=1$.　3. $\sum_{n=0}^{\infty}\dfrac{(-1)^n}{2n+1}$ は収束するから $\sum_{n=0}^{\infty}\dfrac{(-1)^n}{2n+1}=\mathrm{Arctan}\,1=\dfrac{\pi}{4}$.　4. $f(x)=\sum_{n=0}^{\infty}a_nx^n=x+\sum_{n=2}^{\infty}(a_{n-1}+a_{n-2})x^n=x+xf(x)+x^2f(x)$. これから $f(x)=\dfrac{x}{1-x-x^2}=\sum_{n=0}^{\infty}\dfrac{1}{\sqrt{5}}\left\{\left(\dfrac{1+\sqrt{5}}{2}\right)^n-\left(\dfrac{1-\sqrt{5}}{2}\right)^n\right\}x^n$.　5. $\rho=1$.

**第 11 章**

1. $f(x)=Ax^3+Bx^2+Cx+D$ とおいて両辺が共に $\dfrac{2}{3}Ba^3+2Da$ となることを見ればよい．　2. $\max f(x)=M$ とすると $\int_a^b f(x)^n dx\leqq M^n(b-a)$. 従って $\overline{\lim}\left(\int_a^b f(x)^n dx\right)^{\frac{1}{n}}\leqq M$.　どんな $\varepsilon>0$ に対してもある開区間 $I_\delta$ があって $f(x)>M-\varepsilon(x\in I_\delta)$ とできるから $\int_a^b f(x)^n dx>|I_\delta|\cdot(M-\varepsilon)^n$　従って $\underline{\lim}\left(\int_a^b f(x)^n dx\right)^{\frac{1}{n}}\geqq M-\varepsilon$.　$\varepsilon$ は任意だから，結局 $M\leqq\underline{\lim}\left(\int_a^b f(x)^n dx\right)^{\frac{1}{n}}\leqq\overline{\lim}$ 〃 $\leqq M$ となり等号が成立する．　3. $\max(f(x), g(x))=\dfrac{1}{2}\{|f(x)-g(x)|+f(x)+g(x)\}$ だから，$f(x)$, $g(x)$ が積分可能なら $f(x)+g(x)$, $|f(x)|$ が積分可能であることを示せばよい．和の方は $\underline{S}_\Delta f+\underline{S}_\Delta g\leqq\underline{S}_\Delta f+g\leqq\overline{S}_\Delta f+g\leqq\overline{S}_\Delta f+\overline{S}_\Delta g$ で両辺の sup, inf を考えるとでる．($\overline{S}_\Delta f$ などは $f$ に関する $\overline{S}_\Delta$ などの意）絶対値の方も $\overline{S}_\Delta|f|-\underline{S}_\Delta|f|\leqq\overline{S}f-\underline{S}_\Delta f$ からでる．　4. 任意の $\varepsilon>0$ に対し，$\|f_n-f\|<\varepsilon$　$(n\geqq n_0)$ となる $n_0$ がとれる．次にこの $\varepsilon$ に対しある分割 $\Delta$ があって，$\overline{S}_\Delta f_n-\underline{S}f_n<\varepsilon$. 分割された一つの小区間 $\delta_i$ において $|f(x_1)$

$-f(x_2)|\leqq|f(x_1)-f_n(x_1)|+|f_n(x_1)-f_n(x_2)|+|f_n(x_2)-f(x_2)|\leqq 2\varepsilon+|f_n(x_1)-f_n(x_2)|$，これから $\overline{S}_\Delta f_n-\underline{S}_\Delta f\leqq 2\varepsilon(b-a)+\overline{S}_\Delta f_n-\underline{S}_\Delta f_n\leqq\varepsilon\{2(b-a)+1\}$ がでる． 5. $f(x)=x\sin\dfrac{1}{x}$，$(x>0)$，$f(0)=0$，は $[-1,\ +1]$ において連続だが有界変動でない．

**第 12 章**

1. 一様連続性:任意の $\varepsilon>0$ に対し $\delta>0$ があって $|x-y|<\delta$ なら $|f(x)-f(y)|<\varepsilon$． $|\Delta|<\delta$ となる分割をとるとグラフは $\sum\varepsilon(x_i-x_{i-1})<\varepsilon(b-a)$ の面積和をもつ長方形群で覆われる． 2. $\overline{S}_\Delta-\underline{S}_\Delta=\sum_{i,j}(M_{ij}-m_{ij})(x_i-x_{i-1})(y_j-y_{j-1})<\delta\sum_i(f(x_i,d)-f(x_i,c))(b-a)<\delta(f(b,d)-f(a,c))(b-a)\to 0\ (\delta\to 0)$． 3. $\dfrac{4}{3}\left(\dfrac{\pi}{2}-\dfrac{2}{3}\right)a^3$．
4. $\Delta=\Delta_1\times\Delta_2$，$u(x)=\overline{\int_c^d} f(x,y)dy$，$v(x)=\underline{\int_c^d} f(x,y)dy$ とおく． $\overline{S}_\Delta f=\sum_{i,j}(M_{ij}(y_j-y_{j-1}))(x_i-x_{i-1})\geqq\sum_i u(\xi_i)(x_i-x_{i-1})$ が任意の $x_i\leqq\xi_i\leqq x_{i-1}$ について成立する．従って，$\overline{S}_\Delta f\geqq\overline{S}_{\Delta_1}u$ 同様に $\underline{S}_\Delta f\leqq\underline{S}_{\Delta_1}v$ すなわち，$\underline{S}_\Delta f\leqq\underline{S}_{\Delta_1}v\leqq\underline{S}_{\Delta_1}u\leqq\overline{S}_{\Delta_1}u\leqq\overline{S}_\Delta f$． $\Delta$ について inf，sup をとると，両端が一致するから $\sup\underline{S}_{\Delta_1}u=\inf\overline{S}_{\Delta_1}u$ で $u$ は積分可能となり，しかもその値は $\iint_D f(x,y)dx\,dy$ に等しい．

**第 13 章**

1. $\iint_D f(x,y)dx\,dy=\iint_{D'}f(r\cos\theta,\ r\sin\theta)rdrd\theta$， $\iiint_D f(x,y,z)dx\,dy\,dz=\iiint_{D'}f(r\cos\theta, r\sin\theta\cos\varphi, r\sin\theta\sin\varphi)r\sin\theta\,dr\,d\theta\,d\varphi$． 2. 0. 3. $4a_1a_2/|l_1m_2-l_2m_1|$． 4. $S=\iint_{D'}\sqrt{r^2+r^2\left(\dfrac{\partial\varphi}{\partial r}\right)^2+\left(\dfrac{\partial\varphi}{\partial\theta}\right)^2}drd\theta$ 5. $8a^2$．

**第 14 章**

1. $1-\gamma$（$\gamma$ はオイラーの定数） 2. $\dfrac{4}{3}$（広義積分であることに注意する） 3. $2\sqrt{\pi}$． 4. $\dfrac{1}{2}\log\dfrac{\beta}{\alpha}$

**第 15 章**

1. $abc/90$． 2. $\dfrac{\Gamma(s+a)}{s^a\Gamma(s)}\sim\dfrac{(s+a)^{s+a-\frac{1}{2}}e^{-(s+a)}\sqrt{2\pi}}{s^a s^{s-\frac{1}{2}}e^{-s}\sqrt{2\pi}}=e^{-a}\left(1+\dfrac{a}{s}\right)^{s+a-\frac{1}{2}}=e^{-a}\left(1+\dfrac{a}{s}\right)^{\frac{s}{a}\cdot a}\cdot\left(1+\dfrac{a}{s}\right)^{a-\frac{1}{2}}\to 1.\ (s\to+\infty)$．

4. $\dfrac{d^2}{ds^2}\log\Gamma(s)=(\Gamma(s)\Gamma''(s)-\Gamma'(s)^2)/\Gamma^2(s)$． この分子は $t$ の 2 次式 $P(s,t)=\Gamma(s)t^2+2\Gamma'(s)t+\Gamma''(s)$ の判別式の符号をかえたもの．ところが $P(s,t)=\int_0^\infty x^{s-1}e^{-x}(t^2+2\log x\cdot t+(\log x)^2)dx=\int_0^\infty x^{s-1}e^{-x}(t+\log x)^2dx$ はどんな $t$ についても $\geqq 0$． 従って $\Gamma(s)\Gamma''(s)-\Gamma'(s)^2\geqq 0$．

**第 16 章**

1. 0 2. $\mathrm{Tan}^{-1}\dfrac{y}{x}$． 3. $r\,\mathrm{grad}\,r=\boldsymbol{x}-\boldsymbol{x}_0$． 4. $\dfrac{\partial\varphi}{\partial x}=u$，$\dfrac{\partial\varphi}{\partial y}=v$ だから． 5. ベクトル線を $x=x(t)$，$y=y(t)$ とすると，接線ベクトルが $\boldsymbol{v}$ と同じ方向をとることから $(dx,dy)=\lambda\boldsymbol{v}$．これから $\lambda$ を消去すると $\dfrac{dx}{u}=\dfrac{dy}{v}$． $\boldsymbol{v}$ が管状ならこの方程式の解 $\psi(x,y)=c$ は流れの関数である．

**第 17 章**

1. (i) $(0,0)$ を除き $\mathrm{rot}\,\boldsymbol{v}=\mathrm{div}\,\boldsymbol{v}=0$． スカラーポテンシャルは $\dfrac{1}{2}\left(xy+\mathrm{Tan}^{-1}\dfrac{y}{x}\right)$（多価），流れの関数は $\dfrac{1}{4}(y^2-x^2-\log(x^2+y^2))$． (ii) $\mathrm{rot}\,\boldsymbol{v}=\mathrm{div}\,\boldsymbol{v}=0$． スカラーポテンシャルは $e^x\sin y$，流れの関数は $-e^x\cos y$． 2. $\boldsymbol{a}=(a,b)$ とすると (i) $\mathrm{rot}(\varphi\boldsymbol{a})=\dfrac{\partial(b\varphi)}{\partial x}-\dfrac{\partial(a\varphi)}{\partial y}=a\cdot\left(-\dfrac{\partial\varphi}{\partial y}\right)+b\dfrac{\partial\varphi}{\partial x}=\boldsymbol{a}(\mathrm{grad}\,\varphi)^*$． (ii) $\mathrm{div}(\varphi\boldsymbol{a})=\dfrac{\partial(a\varphi)}{\partial x}+\dfrac{\partial(b\varphi)}{\partial y}=a\dfrac{\partial\varphi}{\partial x}+b\dfrac{\partial\varphi}{\partial y}=\boldsymbol{a}\cdot\mathrm{grad}\,\varphi$． 3. $\mathrm{div}(\varphi\cdot\mathrm{grad}\,\varphi)=|\mathrm{grad}\,\varphi|^2+\varphi\,\Delta\varphi$，をガウスの公式に代入する． 4. $U=\dfrac{-\rho}{2\pi}\iint_{\xi^2+\eta^2\leqq 1}\log\dfrac{1}{r}d\xi d\mu=\dfrac{a^2}{2}\rho\log\dfrac{R}{a}$ （$R=\sqrt{x^2+y^2}>a$ のとき），$=\dfrac{\rho}{4}(R^2-a^2)$（$R\leqq a$ のとき）． 5. $U=a\rho\log\dfrac{R}{a}$ $(R>a)$，$=0$ $(R\leqq a)$．

**第 18 章**

1. $$\frac{\partial\boldsymbol{v}}{\partial\boldsymbol{x}}-{}^t\!\left(\frac{\partial\boldsymbol{v}}{\partial\boldsymbol{x}}\right)=\begin{pmatrix}0 & \dfrac{\partial v_1}{\partial x_2}-\dfrac{\partial v_2}{\partial x_1} & \dfrac{\partial v_1}{\partial x_3}-\dfrac{\partial v_3}{\partial x_1} & \dfrac{\partial v_1}{\partial x_4}-\dfrac{\partial v_4}{\partial x_1}\\ & 0 & \dfrac{\partial v_2}{\partial x_3}-\dfrac{\partial v_3}{\partial x_2} & \dfrac{\partial v_2}{\partial x_4}-\dfrac{\partial v_4}{\partial x_2}\\ * & & 0 & \dfrac{\partial v_3}{\partial x_4}-\dfrac{\partial v_4}{\partial x_3}\\ & & & 0\end{pmatrix}$$
（* の部分は上三角部分に一をつけて対角線について対称の位置へ折り返したものがくる）

2. $\boldsymbol{v}=\boldsymbol{x}$ の発散は $\mathrm{div}\,\boldsymbol{v}=3$． これにガウスの定理を適用する． 3. $\boldsymbol{v}=\boldsymbol{x}$ の回転は $\mathrm{rot}\,\boldsymbol{v}=0$． これにストークスの定理を適用する． 4. $\mathrm{div}(f\,\mathrm{grad}\,g)=f\Delta g+\mathrm{grad}\,f\cdot\mathrm{grad}\,g$ にガウスの定理を適用する． 5. 4.において $f$ と $g$ を入れかえたものとの差をとる．

**第 19 章**

2. $\mathrm{rot}(f\boldsymbol{v})=\boldsymbol{v}\times\mathrm{grad}\,f+f\,\mathrm{rot}\,\boldsymbol{v}=0$. これと $\boldsymbol{v}$ の内積をとると第1項は 0. 従って $f\boldsymbol{v}\cdot\mathrm{rot}\,\boldsymbol{v}=0$. $f\neq0$ だから $\boldsymbol{v}\,\mathrm{rot}\,\boldsymbol{v}=0$. 3. $\mathrm{rot}\,\boldsymbol{g}=f'(\boldsymbol{n}\cdot\boldsymbol{x})\boldsymbol{a}\times\boldsymbol{n}$, 4. $R\geqq a$ のとき $U=\dfrac{-\rho a^3}{6R}$, $R<a$ のとき $U=\dfrac{-\rho}{4}\left(a^2-\dfrac{R^2}{3}\right)$. $(R=\sqrt{x^2+y^2+z^2})$. 5. $R>a$ なら $U=\dfrac{\rho a^2}{R^2}$, $R\leqq a$ なら $U=\rho$(一定)

**第 20 章**

1. コーシー・リーマンで $\dfrac{\partial u}{\partial x}=\dfrac{\partial v}{\partial y}=0$, $\dfrac{\partial u}{\partial y}=-\dfrac{\partial v}{\partial x}=0$, 従って $u$, $v$＝一定. 2.（i）$\dfrac{\pi}{2\sqrt{2}}$, (ii) $\dfrac{\pi}{4}$. 3. $|f(z)|\leqq M$ とすると $|f'(z)|=\left|\dfrac{1}{2\pi i}\displaystyle\int_C\dfrac{f(\zeta)}{(\zeta-z)^2}d\zeta\right|\leqq\dfrac{M}{R}$ ($C$ は $z$ を中心とする半径 $R$ の円) ここで $R\to+\infty$ とすると $f'(z)=0$ でなければならない. 従って $f(z)$＝一定. 4. $f(z)=(z-a)h(z)$, $(h(a)=f'(a)\neq0)$ とできる. $\dfrac{1}{2\pi i}\displaystyle\int_C\dfrac{g(z)}{f(z)}dz=\dfrac{1}{2\pi i}\int_C\dfrac{1}{(z-a)}\cdot\dfrac{g(z)}{h(z)}dz=\dfrac{g(a)}{h(a)}=\dfrac{g(a)}{f'(a)}$.

**第 21 章**

1. $e^{-(2n+\frac{1}{2})\pi}$. 2. $\dfrac{1}{z^2}$ は $z=0$ で連続でないから, モレラの定理の仮定をみたしていない. 4. ワイヤストラスの公式(15)の対数微分をとればよい. 5. $\displaystyle\int_0^\infty t^{s-1}e^{-t}\log t\,dt$ は $0<s<+\infty$ でコンパクト一様収束するから, $\Gamma'(s)=\displaystyle\int_0^\infty t^{s-1}e^{-t}\log t\,dt$ が成立する. $s=1$, $s=2$ とおいて 4. へ代入すると, (i), (ii) がでる.

**第 22 章**

1. $(f,g)=0$ なら $\|f+g\|^2=(f+g,f+g)=(f,f)+(f,g)+(g,f)+(g,g)=\|f\|^2+\|g\|^2$. 2. (i) $x(x^2-\pi^2)=12\displaystyle\sum_{n=1}^\infty\dfrac{(-1)^n}{n^3}\sin nx$ (ii) $|x|=\dfrac{\pi}{2}-\dfrac{4}{\pi}\left(\cos x+\dfrac{1}{3^2}\cos 3x+\dfrac{1}{5^2}\cos 5x+\cdots\cdots\right)$ (iii) $x=2\left(\sin x-\dfrac{1}{2}\sin 2x+\dfrac{1}{3}\sin 3x-\cdots\cdots\right)$. 3. 到る所微分可能なら $\dfrac{1}{n^3}$, 連続(実はリプシッツ連続)なら $\dfrac{1}{n^2}$, 不連続なら $\dfrac{1}{n}$ の order.
4. どんな $\varepsilon>0$ をとってもある $M>0$ があって $\left(\displaystyle\int_{-\infty}^{-M}+\int_M^\infty\right)|f(x)|dx<\varepsilon/2$ とできる. $[-M,M]$ において普通のリーマン・ルベーグの定理から $n$ を十分大きくして $\left|\displaystyle\int_{-M}^{M}f(x)\begin{matrix}\cos nx\\ \sin nx\end{matrix}dx\right|<\varepsilon/2$ としておくと, $\left|\displaystyle\int_{-\infty}^{\infty}f(x)\begin{matrix}\cos nx\\ \sin nx\end{matrix}dx\right|\leqq\varepsilon$ が成立する.

**第 23 章**

1. (i) $p(x)=\dfrac{1}{\sqrt{1-x^2}}$ (ii) $\lambda=-n^2$ $(n=0, 1, 2, \cdots\cdots)$, $T_n(x)=\cos(n\arccos x)$. (iii) $\cos^{-1}x=\theta$ とおくと $T_n(x)=\cos n\theta=\mathrm{Re}\,e^{in\theta}=\mathrm{Re}(\cos\theta+i\sin\theta)^n=\Sigma'\dbinom{n}{k}\cos^k\theta\cdot(\cos^2\theta-1)^{\frac{n-k}{2}}$ は $x=\cos\theta$ の多項式である. ($\Sigma'$ は $n-k$ が偶数となる $k$ についての和) (iv) $z=e^{i\theta}$ とおくと $x=\cos\theta=\dfrac{1}{2}\left(z+\dfrac{1}{z}\right)$, $T_n(x)=\dfrac{1}{2}\left(z^n+\dfrac{1}{z^n}\right)$, $\Sigma T_n(x)t^n=\dfrac{1}{2}\displaystyle\sum_{n=0}^\infty\left(z^nt^n+\left(\dfrac{t}{z}\right)^n\right)=\dfrac{1}{2}\left(\dfrac{1}{1-zt}+\dfrac{1}{1-\dfrac{t}{z}}\right)=\dfrac{1-xt}{1-2xt+t^2}$ (なお, 普通チェビシェフの多項式は $T_0(x)=1$, $T_n(x)=\dfrac{1}{2^{n-1}}\cos(n\arccos x)$ とおくので, そのときは $\Sigma T_n(x)t^n=\dfrac{4-t^2}{4-4xt+t^2}$ となる) 2. (i) $p(x)=e^{-x}$ (ii) $\lambda=-n$ $(n=0,1,2,\cdots\cdots)$, $L_n(x)=e^x\dfrac{d^n(x^ne^{-x})}{dx^n}$ (iii) $x^{-n}e^x$ の導関数は $x$ の多項式と $e^{-x}$ の積となるから明らか. (iv) $L_n(x)=e^x\dfrac{n!}{2\pi i}\displaystyle\int_C\dfrac{z^ne^{-z}}{(z-x)^{n+1}}dz$, 従って $\displaystyle\sum_{n=0}^\infty\dfrac{L_n(x)}{n!}t^n=\dfrac{e^x}{2\pi i}\int_Ce^{-z}\sum_{n=0}^\infty\dfrac{(zt)^n}{(z-x)^{n+1}}dz=\dfrac{e^x}{2\pi i}\int_C\dfrac{e^{-z}dz}{z(1-t)-x}=\dfrac{e^x}{1-t}\cdot e^{-\frac{x}{1-t}}=\dfrac{1}{1-t}e^{-\frac{xt}{1-t}}$

**第 24 章**

1. $\dfrac{a}{s^2+a^2}$ 2. $\sqrt{\dfrac{\pi}{2}}\dfrac{1}{a}e^{a\xi}$ 3. $\dfrac{1}{\sqrt{2\pi}}\displaystyle\int_{-\infty}^\infty e^{-i\xi x}\left(\int_{-\infty}^\infty f(x-y)g(y)dy\right)dx=\dfrac{1}{\sqrt{2\pi}}\int_{-\infty}^\infty\left(\int_{-\infty}^\infty f(x-y)e^{-i\xi(x-y)}dx\right)e^{-i\xi y}g(y)dy=\sqrt{2\pi}\,\mathscr{F}(f)(\xi)\cdot\mathscr{F}(g)(\xi)$. 4. (1) $\rho(x)=e^{\frac{1}{x^2-1}}$ $(|x|<1)$ $\rho(x)=0$ $(|x|\geqq1)$ とおき, $c=\displaystyle\int_{-1}^1\rho(x)dx$ として, $\dfrac{1}{c}\rho(x)$ をあらためて $\rho(x)$ とおくと, (i), (ii), (iii)をみたしている. (2) (i) $\dfrac{d}{dx}(f*\rho_\varepsilon(x))=f*\left(\dfrac{d}{dx}\rho_\varepsilon\right)$ で $\rho_\varepsilon$ は無限回微分可能. (ii) $f_\varepsilon(x)-f(x)=\displaystyle\int_{-\varepsilon}^{\varepsilon}\{f(x-y)-f(x)\}\rho_\varepsilon(y)dy$. 任意の $h>0$ に対し $\varepsilon>0$ を十分小にとれば $|x-y|<\varepsilon$ となる限り $|f(x-y)-f(x)|<h$ とできる(一様連続性)から $|f_\varepsilon(x)-f(x)|\leqq\displaystyle\sup_{|y|\leqq\varepsilon}|f(x-y)-f(x)|\leqq h$. $x$ に関する上限をとって $\|f_\varepsilon-f\|\leqq h$ (iii) $f(x-y)=0$ なら合成積は 0 となる. 従って, $(x-\varepsilon, x+\varepsilon)$ で $f=0$ なら $f_\varepsilon(x)=0$. (iv). (iii)と同様. 今度は $\displaystyle\int_{-\varepsilon}^{\varepsilon}\rho_\varepsilon(y)dy=1$ が利いてくる. (3) $[a-\varepsilon/3, b+\varepsilon/3]$ で 1, $(-\infty, a-2\varepsilon/3]$ および $[b+2\varepsilon/3, +\infty)$ で0となり, $[a-2\varepsilon/3, a-\varepsilon/3]$, および $[b+\varepsilon/3, b+2\varepsilon/3]$ で直線のグラフをもつ連続関数を $f(x)$ とすると $h<\varepsilon/3$ のとき $f_h(x)=f*\rho_h(x)$ は求めるものである. 5. $\rho(\boldsymbol{x})=e^{\frac{1}{|\boldsymbol{x}|^2-1}}$ $(|\boldsymbol{x}|<1)$, $=0$ $(|\boldsymbol{x}|\geqq1)$ とおいて, 同様に考えればよい.

# 参　　考　　書


## 1　微分積分学全般について

［1］　高木貞治，解析概論（岩波書店）

［2］　一松信，解析学序説，上下（裳華房）

［3］　笠原晧司，微分積分学（サイエンス社）

［4］　小松勇作，解析概論，I，II（広川書店）

［5］　三村征雄，微分積分学，I，II（岩波全書）

［6］　シュヴァルツ，解析学（全7巻）（東京図書）

［7］　ディユドネ，現代解析の基礎（全2巻）（東京図書）

［8］　溝畑茂，数学解析，上，下（朝倉書店）

［9］　森毅，現代の古典解析（現代数学社）

## 2　各項目について

(i)　無　限　小

[10]　ブルバキ，数学原論，実一変数関数（基礎理論）2（東京図書）

[11]　デイユドネ，無限小解析，I，II（東京図書）

(ii)　微分方程式

[12]　ポントリャーギン，常微分方程式（共立出版）

[13]　笠原晧司，新微分方程式対話（現代数学社，日本評論社）

[14]　吉沢太郎，微分方程式入門（朝倉書店）

(iii)　無限級数

[15]　楠幸男，無限級数入門（朝倉書店）

(iv)　解析関数

[16]　楠幸男，解析函数論（広川書店）

[17]　吉田洋一，函数論（第二版）（岩波全書）

(v)　積分論

[18]　溝畑茂，ルベーグ積分（岩波全書）

(vi)　ベクトル解析

[19]　スピヴァック，多変数解析学（東京図書）

[20]　ニッカーソン他，現代ベクトル解析（岩波書店）

(vii)　直交関数系

[21]　クーラン・ヒルベルト，数理物理学の方法 I（東京図書）

# 索　　　引

**タ～ト**



**ナ～ノ**



**ハ～ホ**



**マ～モ**



**ヤ～ヨ**



**ラ～ロ**



**ワ**

著者紹介：

**笠原晧司**（かさはら・こうじ）

1955 年　京都大学理学部数学科卒

現　在　京都大学名誉教授

主　書　新微分方程式対話，線型代数と固有値問題（現代数学社），微分積分学，線形代数学（サイエンス社），詳説演習微分積分学（共著），詳説演習線形代数学（共著）（培風館），微分方程式の基礎（朝倉書店），他

**新装版 対話・微分積分学**

数学解析へのいざない

1978 年　9 月 20 日　初版 1 刷発行
2006 年　2 月 16 日　復刊 1 刷発行
2019 年 11 月 25 日　新装版 1 刷発行
2022 年　3 月　1 日　新装版 2 刷発行

検印省略



著　者　笠原晧司
発行者　富田　淳
発行所　株式会社　現代数学社
〒 606-8425 京都市左京区鹿ヶ谷西寺ノ前町 1
TELFAX 075 (751) 0727　FAX 075 (744) 0906
https://www.gensu.co.jp/

印刷・製本　有限会社 ニシダ印刷製本

ISBN 978-4-7687-0521-6